TECHNISCHE UNIVERSITÄT
CHEMNITZ

Technische Universität Chemnitz
Institut für Konstruktions- und Antriebstechnik
Professur Konstruktionslehre
Prof. Dr.-Ing. Erhard Leidich

Grundlagen des Übertragungsverhaltens zentralverschraubter Stirnpressverbindungen

Von der Fakultät für Maschinenbau
der Technischen Universität Chemnitz genehmigte

– Dissertation –

zur Erlangung des akademischen Grades

Doktor der Ingenieurwissenschaften
(Dr.-Ing.)

vorgelegt von

Dipl.-Ing. Volkhard Walther
geboren am 17.02.1978 in Dresden

Gutachter: Prof. Dr.-Ing. Erhard Leidich, TU Chemnitz
Prof. Dr.-Ing. Bernd Sauer, TU Kaiserslautern
Prof. Dr.-Ing. Christoph Friedrich, Universität Siegen

Tag der Verteidigung: 11. Juli 2008

Berichte aus dem Maschinenbau

Volkhard Walther

Grundlagen des Übertragungsverhaltens zentralverschraubter Stirnpressverbindungen

D 93 (Diss. TU Chemnitz)

Shaker Verlag
Aachen 2008

Bibliografische Information der Deutschen Nationalbibliothek
Die Deutsche Nationalbibliothek verzeichnet diese Publikation in der Deutschen Nationalbibliografie; detaillierte bibliografische Daten sind im Internet über http://dnb.d-nb.de abrufbar.

Zugl.: Chemnitz, Techn. Univ., Diss., 2008

Printed in Germany.

ISBN 978-3-8322-7674-4
ISSN 0945-0874

Shaker Verlag GmbH • Postfach 101818 • 52018 Aachen
Telefon: 02407 / 95 96 - 0 • Telefax: 02407 / 95 96 - 9
Internet: www.shaker.de • E-Mail: info@shaker.de

Vorwort

Die vorliegende Arbeit entstand während meiner Tätigkeiten als Promotionsstipendiat und wissenschaftlicher Mitarbeiter an der Professur Konstruktionslehre der TU Chemnitz. Die Arbeiten wurden dankenswerterweise durch ein Landes-Graduiertenstipendium des Freistaates Sachsen gefördert. Weiterhin finanzierte die Forschungsvereinigung Verbrennungskraftmaschinen (FVV) weite Teile der Arbeiten im Rahmen eines Forschungsvorhabens. Stellvertretend für die FVV und die Mitglieder des FVV-Arbeitskreises „Stirnpressverbindungen", welche die Forschungsarbeiten mit hohem Interesse und großer Unterstützung begleitet und gefördert haben, danke ich Herrn Dipl.-Ing. Dirk Bösel von der FVV-Geschäftsstelle sowie Herrn Dipl.-Ing. Michael Rosbach und Dr.-Ing. Andreas Müschen von der Ford Werke AG für ihr Engagement.

Mein besonderer Dank gilt Herrn Prof. Dr.-Ing. Erhard Leidich, dem Leiter der Professur Konstruktionslehre der TU Chemnitz, für das mir entgegen gebrachte Vertrauen, die konsequente Förderung und die offene, professionelle Arbeitsatmosphäre. Die fast fünfjährige Zusammenarbeit mit den zahllosen Gesprächen, Diskussionen und Anregungen war nicht nur wesentliche Grundlage für den Erfolg der Arbeit, sondern hat mich auch in meiner persönlichen und fachlichen Entwicklung nachhaltig geprägt.

Den Herren Prof. Dr.-Ing. Bernd Sauer von der TU Kaiserslautern und Prof. Dr.-Ing. Christoph Friedrich von der Universität Siegen danke ich für das Interesse an meiner Arbeit, die zahlreichen Anregungen und die Übernahme der weiteren Gutachten. Herrn Prof. Dr.-Ing. Michael Dietzsch sei für den Vorsitz der Promotionskommission gedankt. An Herrn Prof. Dr.-Ing. habil. Reiner Kreißig und Herrn Prof. Dr.-Ing. Peter Tenberge geht mein Dank für die Übernahme des Rigorosums sowie darüber hinaus für die Betreuung während meines Studiums.

Ein großes Dankeschön sage ich allen Mitarbeitern der Professur Konstruktionslehre für das kollegiale Arbeitsklima und die stetige Unterstützung. Stellvertretend möchte ich an dieser Stelle Herrn Dipl.-Ing. Jakub Vidner nennen: Die freundschaftliche, konstruktive Zusammenarbeit im gemeinsamen Büro, die wohltuende Hilfsbereitschaft und der gewinnbringende fachliche Austausch haben ganz erheblich zum Fortschritt und Gelingen der Arbeit beigetragen. In diesem Zusammenhang gilt mein Dank auch Herrn Prof. Dr.-Ing. habil. Herbert Gropp für viele wertvolle Anregungen und Gespräche.

Ebenso danke ich den studentischen Hilfskräften der Professur Konstruktionslehre, stellvertretend Samuel Trebesius, Gerd Wachsmuth und Lars Wiesner. Nicht nur hat ihr Einsatz der vorliegenden Arbeit wichtige Impulse verliehen, sondern ihre Unterstützung bei den vielfältigen Aufgaben an der Professur mir auch den Rücken für ihren erfolgreichen Abschluss freigehalten. Gleiches gilt für die Mitarbeiter der mechanischen Fertigung der TU Chemnitz, die mich beim Prüfstandsbau und der Probenfertigung tatkräftig unterstützten und denen ich meinen Dank ausspreche: Herrn Jens Wallussek und Herrn Frank Philippczyk stellvertretend für alle anderen.

Meiner ganzen Familie, allen voran meinen lieben Eltern, danke ich von ganzem Herzen für die verständnisvolle, fürsorgliche Begleitung und Unterstützung in all den Jahren.

Herzogenaurach, im September 2008 Volkhard Walther

Inhaltsverzeichnis

Verwendete Formelzeichen und Abkürzungen

Symbole und Formelzeichen

{ *A,B,C,D, E,F,G* }		Spezielle Punkte im T-φ-Diagramm
A	[mm²]	Querschnittsfläche
D_μ, R_μ	[mm]	mittlerer Reibungsdurch- bzw. -halbmesser der Reibfuge
D_A, D_I	[mm]	Außen- bzw. Innendurchmesser der Reibfuge
D_M, R_M	[mm]	mittlerer Fugendurch- bzw. -halbmesser (arithmetisches Mittel aus D_I und D_A bzw. R_I und R_A)
D_F	[mm]	Fugendurchmesser (bei Zylinder-PV)
E	[N/mm²]	Elastizitätsmodul
E_{eff}	[N/mm²]	effektiver (gemittelter) Elastizitätsmodul zweier Kontaktkörper
F	[N]	Kraft
F_K	[N], [kN]	axiale Klemmkraft
F_{Kerf}	[N], [kN]	erforderliche (Schrauben-)Klemmkraft
F_V	[N], [kN]	Schrauben(vorspann)kraft
F_Q	[N], [kN]	resultierende Querkraft
F_R, $F_{R,th}$	[N], [kN]	(theoretische) Rutsch- bzw. Reibungskraft
G	[N/mm²]	Schubmodul: $G = E/(2 \cdot (1+\nu))$
J	[mm⁴]	axiales Flächenträgheitsmoment
J_p	[mm⁴]	polares Flächenträgheitsmoment
K	[kN/°]	Vorspannkraft-Anzugswinkel-Modul ($K = \Delta F_V / \Delta\varphi^{(Gew)}$)
L	[mm]	Fugenlänge (bei Zylinder-PV) bzw. Balkenlänge
M, M_B	[Nm]	Biegemoment
M_K	[Nm]	Klaff-Biegemoment
P	[mm]	Gewindesteigung
Q_A		Durchmesserverhältnis ($Q_A = D_I / D_A$)
R		Dynamisches Belastungs- bzw. Beanspruchungsverhältnis (R =Unterlast/Oberlast)
R_A , R_I	[mm]	Außen- bzw. Innenhalbmesser der Reibfuge
R_{eff}	[mm]	fiktiver wirksamer Halbmesser
R_M, R_μ	[mm]	siehe D_M, D_μ
R_Q	[mm]	fiktiver Torsionshebelarm der Querkraft
S_μ		Sicherheitsfaktor der Reibschluss-Ausnutzung

T	[Nm]	Torsionsmoment (allgemein)
T_{anz}	[Nm]	(Gesamt-) Anzugsmoment der Verschraubung
$T_{anz}^{(Gew)}$	[Nm]	Gewindemoment der Verschraubung in Anzugsrichtung (Gewinde-Weiterdreh-Moment)
T_{int}	[Nm]	inneres Torsionsmoment einer Stirn-PV infolge elastischer Verspannung
T_K	[Nm]	Kopfreibmoment ([VDI2230]: M_K)
T_{los}	[Nm]	(Gesamt-) Lösemoment der Verschraubung
$T_{los}^{(Gew)}$	[Nm]	Gewindemoment der Verschraubung in Losdrehrichtung (Gewinde-Lösemoment)
T_Q	[Nm]	fiktives inneres Torsionsmoment eines Querschnitts
T_R	[Nm]	nominelles Rutschmoment einer Fuge: maximal übertragbares Drehmoment bei reiner Torsionsbelastung
T_W	[Nm]	Wandermoment (experimentell beobachte Grenzbelastung hinsichtlich Wandern)
W	[J]	Formänderungsenergie, elastische Energie
c	[N/mm]	allgemein: Steifigkeit
c_T	[Nm/°]	Torsionssteifigkeit
$f(\ )$		funktioneller Zusammenhang (symbolisch)
f	[mm]	elastische Längenänderung (Längung bzw. Stauchung) unter einer axialen Kraft (analog [VDI2230])
f_Q		bezogene Querkraft
f_p		Schließdruck-Funktion
h	[mm]	Fugenbreite bzw. Wandstärke ($h=(D_A-D_I)/2$)
h_B	[mm]	Biege-Hebelarm
h_T	[mm]	Torsions-Hebelarm
i, j, k		Laufvariablen bzw. Nummerierungs-/Zählindizes
l	[mm]	Länge
m_B		bezogenes Biegemoment
n		Krafteinleitungsfaktor nach [VDI2230]
p	[N/mm²]	Fugendruck
$\overline{p}$	[N/mm²]	nomineller mittlerer Fugendruck ($\overline{p}=F_V/A$)
r	[mm]	radiale Koordinate
u	[mm]	Verschiebung
x, y	[mm]	kartesische Koordinaten
z	[mm][	axiale Koordinate

Δ		*allgemein:* Differenz
$\Delta\varphi^{(G)}$	[°]	Drehwinkel (Nachstellwinkel) im Gewinde („Festdrehen“: $\Delta\varphi^{(G)} > 0$; Losdrehen: $\Delta\varphi^{(G)} < 0$)
$\Delta\varphi^{(F)}$	[°]	Rutschwinkel der Primärfuge
$\Delta\varphi^{(HS)}$, $\Delta\varphi^{(NS)}$	[°]	elastische Verdrehung im Haupt- bzw. Nebenschluss
$\Delta\psi$	[°]	Phasenlage zwischen Querkraft- und Biegemomentenvektor
Θ_R	[Nm/kN]	Änderung des Rutschmomentes einer Fuge bei Änderung der axialen Vorspannkraft ($\Theta_R = \Delta T_R / \Delta F_V = \mu \cdot R_{eff}$)
$\Theta_{anz}^{(Gew)}$	[Nm/kN]	Zuwachs des Gewindemoments in Festdrehrichtung bei Erhöhung der Vorspannkraft ($\Theta_{anz}^{(Gew)} = \Delta T_{anz}^{(Gew)} / \Delta F_V$, für metrisches ISO-Gewinde: $\Theta_{anz}^{(Gew)} = 0{,}577 \cdot \mu_G \cdot d_2 + 0{,}159 \cdot P$)
$\Theta_{los}^{(Gew)}$	[Nm/kN]	Abfall des Gewindemoments in Löserichtung bei Verringerung der Vorspannkraft ($\Theta_{los}^{(Gew)} = \Delta T_{los}^{(Gew)} / \Delta F_V$, für metrisches ISO-Gewinde: $\Theta_{los}^{(Gew)} = 0{,}577 \cdot \mu_G \cdot d_2 - 0{,}159 \cdot P$)
Σ_η		Gesamtauslastungsgrad
Φ, Φ_T		Belastungsverhältnis, relatives Nachgiebigkeitsverhältnis (vgl. [VDI2230])
Φ_1, Φ_2, Φ_3		elementare Spannungsfunktionen eines Drei-Funktionen-Ansatzes nach NEUBER-PAPKOVIC
Ψ		Räumliche Spannungsfunktion
α_S		Formfaktor der Schubverformung (Schubfaktor oder Schubverteilungszahl)
α_K		Formzahl
β	[rad], [°]	Kegelwinkel
γ	[°]	axialsymmetrischer Winkelfehler des Stirnkontakts
δ	[m/N], [°/Nm]	axiale Nachgiebigkeit (Reziprokwert einer Steifigkeit) bzw. Einflusszahl
δ_T	[°/Nm]	Torsionsnachgiebigkeit ($\delta_T = 1/c_T$)
η		Quotient der Reibschlussausnutzung ($\eta = \tau / (\mu \cdot p)$)
η_{gr}		Gütefaktor nach LEIDICH [LEI83]
$\eta^{[KAM97]}$		belastungsspezifische Nutzungszahl nach KAMPF [KAM97]
$\eta_{(\,)}$		Auslastungsgrad einer Einzelbelastung analog $\eta^{[KAM97]}$
ϑ	[°/mm]	Verdrillung
κ_B		relativer Biegeanteil bei kombinierter Belastung ($\kappa_B = M_B / T$)
κ_Q		relativer Querkraftanteil bei kombinierter Belastung ($\kappa_Q = F_Q \cdot R_\mu / T$)
λ		Schlankheitsgrad

μ		Reibwert (in den meisten Fällen wird nicht zwischen Haft- und Gleitreibwert unterschieden)
μ^*		fiktiver bzw. auf Basis von Versuchsergebnissen „zurückgerechneter" Reibwert
ν		Querkontraktionszahl
$\rho,\ \tilde{\rho}$		normierte radiale Koordinaten
ρ_Q		dimensionsloser fiktiver Torsionshebelarm der Querkraft
σ	[N/mm²]	Normalspannung
σ_{ADK}	[N/mm²]	Gestaltfestigkeit (dauerhaft ertragbare Nennspannungs-Amplitude)
σ_{ASV}	[N/mm²]	Dauerfestigkeit von schlussvergüteten Schrauben
σ_F	[N/mm²]	Fließspannung des Werkstoffs
φ	[rad], [°]	Winkelkoordinate, Verdrehwinkel
χ		relativer Schub-Übertragungsanteil der entsprechenden Komponente
χ_p		Flächenpressungsverhältnis Fugen-Innen-/Außendurchmesser
ψ		Richtungswinkel eines Vektors im polaren bzw. zylindrischen Koordinatensystem
τ	[N/mm²]	Schubspannung
τ_μ	[N/mm²]	Reibschubspannung, reibschlüssig übertragene Schubspannung
τ_Q	[N/mm²]	Querkraft-Schubspannung
τ_T	[N/mm²]	Torsionsschubspannung
ξ		relatives Übermaß bei Zylinder-PV (bezogen auf Fugendurchmesser D_F)

Indizes

$\bar{()}$	Mittelwert
$(\,)^{\blacksquare}, (\,)^{\bullet}, (\,)^{\circ}$	Querschnittsform: Rechteck-, Vollkreis- bzw. Kreisring-Querschnitt
$()_{I}, (\,)_{II}, (\,)_{III}$	die Abschnitte I, II bzw. III betreffend
$(\,)_B$	Biegung
$(\,)^{(Fug)}$	die primärseitige Rutschfuge betreffend
$(\,)^{(Gew)}$	das Gewinde betreffend
$(\,)^{(H)}, (\,)^{(HS)}$	Hauptschluss bzw. hauptschlussseitig
$(\,)^{(N)}, (\,)^{(NS)}$	Nebenschluss bzw. nebenschlussseitig

$(\,)_K, (\,)^{(K)}$	Schraubenkopfauflage
$(\,)_P$	die verschraubten (verspannten) Teile betreffend („Platten“)
$(\,)_Q$	Querkraft, Querrichtung
$(\,)_S$	die Schraube, Verschraubung bzw. Verschraubungsseite betreffend *oder* Schub-bezogen
$(\,)_T$	Torsion, Verdrehrichtung
$(\,)_Z$	axial, Längsrichtung
$(\,)^{(exp)}$	experimentell ermittelter Wert
$(\,)_{FE}, (\,)_{FEA}$	Wert gemäß FE-Berechnungen
$(\,)^{(ges)}$	die gesamte Verbindung betreffend
$(\,)_{kl}$	Klaffen
$(\,)_{lim}$	rechnerischer Grenzwert, Grenzbelastung
$(\,)_o$	oberer Wert (z. B. Oberspannung)
$(\,)_r, (\,)_\varphi$	radiale *(r)* bzw. tangentiale *(φ)* Komponente
$(\,)_{sl}$	Schlupf
$(\,)_{th}$	rechnerischer bzw. theoretischer Wert
$(\,)_u$	unterer Wert (z. B. Unterspannung einer dynamischen Beanspruchung)
$(\,)_x, (\,)_y$	*x*- bzw. *y*-Komponente
$(\,)_{zul}$	zulässige Belastung unter Zugrundelegung eines bestimmten Versagens-kriteriums

Abkürzungen

BEM	Randelemente-Methode (*Boundary Element Method*)
FE, FEA, FEM	Finite-Elemente, -Analyse, -Methode
HS	Hauptschluss
GEH	Gestaltänderungsenergie-Hypothese
LW	Lastwechsel
MKS	Mehrkörper-Simulation
NS	Nebenschluss
PV	Pressverbindung(en)
SiC	Siliziumkarbid
WNV	Welle-Nabe-Verbindung

1 Einleitung

1.1 Gegenstand der Arbeit

Pressverbindungen (PV) werden in Abhängigkeit von der Wirkflächenform zumeist in Kegel- und Zylinderpressverbindungen unterschieden [KOL84]. In Abgrenzung dazu stellen Stirnpressverbindungen (**Bild 1.2**) eine Sonderform reibschlüssiger Welle-Nabe-Verbindungen (WNV) mit kreisringförmigen Reibfugen dar. Werden Zylinder-PV als eine spezielle Art der Kegel-PV mit einem (halben) Kegelwinkel[1] von $\beta = 0°$ angesehen, so können Stirn-PV als Sonderform derselben mit $\beta = 90°$ betrachtet werden (**Bild 1.1**). Diese Wirkflächengeometrie besitzt keinerlei Zentrierwirkung, welche folglich über separate Funktionselemente (Zentrierzapfen oder -bünde, Passschrauben) realisiert werden muss.

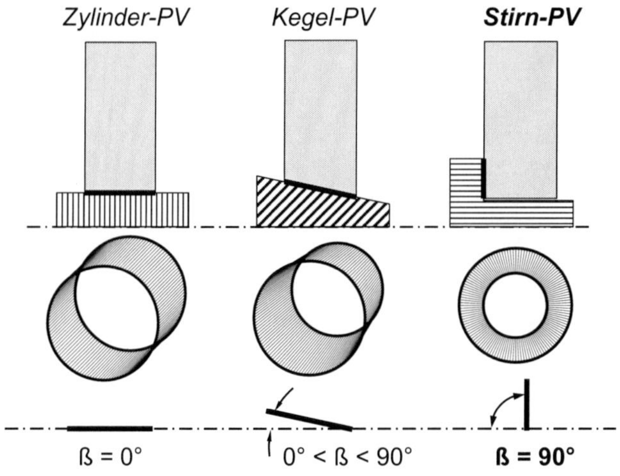

Bild 1.1: Unterscheidung reibschlüssiger Welle-Nabe-Verbindungen nach der Wirkflächen-Geometrie

Während bei Zylinder-PV und selbsthemmenden Kegel-PV die Verspannung durch elastischen Ausgleich eines Übermaßes bei der Montage erzeugt wird, erfolgt die Aufbringung der Vorspannkraft bei Stirn-PV in den meisten Fällen *mittelbar* durch eine einzelne, zentrale Verschraubung (**Bild 1.2**). Somit liegt eine weitgehende Trennung zwischen verspannten, betriebsbelasteten Bauteilen (Naben) und verspannenden, zugbelasteten Elementen (Schraube) vor.

Im Bereich der Schraubenverbindungen ordnen sich Stirn-PV in die Kategorie der zentrischen Einschraubenverbindungen ein [VDI2230], weisen infolge der kreisringförmigen Wirkfläche gleichzeitig aber eine gewisse Nähe zu (Mehrschrauben-) Flanschverbindungen auf.

[1] [DIN254]: „Einstellwinkel"

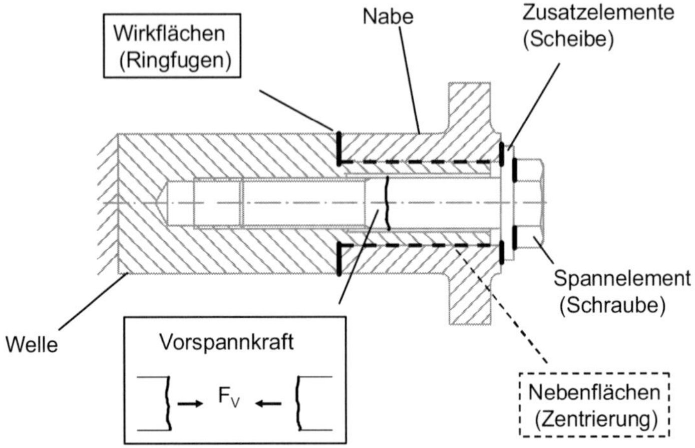

Bild 1.2: Grundprinzip einer Stirnpressverbindung

Stirn-PV besitzen eine Reihe weiterer Merkmale, die sie für den praktischen Einsatz interessant machen (**Tab. 1-1**). So fällt zunächst das simple, Platz sparende Prinzip mit den günstigen Fertigungs- und Montageeigenschaften der beteiligten Elemente auf. Hierunter fällt zum einen die Möglichkeit der Bildung von Mehrfachverbindungen durch Kaskadierung und gemeinsame Verspannung mehrerer Naben (**Bild 1.3**). Zum anderen kann der Relativwinkel zwischen Welle und Nabe(n) beim Fügen der Verbindung stufenlos eingestellt werden, was in bestimmten Anwendungsfällen (z. B. Ventiltrieb im Verbrennungsmotor) unabdingbar ist. Als reibschlüssige Welle-Nabe-Verbindungen sind Stirnpressverbindungen dabei vollkommen spielfrei, was sie für die Anwendung im Bereich wechselnder Torsionsbelastungen geeignet macht. Dabei sind Übertragungsfähigkeit und -sicherheit von vornherein durch den Reibschluss begrenzt. Dem Reibwertverhalten in den Wirkfugen kommt folglich eine entscheidende Bedeutung zu.

Tab. 1-1: Zentrale Einsatzmerkmale von Stirnpressverbindungen

Vorteile	Nachteile
• *einfache, kostengünstige Bauform* • *Kaskadierbarkeit mehrerer Naben* • *einfache Montage sowie De- und Wiedermontierbarkeit* • *spielfrei* • *stufenlose Winkeljustierung Welle/Nabe*	• *begrenzte Übertragungsfähigkeit* • *nicht selbstzentrierend* • *geringe Redundanz*

Aufgrund der – etwa im Unterschied zu Mehrschrauben-Flanschen – nur einfach ausgeführten Verschraubung beschränkt sich der Einsatz auf niedrige bis mittlere Drehmomente. In der Regel liegt hinsichtlich der Torsionsübertragung keinerlei Redundanz – etwa durch

Formschlusselemente – vor, so dass die Übertragungsfähigkeit an die singuläre axiale Klemmkraft gebunden ist. Ein Vorspannungsverlust oder ein Bruch der Verschraubung führen somit unmittelbar zur Minderung der übertragbaren Belastung bzw. zum Totalausfall des Systems.

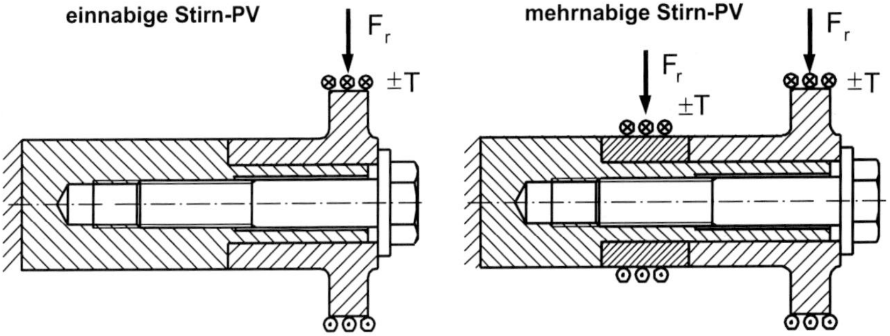

Bild 1.3: Einnabige Stirn-PV (links) und Mehrfach-Stirn-PV (rechts) mit mehreren (hier: zwei) Naben und Belastungen

1.2 Stand der Technik

Für Zylinder-PV und selbsthemmende Kegel-PV ($\beta \to 0°$, in der Literatur auch „Kegel*presssitze*“ genannt) liegen umfangreiche theoretische und experimentelle Untersuchungen zu Übertragungsverhalten und Gestaltfestigkeit vor. Die Auslegung ist in der DIN 7190 [DIN7190] genormt. Darüber hinaus finden sich in einschlägiger Literatur (Veröffentlichungen, Konstruktionshand- und -lehrbücher, Lehrbücher der Maschinenelemente etc.) zahlreiche Gestaltungs- und Auslegungshinweise. Dies trifft – jedoch in deutlich geringerem Maße – auch für einfache, nicht-selbsthemmende Kegel-PV zu, bei welchen die Verspannung analog zu Stirn-PV mittels Verschraubung erzeugt wird. Aufgrund der höheren Fertigungskosten besitzen vorgespannte Kegel-PV in der Antriebstechnik aber eine geringere Bedeutung.

Stirnpressverbindungen werden in der Literatur dagegen kaum erwähnt. Nur an wenigen Stellen sind sie überhaupt aufgeführt, häufig im Bereich Klemmverbindungen („Axialklemmverbindungen“) oder gewöhnlicher Schraubverbindungen („Zentral-“ bzw. „zentrische Schraubverbindungen“). Zwar können Erkenntnisse und Normen aus „angrenzenden“ Gebieten, speziell aus den Bereichen

- Verschraubung (z. B. VDI-Richtlinie 2230 [VDI2230])
- Flansch- und Mehrschraubenverbindungen
- Tribologie/Festkörper-Reibung/Verschleiß
- Welle-Nabe-Verbindungen, Zylinder-/Kegel-PV

zur Auslegung herangezogen werden, es existieren jedoch weder konkrete Berechnungs- und Gestaltungshinweise noch ein konsistentes Begriffs- und Bezeichnungs-System.

Nichtsdestotrotz finden Stirn-PV sehr häufige praktische Anwendung. Ein wichtiges Einsatzgebiet sind Umschlingungsgetriebe, wo die Ketten- oder Riemenräder mittels Zentralschraube stirnseitig mit der jeweiligen Welle oder Achse verbunden sind. So besitzen Stirn-PV eine große Bedeutung im Nebenabtrieb der Kurbelwelle von Pkw-Verbrennungsmotoren (**Bild 1.4**). Hierbei sind unter Anderem die Aspekte der einfachen Montage, die Möglichkeit der stufenlosen Winkeljustierung (Ventil- bzw. Nockentrieb) und die Eignung für Wechselbelastung (Torsionsschwingungen, Schwingungstilger) entscheidende Einsatzkriterien.

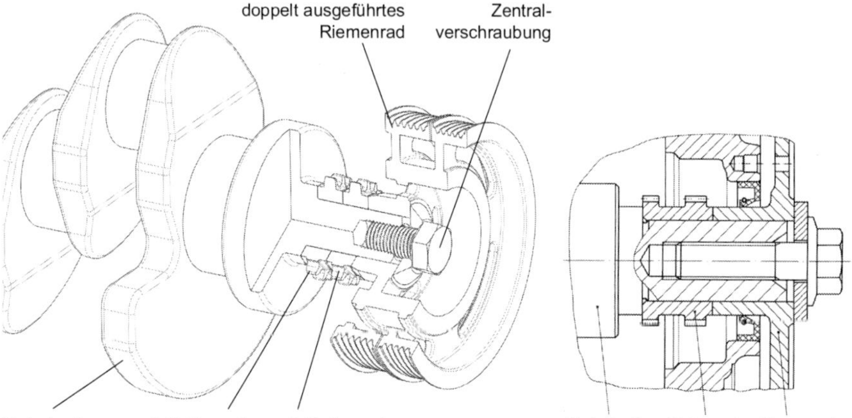

Bild 1.4: Anwendungsbeispiele von Mehrfach-Stirn-PV mit Kaskadierung mehrerer Naben im Aggregatetrieb von Pkw-Verbrennungsmotoren [FVV820]

Die praktische Auslegung der Verbindungen erfolgt bisher meist nur auf Torsionsbelastung [FVV820] nach der einfachen Gleichung einer Reibkupplung mit dem Rutschmoment T_R

$$T_R = \mu \cdot F_V \cdot R_M \,. \tag{1.1}$$

Der Einfluss der (vor allem infolge der Trumkräfte) praktisch fast immer vorhandenen Querkraft- und Biegebelastungen (**Bild 1.5**) bleibt zumeist unberücksichtigt, wird intuitiv dem Formschluss der Zentrierpassungen zugerechnet oder über hohe Sicherheiten ($S \geq 2..3$) bzw. sehr niedrige Reibwerte „aufgefangen" [FVV820]. In [VDI2230] ist eine Gleichung zur Berücksichtigung einer Querkraftbelastung in der Reibfuge angegeben[2], allerdings hält diese einer genaueren physikalischen Betrachtung des Beanspruchungszustandes in der Fuge nicht stand, zumal die Biegung ebenfalls nicht berücksichtigt wird.

[2] ebd., Gl. (R2/1) bzw. (5.4/1), siehe auch Abschnitt 2.1.2.1

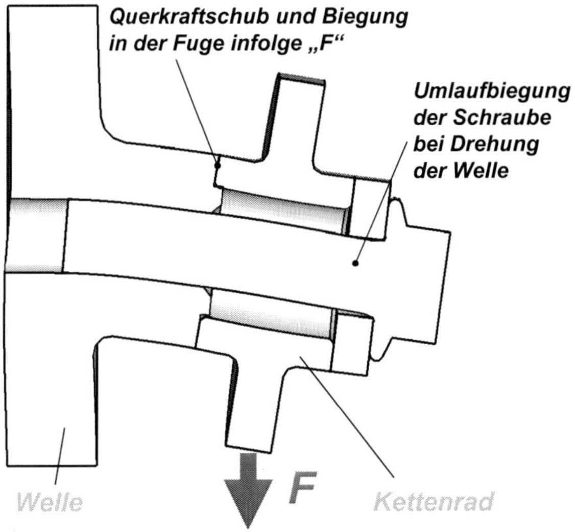

Bild 1.5: Schematische Darstellung der Wirkung der „Kettenkraft“ an einer Stirn-PV

Mit der zunehmenden Leistungsdichte und – bezogen auf die Anwendung im Kfz-Bereich – steigenden Belastungen im Nebentrieb mehren sich die Schadensfälle in diesem Bereich [FVV820]. Diese umfassen u. a.

- Versagen der Verschraubung durch Dauerbruch oder Lösen (Aufdrehen)
- Reibrostbildung und Oberflächenschädigung mit eingeschränkter De- bzw. Remontierbarkeit
- Relativverdrehungen zwischen (Kurbel-) Welle und Nabe (z. B. Kettenrad).

Hinsichtlich des letzten Punktes führen im Bereich der Motorenanwendungen bereits kleine Verdrehungen zu emissions- bzw. funktionsrelevanten Verstellungen des Ventiltriebes. Selbst ein partielles Versagen der Verbindung zieht somit unter Umständen enorm kostspielige Schäden nach sich, weswegen die genaue Kenntnis des Übertragungs- und Versagensverhaltens von Stirn-PV als Grundlage für eine optimale betriebssichere Auslegung unbedingt notwendig ist.

1.3 Zielsetzung und Abgrenzung der Arbeit

In der vorliegenden Arbeit sollen grundlegende Betrachtungen zum Übertragungsverhalten von Stirn-PV angestellt werden, wie sie für Zylinder- und Kegel-PV zum Teil schon in vielerlei Hinsicht vorliegen. Hierzu werden analytische, numerische und experimentelle Untersuchungen angestellt. Ziel ist es, geeignete Berechnungsmodelle und -gleichungen zu erarbeiten, die nicht nur zum besseren qualitativen Verständnis der Lastübertragung und der Versagensmechanismen der Verbindungen beitragen, sondern diese auch quantitativ beschreiben. Einen Schwerpunkt wird dabei die realitätsnahe Berücksichtigung der realen Belastungssituation bilden, welche neben der dominierenden Torsion stets Querkräfte und Biegemomente umfasst.

Auf Grundlage der Arbeit soll zukünftig eine genaue, sichere und wirtschaftliche Auslegung und Gestaltung von Stirn-PV möglich sein. Die Gliederung und die Teilaspekte der angestellten Untersuchungen einschließlich ihres Zusammenhangs sind in **Bild 1.7** veranschaulicht.

Wenngleich viele Betrachtungen allgemeingültiger Natur sind, so sollen Stirn-PV mit ausgeprägt hülsen- bzw. buchsenförmigem Nabengrundkörper den Mittelpunkt der Untersuchungen bilden. Ungeachtet möglicher anderer Realisierungen der axialen Klemmkraft wird zudem von einer *Verschraubung* und hinsichtlich des Verspannelements von einer *Schraube* ausgegangen, wobei die Übertragung der Zusammenhänge auf andere Fälle (vgl. **Bild 1.6**) oft trivial ist.

Darüber hinaus soll die Problematik der Tribologie der Wirkfugen nur am Rande thematisiert werden, obgleich in angrenzenden Untersuchungen auch Versuche zum Reibwert-Verhalten durchgeführt wurden. Diese sind in [WALE07] veröffentlicht. Dort wird auch ein Überblick über die Gestaltungsvielfalt bei Stirn-PV gegeben.

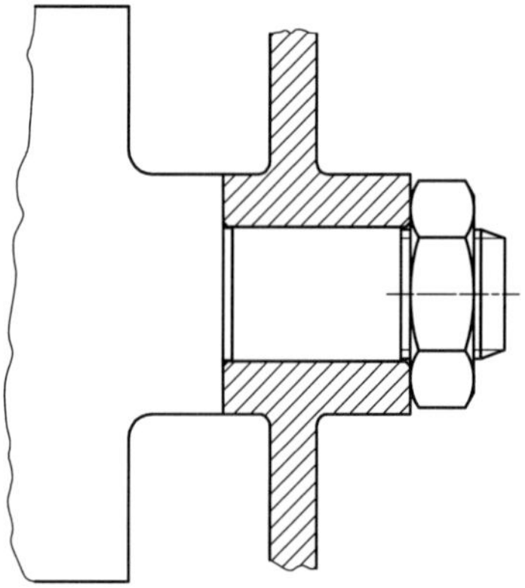

Bild 1.6: Stirn-PV mit hülsenförmigem Nabengrundkörper und axialer Verspannung mittels Mutter auf Gewindezapfen anstelle einer Schraube

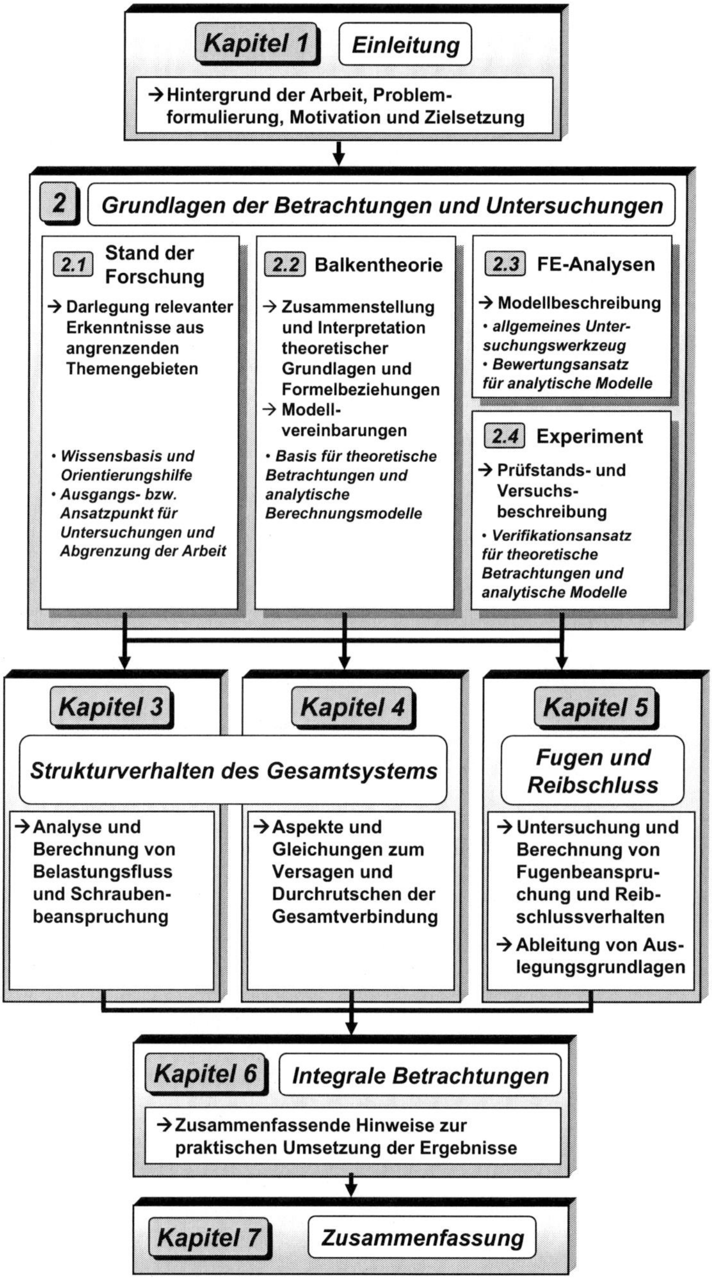

Bild 1.7: Gliederung der Arbeit

2 Grundlagen und Untersuchungsmethoden

2.1 Stand der Forschung

2.1.1 Schraubenverbindungen

2.1.1.1 Überblick

Allein aus montagetechnischer Sicht können Stirn-PV als (hoch-) vorgespannte, zentrische Einschraubenverbindungen betrachtet werden. Im deutschsprachigen Raum kommt diesbezüglich der VDI-Richtlinie 2230 [VDI2230] eine zentrale Rolle bei der Auslegung zu, welche somit auch im Hinblick auf die Berechnung von Stirn-PV als eine Grundlage angesehen werden kann. Eine „Norm" im engeren Sinne stellt diese dabei allerdings nicht dar. Die offizielle Normung im Schraubenbereich beschränkt sich vor allem auf maßliche (z. B. Gewindegeometrie [ISO274], Bauformen [ISO4014] u. v. a.) oder werkstoffliche Aspekte (z. B. mechanische Eigenschaften [ISO898]) sowie spezielle Schraubenanwendungen, etwa im Stahl- und Apparatebau. Als praxisgerechtes Regelwerk präsentiert die VDI-Richtlinie keine neuen Erkenntnisse, sondern fasst wesentliche Forschungsergebnisse in Form von Gleichungen, standardisierten Rechengängen und Berechnungsdaten zusammen. Lehrbücher, Fachliteratur allgemeineren Charakters (z. B. [SAU03], [RoMa07]) oder Firmenschriften (z. B. [RIBE30], [TEX01]) bauen wiederum weitgehend auf die dort dargelegten Betrachtungsweisen, Berechnungsprinzipien, Formelzeichen sowie die Terminologie auf oder nehmen engen Bezug darauf. Über [VDI2230] hinaus fassen Standardwerke wie im deutschsprachigen Raum [KLTH07] oder international [BINA98] die wichtigsten Grundlagen zu Schraubenverbindungen zusammen.

Hinsichtlich der Forschung zu Schraubenverbindungen kann zwischen Arbeiten mit dem Schwerpunkt „Schraube" (als einzelnes Maschinenelement) sowie mit eher globalem Fokus (Schrauben*verbindung*) unterschieden werden. Die aktuelle Forschung im Bereich der Einzelschraube zielt dabei sehr stark auf festigkeits- bzw. leichtbauoptimierte Lösungen (vgl. Beiträge in [VDI05]). Allerdings stellt auch die Verbesserung gängiger Auslegungs- und Berechnungsgrundlagen weiterhin einen Untersuchungsgegenstand dar (z. B. [ZHA04], [ASDG07]), ebenso die Mechanik des selbsttätigen Losdrehens ([FUJ05], [KAS07]). Eine immer größere Rolle spielt dabei auch die Finite-Elemente-Analyse ([SEY06], [ALB07]). Dies gilt in noch stärkerem Maße bezüglich der Arbeiten mit dem Schwerpunkt der gesamten Schraubenverbindung. Die Untersuchungen gelten dabei oft dem Verhalten der einzelnen Schraube(n) innerhalb des Gesamtsystems, etwa im Hinblick auf deren Beanspruchungs- und Versagensverhalten [FSLL01]. In anderen Fällen stehen stärker die verbindende Funktion und die Wirkung der Schraube auf die Struktur im Mittelpunkt (Verspannungszustand). Hierzu veröffentlichte Arbeiten weisen jedoch fast durchweg stark fallspezifischen Charakter auf, weshalb die Erkenntnisse oft wenig verallgemeinerbar sind und keine neuen Berechnungs- und Auslegungsaspekte vermitteln. Für eine zukünftige Erweiterung der VDI-Richtlinie 2230 („VDI 2230 Blatt 2"), die sich u. a. verstärkt den Aspekten der Mehrschraubenverbindungen widmen soll, sind deshalb weitere Untersuchungen notwendig, um die zumeist älteren Arbeiten mit diesbezüglich allgemeingültigerem Anspruch (z. B. [GABE80], [GRO84]) für die Praxis nutzbar zu machen.

2.1.1.2 Versagensmechanismen

Vom Versagen einer vorgespannten Schraubenverbindung kann allgemein dann gesprochen werden, wenn die zentrale Funktion, das Aufbringen einer notwendigen Verspannung, nicht mehr gegeben ist.

Wird zunächst die gesamte Verbindung betrachtet, so ist dies zum einen der Fall, wenn die äußere Belastung zum Überschreiten des Haftschlusses (bei Reibschlussverbindungen) oder Schließdrucks (bei Dichtverbindungen) in der Trennfuge führt. Die Vorspannkraft der Verschraubung muss demnach so ausgelegt sein, dass unter der Betriebslast weder Relativbewegungen noch Klemmungsverluste eintreten. Im Fall von Reibschlussverbindungen sind allerdings lokal begrenzte Mikrobewegungen im Kontakt durchaus zulässig und praxisüblich [MEGE92], solange die globale Relativbewegung begrenzt bleibt und damit keine progressiven Verschleißerscheinungen einhergehen.

Auf der anderen Seite kommt es zum Versagen, wenn eine einzelne Schraube *an sich* im Betrieb einen Verlust an Klemmkraft erleidet. In Anlehnung an [KLTH07] kann hierbei zwischen

– Lockern } (selbsttägiges) Lösen
– Losdrehen }
– (Dauer-) Bruch

unterschieden werden (vgl. **Bild 1.6**).

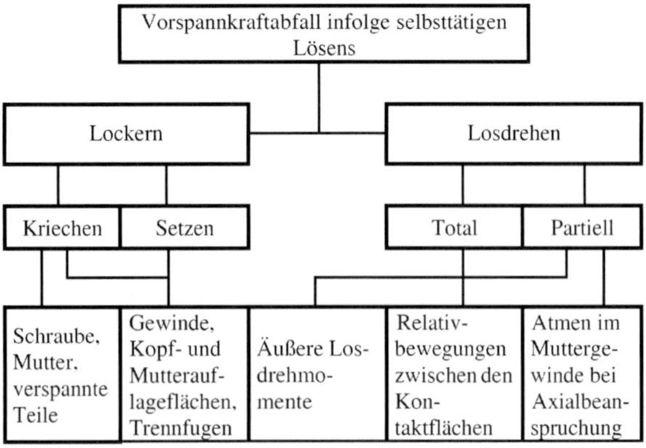

Bild 2.1: Klassifizierung des Vorspannkraftabfalls infolge selbsttätigen Lösens nach [KLTH07]

Von Lockern wird dann gesprochen, wenn es zu einem „Längungsverlust“ seitens der Schraube und der verspannten Teile kommt. Hierfür können einerseits thermische Effekte verantwortlich sein (Temperaturgradienten oder unterschiedliche Ausdehnungskoeffizienten). Auf der anderen Seite sind irreversible (Makro- oder Mikro-) Verformungen innerhalb und zwischen den verspannten und verspannenden Körpern als Ursachen zu nennen, z. B. durch plastische Deformationen oder Verschleiß. Diese können wiederum thermisch bedingt sein und/oder viskoplastischen Charakter besitzen (z. B. Hochtemperaturkriechen bei entsprechenden Werkstoffen [RoSa05]) oder durch die äußere (statische oder zyklische) mechanische Belastung herbeigeführt sein. In der rechnerischen Auslegung sind diesbezüglich unter anderem entsprechende Grenzflächenpressungen in den Fugen einzuhalten ([VDI2230], [ArBe02], [ArBa06]). Darüber hinaus müssen die praktisch nicht vermeidbaren Setzeffekte durch einen entsprechenden „Zuschlag“ bei der Bemessung der Montagevorspannkraft a priori berücksichtigt werden (**Bild 2.2**). Zusätzliche Setzgefahr besteht bei ungünstigen Gestaltungen der Kopfauflage mit indirektem Kraftfluss durch dabei auftretende hohe Scher- und Biegespannungen sowie extrem ungleichförmige Pressungsverteilungen (**Bild 2.3**). Nach Möglichkeit sollten deshalb Schraubenkopfform und Nabengeometrie so gestaltet werden, dass idealerweise auf Zwischenscheiben verzichtet werden kann.

Gemittelte Rautiefe R_z nach DIN 4768	**Belastung**	**Richtwerte für Setzbeträge** in µm		
		im Gewinde	je Kopf- oder Muttern-auflage	je innere Trennfuge
< 10 µm	Zug/Druck	3	2,5	1,5
	Schub	3	3	2
10 µm bis < 40 µm	Zug/Druck	3	3	2
	Schub	3	4,5	2,5
40 µm bis < 160 µm	Zug/Druck	3	4	3
	Schub	3	6,5	3,5

Bild 2.2: Richtwerte für Setzbeträge in den Trennfugen und im Gewinde einer Schraubenverbindung aus Stahl nach [VDI2230]

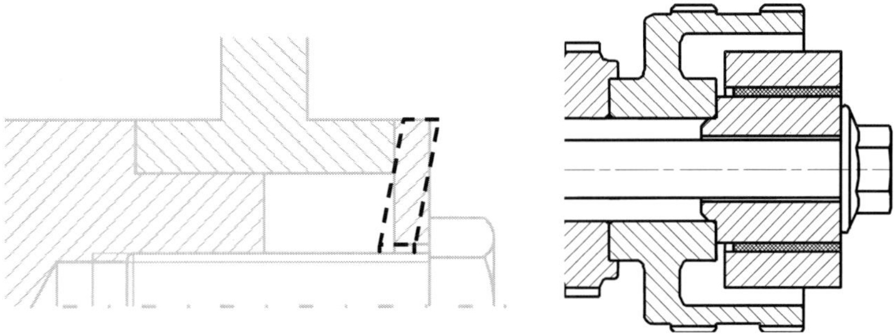

ungünstig *günstig*

Bild 2.3: Ungünstige Gestaltung der Kopfauflage (links) mit tellerfederartige Verformung, ungleichförmiger Pressungsverteilung und hoher Scherbeanspruchung der Scheibe mit resultierender hoher Setzgefahr und günstigere Ausführung (rechts)

Neben den axialen Längungsverlusten kann es im Betrieb selbst unter voller Vorspannung auch zum Los-*Drehen* der Schraube und daraus resultierendem Vorspannkraft-Verlust kommen – ein Effekt, der wegen der Selbsthemmung im Gewinde lange Zeit nicht für möglich gehalten wurde, aber in [GoSw45] und [SLL50] unter axialer Schwingbeanspruchung erstmals ansatzweise gezeigt wurde. In [JuSt66] wurde dies auch für querbelastete Verbindungen nachgewiesen (**Bild 2.4**) und ein entsprechender „Lösemechanismus" beschrieben (siehe auch [BLu69] und [RiLö92]).

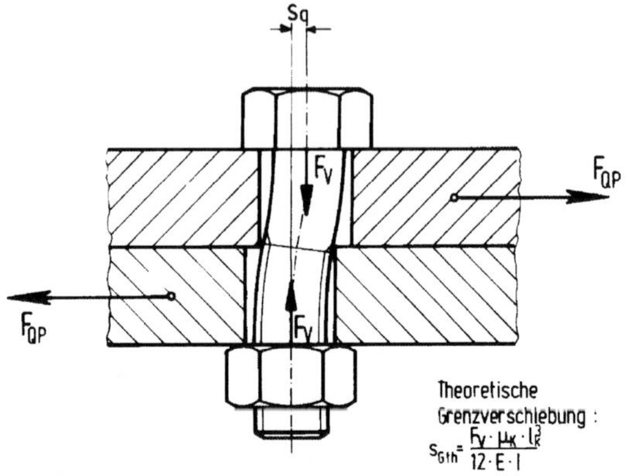

Bild 2.4: Biegeverformung der Schraube durch querkraftbedingte Relativbewegungen in der Trennfuge, die zum selbsttätigen Losdrehen der Schraube führen [BLu69]

In der Folge hat sich eine Vielzahl von Veröffentlichungen bis in die Gegenwart ([FuJ05], [KAS07], [NASS07], [ALB07] u. v. a.) mit der Problematik des selbsttätigen Losdrehens unter verschiedene Randbedingungen beschäftigt. Als Ursachen werden generell Relativbewegungen in der Trennfuge gesehen, die sich wiederum nur durch eine entsprechend hohe Klemmkraft oder große Klemmlängen ([VDI2230]: $l_K/d \geq 3..5$) verhindern lassen. Auf der anderen Seite existieren Möglichkeiten zur Unterbindung der Losdrehbewegung an sich. Ein umfassender Überblick samt Diskussion zu Möglichkeiten und Grenzen der Schrauben- und Losdrehsicherung wird in [KLTH07] gegeben. Neben mechanischen Lösungen im Bereich des Schraubenkopfes sind dabei insbesondere auch das Verkleben des Gewindes zu nennen, eine Methode die sich durch sogenannte mikroverkapselte Klebstoff-Beschichtungen (s. [BLEs73]) praktisch recht einfach gestaltet und dementsprechend auch längst Einzug in die Großserienfertigung gehalten hat ([FVV820]).

Neben dem Losdrehen und Lockern stellt der Bruch der Schraube eine weitere Versagensart dar. Wenngleich hier strenggenommen zwischen Gewalt- und Dauerbruch zu unterscheiden ist, so hat doch in maschinenbautypischen Reibschluss-Verbindungen in erster Linie letzterer Bedeutung. Im Falle einer statischen oder quasi-statischen Überlast kommt es infolge der ausgeprägten Duktilität selbst höherfester Schraubenwerkstoffe zunächst zu plastischen Verformungen, die sich in einem Abfall der Vorspannung auswirken, womit ein derartiger

Überlastungsfall eher der Kategorie „Lockern" (s. o.) zuzuschreiben ist. Der Dauerbruch tritt dagegen immer als verformungsarmer „Sprödbruch" auf, wenngleich zum Beispiel in [KRSC05] darauf hingewiesen wird, dass mit der Risswachstumsphase ein Steifigkeitsverlust eintritt, der sich ebenfalls in einem Abfall der Klemmkraft auswirkt. Ursächlich für einen derartigen Bruch ist ein Überschreiten der Dauerfestigkeit[3] der Schraube. Dies resultiert in erster Linie aus zyklischen Axial- und Biegebeanspruchungen, wenngleich aus der Praxis (konkret: bei Stirnpressverbindungen, [FVV820]) auch *Torsions*-Dauerbrüche bekannt sind.

Hinsichtlich der dauerfest ertragbaren (Nenn-) Spannungsamplituden gilt dabei im Vergleich zum üblichen Versagensverhalten von Stahlbauteilen (vgl. [FKM03]) eine Reihe von Besonderheiten:

(1) Die dauerfest ertragbaren Spannungsamplituden sind im Wesentlichen unabhängig von der Festigkeitsklasse (also der statischen Zugfestigkeit) der Schraube. Als Ursache hierfür sind u. a. die extrem hohen „Formzahlen" (2.29) von $\alpha_K > 6$ ([KLTH07], [SEY06]) in den kritischen Querschnitten und die damit verbundenen hohen Spannungsgradienten (→ großer Einfluss der Stützwirkung) zu sehen. Die gegenläufigen Tendenzen von mit der Zugfestigkeit ansteigender Dauerfestigkeit und abnehmender Stützwirkung kompensieren sich in diesem Zusammenhang.

(2) Der Mittelspannungseinfluss der statischen (Zug-) Vorspannung ist für die – in der Praxis überwiegenden – schlussvergüteten Schrauben vernachlässigbar, die Dauerfestigkeit somit unabhängig von der Schraubenvorspannung. Bei schlussgerollten Schrauben – welche schlussvergüteten dauerfestigkeitsmäßig stets überlegen sind [SCH92] – hebt die Vorspannung dagegen den positiven Effekt der Druckeigenspannungen auf und mindert deshalb die ertragbare Spannungsamplitude [SCH96].

(3) Über Punkt (2) hinaus hat eine elastisch-plastische (Über-) Beanspruchung während des Montagevorgangs oder im Betrieb keinen negativen Einfluss auf die Dauerfestigkeit, sondern kann diese unter Umständen sogar erheblich erhöhen [THO83]. Dies ist – in Verbindung mit der teilweisen Rückfederung nach dem Anzugsvorhang ([THO83], [KLSC86]) – vor allem auf die dann verbesserte Lastverteilung im Gewinde und den Abbau lokaler Spannungsspitzen zurückzuführen [KLTH07].

(4) Im Gegensatz zur Zug-Mittelspannung (2) kann nach [ILBE66] eine überlagerte statische Biegung – zum Beispiel infolge nicht-planparalleler Auflageflächen oder exzentrischer Verspannungszustände – die Dauerhaltbarkeit unter Umständen signifikant vermindern. Andere Untersuchungen zeigen dagegen auch gegenteilige oder ausbleibende Effekte [SCH92].

Darüber hinaus unterliegt die Dauerfestigkeit sehr vielfältigen Einflüssen, die in [THO78] und [KLTH07] umfassend dargestellt sind und sich kaum allgemeingültig quantifizieren lassen. In jedem Fall ist ein erheblicher Größeneinfluss zu verzeichnen, der in der Berechnung der *Zug*-Dauerfestigkeit für schlussvergütete Maschinenbau-Schrauben wie folgt ausgedrückt werden kann ([VDI2230], ähnlich [THO78]):

$$\sigma_{ASV}(d) = 0{,}85 \cdot \left(\frac{150\,\text{mm}}{d} + 45 \right) \cdot \frac{\text{N}}{\text{mm}^2} \tag{2.1}$$

[3] Zur Diskussion des Begriffs „Dauerfestigkeit" siehe [SON05].

Die Beziehung kann im Hinblick auf die vielschichtige Einflusssituation als eher „auf der sicheren Seite liegend“ bezeichnet werden und stellt eine abklingende Funktion mit der Asymptote $\sigma_{ADK}(d \rightarrow \infty) \approx 38$ MPa dar. In guter (konservativer) Näherung wird in der Praxis deshalb häufig mit einer Dauerfestigkeit von 40 MPa gerechnet, was in jedem Fall einen extrem geringen Wert (überschlägig 5%) im Vergleich zur statischen Streckgrenze bedeutet. Für reine Biegebeanspruchung werden in der Literatur Grenzwerte angegeben, die zwischen 5% [RÖM78] und 40% [AGA73] über der Zug-Dauerfestigkeit liegen (vgl. [KAM97]). In [VDI2230] wird allerdings nicht zwischen Zug- und Biege-Beanspruchung bzw. -Dauerfestigkeit unterschieden, so dass – diesem Ansatz folgend – beide Beanspruchungsarten additiv zu einer Gesamt-Normalspannung zusammengefasst und gegen den entsprechenden „Summengrenzwert“ (2.1) verglichen werden können.

2.1.1.3 Auslegung und Berechnung

Steifigkeitsproblematik

Entscheidend für die Spannungen, welche die Schraube im Betrieb beanspruchen, sind neben der äußeren Belastung die Verspannungsverhältnisse der Schraubenverbindung, konkret: das Steifigkeits- und Vorformungsverhalten der verspannten Teile und der Schraube. Bei asymmetrischen bzw. nicht-axialsymmetrischen Geometrieverhältnissen im Verschraubungsbereich führt dabei allein die Vorspannkraft der Schraube zu zusätzlichen statischen Biegespannungen. Im Betrieb resultieren in diesem Fall auch bezogen auf die Schraubenachse zentrische Betriebskräfte in einer ggf. dynamischen Biegebeanspruchung. Gleiches gilt naturgemäß generell für exzentrische Axiallasten.

In der technischen Berechnung bildet das Modell zweier gegeneinander verspannter Federn die mechanische Grundlage zur Beschreibung der Verspannungsverhältnisse (**Bild 2.5**). Die Schraube (Index „S“) stellt dabei eine Zugfeder dar, die üblicherweise als „Hülse“ [SAU05] oder „Platten“ ([VDI2230], Index „P“) bezeichneten verspannten Teile eine Druckfeder. Die Kraft- und Längungsverhältnisse werden dabei anschaulich durch das Verspannungsschaubild einer Verbindung dargestellt (**Bild 2.6**).

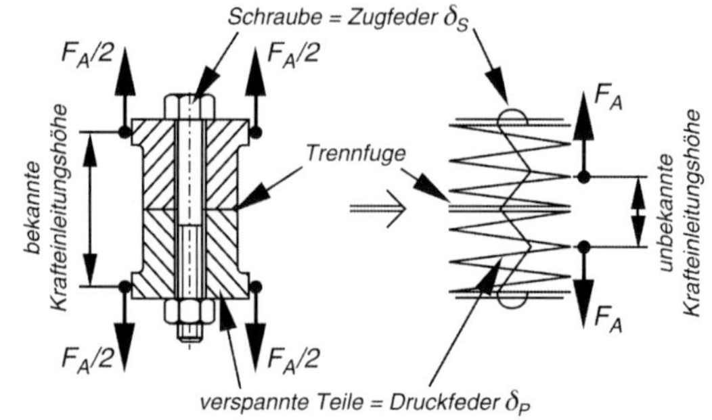

Bild 2.5: Überführung einer zentrisch verspannten Schraubenverbindung in ein Modell verspannter Federn [VDI2230]

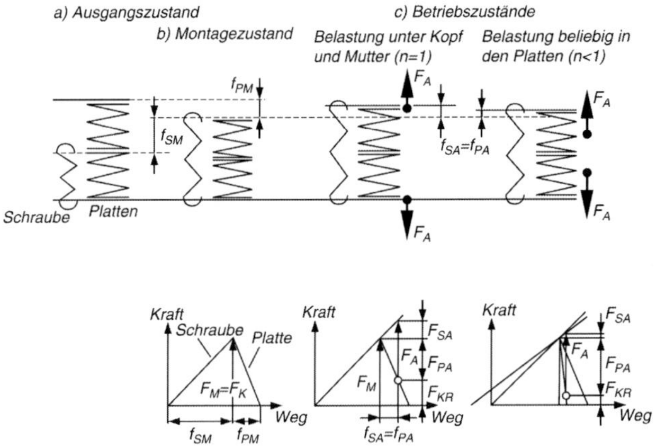

Bild 2.6: Verspannungsschaubild des Federmodells einer Schraubenverbindung für verschiedene Betriebszustände [VDI2230]

Während die äquivalente Abbildung der effektiven Steifigkeit der Schraube c_S (bzw. Nachgiebigkeit $\delta_S = 1/c_S$) ausgehend von den Abmessungsverhältnissen gemäß [VDI2230] als ausreichend genau angesehen wird [LOR96], war und ist die Berechnung der „Plattensteifigkeit" immer wieder Gegenstand von Untersuchungen und Modellverfeinerungen ([BAC08], [RÖT27], [BIR61], [WEB77], [LOGL90], [HAN94], [ASDG07] u. a.). Eine zentrale Schwierigkeit stellt dabei die Tatsache dar, dass sich die Druckspannungen in den verspannten Teilen stark inhomogen „ausbreiten". Es wird deswegen üblicherweise von einem „Druck-" oder „Verspannungskörper" gesprochen, der den verspannten Bereich der Platten repräsentiert und dessen mechanisch äquivalente Gestalt näherungsweise zu berechnen ist. Hierfür existieren verschiedene Berechnungszugänge[4]. Diesbezüglich wird in [VDI2230] der Verspannungskörper als doppelter „Ersatzkegel" approximiert, dessen Maße aus den realen geometrischen Abmessungen bestimmt werden. Hieraus ergibt sich nach dem Modell des Zug-/Druckstabs die resultierende Nachgiebigkeit δ_P der verspannten Teile. Ebenso kann für den Fall asymmetrischer Verspannungsverhältnisse und/oder exzentrischer Beanspruchung der laterale Versatz gegenüber der Schraubenachse sowie die Biegesteifigkeit berechnet werden.

Lastverteilung innerhalb einer Schraubenverbindung

Die äußere Belastung verteilt sich dann gemäß den Nachgiebigkeitsverhältnissen auf Schraube (δ_S) und Platten (δ_P). Im Falle einer äußeren axialen Kraft („Betriebskraft" F_A gemäß [VDI2230]) erfährt die Schraube anteilig eine „Betriebszusatzkraft" F_{SA}, wobei die Beziehung

$$F_{SA} = \underbrace{\frac{\delta_P}{\delta_S + \delta_P}}_{\Phi_K} \cdot F_A \tag{2.2}$$

[4] Siehe die o. g. Literaturangaben; ein Vergleich derartiger Verfahren bis 1990 findet sich zum Beispiel in [LEKM94].

zunächst nur für den idealisierten Fall der direkten Krafteinleitung „unter Kopf" gilt (vgl. Bild 2.6). Für reale Lasteinleitungsverhältnisse muss (2.2) mit einem Krafteinleitungsfaktor n korrigiert werden [HAN94]:

$$F_{SA} = \underbrace{n \cdot \frac{\delta_P}{\delta_S + \delta_P}}_{\Phi = n \cdot \Phi_K} \cdot F_A . \tag{2.3}$$

Der Faktor Φ, nach [VDI2230] „Kraftverhältnis" bzw. „relatives Nachgiebigkeitsverhältnis" genannt, stellt somit den relativen Anteil der äußeren Betriebskraft dar, der auf die Schraube wirkt, innerhalb der Schraubenverbindung also von der Schraube „übertragen" wird. Der komplementäre Anteil

$$F_{PA} = (1 - \Phi) \cdot F_A \tag{2.4}$$

belastet folglich die verspannten Teile in Form einer Klemmkraft-Änderung. Wie aus (2.3) hervorgeht und durch das Verspannungsschaubild (Bild 2.6) veranschaulicht wird, ist der Schraubenanteil umso geringer, je weicher die Schraube im Verhältnis zum Verspannungskörper ist. Zum Verhalten bei exzentrischen Verspannungs- und Verformungsverhältnissen bzw. bei Biegebelastung gelten analoge Verhältnisse mit allerdings weitaus komplexeren mechanischen Zusammenhängen, für die an dieser Stelle auf [KLTH07] bzw. [VDI2230] verwiesen wird. Für Querkraft- bzw. Querkraft-Biegebelastung liegen dagegen keine Modelle vor. Ebenso wenig werden in der technischen Schraubenberechnung nach [VDI2230] Betriebs-„Drehmomente" thematisiert. Betrachtungen zur Torsion spielen nur bezüglich des Anzugs- und Lösevorgangs eine Rolle.

Anzugsvorgang

Rechnerisch setzt sich das Anzugsmoment T_{anz} aus den Anteilen Kopfreibmoment, Gewindereibmoment und Gewindesteigungsmoment (auch: „Gewindenutzmoment", [KLTH07]) zusammen,

$$T_{anz} = T_K + \underbrace{T_{reib}^{(Gew)} + T_{steig}^{(Gew)}}_{T_{anz}^{(Gew)}} , \tag{2.5}$$

wobei die letzten beiden Anteile das Gewindemoment $T_{anz}^{(Gew)}$ darstellen. Alle drei Terme sind unter Annahme COULOMB'scher Reibung proportional zur wirksamen Schraubenvorspannkraft F_V. Das Reibmoment der Kopfauflage T_K berechnet sich analog einer „Reibkupplung" (vgl. (1.1)) zu

$$T_K = \mu_K \cdot F_V \cdot R_{eff}^{(K)} . \tag{2.6}$$

Gemäß **Bild 2.7** beträgt der effektive Reibungshalbmesser R_μ (vgl. Abschnitt 5.1.4.1; $R_{eff}^{(K)} = R_\mu$) der Kopfauflage für Standard-Sechskant-Schrauben überschlägig das $0{,}60$- bis $0{,}65$-fache des Schraubennenndurchmessers d. Für von der kreisringförmigen bzw. ebenen Form abweichende Kopfauflagen (z. B. Kegelbundschrauben) finden sich Beziehungen für $R_{eff}^{(K)}$ u. a. in [JUKÖ68].

Das Gewindemoment ergibt sich unter spezieller Berücksichtigung der Reibungs- und Winkelverhältnisse (s. [KLTH07]) bei metrischem ISO-Gewinde (Flankenwinkel 30°) in der gebräuchlichen „zugeschnittenen" Form

$$T_{anz}^{(Gew)} = F_V \cdot \left(0{,}577 \cdot \mu_{Gew} \cdot d_2 + 0{,}159 \cdot P\right) . \tag{2.7}$$

Der erste Summand stellt dabei den Reibungs-, der zweite den Steigungsanteil dar.

In **Bild 2.8** sind die Terme des Gesamt-Anzugsmomentes aus (2.5) für Standard-Sechskantschrauben mit Regelgewinde unter der Annahme $\mu_K = \mu_{Gew} = 0{,}15$ aufgeschlüsselt. T_{anz} teilt sich demnach zu etwa gleichen Anteilen in Kopfreibungs- und Gewindemoment auf. Beim Lösen des Gewinde kehrt sich die Wirkrichtung des Steigungsanteils in (2.7) um, so dass im Gewinde nur noch die entsprechende Differenz überwunden werden muss:

$$T_{los}^{(Gew)} = F_V \cdot \left(0{,}577 \cdot \mu_{Gew} \cdot d_2 - 0{,}159 \cdot P\right). \qquad (2.8)$$

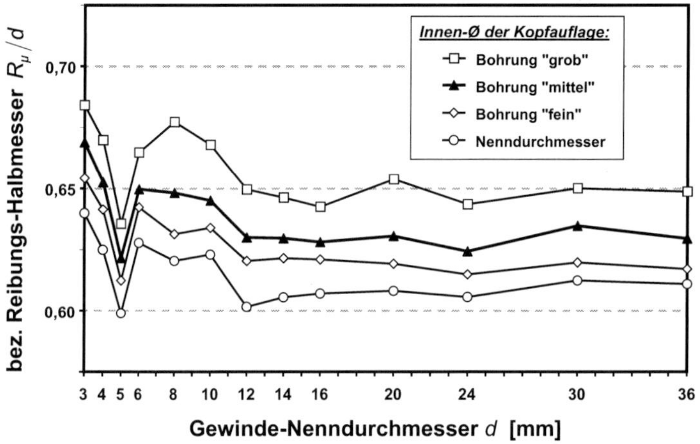

Bild 2.7: Bezogener Reibungsdurchmesser R_μ der Kopfauflage für Sechskant-Schrauben mit Telleransatz [ISO4014] der Reihe 1 unter Annahme verschiedener Reibflächen-Innendurchmesser

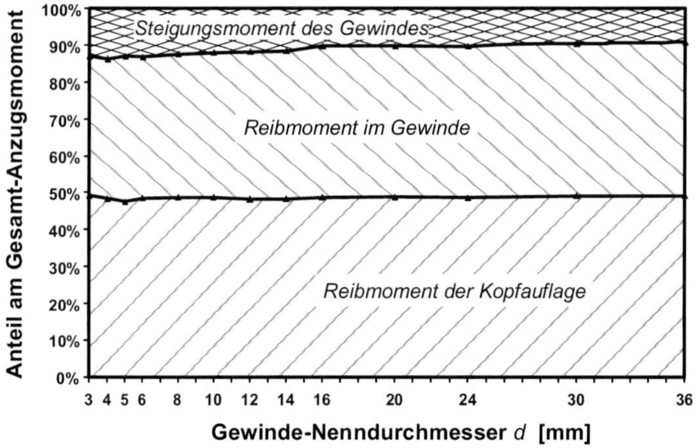

Bild 2.8: Aufteilung des Schraubenanzugsmoments (*Annahmen: gleiche Reibwerte in Kopfauflage und Gewinde: $\mu_K = \mu_{Gew} = 0{,}15$; Sechskant-Schrauben mit Regelgewinde und Telleransatz nach [ISO4014]; effektiver Reibungshalbmesser R_μ der Kopfauflage mit Innendurchmesser ≙ Norm-Bohrungsdurchmesser „mittel“*)

Die Reibung in Gewinde und Kopfauflage ist in starkem Maße von den Werkstoff-, Schmierungs- und Oberflächenzuständen abhängig und unterliegt zudem erheblichen Streuungen. Entsprechende Angabe für Reibwert-Bereiche sind (mit Streubreiten von bis zu 100% und mehr) in [KLTH07] bzw. [VDI2230] gegeben. Vor diesem Hintergrund ist die Genauigkeit der Beziehungen (2.5)ff. deutlich eingeschränkt, etwa im Hinblick auf eine präzise drehmomentgesteuerte Einstellung der Vorspannkraft F_V. Letztere kann deshalb wesentlich genauer aufgebracht werden, wenn die Schraube kontrolliert bis in den plastischen Bereich hinein angezogen wird (drehwinkelgesteuertes Anziehen, vgl. [TOT04], [KLTH07]) oder wenn der Übergang vom elastischen in den plastischen Dehnungsbereich sogar gezielt durch Auswertung des Drehwinkel-Anzugsmoment-Gradienten $dT_{anz}/d\varphi_{anz}$ identifiziert wird (streckgrenzengesteuertes Anziehen). Da im Schraubenschaft nur das Gewindemoment wirkt und die daraus resultierenden Torsionsspannungen neben der Zielgröße „Zugspannung" wiederum nur anteilsmäßig in die Vergleichsspannung eingehen, wird hierbei die Vorspannkraft weniger durch die Gewindereibung, sondern in erster Linie durch die Werkstoff-Streckgrenze bestimmt, welche i. d. R. deutlich weniger streut. Der Einfluss des Kopfreibmoments entfällt zudem vollkommen. Für Stirn-PV im automobilen Bereich sind drehwinkel- oder streckgrenzengesteuerte Anziehverfahren heute Stand der Technik [FVV820].
Bei allen torsionsbehafteten Anzugsverfahren liegt nach dem Anziehen ein Torsionsrestmoment innerhalb der Verbindung an, da die elastische „Anzugs-Verdrillung" der Schraube nach Werkzeugwegnahme zumindest teilweise erhalten bleibt. Dieser Effekt tritt dagegen nicht bei torsionsfreien Anzugsverfahren (s. [KAM97]) auf, bei denen eine Torsionsbeanspruchung des Schaftes während der Montage entfällt. Dennoch muss auch hier infolge nicht genau bekannter Rückfederungs- bzw. Setzbeträge mit Vorspannkraft-Streuungen bzw. -Verlusten gerechnet werden ([THIL75], [LOHO05]).

2.1.2 Reibschlüssige Welle-Nabe-Verbindungen

2.1.2.1 Grundlagen und Übertragungsfähigkeit

Abgesehen von einer möglichen Einordnung als Schraubenverbindungen, stellen Stirnpressverbindungen zunächst Welle-Nabe-Verbindungen dar, wobei sie hier der Kategorie rein reibschlüssiger Verbindungen zuzuordnen sind. In diesem Bereich liegen grundsätzlich schon umfangreiche Untersuchungen und Berechnungsgrundlagen vor. Schwerpunkte entsprechender Arbeiten bilden dabei zum Beispiel elementaren Fragen der reibschlüssigen Belastungsübertragung ([MÜL61], [SCH69], [HÄU74], [LEI83]), des Verhaltens bei dynamischer Belastung ([GRO73], [GRO97]) und der Gestaltfestigkeit ([SEE70], [GAL81], [MEGP94], [LWB08]). Die Grundlagen der Auslegung von Zylinderpressverbindungen reichen dabei bis in 19. Jahrhundert zurück. Diesbezüglich bildet die Theorie der Kreisscheibe im ebenen Spannungszustand [LAM52] den Ausgangspunkt für die Berechnung des Zusammenhangs zwischen Übermaß und Fugendruck $\bar{p}$ und damit – unter Annahme eines konstanten Verteilung und des COULOMB'sche Reibgesetzes – des maximal übertragbaren Drehmoments, des sogenannten Rutschmoments T_R. Dieser Ansatz liegt den einschlägigen Standards und Normen zur Presssitz-Auslegung zugrunde ([DIN7190], [TGL19361], [AGMA9003], [FVA7190]), wobei im deutschsprachigen Raum zunächst die DIN 7190 zu nennen ist. Sie betrachtet grundsätzlich auch die Wirkung von Fliehkräften, erlaubt eine elastisch-plastische

Auslegung der Pressverbände und liefert Gestaltungs- und Montagehinweise sowie Reibwertangaben. Neben der Torsionsbelastung wird auch die maximale zulässige Axialkraft F_R („Reib-“ bzw. „Rutschkraft“) berücksichtigt. Für eine kombinierte Belastung $\{T, F_{ax}\}$, welche in [DIN7190] allerdings nicht betrachtet wird, kann unter Annahme isotroper Reibung wegen senkrecht aufeinander stehender Schubspannungsrichtungen der folgende ellipsenförmige Zusammenhang zugrunde gelegt werden [SAU05]:

$$\left(\frac{F_{ax}}{F_R}\right)^2 + \left(\frac{T}{T_R}\right)^2 = 1. \tag{2.9}$$

Wenngleich speziell auch die Biegebelastung bei Zylinder-PV unter verschiedenen Aspekten untersucht wurde (z. B. [TSF62], [HÄU74], [ROM91]), existiert bis heute kein einfacher allgemeiner Ansatz zur Auslegung von Presssitzen unter kombinierter Axialkraft-, Torsions- *und* Biegebelastung. Erschwerend stellt sich diesbezüglich dar, dass hinsichtlich einer Momentenbelastung der Verbindung stets zwischen „Lasteinleitung“ (von der Nabe in die Welle) und „Lastdurchleitung“ (in der Welle, d. h. passive Rolle der Nabe) unterschieden werden muss [LEI83] und dementsprechend eine Vielzahl praktisch relevanter Belastungskonfigurationen zu berücksichtigen wäre.

SMETANA [SME01] untersuchte Pressverbindungen unter asymmetrischen Belastungen mit Torsion, Längskraft und Biegung, wie sie zum Beispiel bei Einsteckritzeln auftreten. Er legte hierfür umfangreiche Berechnungsgrundlagen auf Basis numerischer, experimenteller und analytischer Untersuchungen vor. Für kombinierte Belastungen gelten demnach ähnlich (2.9) ellipsen- bzw. ellipsoidenförmige Grenzbeziehungen (**Bild 2.9**). Im Übrigen wird darauf hingewiesen, dass üblicherweise deutlich über 50% (zum Teil bis 90%) des Biegemoments reibschlüssig übertragen werden, was Aussagen in [HÄU74] und [LEI83] bestätigt. Neben den Gleichungen zur maximal übertragbaren Belastung liefert SMETANA auch Beziehungen zur Berechnung eines Biegegrenzmomentes bezüglich des Klaffens der Pressfuge. Sämtliche Untersuchungen in [SME01] beziehen sich dabei gleichermaßen auf Zylinder- und (selbsthemmende) Kegelpressverbindungen.

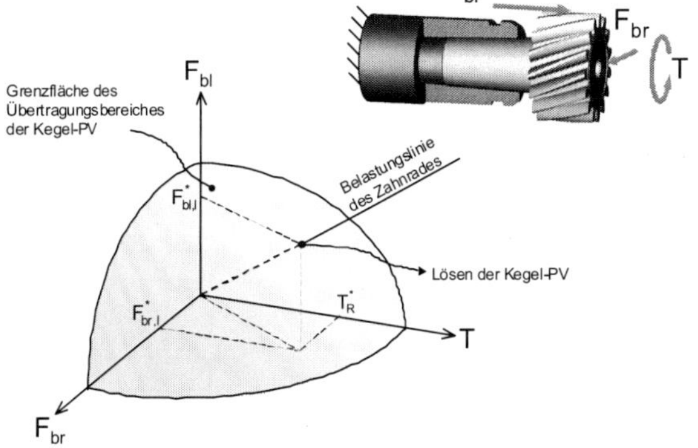

Bild 2.9: Schematische Darstellung des Übertragungsbereiches einer Einsteck-PV mit schrägverzahntem Ritzel und der Belastungslinie des Zahnrades infolge kombinierter Torsions-, Querkraft- und Biege-Belastung [SME01]

Bei Kegel-PV ist grundsätzlich zwischen mittels Schraube vorgespannten Verbindungen und selbsthemmenden Kegel-„Presssitzen“ zu unterscheiden. Letztere erfordern hinreichend kleine Kegelwinkel und werden in der Antriebstechnik der einfachen Montage wegen oft anstelle von Zylinderpressverbindungen eingesetzt. Die allgemeinen Grundlagen zur Drehmomentübertragung bei Kegelpressverbindungen gehen überwiegend auf SCHMID zurück ([SCH69], [SCH73], [SCH74]). Er weist dabei unter anderem auch auf die Rolle des Winkelfehlers γ sowie die diesbezüglich notwendige Unterscheidung zwischen „oberer“ und „unterer Anlage“ hin (**Bild 2.10**) und gibt Beziehungen zur Berechnung des Fugendrucks unter Berücksichtigung von γ an. In der Praxis sollte γ möglichst klein gehalten und in Richtung „oberer Anlage“ toleriert werden ([SCH73], [LEI83]). Aufgrund des flachen Kegelwinkels können selbsthemmende Kegel-PV weitgehend wie Zylinderpressverbindungen behandelt werden [SME01]. Gleiches gilt in vielerlei Hinsicht für typische Klemm- und Spannelement-Verbindungen mit zylindrischer oder leicht konischer Wirkfläche ([SCH93],[CAS98]), bei denen die Verspannung (und damit der Fugendruck) nicht über den elastischen Ausgleich eines Übermaßes, sondern *mittelbar* – ähnlich zu Stirn-PV oder vorgespannten Kegel-PV – über eine Verschraubung aufgebracht wird.

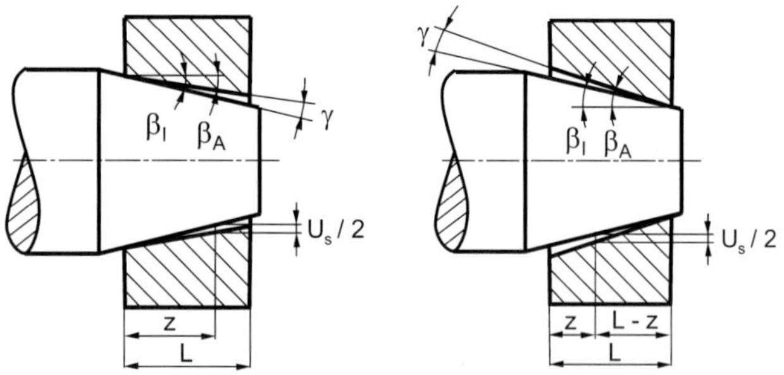

Bild 2.10: Winkelfehler γ mit oberer (links) und unterer Anlage (rechts) bei Kegel-PV [SCH69]

Eine weitere Form drehmomentleitender Reibschluss-Paarungen stellen Mehrschrauben-Verbindungen dar, welche aufgrund der üblicherweise kreisringförmigen Wirkflächenform und der direkten Erzeugung der Normalkräfte durch die Schrauben eine besondere Nähe zu Stirn-PV aufweisen. Üblicherweise werden sie unter Bemessung der axialen Klemmkraft F_K nach Art einer Reibkupplung auf Torsion hin ausgelegt (vgl. (1.1)),

$$T_R = \mu \cdot F_K \cdot R_{eff}\,, \tag{2.10}$$

wobei μ den Fugenreibwert und R_{eff} den wirksamen Reibungshalbmesser darstellt. Die VDI-Richtlinie [VDI2230], welche die Ermittlung der erforderlichen Klemmkraft F_K in der Klemmfuge von Schraubenverbindungen eher am Rande behandelt, liefert auch eine Gleichung für die Einbeziehung von Querkräften F_Q, wobei die erforderlichen Klemmkräfte für reine Torsion und reinen Querkraftschub einfach addiert werden. Somit lautet die Beziehung[5], wie sie zunächst auch für Stirn-PV zugrunde zu legen wäre:

[5] Vgl. [VDI2230], Gl. 5.4/1; hier mit anderen Formelzeichen und ohne Berücksichtigung mehrerer Trennfugen.

$$F_{K,erf} = \frac{F_Q}{\mu} + \frac{T}{\mu \cdot R_{eff}} . \tag{2.11}$$

Biegemomente werden dabei wohlgemerkt nicht berücksichtigt.

MERTENS, GERBER und MICHLIGK führten umfangreiche experimentelle Untersuchungen und theoretische Betrachtungen zu Mehrschrauben- bzw. „Flanschverbindungen", teilweise auch unter Berücksichtigung von Formschluss-Elementen (axialen Stiften), durch. In [MEMI88] bzw. [MIC88] wird dabei zunächst der Belastungsfall reiner Torsion betrachtet. Es wird festgehalten, dass die zusätzlichen Stifte nur zum Übertragen seltener Überlasten dienen können und Reibkorrosionseffekte nicht verhindern. Einen weiteren Untersuchungsschwerpunkt bildet die ungleichmäßige Pressungsverteilung in der Kontaktfläche infolge der umfänglich verteilten Schrauben. Hierfür wird ein Berechnungsmodell auf Grundlage der Theorie des elastisch gebetteten Balkens präsentiert, welches wiederum Aussagen über die zulässigen Drehmomente liefert.

In [GER91] und [MEGE92] werden auch kombinierte Belastungen (Torsion, Drehmoment, Querkraft) betrachtet, wobei statische und dynamische Versuche durchgeführt wurden. Hierbei werden die unterschiedlichen Reibkorrosionserscheinungen bezüglich ihrer Intensität bewertet.

In Fortsetzung der Arbeiten [MEMI88], [MIC88], [GER91] und [MEGE92]) wurden von KURZAWA reibschlüssige Flanschkupplungen überwiegend numerisch mittels BEM-Analysen untersucht [KUR93]. Auf Grundlage dieser und der vorangegangenen Ergebnisse sowie analytischer Betrachtungen wird ein Konzept zur Gestaltung und Berechnung der Verbindungen vorgestellt, wobei kombinierte Torsions-, Querkraft- und Biegebelastung berücksichtigt werden können. Für jede Teilbelastung wird dabei eine eigene Nutzungszahl $\eta^{[\text{KUR93}]}$ definiert, die das Verhältnis von praktisch zulässiger Belastung $(\,)_{zul}$ zu einer nach einem einfachen Balkenmodell ermittelten theoretischen Absolut-Grenze $(\,)_{\max}$ ausdrückt[6]:

$$\left\{ \eta_B^{[\text{KUR93}]} = \frac{M_{B,zul}}{M_{B,\max}},\quad \eta_T^{[\text{KUR93}]} = \frac{T_{zul}}{T_{\max}},\quad \eta_Q^{[\text{KUR93}]} = \frac{F_{Q,zul}}{F_{Q,\max}} \right\}. \tag{2.12}$$

Die Höhe der Grenzwerte für $\eta^{[\text{KUR93}]}$ kann in Abhängigkeit von der Klemmlänge der Schraube (bzw. der Flanschblattdicke) und dem Lochkreis-Durchmesser des Flansches mittels der in [KUR93] ermittelten empirischen Formeln berechnet werden. Die Beziehungen gehen von „optimalen" Kontaktflächen-Durchmesserverhältnissen aus, welche jeweils unter Berücksichtigung des Schrauben-Lochkreises und der Flanschblatt-Dicke mit entsprechenden Gleichungen bestimmt werden können. Diesen liegen u. a. die Untersuchungen zur Gestalt des Verspannungskörpers bei Schraubenverbindungen nach [BIR63] und [LOR90] zugrunde. KURZAWA weist allerdings darauf hin, dass sich die Ergebnisse nicht unmittelbar auf Flanschverbindungen übertragen lassen, die zu den untersuchten Varianten (Wellen-Ø 60 mm, Teilkreis-Ø 90 mm, 6 Schrauben) nicht geometrisch ähnlich sind.

Für den Grenzzustand unter kombinierter Belastung wird in [KUR93] dann nach [GER91] die Beziehung

$$\eta_B^{[\text{KUR93}]} + \eta_T^{[\text{KUR93}]} + \eta_Q^{[\text{KUR93}]} = 1 \tag{2.13}$$

zugrunde gelegt, woraus zum Beispiel das zulässige Drehmoment bei gegebener Biege- und Querkraftbelastung berechnet werden kann.

---

[6] In [KUR93] werden andere Formelzeichen und Indizes verwendet.

2.1.2.2 Schlupfproblematik

Ein allgemeines Phänomen bei Reibschlussverbindungen ist, dass häufig bereits bei Belastungen deutlich unterhalb des vollständigen Reibschluss-Versagens, also dem Durchrutschen, *lokale* Relativbewegungen im Kontakt auftreten. Im Falle dynamischer Beanspruchung stellen sich diese Bewegungen also zyklischer „Mikroschlupf" dar. Bezüglich der globalen Belastungsübertragung ist dieser zunächst oft unkritisch, allerdings stellen sich in der Folge Reibkorrosionserscheinungen verbunden mit Schwingungsverschleiß und Reibdauerermüdung ein [LEI88]. Bei Welle-Nabe-Verbindungen führen diese Effekte zu einer erheblichen Reduktion der Gestaltfestigkeit der Welle, wobei die genauen Zusammenhänge bisher nur ansatzweise geklärt sind und nach wie vor Gegenstand intensiver Forschungsarbeiten sind (z. B. [VID07]). Dies betrifft nicht allein reibschlüssige Welle-Nabe-Verbindungen oder Wälzlagersitze (**Bild 2.11**), sondern ebenso Verbindungen mit teilweiser oder überwiegend formschlüssiger Belastungsübertragung, z. B. Polygon- [ZIA97] oder Passfederverbindungen [FOR06]. Für einen Überblick zur Problematik der Reibdauerermüdung („*fretting fatigue*") sei auf die Literaturrecherche der FVA [SISC90] sowie [HIMU02] und [NOW06] verwiesen.

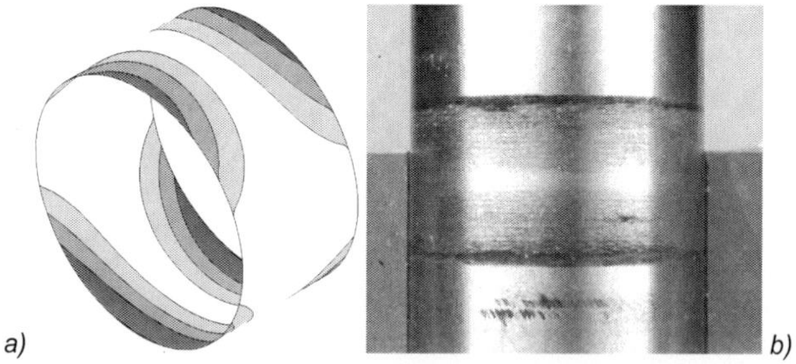

Bild 2.11: Schlupfzonen an einem Wälzlagersitz infolge Biegung [SLAW08]: *a)* bei einmaliger Lastaufbringung in der FE-Simulation („Zugseite" = oben, „Druckseite" = unten); *b)* Wellenoberfläche mit Passungsrostbildung nach dem Dauerversuch (rechts)

Hinsichtlich Zylinder-PV wird der Mechanismus der Schlupfzonenbildung in [MÜL61] für Torsionsbelastung ausführlich abgehandelt und formelmäßig beschrieben. GROPP [GRO74] führte diesbezüglich erstmals umfangreiche dynamische Versuche durch. LEIDICH [LEI83] untersuchte die Schlupfzonenbildung bei Zylinder-PV mittels Finite-Elemente-Simulation für viele unterschiedliche Geometrien und Belastungskonfigurationen. Er leitete darauf basierend empirische Formeln zur Quantifizierung der Schlupfeffekte (Schlupfwege und Schlupftiefen) für zahlreiche Fälle ab. Diesbezüglich liegen z. B. in [GRO97] und [GSM00] auch umfangreiche experimentelle Ergebnisse vor. Auch in [ROM91] und [SME01] sind Gleichungen zur Schlupfberechnung bei Zylinder- bzw. Kegel-PV angegeben. In [GER91] und [MEGE92] werden die Versuche an Flanschverbindungen auch unter dem Aspekt der Schlupfzonen- bzw. Passungsrostbildung bewertet.

Das Ziel aller dieser Untersuchungen ist die Erlangung von Kenntnissen über Grenzbelastungen, die zur Vermeidung oder Begrenzung des Schlupfes auf tribologisch unschädliche

Werte und zu einer dementsprechenden Auslegung der Verbindungen notwendig sind [LEI98]. In [LEI83] wird diesbezüglich der Begriff des (verbindungs- und belastungsabhängigen) „Gütefaktors“ η_{gr} verwendet, der ausdrückt, ab welchem Anteil der theoretischen Maximal- (d. h. in der Regel: Rutsch-) Belastung bereits kritische Schlupfbewegungen[7] auftreten.

Ungeachtet der Oberflächenschädigung und Reibdauerermüdung können die Mikrobewegungen auch einen mittelbaren Ausfall der Verbindung in Form einer makroskopischen, fortschreitende Relativbewegung zwischen Welle und Nabe zur Folge haben. Dies ist dann der Fall, wenn der Schlupf im Laufe der Belastung die gesamte Kontaktzone erreicht und die damit verbundenen Mikrobewegungen gleich gerichtet sind. Wegen der Hysterese summieren sich diese dann in „schleichender“ Form auf und führen zum sogenannten „Wandern“ der Verbindung. Anschaulich wird dieser Effekt beispielsweise durch das Gliedermodell gemäß **Bild 2.12**, an welchem bei zyklischer Reibschluss-Überschreitung der einzelnen Elemente ein „Raupeneffekt“ auftritt.

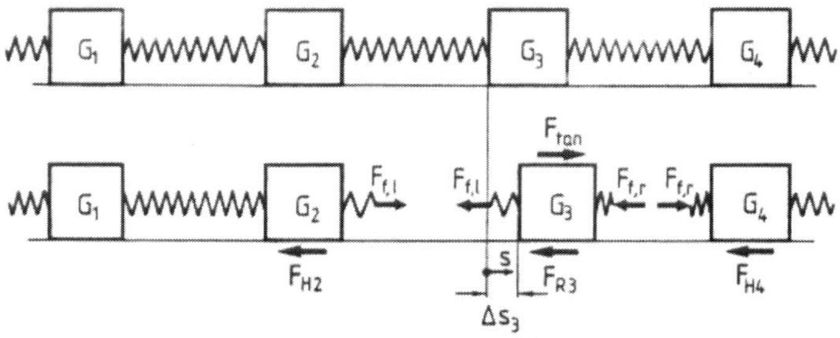

Bild 2.12: Glieder-Modell [LEI83] zur Erläuterung der Wanderbewegung einer Zahnrad-Bandage infolge einer örtlich angreifenden Tangentialkraft (*oben: Ruhelage; unten: Verschiebungen infolge F_{tan}*).

Dieses Phänomen des Wanderns ist insbesondere von dünnwandigen verzahnten Naben („Zahnradbandagen“) schon seit längerem bekannt ([WIE74], [LEI83], [HOF87]) und muss in der Auslegung berücksichtigt werden. Eine zusammenfassende Darstellung entsprechender Berechnungsgrundlagen findet sich in [GRKE03]. In [SME01] wird darauf hingewiesen, dass auch das Lösen biegebelasteter Zylinder-PV-Naben infolge der Ausbreitung von Schlupfzonen erfolgt, die sich über die gesamte Breite des Presssitzes erstrecken müssen. Die dort ermittelten Grenzbelastungen beziehen sich auf ein derartiges Versagen. In den durchgeführten Versuchen wurde dabei das Lösen der Einsteck-Verbindungen im Laufe mehrerer Lastumläufe beobachtet, wobei die korrespondierenden Belastungen deutlich unter den statischen Lösebelastungen lagen. In [SLAW08] und [AUL08] wird das rotative Wandern von Wälzlagerringen betrachtet. Dieses tritt demnach offenbar auch bei festeren Passungen auf,

[7] Konkret werden dabei in [LEI83] Schlupfamplituden größer $2{,}6 \cdot 10^{-6} \cdot D_F$ als Bezugswert angesetzt („Grenzschlupf“, entspricht z. B. bei $D_F = 40$ mm ca. 0,1 µm) – ein Wert der i.d.R. erheblich auf der sicheren Seite liegt. Ausgehend von diesem Bezugswert erfolgt dann die Umrechnung auf eine kritische Belastung unter Annahme eines bestimmten „tribologisch (un-) schädlichen Schlupfes“, z. B. 5 µm.

obwohl strenggenommen kaum Torsion übertragen wird. Als Ursache werden dabei ebenfalls Schlupfzonen bei Umfangslast gesehen, die sich über die gesamte Lagersitz-Breite erstrecken müssen, so dass keine Haftbereiche mehr vorhanden sind. Sie haben ihre Ursache vor allem in der Biegebelastung der Welle (s. Bild 2.11) und/oder den Schubspannungseffekten „unterhalb" der Wälzkörper-Kontakte. In [AUL08] wird darüber hinaus auch das Phänomen des Außenringwanderns bei Punktlast anhand von MKS-Simulationen erklärt, welches in [SLAW08] in Versuchen beobachtet wurde.

In allen genannten Fällen kann das Wandern durch einen belastungsabhängig hinreichend hohen Fugendruck bzw. festen Reibschluss verhindert werden. Dadurch wird das Auftreten lokaler Schlupfzonen verhindert oder diese zumindest in ihrer Ausdehnung begrenzt.

2.1.3 Reibung und Haftschluss

2.1.3.1 Allgemeines

Bei Welle-Nabe-Verbindungen mit ausschließlich reibschlüssiger Drehmoment-Übertragung kommt der Reibung in der Fuge eine entscheidende Bedeutung zu. Untersuchungen zum Reibungsverhalten metallischer Kontaktpaarungen liegen in einer kaum mehr überschaubaren Fülle von Veröffentlichungen vor. An dieser Stelle sollen nur die wichtigsten problem- und auslegungsspezifischen Aspekte betrachtet werden. Für allgemeine Fragen zur Reibung und Reibungsphysik sei auf ausführliche Betrachtungen in [BOTA53], [KRA82] und [CZHA03] sowie für WNV-bezogene Grundlagen auf [KOL84] verwiesen.

Grundsätzlich basiert die gesamte Reibschlussberechnung auf dem COULOMB [COU85] und AMONTONS [AMO99] zugeschriebenen Reibungsmodell, welches einen linearen Zusammenhang zwischen einer Normalkraft F_N und der Reibungskraft F_R formuliert, der durch den Reibwert μ vermittelt wird. Je nach Bewegungszustand (Haften oder Gleiten) stellt sich dieser als Gleichung oder Ungleichung dar:

$$\left.\begin{aligned} F_R &= \mu_{gleit} \cdot F_N \\ F_R &\leq \mu_{haft} \cdot F_N \end{aligned}\right\} . \qquad (2.14)$$

Wird dieser Zusammenhang flächenbezogen und damit spannungsbasiert formuliert, so lautet die Beziehung

$$\tau_\mu \leq \mu_{haft} \cdot p \, , \qquad (2.15)$$

wobei p den Kontaktdruck und τ_μ die Schubspannung im Reibkontakt darstellt. Da bei Reibschlussverbindungen beide Größen wesentlich von der äußeren Belastung abhängen, lässt sich eine „Reibschlussausnutzung" η als lokale Größe innerhalb des Kontakts definieren, welche den Beanspruchungszustand in einer Fuge quantifiziert:

$$\eta(x,y) = \frac{\tau_\mu(x,y)}{\mu \cdot p(x,y)} . \qquad (2.16)$$

Gemäß (2.15) kann η den Wert eins nicht übersteigen. Für den Grenzfall „=" liegt örtliches Gleiten („Schlupf") in den betroffenen Gebieten vor.

2.1.3.2 Reibwert-Angaben

Allgemein ist bekannt, dass die Annahme eines globalen und konstanten Reibwertes[8], wie sie in der technischen Berechnung zumeist zugrunde gelegt wird, eine Näherung darstellt. Insbesondere ist in vielen Fällen streng zwischen einem „Haft-“ und einem „Gleitreibwert“ zu unterscheiden[9], wobei im Falle von technischen Reibschluss-Paarungen der Zustand „Haften“ im Vordergrund steht. Darüber hinaus wird etwa in [DIN7190], [SME01] oder [KOL84] auf eine unter Umständen gegebene Richtungsabhängigkeit hingewiesen. Einen Überblick zu sonstigen Einflüssen einschließlich Ansätzen zur qualitativen Bewertung gibt z. B. [KÖH05]. Grundsätzlich ist eine entscheidende Abhängigkeit von der Material-Paarung gegeben. Zahlenangaben für ausgewählte Werkstoffkombinationen finden sich in zahlreichen Literaturstellen, wobei diese häufig in Laborversuchen unter definierten, aber leider häufig unveröffentlichten Bedingungen ermittelt wurden. Dementsprechend sind die Streuungen der Angaben zum Teil erheblich. So wird zum Beispiel für die Paarung Stahl/Stahl in [DIN7190], deren Angaben auf 45 Jahre alte Untersuchungen in [BIE63] zurückgehen, ein Bereich μ = 0,06..0,11 gegeben. Dagegen findet sich im „DUBBEL“ [DUB07] ein Reibwertfenster von μ = 0,45..0,80 (!). Die VDI-Richtlinie 2230 gibt für die „Haftreibungszahlen in der Trennfuge“ die Werte von 0,07..0,23 für Stahl/Stahl an (**Tab. 2-1**). Die praktische Anwendung tabellierter Reibwerte unterliegt somit offensichtlich erheblichen Unsicherheiten, so dass eine konservative Auslegung dazu zwingt, den unteren Wert des Fensters zu wählen.

Tab. 2-1: „Näherungswerte für Haftreibungszahlen in der Trennfuge“ [VDI2230]

Stoffpaarung	**Haftreibungszahl im Zustand**	
	trocken	geschmiert
Stahl – Stahl/Stahlguss	0,1 bis 0,23	0,07 bis 0,12
Stahl – GG	0,12 bis 0,24	0,06 bis 0,1
GG – GG	0,15 bis 0,3	0,2
Bronze – Stahl	0,12 bis 0,28	0,18
GG – Bronze	0,28	0,15 bis 0,2
Stahl – Kupferlegierung	0,07	
Stahl – Aluminiumlegierung	0,1 bis 0,28	0,05 bis 0,18
Aluminium – Aluminium	0,21	

Ein Grund für die große Divergenz der Angaben liegt in der Tatsache, dass viele Werte auf Tribometern ermittelt wurden, die vorrangig für Verschleißuntersuchungen, wegen der zumeist niedrigen Flächenpressungen und der grundverschiedenen Kontakt-Kinematiken dagegen weniger zur Ermittlung von (Festkörper-) Reibungszahlen für Haftschluss-Verbindungen prädestiniert sind.

[8] Allerdings schließt (2.14) rein formal eine Abhängigkeit von μ von anderen Randbedingungen – z. B. Temperatur, Druck, Geschwindigkeit – nicht aus.

[9] In diesem Zusammenhang tauchen in der Literatur spezielle Begriffe auf, die allerdings keiner einheitlichen, allgemein anerkannten Konvention entstammen und somit im jeweiligen Kontext zu verstehen sind: Reib-, Rutsch-, Gleit- bzw. Haft-„Werte“, -„Beiwerte“, -„Koeffizienten“, -„Zahlen“, -„Faktoren“; „Löse-Reibwert“ u.v.m.

2.1.3.3 Reibwerte bei Stirn-PV

Wenngleich die Angaben nach [DIN7190] oder [VDI2230] prinzipiell auch für Stirn-PV angewendet werden können, werden wegen der beschriebenen Unsicherheiten und der vielfältigen Einflussfaktoren die Reibwerte derzeit meist experimentell an Originalbauteilen (z. B. [THLE05]) oder an Labormodellen mit geringem Abstrahierungsgrad bestimmt. Bezogen auf Stirn-PV kann von Letzterem dann gesprochen werden, wenn folgende Forderungen erfüllt sind [WALE07]:

- konformer Kontakt konzentrischer Kreisring-Flächen
- praxisnahe Werkstoffpaarungen und Bearbeitungszustände
- hohe Flächenpressungen ($\bar{p} \gg 50\,\text{MPa}$)
- Torsionsbelastung.

Dies trifft auf das ursprünglich für Axiallager entwickelte SIEBEL-KEHL-Prinzip mit hohlzylindrischen Prüfkörpern in stirnseitigem Kontakt zu. Auf dieser Grundlage führten LEIDICH et al. Versuche zu reibungserhöhenden Beschichtungen durch [LSLH01], wobei diese zum Teil speziell auf die Leistungserhöhung von Stirn-PV zielten [FLH04]. Der nahezu gleiche Prüfaufbau lag auch umfangreichen Reibwertuntersuchungen zu Stirn-PV in [WALE07] zugrunde (**Bild 2.13**).

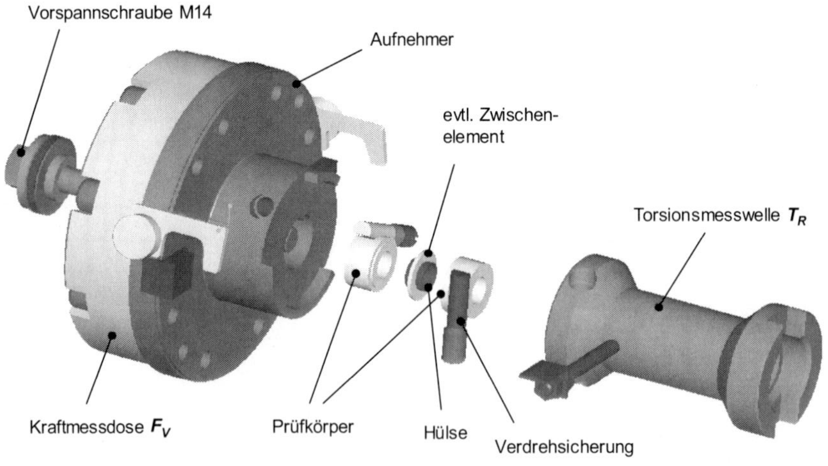

Bild 2.13: Prüfeinrichtung zur Reibwertermittlung für Stirn-PV-nahe Probekörper [WALE07]

Einige wesentliche Ergebnisse dieser Untersuchungen, die an Stahl- bzw. GG-Probekörpern mit überwiegend mit plangeschliffenen Oberflächen durchgeführt wurden, lauten zunächst wie folgt [WALE07]:

- Für rein metallische Kontakte kann im Bereich praktisch üblicher Flächenpressungen von $p \geq 100$ MPa ein Haftreibwert von $\mu = 0{,}15$ als sinnvolle Auslegungsgrundlage angesehen werden.

- Im Bereich von Stahl und Grauguss ist ein unmittelbarer Werkstoff-Einfluss (Stahl- bzw. Guss-Sorte) nicht erkennbar. Es deuten sich jedoch Vorteile von „hart/weich"-Paarungen gegenüber „hart/hart" und „weich/weich" an.
- Einmaliges Durchrutschen einer Kontaktpaarung führt infolge der Oberflächenglättung auf in der Folge niedrigere Haftreibwerte, die im Bereich von μ = 0,09...0,15 liegen.
- Die Streuung der Haftreibwerte ist erheblich. Selbst innerhalb einer Charge sind unter Umständen Schwankungsbereiche von ±20% möglich. Einmaliges Durchrutschen reduziert – verbunden mit einer deutlichen Minderung des Mittelwertes – diese Streuung, was aber für den praktischen Einsatz wenig relevant ist, da ein Durchrutschen einem Versagen der Verbindung entspricht.

Darüber hinaus galt ein Schwerpunkt der Untersuchungen in [WALE07] möglichen Maßnahmen zur Reibwerterhöhung. Diesbezüglich konnten nennenswerte Reibwert-Erhöhungen nur im Zusammenhang mit dem Mikroformschluss harter Oberflächenstrukturen festgestellt werden. Dies umfasst zum einen Beschichtungen mit Hartpartikeln (Diamant oder SiC), aber auch die direkte Laserstrukturierung der Oberflächen. Die Hartpartikel können dabei in Form beschichteter Zwischenfolien appliziert werden, wie sie mittlerweile kommerziell angeboten werden (s. [HAG03] u. a.). Sie zeichnen sich durch erhebliche Reibwertsteigerungen von bis zu μ = 0,65 und bei gleichen Randbedingungen geringe Streuungen aus. Die genaue Höhe unterliegt allerdings wiederum einer Vielzahl von Einflussfaktoren (Partikelgröße, -dichte, Oberflächenrauheit, Härte des Gegenwerkstoffs, Fugendruck etc.), so dass ebenfalls möglichst realitätsnahe Versuche für jeden Anwendungsfall zu empfehlen sind. Als entscheidendes Defizit hinsichtlich der Vergleichbarkeit und verallgemeinerbaren Bewertungen von Oberflächenzuständen und -maßnahmen ist dabei die Tatsache zu nennen, dass bis heute kein genormtes bzw. standardisiertes Mess- und Auswerteverfahren vorliegt, nach dem Reibwertversuche mit dem Fokus „Haftschluss" einheitlich durchgeführt werden können. Allerdings sind diesbezüglich Forschungsarbeiten im Gange [SCLE08].

2.1.3.4 Hochtrainieren des Reibwertes

Jenseits der Reibungsproblematik im Ausgangszustand, also unmittelbar nach Montage einer Reibschlussverbindung, kann beobachtet werden, dass sich der Reibwert im Betrieb, d. h. im Laufe der Belastung bzw. Lebensdauer, unter Umständen erheblich ändert. Zyklische Mikrobewegungen (Schlupf) im Kontakt können dabei den Reibwert deutlich erhöhen und verbessern damit in der Folge auch die Übertragungsfähigkeit von reibschlüssigen WNV. Dieser Effekt wird häufig als „Hochtrainieren" des Reibwertes bezeichnet ([GRO97], [LEI98]). Systematische Untersuchungen hierzu liegen bislang nur von GROPP [GRO97] an Zylinder-PV vor (**Bild 2.14**). Ihnen zufolge kann sich der Reibwert auf bis zu 450% des Ausgangswertes „verbessern". Dabei spielt die Höhe der dynamischen – und damit schlupfinduzierenden – Belastung (konkret: der umlaufenden Biegung) die entscheidende Rolle, während der statische Belastungsanteil (Torsion) offenbar keinen signifikanten Einfluss hat. Nach [SME01] kann der Zusammenhang in Bild 2.14 (schwarze Linie = „minimale Erhöhung") wie folgt ausgedrückt werden:

$$\left.\begin{array}{ll} \mu_2 = \mu_1 & \text{für } M_b/T_{R1} \leq 0{,}42 \\ \mu_2 = \mu_1 \cdot \left(0{,}12 + 2{,}1 \cdot \dfrac{M_b}{T_{R1}}\right) & \text{für } M_b/T_{R1} > 0{,}42 \end{array}\right\}. \tag{2.17}$$

Allerdings ist dies nur als eine grobe Abschätzung zu betrachten, die zudem nicht auf andere Verbindungen übertragbar ist. Gleichwohl wird aber auch bei Stirn-PV aus der Praxis von derartigen Phänomenen in zum Teil gleicher Größenordnung berichtet [FVV820]. Die genauen Mechanismen und Randbedingungen zur gezielten Nutzbarmachung dieser Effekte sind allerdings noch nicht hinreichend bekannt. Im Sinne der Theorie der Festkörperreibung ist davon auszugehen, dass es infolge der Mikrobewegungen zu Verschleißeffekten kommt, die die reale Kontaktfläche bzw. die Anzahl der Mikrokontakte erhöhen, und dass zudem durch die Reibenergie adhäsive Bindungen zwischen den Kontaktflächen bis hin zu „Mikroverschweißungen" aktiviert werden. Der letztgenannte Effekt wird bei sogenannten „Press-Presslöt-Verbindungen" gezielt zur Erhöhung der Übertragungsfähigkeit ausgenutzt [TSFK05]. Dies setzt jedoch wohlgemerkt signifikante Schlupfbewegungen voraus. Die erhöhte Übertragungskapazität steht dementsprechend unmittelbar nach der Montage nicht zur Verfügung.

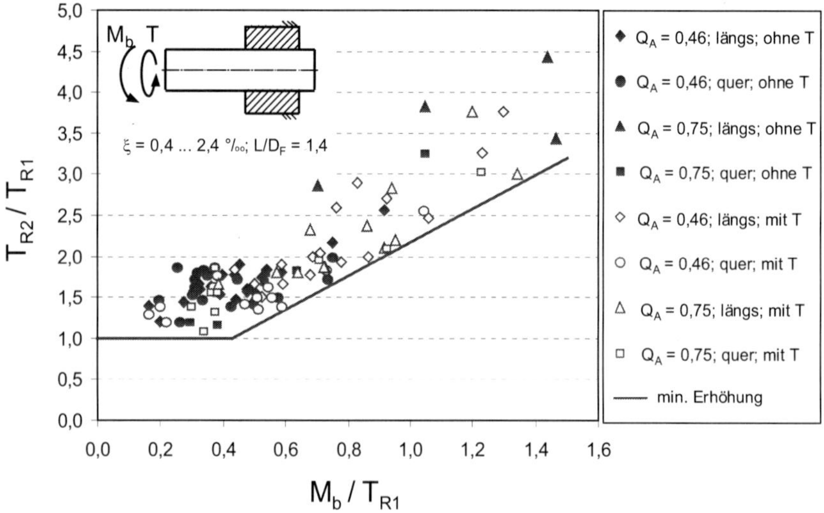

Bild 2.14: Erhöhung der Drehmomentübertragungsfähigkeit von Zylinder-PV infolge Hochtrainieren des Reibwertes unter Umlaufbiegebelastung mit und ohne statische Torsionsbelastung nach [GSM00] (*T_{R1} und T_{R2}: Rutschmomente vor und nach dem dynamischen Versuch [2 Mio. LW]; „längs": Längspressverband geschmiert mit MoS_2-Paste; „quer": Querpressverband, trocken, ungeschmiert*)

2.2 Zur Mechanik des Balkens mit Kreisring-Querschnitt

2.2.1 Vorüberlegungen und Vereinbarungen

Um Maschinenelemente einer systematischen Auslegung und Berechnung zugänglich zu machen, ist es notwendig, durch sinnvolle Abstrahierung möglichst einfache, anschauliche und weithin gültige Ersatzmodelle zu finden, welche die praktisch relevanten physikalischen Effekte dennoch adäquat abbilden. So basiert die Theorie der Schraubenverbindungen zu weiten Teilen auf dem simplen Modell gegeneinander verspannter (Zug-/Druck-) Federn (Abschnitt 2.1.1.3). Für die Auslegung von Zylinderpressverbindungen [DIN7190] stellen beispielsweise die LAMÉ'schen Gleichungen [LAM52] für die ebene Kreisring-Scheibe unter radialer Flächenbelastung – analog dem dickwandigen Rohr bzw. Hohlzylinder unter Innen- und Außendruck – bis heute die allgemeine Berechnungsgrundlage dar.

Ausgehend von der charakteristischen Wirkfugen-Form und den praxistypischen Nabengeometrien lassen sich Stirnpressverbindungen vereinfacht als „Hohlzylinder" unter Kraft- und Momentenbelastung ansehen, welche dann als „Balken" im Sinne der technischen Mechanik beschrieben werden können (**Bild 2.15**). Auf dieser Grundlage kann zum einen das Verformungsverhalten der Struktur abgebildet werden. Weiterhin lassen sich die kreisringförmigen Fugen als „Schnittflächen" durch den Balken interpretieren, was so z. B. ein Modell für die Spannungsverteilung in den Kontaktflächen darstellt.

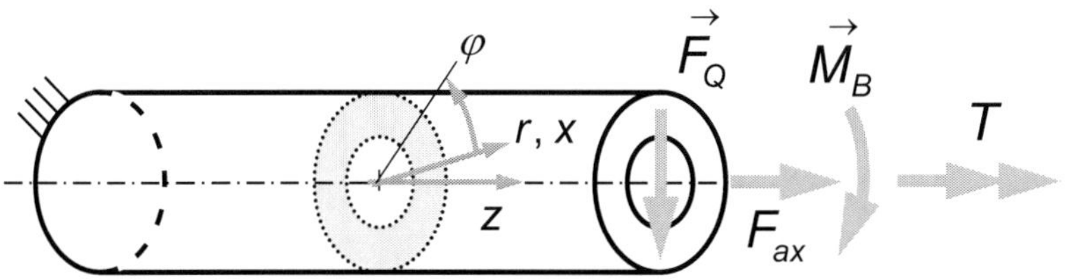

Bild 2.15: Balken mit kreisringförmigem Querschnitt unter kombinierter Belastung als Ersatzmodell für Struktur und Wirkfugen einer Stirnpressverbindung

Im Folgenden sollen Berechnungsgrundlagen für den Kreisring-Balken näher betrachtet werden. Gelegentlich wird der Begriff „Balken" dediziert für „schlanke" *biege*belastete Strukturen verwendet und in Abgrenzung dazu bei torsions- und zug-/druckbelasteten Bauteilen von *Stäben* gesprochen. In dieser Arbeit soll der Begriff *Balken* ohne Einschränkung für „stabförmige Bauteile" [FKM03] unter beliebiger Längs-, Querkraft- Torsions- und Biege-Belastung benutzt werden.

Generell werden in dieser Arbeit nur Stirn-PV mit bezüglich der Wellenachse z konzentrischen, kreisringförmigen Nabenquerschnitten und dem entsprechenden wirksamen Kontaktflächen betrachtet. Eine Fuge bzw. ein „Balkenquerschnitt" ist somit durch Innen- und Außendurchmesser D_I und D_A (bzw. die entsprechenden Halbmesser R_I und R_A) eindeutig bestimmt (vgl. **Bild 2.16**). Weiterhin können daraus charakteristische Querschnittskenngrößen abgeleitet werden:

- Wandstärke bzw. (radiale) Breite der Fuge: $$h = \frac{D_A - D_I}{2} = R_A - R_I \qquad (2.18)$$

- Durchmesserverhältnis: $$Q_A = \frac{D_I}{D_A} = \frac{R_I}{R_A} \qquad (Q_A = 0..1{,}0) \qquad (2.19)$$

- Querschnittsfläche: $$A = \frac{\pi}{4}\left(D_A^2 - D_I^2\right) \qquad (2.20)$$

- axiales Flächenträgheitsmoment: $$J = \frac{\pi}{64}\left(D_A^4 - D_I^4\right) \qquad (2.21)$$

- polares Flächenträgheitsmoment: $$J_p = \frac{\pi}{32}\left(D_A^4 - D_I^4\right) = 2 \cdot J \qquad (2.22)$$

- mittlerer Durch- bzw. Halbmesser: $$\left.\begin{aligned} R_M &= \frac{R_I + R_A}{2} \left(= \frac{D_M}{2}\right) \\ D_M &= \frac{D_I + D_A}{2} \left(= 2 \cdot R_M\right) \end{aligned}\right\} \qquad (2.23)$$

Zur Kennzeichnung eines Punktes auf einer Fugenfläche bietet sich meist ein polares Koordinatensystem (r,φ) als Schnitt $z = z_i$ des wellenfesten, globalen zylindrischen Systems an. Für die Umrechnung zwischen polaren und kartesischen Koordinaten gelten die üblichen Beziehungen:

$$\left\{\begin{aligned} r &= \sqrt{x^2 + y^2} \\ \varphi &= \arctan\frac{y}{x} \end{aligned}\right\} \Leftrightarrow \left\{\begin{aligned} x &= r \cdot \cos\varphi \\ y &= r \cdot \sin\varphi \end{aligned}\right\} \qquad (2.24)$$

Zudem ist es für bestimmte Betrachtungen und Darstellungen sinnvoll, dimensionslose Relativkoordinaten einzuführen (Bild 2.16):

- dimensionslose radiale Koordinate: $$\rho(r) = \frac{r}{R_A} \qquad (Q_A \le \rho \le 1) \qquad (2.25)$$

- wandstärkenbezogene radiale Position: $$\tilde{\rho}(r) = \frac{r - R_I}{h} \qquad (0 \le \tilde{\rho} \le 1) \qquad (2.26)$$

$$\Rightarrow \left\{\begin{array}{lcl} R_I & \rightarrow & \{\rho_I = Q_A, \quad \tilde{\rho}_I = 0\} \\ R_M & \rightarrow & \{\rho_M = \frac{1}{2}(Q_A + 1), \ \tilde{\rho}_M = 0{,}5\} \\ R_A & \rightarrow & \{\rho_A = 1, \quad \tilde{\rho}_A = 1\} \end{array}\right\} \qquad (2.27)$$

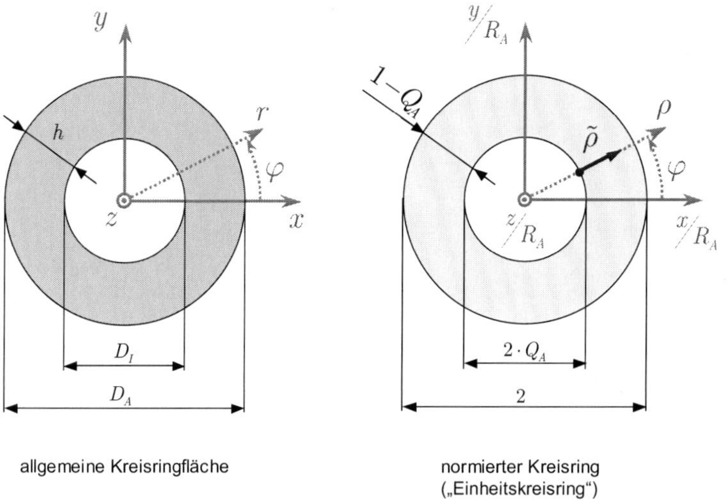

Bild 2.16: Parameter und Koordinaten der kreisringförmigen Fugenfläche in ursprünglicher und normierter Darstellung

2.2.2 Klassische Theorie der technischen Mechanik

In der Theorie stabförmiger Bauteile werden die übertragenen Belastungen in Form der elementaren Belastungsgrößen *Normalkraft*, *Querkraft*, *Biegemoment* und *Torsionsmoment* quantifiziert, welche sich innerhalb einer Struktur als Schnittgrößen ergeben. Die innere Beanspruchung erfolgt in Form von Normal- und Schubspannungen bezüglich der Querschnittsfläche, deren Höhe und Verteilung von der Belastung und dem Querschnitt abhängig sind. Gleiches gilt für die Verformung der Struktur.

Normal- bzw. Längskraft

Kräfte in Richtung der Balkenachse F_z führen zu Normalspannungen im Querschnitt, deren Verteilung zunächst homogen angenommen wird:

$$\bar{\sigma}_z = \frac{F_z}{A} . \tag{2.28}$$

Liegt keine homogene Verteilung vor, so kann die Überhöhung der maximalen Spannung $\sigma_{z,\max}$ im Querschnitt gegenüber der Nennspannung $\bar{\sigma}_z$ durch die Formzahl $\alpha_{K,Z/D}$ beschrieben werden:

$$\alpha_{K,Z/D} = \frac{\sigma_{z,\max}}{\bar{\sigma}_z} . \tag{2.29}$$

In jedem Fall ist das Integral der Normalspannungen über den gesamten Querschnitt gleich der resultierenden Normalkraft:

$$F_z = \int_{(A)} \sigma_z(r,\varphi)\,\mathrm{d}A . \tag{2.30}$$

Nach dem verallgemeinerten HOOK'schen Gesetz ergibt sich mit dem Elastizitätsmodul E des Werkstoffs eine Längsdehnung von

$$\varepsilon = \frac{\Delta L}{L} = \frac{\sigma_z}{E}. \tag{2.31}$$

Eine Reduktion eines Balkenabschnitts der Länge L auf ein Zug-Druck-Federmodell ergibt somit eine axiale Steifigkeit c bzw. Nachgiebigkeit δ von

$$c = \frac{E \cdot A}{L} \quad \Leftrightarrow \quad \delta = \frac{1}{c} = \frac{L}{E \cdot A}. \tag{2.32}$$

Biegemoment

Das Biegemoment stellt eine vektorielle Größe dar, kann also hinsichtlich eines Bezugssystems komponentenweise (M_{Bx}, M_{By}) oder nach Betrag M_B und Richtung ψ_B (Richtung der „Hauptachse" bzw. der Resultierenden) definiert werden (**Bild 2.17**). Es steht mit den Normalspannungen über folgende allgemeine Beziehung im Gleichgewicht:

$$\vec{M} = \begin{pmatrix} M_{Bx} \\ M_{By} \end{pmatrix} = \int_{(A)} \sigma_z(x,y) \cdot \begin{pmatrix} y \\ x \end{pmatrix} \mathrm{d}A \tag{2.33}$$

(bzw. auf Grundlage der Biege-Hauptachse $\overline{x}_B$)

$$M_B = \int_{(A)} \sigma_z(\overline{x}_B, \overline{y}_B) \cdot \overline{y}_B \cdot \mathrm{d}A. \tag{2.34}$$

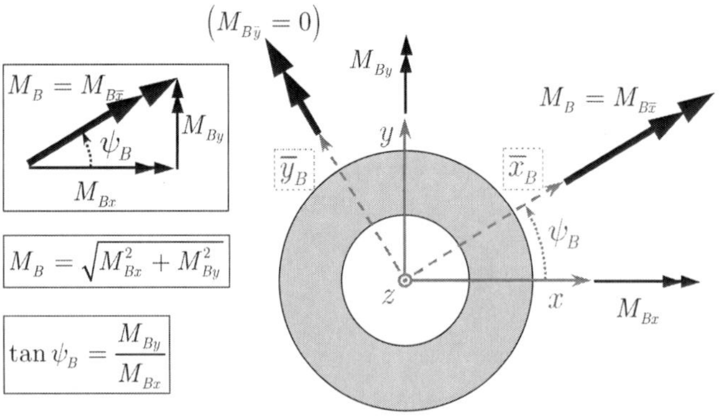

Bild 2.17: Beschreibung der Biegebelastung im Ringquerschnitt

Die „klassische" (BERNOULLI'sche) Biegetheorie geht von einem Ebenbleiben der Querschnitte unter Biegebelastung sowie in Balkenlängsrichtung unveränderlichen Querschnitten aus. Daraus folgt eine über den Querschnitt lineare Verteilung der Normaldehnungen und damit für einen homogenen Werkstoff eine lineare Spannungsverteilung. Diese lässt sich im Hauptachsensystem, in dem $\overline{x}_B = 0$ die „neutrale Faser" ($\sigma_z = 0$) darstellt, somit wie folgt beschreiben:

$$\sigma_z(\overline{x}_B, \overline{y}_B) = \frac{M_B}{J} \cdot \overline{y}_B. \tag{2.35}$$

Dementsprechend liegt eine antisymmetrische Spannungsverteilung mit Zug- und Druckspannungen vor, deren Maximum zumeist als Biege-(nenn-)Spannung bezeichnet wird:

$$\sigma_B = \max\left[\sigma_z\left(\bar{x}_B, \bar{y}_B\right)\right] = \frac{M_B}{J} \cdot \frac{D_A}{2}. \tag{2.36}$$

Analog zu (2.29) lassen sich für hiervon abweichende Verteilungen auch „Biegeformzahlen" definieren.

Wird ein Balken sowohl durch eine Längskraft als auch ein Biegemoment belastet, überlagern sich die entsprechenden Spannungsverteilungen. Die Gültigkeit der Beziehungen (2.30) und (2.33)/(2.34) bleibt dabei vollständig erhalten.

Die Verformung einer Balkenstruktur lässt sich allgemein durch Differentialgleichungen für die (innerhalb eines Querschnitts konstanten) Verschiebungen senkrecht zur Balkenachse $u_x(z)$ und $u_y(z)$ bzw. $\bar{u}_y(z)$ beschreiben. Deren Lösungen sind für die meisten technischen Fälle als stückweise Polynome 3. oder 4. Grades bzgl. der Längskoordinate darstellbar und für wichtige Last- und Randbedingungen tabelliert ([DUB07], [PIL01] u.v.a). Den entscheidenden mechanischen Parameter stellt dabei die gelegentlich als „Biegesteifigkeit" bezeichnete Größe $E \cdot J$ (= „EJ") dar.

Torsion

Die technische, häufig nach NAVIER bezeichnete Torsionstheorie geht u. a. von axialsymmetrischen (also: Kreis- oder Kreisring-) und wiederum in Balkenlängsrichtung konstanten Querschnitten aus. Für diesen Fall ergibt sich in Folge eines Torsionsmomentes T eine radial lineare Verteilung der tangentialen Schubspannungskomponente τ_φ über den Querschnitt,

$$\tau_\varphi(r,\varphi) = \frac{T}{J_p} \cdot r, \tag{2.37}$$

wobei τ_φ genau genommen die räumliche Schubspannungskomponente $\tau_{\varphi z}$ darstellt. Anderen Spannungskomponenten ungleich null treten nach der NAVIER'schen Theorie nicht auf. Selbst bei einer hiervon abweichenden Verteilung gilt allerdings per definitionem die integrale Gleichgewichtsbeziehung

$$T = \int_{(A)} \tau_\varphi(r,\varphi) \cdot r \cdot \mathrm{d}A. \tag{2.38}$$

Nach der Theorie treten keinerlei Verformungen innerhalb des Querschnitts auf – die Querschnitte verdrehen sich gewissermaßen starr gegeneinander. Die entsprechende Verdrillung (= längenbezogene Verdrehung) ist vom Torsionsmoment, dem Querschnitt sowie dem Schubmodul des Werkstoffs abhängig:

$$\vartheta = \frac{d\varphi}{dz} = \frac{T}{G \cdot J_p}. \tag{2.39}$$

Daraus resultiert die Verdrehsteifigkeit bzw. -Nachgiebigkeit einer „Torsionsfeder":

$$c_T = \frac{G \cdot J_p}{L} \quad \Leftrightarrow \quad \delta_T = \frac{1}{c_T} = \frac{L}{G \cdot J_p}. \tag{2.40}$$

Querkraft-Schub

Eine Querkraft-Belastung F_Q führt zu Schubspannungen im Balkenquerschnitt, die sich in Form der Nenn-Schubspannung

$$\bar{\tau} = \frac{F_Q}{A} \tag{2.41}$$

quantifizieren lassen. Bei einer genaueren Betrachtung wird jedoch deutlich, dass eine konstante Verteilung über den Querschnitt nicht zutreffen kann, da nach dem Satz von den zugeordneten Schubspannungen [SZA84] die Schubspannungen senkrecht zum Querschnittsrand verschwinden müssen. Mit dieser Randbedingung lässt sich unter Annahme

- zusammenhängender und in Längsrichtung konstanter Querschnitte (2.42)
- nur parallel zur resultierenden Schubrichtung wirkender Schubspannungen (2.43)
- einer senkrecht zur Schubrichtung jeweils konstanten Verteilung (2.44)

aus den Gleichgewichtsbedingungen am Querschnittselement die querschnittsspezifische Schubspannungsverteilung berechnen [GÖHO86]. Demnach ergibt sich zum Beispiel für den Rechteckquerschnitt eine parabelförmige Verteilung und eine Überhöhung des Maximums gegenüber dem Nennwert (2.41) von

$$\tau_{S,\max} = \alpha_{K,S} \cdot \bar{\tau} \tag{2.45}$$

mit der Schub-Formzahl $\alpha_{K,S}^{\blacksquare} = 3/2$ (**Bild 2.18**). Für den Vollkreis-Querschnitt folgt eine maximale Überhöhung von $\alpha_{K,S}^{\bullet} = 4/3$. Allerdings deutet bereits die Annahme (2.43) darauf hin, dass es sich hierbei zumindest im Fall krummlinig berandeter Querschnitte (z. B. Kreis oder Kreisring) wiederum nur um Näherungslösungen handeln kann.

Die Schubspannungen führen zu Schubverzerrungen („Gleitungen"), die sich – bezogen auf den schubbelasteten Balken – als bezogene „Schubdurchsenkung"

$$\gamma_Q = \frac{\tau}{G \cdot A} = \frac{\Delta u}{\Delta L}, \tag{2.46}$$

ausdrücken lassen (Bild 2.18) und welche vom Schubmodul G des Werkstoffs abhängig sind. Allerdings geht auch diese Herangehensweise von einer physikalisch nicht möglichen *konstanten* Schubspannung über dem Querschnitt aus. Wird die reale Schubspannungsverteilung berücksichtigt und die Formänderungsenergie integriert und gemittelt, so lässt sich ein wiederum querschnittsabhängiger „Schubfaktor"[10] α_S (auch „Schubverteilungszahl" genannt) ableiten, mit dem sich die Schubsteifigkeit (bzw. -nachgiebigkeit) eines Balkenstücks der Länge L in korrigierter Form berechnen lässt:

$$c_S = \frac{1}{\alpha_S} \cdot \frac{G \cdot A}{L} \quad \Leftrightarrow \quad \delta_S = \frac{1}{c_S} = \alpha_S \cdot \frac{L}{G \cdot A}. \tag{2.47}$$

Für den Rechteckquerschnitt ergibt sich hierbei zunächst ausgehend von (2.42)..(2.44) ein Wert von $\alpha_S^{\blacksquare} = 6/5$ $(=1{,}2)$ und für den Vollkreis $\alpha_S^{\bullet} = 10/9$ $(\approx 1{,}11)$. Werte für viele weitere Querschnitte sind z. B. in [PIL01] zusammengestellt. Wegen der nicht-konstanten Schubspannungsverteilung sind auch die Verzerrungen nicht homogen (Es kommt folglich in der Realität zu einer Verwölbung der Querschnittsflächen, die von dieser Theorie aber nicht erfasst wird).

[10] Dieser ist – sowohl was die Bedeutung als auch den jeweils querschnittsabhängigen Zahlenwert angeht – streng von der Schub-Formzahl $\alpha_{K,S}$ (vgl. (2.45)) zu unterscheiden!

In vielen Anwendungen der Balkentheorie wird der Querkraft-Schub unter Verweis auf das geringe Spannungsniveau und die (bei entsprechend langen Balken) relativ geringen Verformungsanteile gegenüber den Biegeeffekten vernachlässigt. (Eine kurze Betrachtung hierzu folgt in Abschnitt 2.2.5.) Die Zusammenfassung von klassischer Biegetheorie und Schubverformung durch Superposition der entsprechenden Spannungs- und Verformungsbeziehungen wird dabei meist als „schubweiche Balkentheorie“ oder (im Hinblick auf [TIM70]) „TIMOSHENKO-Balken“-Theorie bezeichnet.

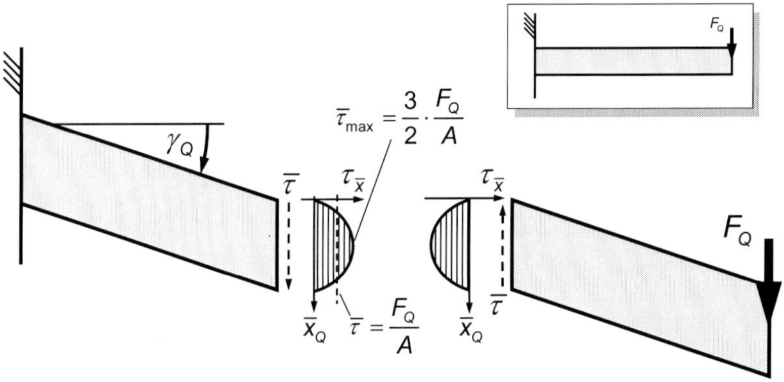

Bild 2.18: Schubverformung und Schubspannungsverteilung beim querkraftbelasteten Balken mit Rechteckquerschnitt

Wie das Biegemoment, so stellt im räumlichen Fall auch die Querkraft einen Vektor in der Balken-Schnittebene dar (**Bild 2.19**). Der Winkel der Resultierenden der Querkraft im Bezugsystem wird mit ψ_Q bezeichnet; das entsprechende Querkraft-Koordinatensystem $(\overline{x}_Q, \overline{y}_Q)$ bzw. (r, φ_Q) ist um diesen Winkel gedreht. Dementsprechend gilt für die Komponenten der Schubspannung:

$$\left.\begin{aligned} \vec{F_Q} &= \begin{pmatrix} F_x \\ F_y \end{pmatrix} = \int_{(A)} \begin{pmatrix} \tau_x(x,y) \\ \tau_y(x,y) \end{pmatrix} dA \\ F_Q &= \int_{(A)} \tau_{\overline{x}_Q}(\overline{x}_Q, \overline{y}_Q)\, dA \end{aligned}\right\}. \tag{2.48}$$

Für die Umrechnung der Komponenten zwischen kartesischen und polaren Koordinaten gilt die folgende Beziehung:

$$\begin{Bmatrix} \tau_x = \tau_r \cdot \cos(\varphi) - \tau_\varphi \cdot \sin(\varphi) \\ \tau_y = \tau_r \cdot \sin(\varphi) + \tau_\varphi \cdot \cos(\varphi) \end{Bmatrix} \Leftrightarrow \begin{Bmatrix} \tau_r = \tau_x \cdot \cos(\varphi) + \tau_y \cdot \sin(\varphi) \\ \tau_\varphi = -\tau_x \cdot \sin(\varphi) + \tau_y \cdot \cos(\varphi) \end{Bmatrix}. \tag{2.49}$$

In Kombination mit Torsion überlagern sich die Querkraft- und Torsions-Schubspannungen.

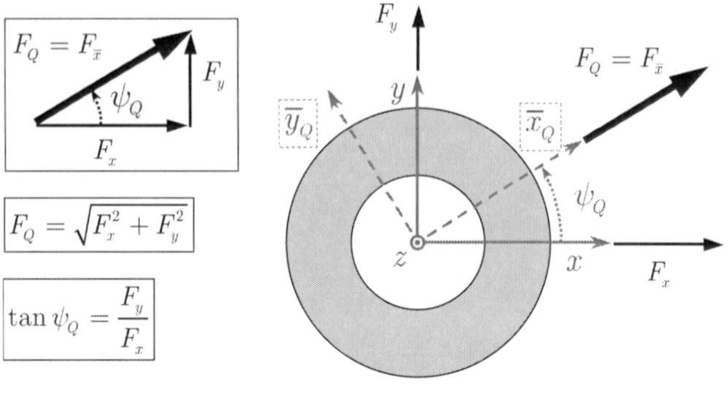

Bild 2.19: Beschreibung der Querkraftbelastung im Ringquerschnitt

In der Realität resultiert eine Querkraft-Belastung immer auch in einer („Querkraft-") Biegebelastung im Balken. Geht die Biegebelastung *ausschließlich* auf äußere Querkräfte zurück (keine Anteile durch „reine" Biegemomente und exzentrische Axialkräfte), so kann von „reiner Querkraftbiegung" gesprochen werden. In diesem Fall sind die Systeme $(\bar{x}_Q, \bar{y}_Q)$ (Bild 2.19) und $(\bar{x}_B, \bar{y}_B)$ (Bild 2.17) um 90° gegeneinander verdreht:

$$|\Delta\psi| = |\psi_Q - \psi_B| = 90° . \tag{2.50}$$

Der Querkraft-Vektor steht dann exakt senkrecht auf dem Vektor der Biegung.

2.2.3 Modell des dünnwandigen Ringbalkens

Für Balken mit Kreisring-Querschnitt geringer Wandstärke h ($h \ll R_M$) kann die Theorie dünnwandiger Profile herangezogen werden, bei der keinerlei radiale Gradienten berücksichtigt werden. Der Querschnitt wird dabei zweckmäßigerweise durch den mittleren Halbmesser R_M sowie die Wandstärke h parametrisiert und Punkte der Querschnittsfläche folglich nur über eine Ortskoordinate, die Winkelposition φ, beschrieben. Somit ergibt sich der Flächeninhalt als

$$A \approx \bar{A} = 2 \cdot \pi \cdot R_M \cdot h . \tag{2.51}$$

Die Flächenträgheitsmomente betragen dann

$$\left.\begin{aligned} J &\approx \pi \cdot R_M^3 \cdot h &&= \frac{1}{2} A \cdot R_M^2 \\ J_p &\approx 2 \cdot \pi \cdot R_M^3 \cdot h &&= A \cdot R_M^2 \end{aligned}\right\} , \tag{2.52}$$

womit auch die entsprechenden Biege- ($E \cdot J$) bzw. Torsionssteifigkeiten ($G \cdot J_p$, (2.40)) berechnet werden können. Für die Biege- und Torsionsspannungsverteilungen ((2.35), (2.37)) gelten damit vereinfachte, von der radialen Koordinate r unabhängige Beziehungen:

$$\tau_\varphi = const. = \frac{T}{2 \cdot \pi \cdot R_M^2 \cdot h} = \frac{T}{A \cdot R_M} \tag{2.53}$$

$$\sigma_z = f(\varphi_B) = \frac{M_B}{\pi \cdot R_M^2 \cdot h} \cdot \sin \varphi_B = \frac{2 \cdot M_B}{A \cdot R_M} \cdot \sin \varphi_B . \tag{2.54}$$

Gegenüber der Lösung für den „radial ausgedehnten" (= „dickwandigen") Ringquerschnitt erfolgt demnach gewissermaßen eine Mittelung der Spannung in Breitenrichtung. Diese Näherung geht mit $h \to 0$ (bzw. $Q_A \to 1$) in die exakte Beziehungen über, wie **Bild 2.20** deutlich macht. Für Durchmesserverhältnisse $Q_A > 0{,}6$ liegt der Fehler dabei unter 30%.

Weiterhin lässt sich für die Querkraft-Belastung aus der Schubtheorie für dünnwandige geschlossene Profile [GÖHO86] eine Lösung für den Schubfluss $\tau \cdot h$ herleiten und damit die Schubspannung in Umfangsrichtung[11] bestimmen:

$$\tau_{\varphi}\left(\varphi_Q\right) = -2 \cdot \frac{F_Q}{A} \cdot \sin\varphi_Q \tag{2.55}$$

Die Schub-Formzahl für den dünnwandigen Ringquerschnitt $\overset{\circ}{\alpha}_{K,S}$ ist demnach 2; die maximale Schubspannung beträgt somit das Doppelte des Nennwertes. Der gleiche Wert folgt im Übrigen für den Schubfaktor $\overset{\circ}{\alpha}_S$:

$$\overset{\circ}{\alpha}_{K,S} = \overset{\circ}{\alpha}_S = 2\,. \tag{2.56}$$

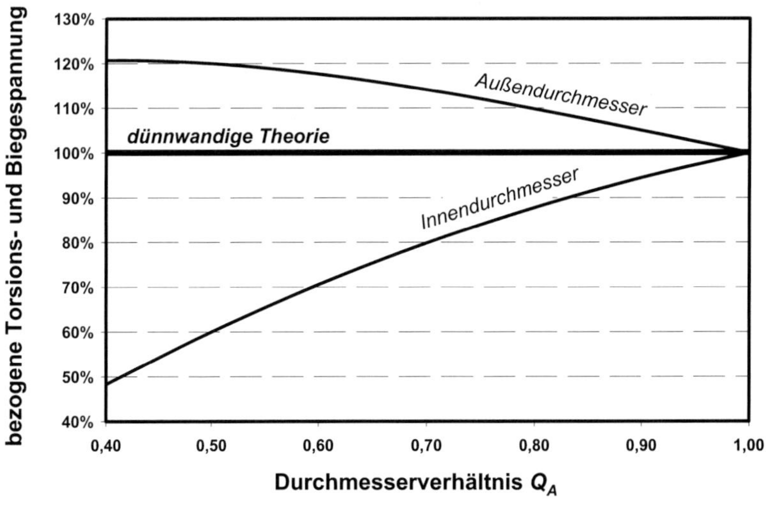

Bild 2.20: Abweichung von maximalen und minimalen Biege- und Torsionsspannungen beim Balken mit Kreisring-Querschnitt gegenüber einer dünnwandigen Betrachtung

2.2.4 Elastizitätstheoretische Lösung nach VOCKE

2.2.4.1 Grundlagen und Spannungsverteilung

VOCKE legt in [VOC69] eine elastizitätstheoretisch exakte Beschreibung des Balkens mit Kreisringquerschnitt vor. Neben reiner Biegung und Torsion wird dabei insbesondere auch der Fall der Querkraftbelastung betrachtet. Die generelle Vorgehensweise gründet auf dem Konzept eines Drei-Funktionen-Ansatzes für räumliche Elastizitätsprobleme nach NEUBER [NEU32] und PAPKOVIC [PAP32]:

[11] Radiale Komponenten treten nach dieser Theorie nicht auf.

$$\left.\begin{aligned} \Psi(x,y,z) &= \Phi_0 + x\cdot\Phi_1 + y\cdot\Phi_2 + z\cdot\Phi_3 \\ \Delta\Delta\Psi &= 0 \end{aligned}\right\} \tag{2.57}$$

VOCKE geht für das Querkraft-Biegeproblem von der räumlichen Spannungsfunktion Ψ in Zylinderkoordinaten in der Form

$$\Psi = \left[A\cdot z\cdot r + (B+D+N)\cdot z^3\cdot r - \left(\frac{3}{4}B + \frac{D}{4} + \frac{3}{2}N\right)\cdot z\cdot r^3 + (C+H)\frac{z}{r}\right]\cdot\cos\varphi \tag{2.58}$$

aus. Daraus werden die Spannungsverteilung abgeleitet,

$$\left.\begin{aligned} \sigma_z &= \frac{\partial^2\Psi}{x^2} + \frac{\partial^2\Psi}{y^2} + 2(1-\nu)\left[\frac{\partial\Phi_1}{\partial x} - \frac{\partial\Phi_2}{\partial y} - \frac{\partial\Phi_3}{\partial z}\right] \\ \tau_{zx} &= -\frac{\partial^2\Psi}{\partial z\,\partial x} + 2(1-\nu)\left[\frac{\partial\Phi_1}{\partial z} + \frac{\partial\Phi_2}{\partial x}\right] \end{aligned}\right\}, \tag{2.59}$$

und über die Rand- und Gleichgewichtsbedingungen in integraler Form die Konstanten $\{A,B,C,D,H,N\}$ bestimmt. Als Ergebnis folgt zum einen, dass die Normalspannungsverteilungen sowohl für den Fall der reinen als auch den der Querkraft-Biegung exakt denen der elementaren Theorie (2.35) entsprechen. In Zylinderkoordinaten lautet die Beziehung somit:

$$\sigma_z = \frac{M_B}{J}\cdot r\cdot\sin\varphi_B\,. \tag{2.60}$$

Analog gilt für die Torsion, welche in [VOC69] separat behandelt wird, exakt die Gleichung (2.37).

Die Verteilung der Schubspannungen (2.59)-2 erweist sich dagegen als weitaus komplexer. Hierfür ergeben sich für zylindrische Koordinaten die folgenden, von der Querkontraktionszahl ν abhängigen Beziehungen:

$$\tau_r(r,\varphi_Q) = \frac{F_Q}{A}\,\frac{3+2\cdot\nu}{2(1+\nu)}\left[1 - \frac{\left(\frac{R_I}{r}\right)^2 + \left(\frac{r}{R_A}\right)^2}{1+Q_A^2}\right]\cdot\cos\varphi_Q\,, \tag{2.61}$$

$$\tau_\varphi(r,\varphi_Q) = -\frac{F_Q}{A}\cdot\frac{3+2\cdot\nu}{2(1+\nu)}\left[1 + \frac{\left(\frac{R_I}{r}\right)^2 - \frac{1-2\cdot\nu}{3+2\cdot\nu}\cdot\left(\frac{r}{R_A}\right)^2}{1+Q_A^2}\right]\cdot\sin\varphi_Q\,. \tag{2.62}$$

Bezogen auf den Nennwert des Querkraftschubs (2.41) beträgt die absolute (resultierende) Schubspannung somit

$$\left.\begin{aligned} \frac{|\tau|}{\overline{\tau}} &= \sqrt{\tau_r^2 + \tau_\varphi^2} \\ &= \frac{3+2\cdot\nu}{2\cdot(1+\nu)}\sqrt{\left[1 - \frac{\left(\frac{R_I}{r}\right)^2 + \left(\frac{r}{R_A}\right)^2}{1+Q_A^2}\right]\cdot\cos^2\varphi_Q + \left[1 + \frac{\left(\frac{R_I}{r}\right)^2 - \frac{1-2\cdot\nu}{3+2\cdot\nu}\left(\frac{r}{R_A}\right)^2}{1+Q_A^2}\right]\cdot\sin^2\varphi_Q} \end{aligned}\right\}. \tag{2.63}$$

Diese Verteilung ist in **Bild 2.21** für zwei verschiedene Durchmesserverhältnisse Q_A dargestellt.

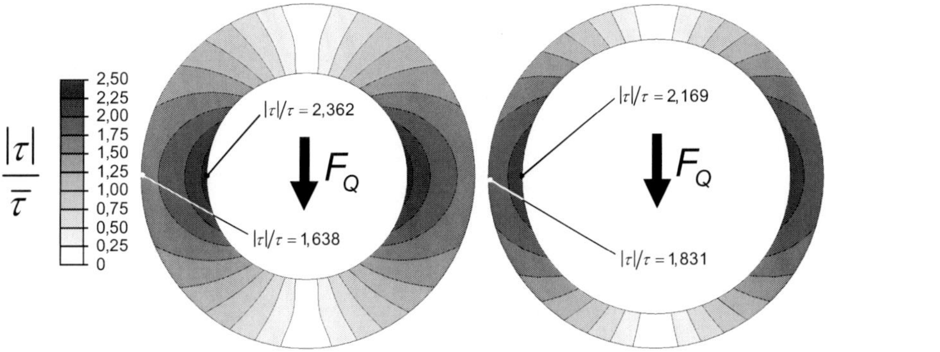

Bild 2.21: Bezogene Schubspannungsverteilung im Ringquerschnitt bei ν = 0,3 für Q_A =0,6 (links) und Q_A =0,8 (rechts)

Der Bereich der maximalen Schubspannungen liegt stets auf dem diametralen Schnitt senkrecht zur Querkraftrichtung,

$$\{r = R_I..R_A, \varphi_Q = \pm 90°\}, \tag{2.64}$$

wobei dort die radiale Komponente verschwindet:

$$|\tau(r)| = |\tau_\varphi(r)|. \tag{2.65}$$

Die tangentialen Schubspannungen betragen in diesem Bereich im Mittel etwa das Zweifache des Nennwertes F_Q / A. Das Maximum tritt dabei immer am Innendurchmesser auf (**Bild 2.22**). Wird diesbezüglich aus (2.63) eine Schub-Formzahl abgeleitet, so beträgt diese

$$\alpha_{K,S} = \frac{\tau(R_I)}{F_Q / A} = \frac{3+2\cdot\nu}{2(1+\nu)}\left[\frac{2+Q_A^2\left(1-\dfrac{1-2\cdot\nu}{3+2\cdot\nu}\right)}{Q_A^2+1}\right] \quad \left(=\frac{4}{13}\left[\frac{4\cdot Q_A^2+9}{Q_A^2+1}\right] \quad \textit{für} \quad \nu = 0{,}3\right). \tag{2.66}$$

Es lässt sich zeigen, dass $\alpha_{K,S}$ im Bereich $\alpha_{K,S} = 2{,}0..3{,}0$ liegt, wobei der theoretische Maximalwert $\alpha_{K,S} = 3{,}0$ für $\nu \to 0$ und $Q_A \to 0$ („unendlich kleiner Innendurchmesser") erreicht wird. Für den anderen Extremfall, den dünnwandige Ringquerschnitt mit $Q_A \to 1$, beträgt das bezogene Schubspannungsmaximum dann exakt 2,0 und ist damit identisch mit (2.56).

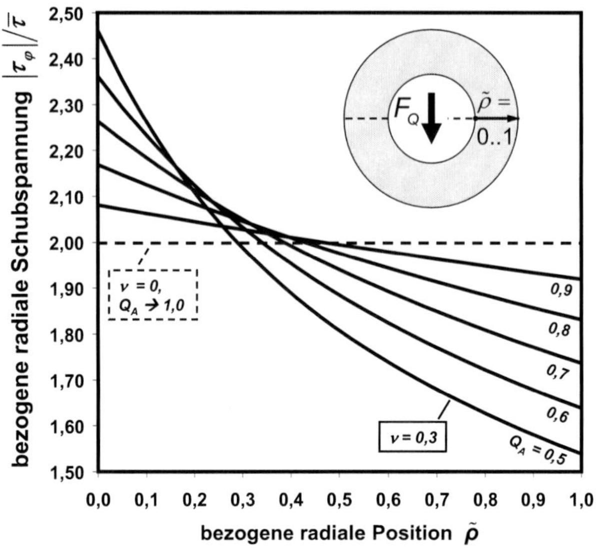

Bild 2.22: Tangentiale Querkraft-Schubspannungen im maximal beanspruchten Bereich (φ_Q= ±90°) für verschiedene Q_A bei ν= 0,3; *Grenzfall (gestrichelte Linie): radial konstante Verteilung bei ν = 0 und $Q_A \rightarrow$ 0.*

2.2.4.2 Verformungsverhalten

Neben der Spannungsverteilung lässt sich aus dem der Spannungsfunktion (2.58) zugrunde liegenden Drei-Funktionen-Ansatz auch die Verformung des Ringbalkens analytisch exakt beschreiben. Allgemein gelten ausgehend von (2.57) die Zusammenhänge

$$\left\{ \begin{aligned} 2\cdot G\cdot u_x &= -\frac{\partial\Psi}{\partial x} + 4\cdot(1-\nu)\cdot\Phi_1 \\ 2\cdot G\cdot u_y &= -\frac{\partial\Psi}{\partial y} + 4\cdot(1-\nu)\cdot\Phi_2 \\ 2\cdot G\cdot u_z &= -\frac{\partial\Psi}{\partial x} + 4\cdot(1-\nu)\cdot\Phi_3 \end{aligned} \right\}, \tag{2.67}$$

wobei im vorliegenden Fall die Verschiebung in Querkraftrichtung von primärem Interesse ist. Allerdings ist die in [Voc69] dargelegte Lösung für die Durchsenkung im Falle eines einseitig fest eingespannten, einzelkraftbelasteten Balkens (Kragträger) offenbar fehlerhaft. Bei korrekter Vollführung des angegebenen Rechenwegs folgt für die Verschiebung in Belastungsrichtung $\overline{x}_Q$ unter Einspannung bei $z = 0$

$$\left. \begin{aligned} u_{\overline{x}_Q}(\overline{x}_Q,\overline{y}_Q,z) = F_Q\cdot\Bigg\{ & \frac{L^3}{3\cdot E\cdot J}\left[\frac{3}{2}\left(\frac{z}{L}\right)^2 - \frac{1}{2}\left(\frac{z}{L}\right)^3\right] \\ & + \frac{1}{G\cdot A}\left(\frac{7+6\cdot\nu}{6(1+\nu)} + \frac{20+12\cdot\nu}{6(1+\nu)}\frac{Q_A^2}{\left(1+Q_A^2\right)^2}\right)\cdot z + \frac{2\cdot\nu\cdot L}{3\cdot E\cdot J}\left[\overline{y}_Q^2 - \overline{x}_Q^2\right]\cdot\left(1-\frac{z}{L}\right)\Bigg\} \end{aligned} \right\}. \tag{2.68}$$

Wird die allgemeine Biegelinie für den schubweichen Kragbalken unter Einzellast betrachtet (vgl. z. B. [PIL01]),

$$u_{\bar{x}_Q}(z) = F_Q \cdot \left\{ \frac{L^3}{3 \cdot E \cdot J} \left[\frac{3}{2}\left(\frac{z}{L}\right)^2 - \frac{1}{2}\left(\frac{z}{L}\right)^3 \right] + \frac{\alpha_S}{G \cdot A} \cdot z \right\}, \tag{2.69}$$

so kann der erste Term in der geschweiften Klammer in (2.68) als Biegeanteil im Sinne der elementaren BERNOULLI'schen Theorie interpretiert werden. In gleicher Weise lässt sich der zweite, mit der Längskoordinate z linear veränderliche Anteil der Durchsenkung als Schubverformung auffassen, wie er in der TIMOSHENKO-Balkentheorie (Abschnitt 2.2.3) Berücksichtigung findet. In diesem Sinne stellt

$$\alpha_S = \left(\frac{7 + 6 \cdot \nu}{6(1+\nu)} + \frac{20 + 12 \cdot \nu}{6(1+\nu)} \frac{Q_A^2}{\left(1 + Q_A^2\right)^2} \right) \tag{2.70}$$

den Schubfaktor gemäß (2.47) dar, der den Einfluss der Querschnittsform auf die „Schubsteifigkeit" $G \cdot A / \alpha_S$ eines schubweichen Balkens beschreibt. Der Zusammenhang ist in **Bild 2.23** dargestellt, wobei sichtbar wird, dass dünnwandige Querschnitte besonders schubweich reagieren ($\alpha_S \to 2$, vgl. Abschnitt 2.2.3). Das Teilergebnis (2.70) ist auch auf Grundlage einer anderen, „höheren" Theorie zur Querkraftschub-Verteilung zugänglich (s. [WEB24]) und findet sich zum Beispiel, neben vielen anderen Querschnittsformen, in [PIL01].

Der dritte Term in (2.68) beschreibt eine zur Höhe des Biegemomentes proportionale „Verzerrung" der Querschnittsfläche. Ist nur die Durchsenkung der Balken-Mittelachse von Interesse, so kann dieser Anteil ignoriert werden.

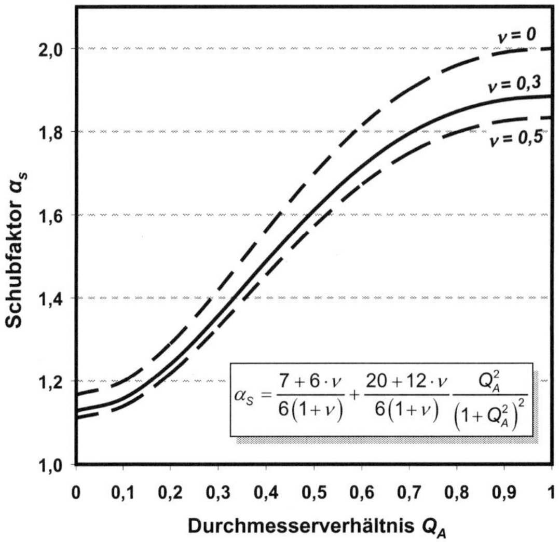

Bild 2.23: Schubfaktor α_S für den Balken mit Ringquerschnitt in Abhängigkeit vom Durchmesserverhältnis $Q_A = D_I/D_A$ und der Querkontraktionszahl ν des Werkstoffs

2.2.5 Zusammenfassende Bewertung

Spannungsverteilung im Querschnitt

Unter den Beschreibungsansätzen für den elastischen Balken mit konstantem Kreisringquerschnitt kann der elastizitätstheoretische Ansatz nach [VOC69] naturgemäß als das konsistenteste und genaueste angesehen werden, wenngleich auch hier die genauen Verhältnisse der Einspannungs- und Lasteinleitungsstellen unberücksichtigt bleiben. Dabei bestätigt das Modell zugleich die wesentliche Gültigkeit der konventionellen Biege- und Torsionstheorie. Darüber hinaus gehen die Lösungen für diverse Grenzfall-Betrachtungen („Dünnwandigkeit") in die der einfacheren Modelle über. Das dünnwandige Ringmodell unterschätzt dabei gemäß Bild 2.20 die maximalen Spannungen um weniger als 20% für Querschnitte $Q_A > 0{,}6$.

Hinsichtlich der konventionellen Balkentheorie ist bei den Spannungsverhältnissen vor allem die vereinfachte Beschreibung des Querkraft-Schubs zu bemerken, welche beim dünnwandigen Ring sogar nur von tangentialen Anteilen ausgeht. In **Bild 2.24** ist der Querschub in Form des Vektorfeldes nach dem VOCKE'schen Modell für zwei verschiedene Balkenquerschnitte dargestellt. Dabei wird die Dominanz der Komponenten in Umfangsrichtung (τ_φ) gegenüber den radialen Anteilen klar ersichtlich. Wie die in **Bild 2.25** aufgetragene Verteilung von τ_r entlang des „kritischen" Pfades ($\varphi_Q = \{0°, 180°\}$) zeigt, beträgt der Höchstwert für $Q_A > 0{,}5$ stets weniger als 30% von F_Q / A und geht mit $Q_A \to 1$ („dünner Ring") gegen null.

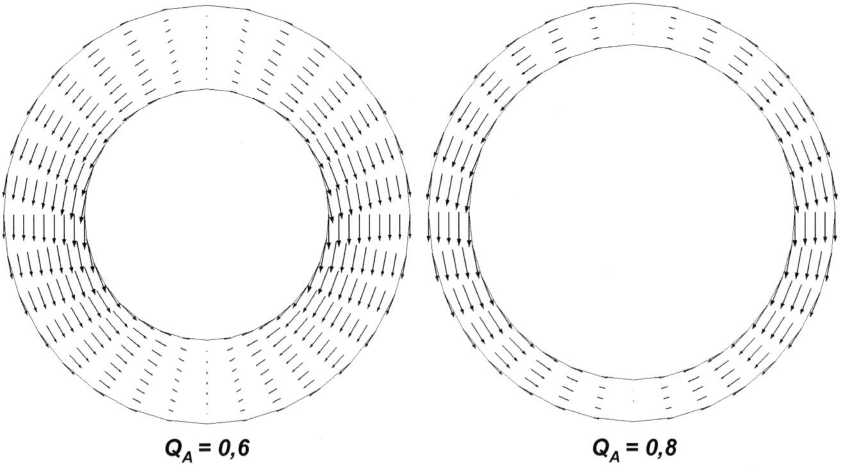

Bild 2.24: Vektorfeld-Darstellung der Querkraft-Schubspannungen im Kreisring-Balken

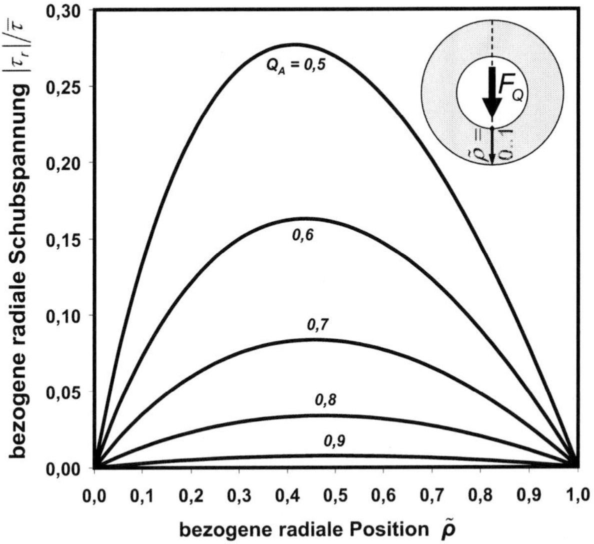

Bild 2.25: Radiale Querkraft-Schubspannungen entlang des entsprechenden „Maximalpfades“ φ_Q = {0°; 180°} für verschiedene Durchmesserverhältnisse bei ν = 0,3

Werden die Schubspannungsanteile der radialen und tangentialen Querkraftspannungen ((2.61), (2.62)) in „vertikaler“ Richtung, also in Richtung der resultierenden Querkraft, integriert, so lässt sich ein „radialer“ bzw. ein „tangentialer“ Übertragungsanteil berechnen:

$$\left.\begin{aligned} \chi_r(Q_A,\nu) &= \frac{1}{F_Q}\cdot\int_{(A)}\tau_r\cdot\cos\varphi_Q\cdot dA &&= \frac{3+2\cdot\nu}{8\cdot(1+\nu)}\cdot\left(1+\frac{4\cdot Q_A^2\cdot\ln Q_A}{1-Q_A^4}\right) \\ \chi_\varphi(Q_A,\nu) &= -\frac{1}{F_Q}\cdot\int_{(A)}\tau_\varphi\cdot\sin\varphi_Q\cdot dA &&= \frac{3+2\cdot\nu}{8\cdot(1+\nu)}\cdot\left(\frac{5+6\cdot\nu}{3+2\cdot\nu}-\frac{4\cdot Q_A^2\cdot\ln Q_A}{1-Q_A^4}\right) \end{aligned}\right\}. \tag{2.71}$$

Dabei gilt:

$$\chi_\varphi + \chi_r = 1. \tag{2.72}$$

Die entsprechende Aufteilung ist in **Bild 2.26** dargestellt. Der radiale Übertragungsanteil beträgt folglich für dünnwandigere Profile ($Q_A > 0{,}6$) weniger als 10% – die Querkraftübertragung wird somit eindeutig von den tangentialen Schubkomponenten dominiert. Der Mechanismus der Querkraft-Übertragung in den dünnwandigen Profilen ähnelt somit in gewisser Hinsicht jenem der Torsionsübertragung: Die Querkraft erzeugt in jeder Querschnittshälfte „links“ und „rechts“ des resultierenden Querkraftvektors Torsionsmomente T_Q,

$$T_Q = \int_{A/2}\tau_\varphi\cdot r\cdot dA, \tag{2.73}$$

welche gegenseitig im Gleichgewicht stehen. Für den fiktiven „Hebelarm“ der halben Querkraft $F_Q/2$,

$$R_Q = \frac{T_Q}{F_Q/2} \quad \text{bzw.} \quad \rho_Q = \frac{T_Q}{F_Q/2}\cdot\frac{1}{R_A}, \tag{2.74}$$

gilt dabei die Beziehung

$$\rho_Q(Q_A,\nu) = \frac{1}{\pi}\cdot\frac{2\cdot(3+2\cdot\nu)}{3\cdot(1+\nu)}\cdot\left(\frac{4\cdot\left(Q_A^2-Q_A^3\right)+\left(1-\frac{3\cdot(1-2\cdot\nu)}{5\cdot(3+2\cdot\nu)}\right)\cdot\left(1-Q_A^5\right)}{1-Q_A^4}\right), \tag{2.75}$$

welche in **Bild 2.27** dargestellt ist. Der entsprechende fiktive Angriffspunkt liegt demnach für Profile $Q_A > 0{,}65$ paradoxerweise außerhalb des Querschnitts ($\rho_Q > 1$).

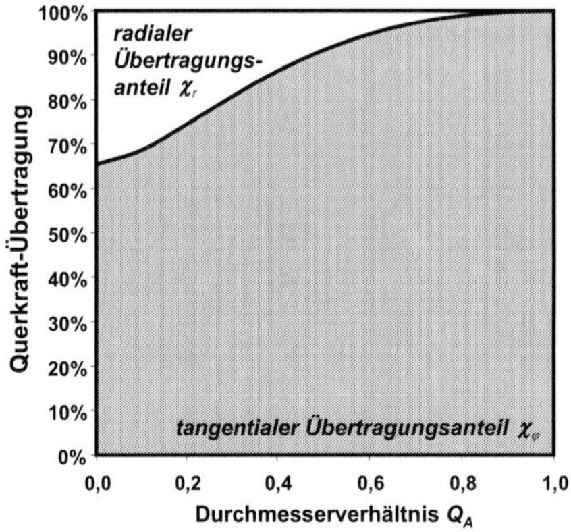

Bild 2.26: Anteile der tangentialen und radialen Schubspannungen an der resultierenden Querkraft (ν = 0,3)

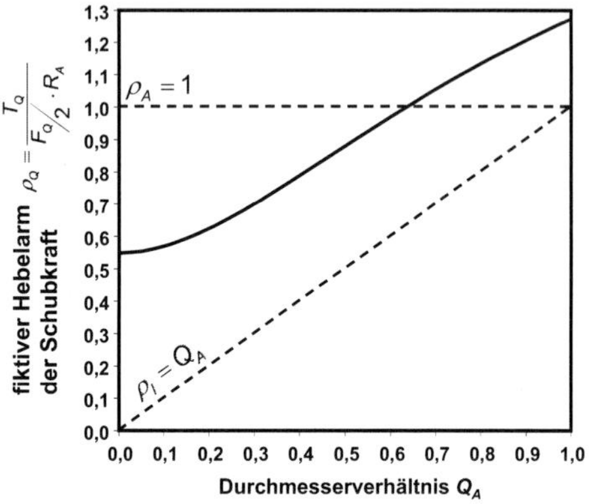

Bild 2.27: Fiktiver Hebelarm ρ_Q der Querkraft im Hinblick auf das Torsionsmoment der tangentialen Querkraft-Schubspannungen

Zusammenfassend kann festgegehalten werden, dass die „eindimensionale" Betrachtung des Balkenquerschnitts als dünner Ring gemäß Abschnitt 2.2.3 im Hinblick auf die Spannungsverteilungen eine gute Genauigkeit für Durchmesserverhältnisse $Q_A \geq 0{,}6$ liefert. Die entsprechenden Beziehungen sind nochmals in **Tab. 2-2** zusammengefasst.

Tab. 2-2: Zusammenstellung der vereinfachten Spannungsbeziehungen für den Balken mit Ringquerschnitt

Schnittgröße	Spannungsverteilung	Formel
Längskraft F_z	$\sigma_z = \frac{F_z}{A}$	(2.28)
Torsionsmoment T	$\tau_\varphi = \frac{T}{A\cdot R_M}$	(2.53)
Biegemoment M_B	$\sigma_z = \frac{2\cdot M_B}{A\cdot R_M}\cdot\sin\varphi_B$	(2.54)
Querkraft F_Q	$\tau_\varphi(\varphi_Q) = -2\cdot\frac{F_Q}{A}\cdot\sin\varphi_Q$	(2.55)

Verformungen

Die notwendige Modelltiefe zur Beschreibung des Verformungsverhaltens bildet eine weitere Fragestellung. Wie im vorangegangenen Abschnitt dargestellt, stimmt die analytische Lösung nach VOCKE formal mit der Balkenbiegelinie überein, wenn die Schubanteile entsprechend (2.70) berücksichtigt werden. Diesbezüglich ist in **Bild 2.28** der Anteil der Schubverformung, für die betrachteten Fälle jeweils konkret

$$u_Q = \frac{1}{4} \cdot F \cdot \frac{\alpha_S}{G \cdot A} \cdot L, \qquad (2.76)$$

an der maximalen Gesamt-Durchsenkung des Angriffspunkt einer Einzellast für den Balken mit Kreisring-Querkschnitt dargestellt. Die Darstellung bezieht sich dabei auf den Schlankheitsgrad des Balkens $\lambda = L/D_A$ und beschränkt sich auf den Bereich „gedrungener" Abmessungsverhältnisse ($\lambda \leq 5$). Dabei wird deutlich, dass der Schubanteil bei kurzen Balken die Gesamtverformung *dominiert* und folglich auf keinen Fall vernachlässigt werden kann. Während in der technischen Mechanik die schubsteife Balkentheorie üblicherweise ab $\lambda = 5$ als adäquat angesehen wird, zeigt sich, dass bei dünnen Ringquerschnitten ($Q_A \to 1$) selbst für diese Grenze der „klassische" Biegeanteil zum Teil weniger als die Hälfte des Gesamtverformung ausmacht.

Für die Beschreibung der Verformungs- und Steifigkeitsverhältnisse ist folglich nur eine Betrachtung der Stirn-PV als schubweiches „TIMOSHENKO-Balkensystem" angemessen, in dem die Schubanteile dann mit der analytisch exakten „Schubsteifigkeit" (2.70) berücksichtigt werden können.

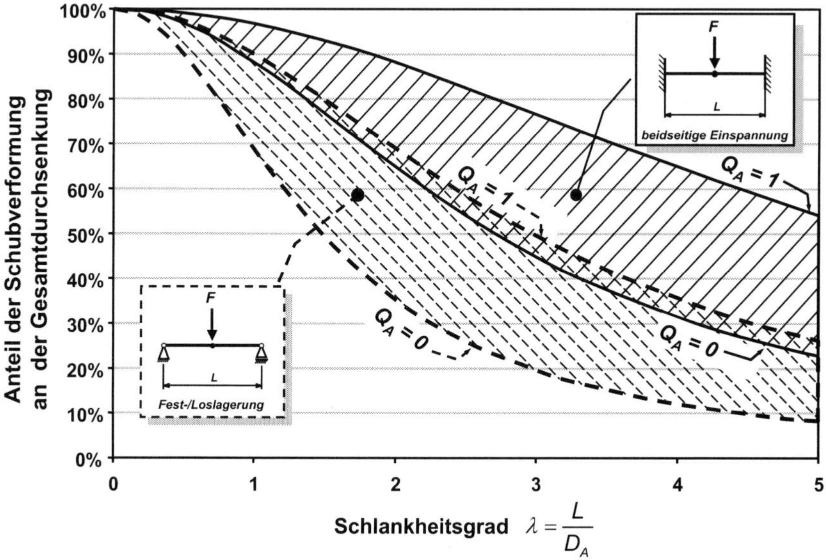

Bild 2.28: Anteil der Schubverformung an der Gesamt-Durchsenkung beim Balken mit Kreisringquerschnitt für verschiedene Lagerungen und Durchmesserverhältnisse Q_A (Querkontraktionszahl des Werkstoffs $\nu = 0{,}3$)

2.3 Finite-Elemente-Analysen

2.3.1 Grundlagen der FE-Simulation

Während analytische Betrachtungen, etwa auf Basis der oben erläuterten Balkenmodelle, zur Ableitung parametrischer Beziehungen und Berechnungsgleichungen prädestiniert sind, bieten sich für deren Verifikation und Bewertung numerische Methoden an, die eine genauere Erfassung der geometrischen und mechanischen Zusammenhänge erlauben. Die Finite-Elemente-Methode (FEM) stellt diesbezüglich ein sehr vielseitiges Analyseverfahren für Feldprobleme dar, die sich mit partiellen Differentialgleichungen beschreiben lassen. Im ingenieurtechnischen Bereich bildet der Einsatz im Bereich der Strukturmechanik, also der Untersuchung elastischer und inelastischer Festkörper, ein dominierendes Anwendungsgebiet. Die FEM ist hier mittlerweile ein Standardwerkzeug, was sich in der Verfügbarkeit leistungsfähiger Softwarepakete widerspiegelt. Auf die Grundlagen der Methode wird an dieser Stelle deshalb verzichtet und stellvertretend auf [ZIE05] sowie – speziell auch für programmspezifische Aspekte – auf [ABQT07] verwiesen.
Die heutigen kommerziellen FEM-Softwarelösungen bieten zahlreiche Funktionen, welche die realitätsnahe Abbildbarkeit technischer Systeme in einem adäquaten numerischen („FE-") Modell ermöglichen und die Modellerstellung erleichtern. In diesem Zusammenhang sind insbesondere die leistungsfähigen Kopplungs- und Kontaktalgorithmen zu nennen, die – in Verbindung mit der steigenden Rechenleistung – die Abbildung immer komplexerer Modell- bzw. Mehrkörper-Strukturen ermöglichen.
Für diese Arbeit wurde die kommerzielle Finite-Elemente-Software ABAQUS mit dem Prä-/Postprozessor ABAQUS/CAE und dem nichtlinearen impliziten FE-Solver ABAQUS/STANDARD in den Versionen 6.4 bis 6.7 verwendet. ABAQUS verfügt insbesondere über sehr leistungsfähige Möglichkeiten im Bereich der Kontakt- und Mehrkörper-Modellierung [ABQU07].

Die durchgeführten Finite-Elemente-Analysen basieren auf den in diesem Abschnitt dargestellten Modellen einnabiger Stirn-PV. Die Untersuchungen zielten dabei vor allem auf

- die Identifikation, Veranschaulichung und Verifikation wichtiger Effekte des Übertragungsverhaltens
- quantitative Analyse bestimmter Phänomene, z. B. in Form von Parameter-Studien
- die Validierung analytischer Betrachtungen und Berechnungsmodelle.

Unter diesen Aspekten sind auch die zum Teil noch deutlichen Modell-Abstrahierungen gegenüber realen Ausführungen zu sehen.
Über die hier vorgestellten 3D-Modelle hinaus wurden einfache axialsymmetrische Hohlzylinder-Modelle zur Analyse der Kontaktdruckverteilung bei nicht-ebenen Kontaktflächen herangezogen, die wegen deren Einfachheit nur im entsprechenden Abschnitt kurz beschrieben sind (Abschnitt 5.1.2.2).

2.3.2 Geometrievarianten und Modellaufbau

Vor allem im Hinblick auf die Berechnung der Schraubenbeanspruchung (Abschnitt 3.6), welche aus dem Verhalten der gesamten Verbindung folgt, wurden zahlreiche Geometrievarianten unterschiedlicher Struktur bzw. Steifigkeit modelliert. Die entsprechenden Grundformen sind von realen Konstruktionen inspiriert und in **Bild 2.29** dargestellt. Es handelt sich dabei um einfache (= einnabige) Stirn-PV mit Unterlegscheibe und Schraube mit Flanschkopf [EN1665]. Der Zentrierzapfen ist nur als kurzer Absatz ausgeführt; das „Innengewinde" liegt folglich komplett im Grundkörper der Welle, wobei die Klemmlänge genau der Länge von Nabe plus Scheibe entspricht. Die Varianten *A* bis *C* weisen jeweils gleiche Nabenlängen und wirksame Kontaktflächen auf, unterscheiden sich allerdings in der Durchmessergestaltung von Welle und Nabe und dementsprechend in der Fugenkonfiguration (*A* - Nabenüberstand, *B* - konform, *C* - Wellenüberstand). Die Variante *B* wurde auch in den experimentellen Untersuchungen eingesetzt. Die Variante *L* verfügt eine längere Nabe mit größerem Durchmesserverhältnis der Kontaktfuge.

Für allen Grundformen existieren drei (*A* , *B* , *C*) bzw. fünf (*L*) Geometrievarianten mit variierter Position des Lastangriffsflansch (**Bild 2.30**, **Bild 2.31**), womit sich jeweils unterschiedlich lange wellen- (***a***) bzw. schraubenseitigen Nabenabschnitte (***b***) ergeben.

Für Welle, Schraube und Scheibe wurden jeweils Materialeigenschaften von rein elastischem Stahl zugrunde gelegt, bei den Naben dagegen Stahl und Aluminium betrachtet. Die komplette Parametrisierung der Varianten ist in **Tab. 2-3** zusammengefasst.

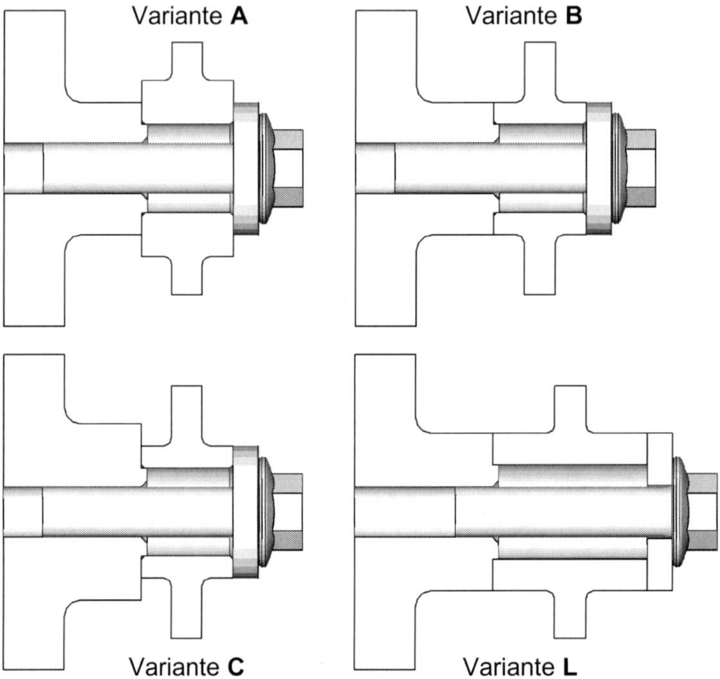

Bild 2.29: Grundformen der Geometrievarianten einnabiger Stirnpressverbindungen

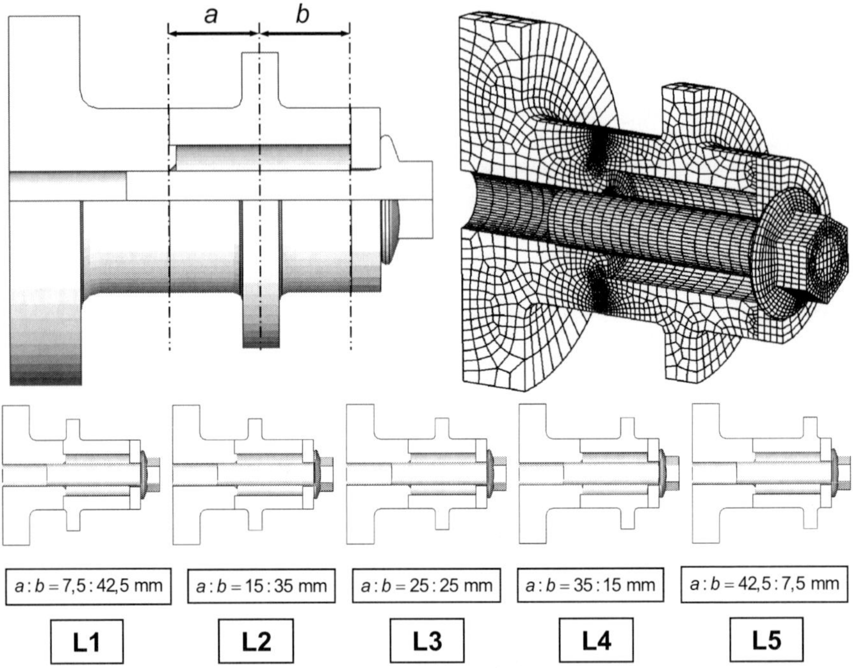

Bild 2.30: Grundform „L“ (Nabenlänge 50 mm, Q_A = 0,6) mit verschiedenen Lastangriffspositionen L1..L5

Tab. 2-3: Maße und Parameter der Geometrievarianten (Größenangaben in mm)

	Variante A	Variante B	Variante C	Variante L
effektive Größe der Primärfuge	Ø 30 × 42 (Q_A = 0,71)			Ø 30 × 50 (Q_A = 0,6)
Fase an Nabenbohrung	1 × 45°			-
Position Nabenflansch (Lastangriff z*)	10 / 15 / 20			7,5 / 15 / 25 / 35 / 42,5
Nabengrundkörper	Ø 28 × 56 (Q_A = 0,5)	Ø 28 × 42 (Q_A = 0,67)	Ø 28 × 42 (Q_A = 0,67)	Ø 30 × 50 (Q_A = 0,6)
Zentrierungs- und Außendurchmesser des Wellenstumpfes	Ø 28 × 42	Ø 28 × 42	Ø 28 × 56	Ø 30 × 50
Scheibe	Ø 17 × 42 × 8			Ø 17 × 50 × 8
Nabenlänge/Klemmlänge	30 / 38			50 / 58

Tab. 2-3 *(Fortsetzung)*

Nabenflansch: Außendurchmesser × Breite × Übergangsradius	Ø80 × 10 × R2,5
Schraube (Ø × L[1])	Ø 16 × 80, Kopfform nach DIN EN 1665 („Flanschkopf")
Werkstoff von Welle, Scheibe und Schraube	Stahl ($E = 210000$ N/mm^2 , $\nu = 0{,}3$)
Werkstoffe der Nabe	Stahl ($E = 210'000$ N/mm^2 , $\nu = 0{,}3$) Aluminium ($E = 70'000$ N/mm^2 , $\nu = 0{,}3$)

[1] *Schraubenschaft und Gewinde sind mit Nenndurchmesser modelliert.*

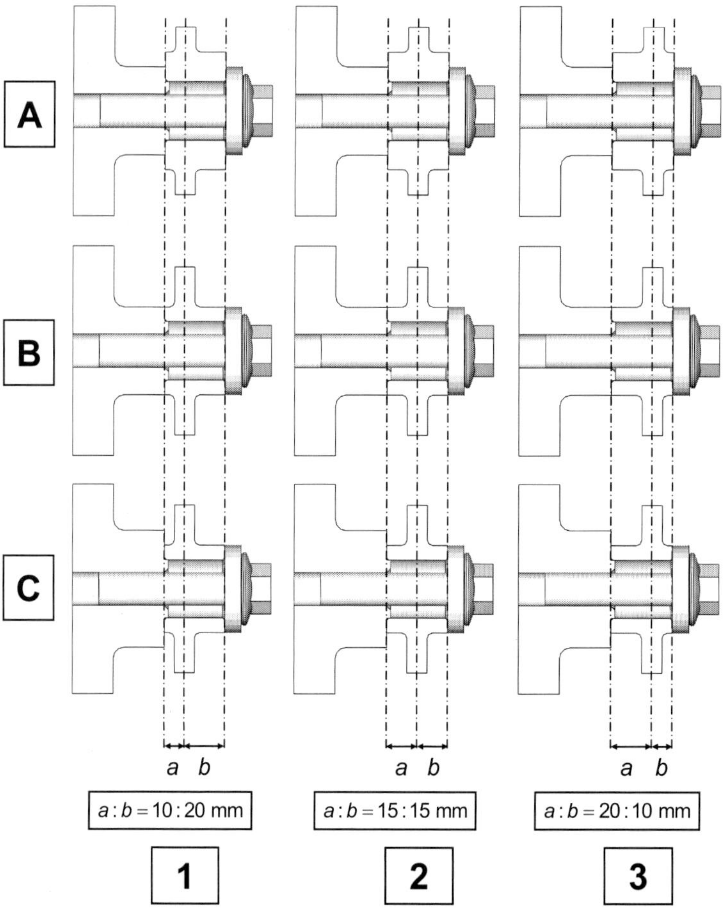

Bild 2.31: Untervarianten 1, 2 und 3 der Grundformen A,B und C mit unterschiedlichen Haupt- und Nebenschlussanteilen infolge veränderter Position der Lasteinleitung

Die Verbindungen wurden als vierteilige 3D-Modelle abgebildet und auf Grundlage der CAD-Geometrie mit 8-Knoten-Hexaedern vernetzt (**Bild 2.32**). Die Netzeinteilung betrug in Umfangsrichtung 64 Elemente und in Breitenrichtung der Fugen (Welle/Nabe) 12..20 Elemente, wobei im Kontakt zwischen Welle und Nabe („Primärfuge") jeweils exakt deckungsgleiche Netze vorlagen. Die Gesamtgröße umfasste jeweils ca. 180'000 Knotenfreiheitsgrade.

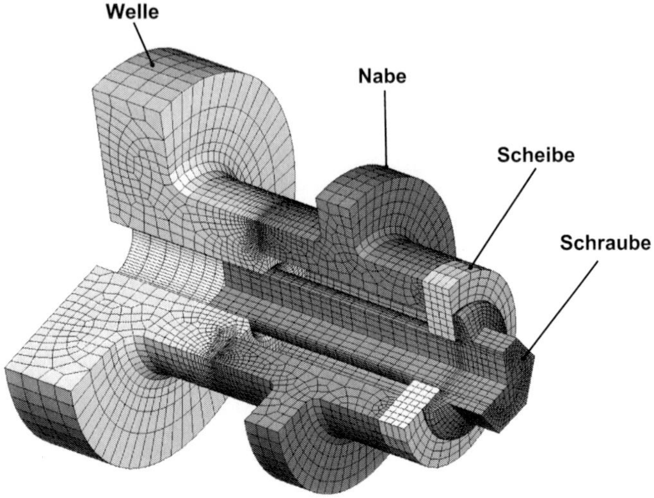

Bild 2.32: Dreidimensionales Finite-Elemente-Modell der Stirn-PV (hier: Variante L3)

Die (stirnseitigen) Fugen zwischen den Teilen wurden in Form reibungsbehafteter Kontaktpaarungen abgebildet. Die Zentrierung wurde dagegen nicht als Kontaktbereich berücksichtigt. Der eingesetzte Kontaktalgorithmus basiert auf der Methode der LAGRANGE'schen Multiplikatoren; für die Reibungsbedingung wurde ein Penalty-Verfahren mit Unterscheidung zwischen Haften und Gleiten eingesetzt [ABQT07], wobei der maximale Fehler („elastischer Schlupf") auf 0,1 µm begrenzt wurde.

Da die Effekte im Gewinde keinen Untersuchungsgegenstand darstellten, wurde auf eine genaue Modellierung – vgl. z. B. [SEY06] – verzichtet und Schraube und Welle als feste Kontaktpaarungen miteinander „verklebt". Die Vorspannung der Schraube (vgl. Simulationsablauf Abschnitt 2.3.3) wurde über die „PRETENSION SECTION"-Funktion in ABAQUS realisiert [ABQU07]. Hierbei werden in einer festzulegenden Schnitt- bzw. Knotenebene durch das Bauteil die Knotenfreiheitsgrade in Vorspannrichtung zunächst intern dupliziert und über eine Zwangsbedingung verknüpft. Diese kann nun „von außen" – in Form von Kräften oder Verschiebungen – gesteuert werden. Konkret wird in der Simulation die Schraube auf die gewünschte Kraft vorgespannt und jene Zwangsbedingung dann in dieser Lage fixiert.

Die wichtigsten Angaben zum Modellaufbau sind in **Tab. 2-4** zusammengefasst. Die Einspannung der Verbindung wurde über eine feste Fixierung der Knoten auf dem Außendurchmesser des Wellenflansches realisiert. Die Lasteinleitung erfolgte über die äußeren Knoten des Nabenflansches (**Bild 2.33**).

Tab. 2-4: Modellparameter der ABAQUS-3D-Modelle

Elementtyp	lineare Hexaeder (`C3D8I`)
Modellgröße	ca. 55'000 Elemente, 180'000 Knotenfreiheitsgrade
Kontaktpaarungen	Welle/Nabe, Nabe/Scheibe, Scheibe/Schraube (jeweils nur die stirnseitigen Fugen)
Kontaktalgorithmus	*Normalenrichtung:* Lagrange-Multiplikator, `finite sliding` (Welle/Nabe) bzw. `small sliding` (Nabe/Scheibe, Scheibe/Schraube) *tangentiale Richtung (Reibung):* Stick-Slip-Penalty-Algorithmus, max. zulässige Penalty-Verschiebung 0,1 µm („`elastic slip`“)
Gewinde	vereinfachte Abbildung über festen Kontakt (`*TIE`)
Vorspannung	„`Pre-tension section`“-Funktion in ABAQUS (Aufbringung und Fixierung einer Vorspannkraft in einer Schnittebene)
Werkstoff-Eigenschaften	rein elastisch (Stahl bzw. Aluminium, vgl. Tab. 2-3)

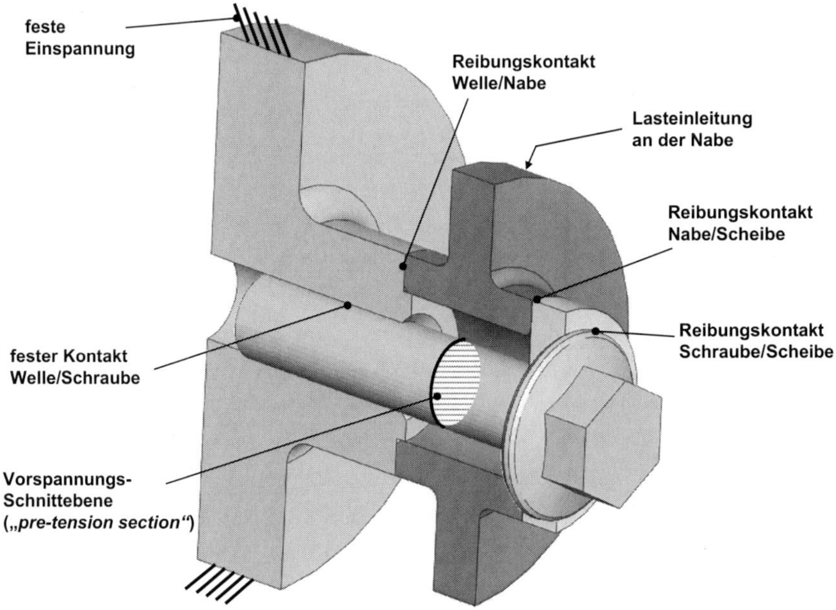

Bild 2.33: Kopplungs- und Randbedingungen im Finite-Elemente-Modell

2.3.3 Simulationsablauf

Die Simulationsrechnungen wurden stets in Form mehrerer aufeinanderfolgender Lastschritte durchgeführt. Im Einzelnen stellten sich diese wie folgt dar:

0. Lastschritt: Ausgangszustand (keine „echter" Lastschritt)

- *Modellinitialisierung, lastfreier Anfangszustand*
- *Initialisierung des Kontaktzustandes durch den Kontaktalgorithmus*

1. Lastschritt: Montage der Verbindung

- *reibungsfreier (!) Kontakt, deshalb zwangsfreie Fixierung der Teile durch entsprechende Randbedingungen*
- *Vorspannung der Schraube auf Nennwert (äquivalent einem Fugendruck von 100 bzw. 200 MPa, je nach Modell) mittels der PRE-TENSION-Funktion in ABAQUS*

Die reibungsfreie Montage stellt dabei einen reibschubspannungsfreien Ausgangszustand der Fugen sicher. Dies entspricht einem „eingespielten" Fugenzustand [LEI83] unter dynamischer Belastung und ist insbesondere notwendig, um im weiteren Simulationsablauf Relativbewegungen im Kontakt (Schlupf) korrekt im Sinne eines zyklischen Effekts bei dynamischer Belastung interpretieren zu können ([LEI83], [SME01]).

2. Lastschritt: Zuschalten der Reibung

- *Fixierung der Vorspannung („Einfrieren" des Vorspannweges der Schraube innerhalb der PRE-TENSION-Funktion)*
- *Aktivierung der Reibung in allen Fugen mit* $\mu = 0{,}15$
- *Wegnahme der „Anfangsfixierungen", d.h. aller äußerer Verschiebungsrandbedingungen mit Ausnahme der Einspannung des Welle*

An dieser Stelle sei darauf hingewiesen, dass hierbei – obwohl programmtechnisch prinzipiell möglich – nicht zwischen Haft- und Gleitreibwert unterschieden wurde. Dies stellt in der Analyse von Reibschlussverbindungen eine übliche Vereinfachung dar ([SME01], [FOR06], [VID07] u. v. a.). Neben der einfacheren numerischen Lösung und der leichteren Interpretierbarkeit der Ergebnisse spricht hierfür auch die Tatsache, dass bei zyklischen, hochdynamischen Relativbewegungen keine ausgeprägten „Losbrech"-Effekte zu beobachten sind.
Nach dem 2. Lastschritt liegt folglich eine reibschubspannungsfreie, aber infolge der nunmehr aktivierten Reibung selbsthaltende Verbindung vor, die einem eingespielten „Gleichgewichtszustand" entspricht. Dieser Zustand stellt den Ausgangspunkt für die folgenden Belastungsanalysen dar. Für die Analyse unterschiedlicher Belastungen ist dabei simulationstechnisch auch ein „RESTART" [ABQU07] an diesem Punkt möglich, um den Rechenaufwand der ersten Lastschritte in der Folge einzusparen.
Im Hinblick auf die realen Verhältnisse (vgl. Abschnitt 4.4.1) muss betont werden, dass hierbei keine innere Torsions-Verspannung aus dem Anzugsvorgang vorliegt. Diesbezüglich sind die Ausführungen in Kapitel 4 bei der Interpretation der Ergebnisse zu berücksichtigen.

3. Lastschritt: Aufbringen der äußeren Belastung

- *inkrementelle Steigerung der äußeren Belastung (i. d. R. mindestens 10 Inkremente) gemäß dem zu untersuchenden Lastfall*

Die inkrementelle Lastaufbringung ist wegen des stark nichtlinearen Charakters des Problems beim Auftreten von Schlupfbewegungen notwendig. Mit dem Ende des Lastschritts 3 liegt ein Belastungszustand vor, wie er sich – z. B. auch im Hinblick auf die Schlupfvertei-

lung – nach einer quasistatischen, ein- bzw. erstmaligen Lastaufbringung aus einem reib- und torsionsschubspannungsfreien Zustand heraus einstellen würde. Zugleich können die Beanspruchungsgrößen meist als *Amplitude* im Falle wechselnder dynamischer bzw. zyklischer Belastung interpretiert werden [LEI83].
Die Aufbringung der äußeren Belastung erfolgte gemäß Bild 2.33 am Nabenflansch. Zur einfacheren Handhabung der Belastungsrandbedingungen wurden die Lasten dabei in Form von Kräften und Momenten auf einen künstlichen Knoten im Zentrum des Flansches aufgebracht, der mit den tangentialen Freiheitsgraden der äußeren Flanschknoten kinematisch gekoppelt wurde (ABAQUS: „KINEMATIC COUPLING"). Dies resultiert somit in einer verteilten Aufbringung der Belastung. Kontrollrechnungen zeigten dabei keine ergebnisrelevanten Unterschiede im Nabengrundkörper im Vergleich zu einer konzentrierten Belastungsaufbringung über Knotenkräfte. Zu Details dieser Modellierungstechnik sei auf [ABQU07] verwiesen.

4. Lastschritt (optional) und ggf. folgende: Belastungsfolge

- *inkrementelle Applikation eines äußeren Belastungsverlaufs*[12]

Auf diese Weise können Effekte simuliert werden, die sich im Zuge einer realitätsgemäßen „Belastungsgeschichte" ergeben. Dies ist für quasistatische Vorgänge naturgemäß nur für nichtlineare Probleme notwendig bzw. sinnvoll.
Im Rahmen der Arbeit wurde in diesem Zusammenhang die Wirkung des Lastumlaufs simuliert, wie er sich infolge der Drehung der Welle (bzw. der Verbindung) ergibt (Abschnitt 5.3.2). Simulationstechnisch wurde dies realisiert, indem die entsprechenden Richtungskomponenten (x, y) der Belastungen sinus- bzw. kosinusförmig mit der fiktiven Zeit moduliert wurden.

2.3.4 Ergebnisauswertung

Im Fokus der Untersuchungen im Rahmen dieser Arbeit standen die Zustandsgrößen in den Fugen, vor allem im Kontaktbereich zwischen Welle und Nabe. ABAQUS berechnet diesbezüglich eine Reihe von Zustandsgrößen als standardmäßige Ergebnisdaten. So werden die Verteilungen von Fugendruck und Reibschubspannungen direkt auf Basis der LAGRANGE'schen Multiplikatoren bzw. der Penalty-Größen bestimmt, was erfahrungsgemäß deutlich genauer ist als eine Auswertung des Spannungstensors auf der Oberfläche. Auch ist der Schlupf im Kontakt eine direkte (ABAQUS-interne), also automatisch berechnete (vektorielle) Ergebnisgröße. Diesbezüglich ist bei der Auswertung zu beachten, dass die errechneten Schlupfkomponenten den gesamten Schlupf bezüglich des Ausgangszustands darstellen, also auch jene Anteile enthalten, die sich bei der Montage aufgrund der elastischen Verformungen ergeben. Folglich muss dieser Anfangsschlupf in der Ergebnisauswertung abgezogen werden, wofür sich entsprechende Programm- und Makro-Funktionen im ABAQUS-Postprozessor eignen. Dies gilt allgemein für arithmetische Operationen zwischen Ergebnisgrößen.
Über die Verteilung der Feldgrößen im Kontakt hinaus (also u. a. Reibschubspannungen, Fugendruck und Schlupf), liefert ABAQUS Kontaktpaar-bezogene integrale Ergebnisse, so zum Beispiel die reib- und formschlüssigen Kraft- und Momentenkomponenten. Auf dieser Basis können unmittelbar die „Schnittreaktionen" in einer Fuge ausgewertet werden.

[12] Im Bereich der numerischen Simulation wird dies häufig als „*transiente* Simulation" bezeichnet.

2.4 Experimentelle Untersuchungen

2.4.1 Zielstellung

Einen Schwerpunkt der Arbeit stellt das Verhalten von Stirn-PV unter kombinierter Belastung dar. Hierbei stellt sich vor allem die Frage nach der übertragbaren Torsionsbelastung unter dem Einfluss überlagerter Querkraft- und Biegeanteile, wie sie sich in der Realität infolge von Zahn-, Ketten- oder Riemenkräfte ergeben. Diese Zusammenhänge sollten auch experimentell untersucht werden, wozu ein spezieller Prüfstand entwickelt wurde. Die belastungsseitigen und messtechnischen Forderungen umfassten vordergründig

(1) die Möglichkeit kombinierter Belastung von Torsion und umlaufender Querkraft bzw. Querkraftbiegung,

(2) die genaue Messung der Relativverdrehung zwischen Welle und Nabe im Betrieb,

(3) die Überwachung der Vorspannkraft der Schraube.

Diese Anforderungen führten auf eine Lösung mit stillstehender Probe, unwuchtbasierter Erzeugung von Querkraft und Umlaufbiegung sowie separater Aufbringung der Torsionsbelastung. Das entsprechende Schema ist in **Bild 2.34** dargestellt. Das umgesetzte Konzept wird im Folgenden beschrieben.

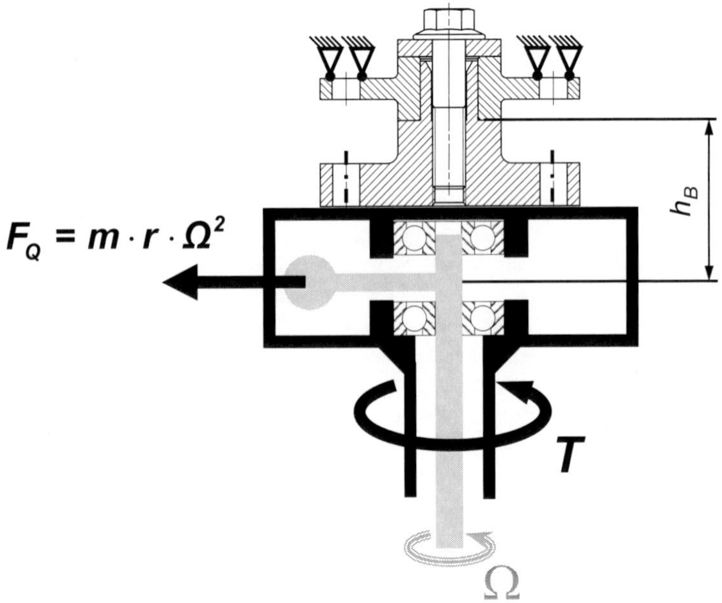

Bild 2.34: Schematisches Funktionsprinzip des Unwucht-Prüfstands für kombinierte Belastung

2.4.2 Unwuchtprüfstand

Aufbau und Funktion

Die konstruktive Umsetzung des Prüfstandes ist in **Bild 2.28** abgebildet. Die Probe ist dabei nabenseitig am Lagerbock befestigt und wellenseitig mit Unwucht-Trommel verschraubt. In dieser erzeugt eine rotierende Unwucht die umlaufende Querkraft, welche sich aufgrund der vernachlässigbaren Biege- und Transversalsteifigkeit der Metallbalgkupplung nahezu vollständig über die Probe abstützt. Der Antrieb der Unwucht erfolgt über eine flexible Welle durch einen präzise steuerbaren 2kW-Servomotor, der eine maximale Drehzahl von 8000 min^{-1} (120 Hz) erlaubt. Zusätzlich kann die Exzentrizität der Unwucht innerhalb gewisser Grenzen bei Stillstand von außen eingestellt werden. Grundsätzlich sind Unwucht-Kräfte bis ca. 20 kN möglich, wobei dieses Limit aus der Tragfähigkeit der Lagerung resultiert.
Im Unterschied zu prinzipiell ähnlich Unwuchtprüfständen (vgl. [FOR06]) ist wegen der probennahen Unwucht und des damit sehr kurzen Hebelarms h_B der querkraftbezogene Biegeanteil vergleichsweise gering, was der realen Belastungssituation bei Stirn-PV (z. B. Ketten- und Riemenräder) nahe kommt. Eine vollkommen biegefreie Querkraftbelastung ($h_B = 0$) ist allerdings nicht möglich; Querkraft und Biegemoment in der Probe bzw. in der Wirkfuge stehen in einem festen Verhältnis. Der Abstand zwischen der Unwuchtebene und der Anlagefläche der Probenaufnahme beträgt konkret 81 mm. Hierzu addiert sich noch ein Probengeometrie-abhängiger Anteil.

Die Torsionsbelastung wird vollständig getrennt von der Umlaufbelastung servohydraulisch über einen hebelbetätigenden Hydraulikzylinder aufgebracht. Das Drehmoment wird dabei von der Hebelwelle (mit Drehdurchführung für den Unwuchtantrieb) über die Balgkupplung und Unwuchttrommel in Probe eingeleitet. Die Maximalkraft des Zylinders beträgt ca. 60 kN, was Drehmomenten von ca. 6000 Nm entspricht. Aufgrund der Hebelbetätigung wirkt das Moment dabei immer in Festdrehrichtung einer Probe mit Rechtsgewinde. Hydraulikzylinder, Ansteuerung und Servoventil erlauben eine hochdynamische Lastaufbringung von bis zu 50 Hz. Der Zylinder ist mit einem Weg- und Kraftmesssystem versehen und kann weg- oder kraftgesteuert betrieben werden.

Probengeometrie

In **Bild 2.36** ist die verwendete Probengeometrie dargestellt. Sie entspricht – je nach Einbaulage der Nabe – den Geometrievarianten B1 bzw. B3 gemäß Bild 2.31. Als Werkstoff für Wellen und Naben wurde C45 eingesetzt. Ein Teil der Proben wurde blindgehärtet, der andere im normalgeglühten Zustand belassen. Die Wirkflächen wurde stirnrundgeschliffen.

Als Schraube wurde eine Sechskantschraube M16×1,5 mit Gewinde bis unter Kopf (ISO 8676 M16×1,5–10.9) verwendet, unter der Kopfauflage eine Scheibe DIN 6340 - 17 (Ø 17×45×6).

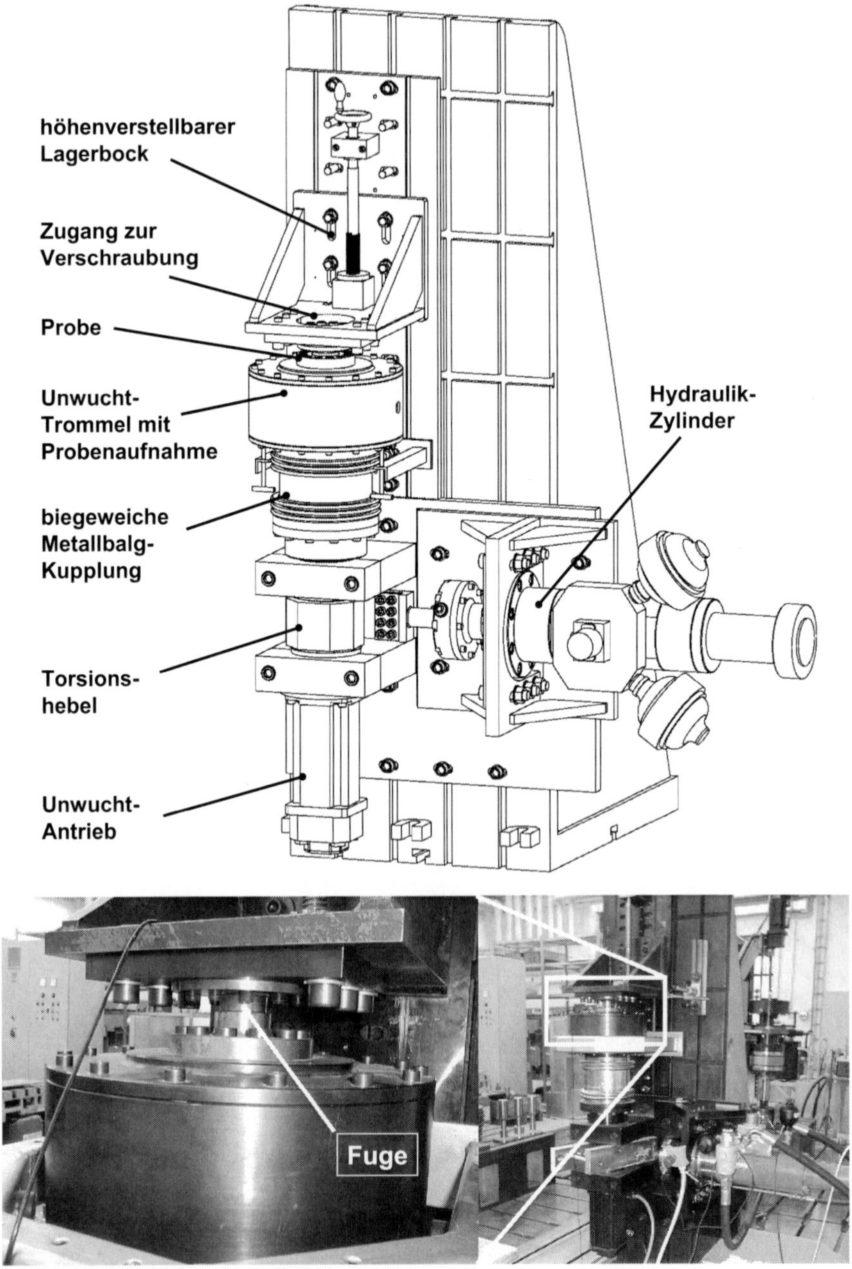

Bild 2.35: Unwuchtprüfstand zur Untersuchung von Stirn-PV unter kombinierter Belastung mit umlaufender Querkraft-Biegung und statischer oder dynamischer Torsion

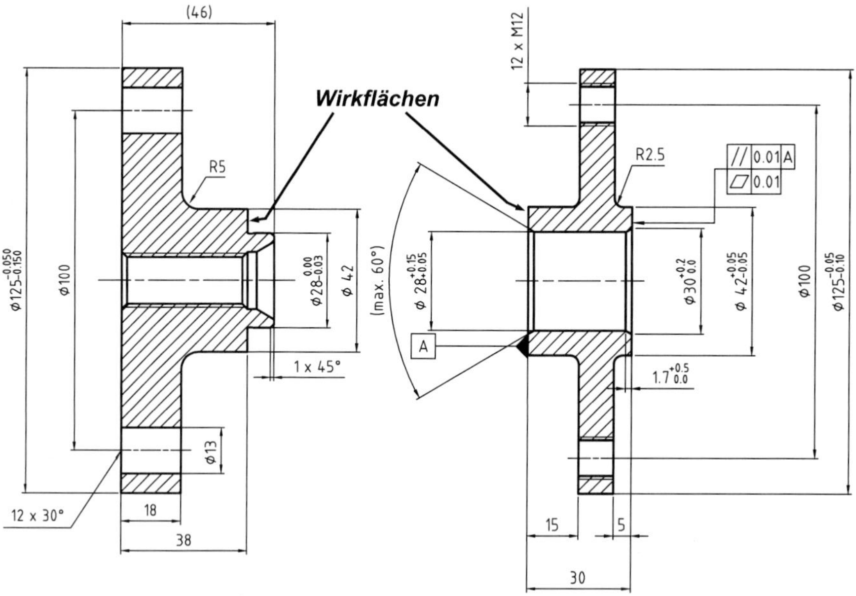

Bild 2.36: Probengeometrie für den Unwuchtprüfstand (entspricht Varianten B1 bzw. B3)

Messtechnik und Kalibrierung des Prüfstandes

Zur Einmessung des Prüfstandes wurde anstelle der eigentlichen Proben eine speziell präparierte Referenzprobe („Messwelle") eingebaut, die hinsichtlich Abmessungen und Steifigkeitsverhältnissen den zu prüfenden Stirn-PV-Geometrien entsprach. Auf dieser waren eine DMS-Torsionsvollbrücke und zwei um 90° versetzte Biegehalbbrücken zur Messung der im Betrieb lokal wirksamen Belastungen angebracht.

Auf Basis dieser Messwelle wurden Drehzahl-Belastungs-Kurven für verschiedene Exzentrizitätsstellungen der Unwucht aufgenommen. Dabei bestätigte sich die Vermutung, dass v. a. aufgrund dynamischer Effekte die tatsächlich wirksame Belastung von der aus Drehzahl und Unwucht berechneten abweicht. Alle Versuche wurden folglich auf Basis der ermittelten Einmesskurven gefahren. Darüber hinaus zeigte sich, dass bereits oberhalb von 1800 min^{-1} die dynamischen Effekte so stark sind, dass eine gezielte Lastaufbringung zu ungenau wird. Dies betrifft auch die Torsion, deren Sollwert dann von unwuchterregten Torsionsschwingungsanteilen überlagert wird. Deshalb wurden Versuche nur im Drehzahlbereich bis 1800 min^{-1} durchgeführt.

Hinsichtlich der Messung von Verdrehwinkel und Torsionsmoment erwiesen sich Weg- und Kraftmesssystem des Hydraulikzylinders als so genau und zuverlässig, dass von zusätzlicher Sensorik abgesehen werden konnte. Die Genauigkeit des Wegmesssystems beträgt (winkelbezogen) ca. 0,01°. Die Schraubenklemmkraft wurde bei den Versuchen permanent durch einen mitverspannten Kraftmessring (KMR-200kN, Firma HBM) unter dem Schraubenkopf gemessen, um definierte Verspannungsverhältnisse sicherzustellen.

3 Übertragungsverhalten der Gesamtverbindung

3.1 Grundlegende Betrachtungen

Die Funktion von Welle-Nabe-Verbindungen (WNV) kann in der Fixierung der Nabe gegenüber der Welle und dabei letztlich in der Leitung von angreifenden Belastungen bzw. (Dreh-) Bewegungen zwischen Nabe und Welle gesehen werden [KOL84]. Obwohl die Hauptfunktion von Wellen und WNV die Übertragung von Drehmomenten ist, liegen in den meisten Fällen auch Querkräfte und/oder Biegemomente sowie ggf. Längskräfte vor. Hinsichtlich der Definition dieser elementaren Belastungen Längskraft, Querkraft, Torsion und Biegung dient üblicherweise die Drehachse der Welle als Bezug. Entsprechend werden als Längskräfte bzw. Querkräfte Kräfte und entsprechende Kraft-Komponenten bezeichnet, deren Wirkungslinie parallel bzw. orthogonal zur Wellenachse verläuft. Der Vektor der Torsionsmomente (Drehmomente) weist in Achsrichtung, Biegemomente sind durch Momentenvektoren senkrecht zur Wellenachse gekennzeichnet. Der Beschreibung der Belastung bei *Wellen* liegt somit strenggenommen immer das Modell des „Balkensystems" zugrunde – eine Betrachtungsweise, die gemäß Abschnitt 2.2.1 speziell auch auf die Welle-Nabe-*Verbindung* „Stirn-PV" übertragen werden kann.

Aus der Struktur einer Stirn-PV und der Fugengeometrie folgt, dass die Torsionsmomente und Querkräfte zwischen Welle und Nabe *reibschlüssig*, Längskräfte und Biegemomente dagegen *normal* zu den stirnseitigen Wirkflächen – also *formschlüssig* – übertragen werden. Hinsichtlich des „Belastungsflusses" innerhalb der gesamten Verbindung wird zumeist davon ausgegangen, dass die gesamte Last auf dem direkten Weg zwischen Nabe und Welle übertragen wird. Es ist jedoch leicht einzusehen, dass gemäß **Bild 3.1** ein gewisser Anteil auch über die Verschraubungs-Seite geleitet wird. Folglich kann zwischen einem im Weiteren *Haupt- bzw. Primärschluss* („HS") genannten Übertragungsweg und einem *Neben- oder Sekundärschluss-Anteil* („NS") unterschieden werden. Die Verbindung stellt diesbezüglich ein statisch unbestimmtes System dar – eine unmittelbare Quantifizierung ist nicht möglich.
Weiterhin wird gelegentlich, vor allem im Hinblick auf Querkräfte, von einem Übertragungsanteil der Zentrierungen (Zentrierzapfen, -bünde, Passschrauben u. ä.) zwischen Welle und Nabe(n) ausgegangen, der folglich als *Tertiärschluss* bezeichnet werden kann. Im Regelfall kann dieser Anteil jedoch nicht in die Belastungsbilanz einbezogen werden: In der Praxis werden aus Montagegründen üblicherweise Spielpassungen (z. B. H7/g6, H7/f6) zur Zentrierung verwendet. Dieses Spiel vergrößert sich meist noch infolge der axialen Verspannung (Querkontraktion). Der Formschluss der Zentrierung kann hinsichtlich der Belastungsübertragung folglich erst wirksam werden, wenn hinreichend große, praktisch aber nicht zulässige Relativbewegungen zwischen den Teilen – z. B. durch örtliches Gleiten der Reibpaarungen – auftreten. Daher darf der potentielle Tertiärschluss-Anteil nicht zur Auslegung der Verbindung – etwa zur Aufnahme der Querkräfte – herangezogen werden. Er wird deshalb in den folgenden Ausführungen nicht weiter betrachtet.

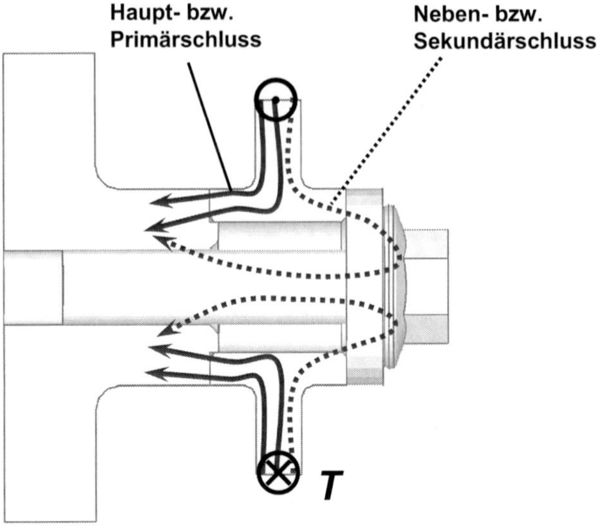

Bild 3.1: „Belastungsfluss" innerhalb einer Stirn-PV mit den Übertragungswegen „Hauptschluss" und „Nebenschluss"

Aufgrund der Drehbewegung der Welle läuft die Belastung – konkret die Querkraft und der assoziierte Biegeanteil – bezüglich der Verbindung mit hoher Frequenz um (Umlauf-Biegung und -Querkraft). In der mobilen Antriebstechnik sind dabei bis zu 6000 min^{-1} und fallweise deutlich mehr üblich. Die Torsionsbeanspruchung kann in der Praxis sowohl schwellend als auch – z. B. infolge von Torsionsschwingungen, insbesondere bei Torsionstilgern – wechselnd auftreten. Die entsprechenden Anteile im Nebenschluss führen daher zu einer zusätzlichen zyklischen Beanspruchung der Schraube. Besagte Dauerbrüche der Verschraubung (Abschnitt 1.2, S. 5, und Abschnitt 2.1.1.2, S. 13) können folglich diesen hochdynamischen Belastungen zugeschrieben werden. Im Folgenden soll deshalb ein Berechnungsmodell entwickelt werden, mit dem die Übertragungsanteile im Haupt- und Nebenschluss einer Stirn-PV berechnet werden können.

3.2 Modellbildung

In Abschnitt 2.2 wurde die Theorie des Balkens mit Kreisring-Querschnitt als mögliche Grundlage zur Beschreibung des mechanischen Verhaltens von Stirnpressverbindungen diskutiert. Wird nunmehr diese Modellvorstellung konkret aufgegriffen, so stellt eine Stirn-PV ein stückweises – also ggf. mehrfach abgesetztes – System von Balkenabschnitten dar (**Bild 3.2**).

Infolge der axialen Verspannung können die gefügten Teile wie ein ungeteiltes System betrachtet werden, solange keine Relativbewegungen in den Fugen auftreten, was im Rahmen des Modells in diesem Kapitel ausgeschlossen wird.

Das Balkenssystem besteht dabei aus einem „inneren“ und „äußeren“ Bereich. Ersterer entspricht im Wesentlichen den Elementen der Verschraubung („Verschraubungsstrang“, Bereich III), letzterer wird durch die verspannten Teile, vor allem also durch die Naben-„Abschnitte“ gebildet („Nabenstrang“). Bezogen auf eine konkrete äußere Belastungseinleitung an einem bestimmten Punkt des Nabenstrangs kann gemäß Bild 3.2 zudem zwischen einem hauptschlussseitigen (I) und nebenschlussseitigen Bereich (II) unterschieden werden (siehe auch Bild 3.1). Für eine Verbindung mit mehreren angreifenden Belastungen (z. B. bei Mehrfachverbindungen) korrespondiert somit jede einzelne Lasteinleitung mit einer bestimmten Aufteilung des Nabenstrangs in die Bereiche (I) und (II).

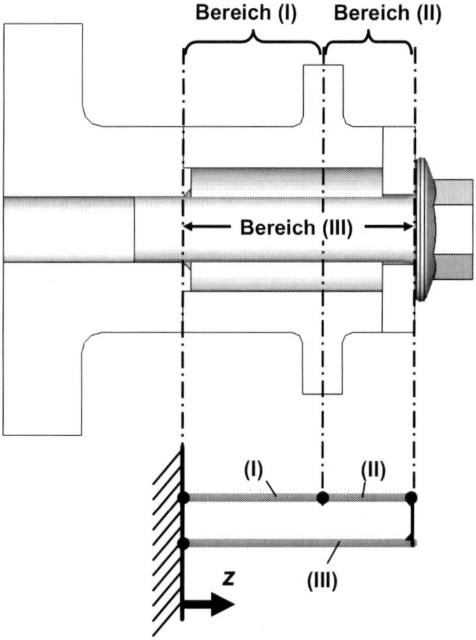

Bild 3.2: Abstrahierung einer Stirn-PV als geschlossenes, statisch unbestimmtes Balkensystem

Das Balkensystem setzt im Bereich des freien Endes der Welle an. Ausgangspunkt für die mechanische Beschreibung und geometrische Parametrisierung bildet dabei die Einführung einer Bezugsebene („$z = 0$“) und eines entsprechenden zylindrischen oder kartesischen Koordinatensystems (Abschnitt 2.2). Die Positionierung dieser Ebene innerhalb der Verbindung ist mechanisch keineswegs eindeutig, sondern Teil der Abstrahierung im Zuge der Modellbildung. Im Sinne einer festen Einspannung der entsprechenden Balkenabschnitte I und III ist die Position dort anzusetzen, wo „innerer“ und „äußerer“ Bereich ineinander übergehen und somit Verschiebung und Verdrehungen als gleich angesehen werden können. In vielen Fällen kann analog zu Bild 3.2 die Primärfuge der Verbindung als eine angemessene Bezugsebene betrachtet werden.

3.3 Torsions-Belastung

Wird eine Stirn-PV mit einem äußeren Drehmoment T belastet, so lässt sich das Balkensystem auf seine torsionsrelevanten Eigenschaften reduzieren. Dies führt auf ein Torsionsfeder-Modell, wie es in **Bild 3.3** schematisiert ist. Es entspricht einer Verschaltung der Torsionsfeder-Nachgiebigkeiten $\delta_T^{(\,)}$ der einzelnen Bereiche. Konkret sind die Haupt- und Nebenschluss-Anteile

$$\left.\begin{aligned} \delta_T^{(HS)} &= \delta_T^{(I)} \\ \delta_T^{(NS)} &= \delta_T^{(II)} + \delta_T^{(III)} \end{aligned}\right\} \tag{3.1}$$

bezüglich des Bezugspunkts $z=0$ parallel geschaltet. Die Nachgiebigkeiten der einzelnen (Unter-) Abschnitte $\delta_{T,i}^{(\,)}$ ergeben sich gemäß (2.40) und addieren sich als Reihenschaltung zum jeweiligen Bereichs-Gesamtwert:

$$\delta_T^{(\,)} = \sum_i \delta_{T,i}^{(\,)} . \tag{3.2}$$

Darin fließen strenggenommen nicht nur die stückweisen „Torsionsstab"-Anteile ein, sondern analog zur Berechnung der axialen Nachgiebigkeit von Schraubenverbindungen auch die „impliziten", analytisch nur abschätzbaren Anteile von Schraubenkopf, eingeschraubtem Gewindeanteil, Übergangsbereichen etc.

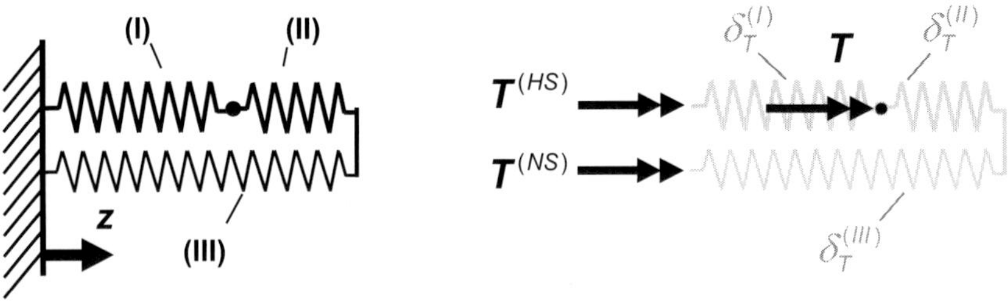

Bild 3.3: Balkensystem als Torsionsfeder-Modell (Torsionsnachgiebigkeiten $\delta_T^{(\,)}$) mit der äußeren Torsionsbelastung T und freigeschnittenen Haupt- und Nebenschluss-Anteilen

Das Momentengleichgewicht mit den statisch unbestimmten Haupt- und Nebenschluss-Anteilen gemäß Bild 3.3 lautet:

$$T + T^{(HS)} + T^{(NS)} = 0 . \tag{3.3}$$

Die statische Unbestimmtheit lässt sich beispielsweise über den Satz von MENABREA [GöHo86] auflösen. Dabei wird zunächst die elastische Formänderungsenergie unter Berücksichtigung der statischen Gleichgewichtsbedingungen als Funktion der eingeprägten Lasten formuliert. Die Energie (bzw. „mechanische Arbeit") des Gesamtsystems infolge Torsionsbelastung – W_T – setzt sich dabei aus dem Haupt- und Nebenschluss-Anteil zusammen,

$$W_T = W_T^{(HS)} + W_T^{(NS)} , \tag{3.4}$$

und ergibt sich somit als „Federenergie" in der Form

$$W_T = \underbrace{\frac{1}{2}\cdot\left(T^{(HS)}\right)^2\cdot\delta_T^{(HS)}}_{W_T^{(HS)}} + \underbrace{\frac{1}{2}\cdot\left(T^{(NS)}\right)^2\cdot\delta_T^{(NS)}}_{W_T^{(NS)}} , \tag{3.5}$$

da die Torsionsbelastung in den Haupt- und Nebenschluss-Abschnitten mit $T^{(HS)}$ bzw. $T^{(NS)}$ jeweils konstant ist.

Mit Hilfe der Gleichgewichtsbedingung (3.3) lässt sich nun eine der beiden statisch Unbestimmten, hier willkürlich $T^{(NS)}$, mit Hilfe der anderen ausdrücken, woraus folgt:

$$W_T = \frac{\left(T^{(HS)}\right)^2 \delta_T^{(HS)}}{2} + \frac{\left(T + T^{(HS)}\right)^2 \delta_T^{(NS)}}{2}. \tag{3.6}$$

Wegen der festen Einspannung von Haupt- und Nebenschluss-Seite gilt nach dem Satz von MENABREA, dass die partielle Ableitung nach den statischen Unbestimmten null wird. Für die Hauptschluss-Seite folgt somit:

$$\left.\begin{aligned} 0 &= \frac{\partial W_T}{\partial T^{(HS)}} \\ &= \frac{\partial}{\partial T^{(HS)}}\left[\frac{\left(T^{(HS)}\right)^2 \delta_T^{(HS)}}{2} + \frac{\left(T + T^{(HS)}\right)^2 \delta_T^{(NS)}}{2}\right] \\ &= T^{(HS)} \cdot \delta_T^{(HS)} + \left(T + T^{(HS)}\right) \cdot \delta_T^{(NS)}. \end{aligned}\right\} \tag{3.7}$$

Nach Auflösen ergeben sich der Hauptschluss- sowie mit (3.3) der komplementäre Nebenschluss-Anteil:

$$T^{(HS)} = (-)\,T \cdot \frac{1}{\dfrac{\delta_T^{(HS)}}{\delta_T^{(NS)}} + 1} \quad \Leftrightarrow \quad T^{(NS)} = (-)\,T \cdot \frac{1}{\dfrac{\delta_T^{(NS)}}{\delta_T^{(HS)}} + 1}. \tag{3.8}$$

Die relativen Anteile im Primär- und Sekundärschluss berechnen sich folglich in der dargestellten Weise aus dem Verhältnis der entsprechenden Torsionsnachgiebigkeiten von Haupt- und Nebenschluss-Seite des Gesamtsystems. In formaler Analogie zur Theorie der Schraubenverbindungen [VDI2230] lässt sich in Form eines relativen Nachgiebigkeitsverhältnisses ein Torsionsbelastungsverhältnis Φ_T definieren (vgl. Abschnitt 2.1.1.3), welches den Drehmomentenanteil in der Schraube ausdrückt:

$$\Phi_T = \frac{1}{\dfrac{\delta_T^{(NS)}}{\delta_T^{(HS)}} + 1} = \left|\frac{T^{(NS)}}{T}\right|. \tag{3.9}$$

Dieser ist folglich umso niedriger, je steifer die Hauptschluss-Seite im Vergleich zur „Verschraubungs-Seite“ ist. Dagegen führt ein relativ torsionsweicher, zum Beispiel sehr langer oder dünnwandiger Hauptschluss-Strang zu einem höheren Nebenschluss-Anteil (**Bild 3.4**).

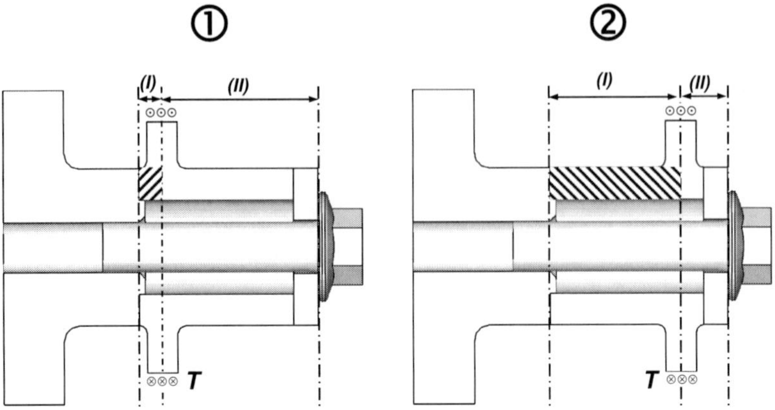

$\Phi_T^{①} < \Phi_T^{②}$

Bild 3.4: Stirn-PV-Varianten mit niedrigem (links) und höherem Nebenschlussanteil (rechts) infolge unterschiedlicher Steifigkeitsverhältnisse von Haupt- und Nebenschlussbereich

3.4 Längskraft-Belastung

Axial wirkende Betriebskräfte spielen bei Stirn-PV eine eher untergeordnete Rolle, treten aber in der Praxis dennoch gelegentlich auf, so z. B. bei schrägverzahnten Stirnrädern oder infolge der Massenkräfte bei axialen Schwingungen bzw. Beschleunigungen. Grundsätzlich entspricht ein derartiger Belastungsfall den (zentrischen oder exzentrischen) axialen „Betriebszusatzkräften" F_{SA} [VDI2230] bei axialer Belastung von Schraubenverbindungen. Die Reduktion des Balkenmodells auf seine axialen Nachgiebigkeiten führt damit in Analogie zum Torsionsmodell auf eine Federschaltung gemäß Bild 3.3, welche eben im Wesentlichen dem Modell der Schraubenberechnung nach [VDI2230] entspricht (Bild 2.6).

Die formelmäßigen Zusammenhänge der Torsion (3.1)..(3.9) lassen sich dabei unter Substitution der torsionalen durch die Zug-/Druck-Nachgiebigkeiten eines Balkenabschnitts unmittelbar auf die axiale Belastung übertragen:

$$\delta_T^{(\,)} = \frac{L}{G \cdot I_P} \quad \Leftrightarrow \quad \delta_Z^{(\,)} = \frac{L}{E \cdot A}. \tag{3.10}$$

Die Betriebszusatzkraft in der Schraube infolge einer äußeren Belastung F_Z beträgt somit

$$F_{SA} = F_Z^{(NS)} = \Phi \cdot F_Z. \tag{3.11}$$

Im Hinblick auf die formal identische Beziehung nach [VDI2230], vgl. (2.2) und (2.3), sei angemerkt, dass dort zunächst vom idealisierten Fall der Lasteinleitung „unter Kopf" ausgegangen wird ([VDI2230]: „$\Phi = \Phi_K$"). Dies entspricht einem „Hauptschluss-Bereich" (I), der den gesamten Nabenstrang umfasst – ein nabenseitiger Nebenschluss-Bereich (II) existiert entsprechend nicht. Dessen Wirkung auf das Kraftverhältnis wird stattdessen über den korrigierenden Krafteinleitungsfaktor n ausgedrückt (vgl. (2.3)):

$$\Phi = \Phi_n = n \cdot \Phi_K. \tag{3.12}$$

Ausgehend von der Bereichsaufteilung gemäß Bild 3.2 ergibt sich dabei für das Balkenmodell einer Stirn-PV unter Umformung von (3.1), (3.9) und (3.12) die Beziehung

$$n = \frac{\Phi}{\Phi_K} = \frac{1}{1 + \frac{\delta^{(II)}}{\delta^{(I)}}} . \qquad (3.13)$$

Der Krafteinleitungsfaktor bewegt sich dabei im Bereich zwischen null ($\delta^{(I)} \to 0$, d. h. kein Bereich (I) bzw. Lasteinleitung in der Bezugsebene) und eins ($\delta^{(II)} \to 0$, d. h. kein Bereich (II) bzw. Lasteinleitung „unter Kopf").

Hinsichtlich der Berechnung der Nachgiebigkeiten der verspannten Bereiche stellt die Vereinfachung des verspannten Bereichs auf hohlzylindrische Abschnitte eine Näherung dar. Seitens der Theorie der Schraubenverbindungen liegen diesbezüglich umfangreiche Untersuchungen vor, die prinzipiell auf Stirn-PV übertragen werden können (vgl. Abschnitt 2.1.1.3). Allerdings fallen insbesondere bei schlanken, buchsenförmigen Nabenkörpern „Verspannungskörper" und idealisierte Hohlzylinder-Abschnitte in weiten Bereichen zusammen, so dass hier nur bedingt ein signifikanter Genauigkeitsgewinn durch die erweiterte Nachgiebigkeitsberechnung – etwa nach [VDI2230] – zu erwarten ist. Dagegen kommen bei vielen praxisüblichen Ausführungen von Stirn-PV mit Scheiben zwischen Naben und Schraubenkopf (Bild 2.3) zusätzliche Verformungseffekte zum Tragen, die mit den Verspannungskörper-Theorien von vornherein nicht sinnvoll abgebildet werden können (z. B. tellerfederartige Scheibeverformung). Diese erfordern andere, ggf. sehr spezifische Ansätze für die Nachgiebigkeitsberechnung der entsprechenden Abschnitte. Bezogen auf eine Berechnung der (versagenskritischen) Schraubenbeanspruchung liegt eine Vernachlässigung von Verformungsanteilen im Nebenschluss-Bereich (*II* und *III*) allerdings ohnehin auf der sicheren Seite, da der Schrauben-Anteil bei einer zu steifen Abbildung des Nebenschlusses stets überschätzt wird, wie aus (3.8) folgt.

3.5 Querkraft- und Biege-Belastung

3.5.1 Vorüberlegungen

Die Auflösung der statischen Unbestimmtheit einer Stirn-PV hinsichtlich Querkraft und Biegung stellt sich ungleich komplizierter dar als bei Torsion bzw. Längskraft: Eine Querkraftbelastung ist in der Balkentheorie generell mit einer Schub- *und* Biegebeanspruchung verbunden, so dass eine isolierte Betrachtung a priori nicht möglich ist. Weiterhin ist in Gegenwart von Querkräften – die im Übrigen infolge der Lagerreaktionen des Balkenmodells gemäß Bild 3.2 auch bei *reiner* äußerer Biegemomenten-Belastung auftreten – die Biegung im Balkensystem nicht konstant, sondern linear veränderlich. Gemäß **Bild 3.5** ergeben sich insgesamt vier gekoppelte „Lagerreaktionen" im Haupt- und Nebenschluss, das System ist somit zweifach statisch unbestimmt. Die Auflösung der Unbestimmtheit kann wiederum auf Basis der elastischen Formänderungsenergie über den Satz von MENABREA erfolgen.

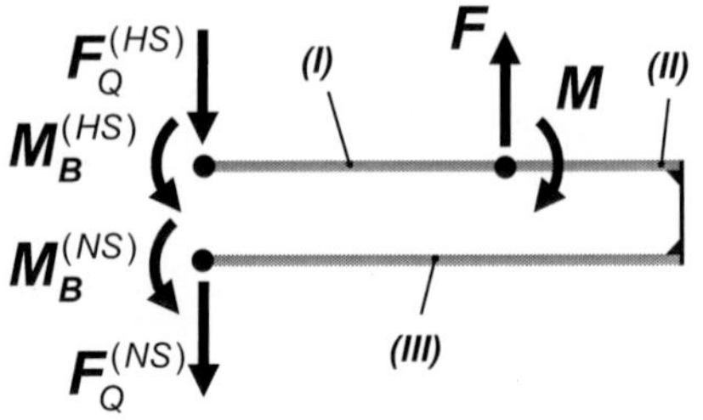

Bild 3.5: Äußere Belastung (*M, F*) und Schnittreaktionen im Haupt- und Nebenschluss des Stirn-PV-Modells hinsichtlich Querkraft und Biegung

Dazu wird im Weiteren davon ausgegangen, dass sich das Ersatzmodell sowohl im Haupt- als auch im Nebenschluss aus Balkenabschnitten (Index i) mit stückweise konstanten Querschnitts- und Werkstoffeigenschaften zusammensetzt. Dieses Prinzip einschließlich der Schnittreaktionen eines freigeschnittenen Balkenelements sind in **Bild 3.6** dargestellt.

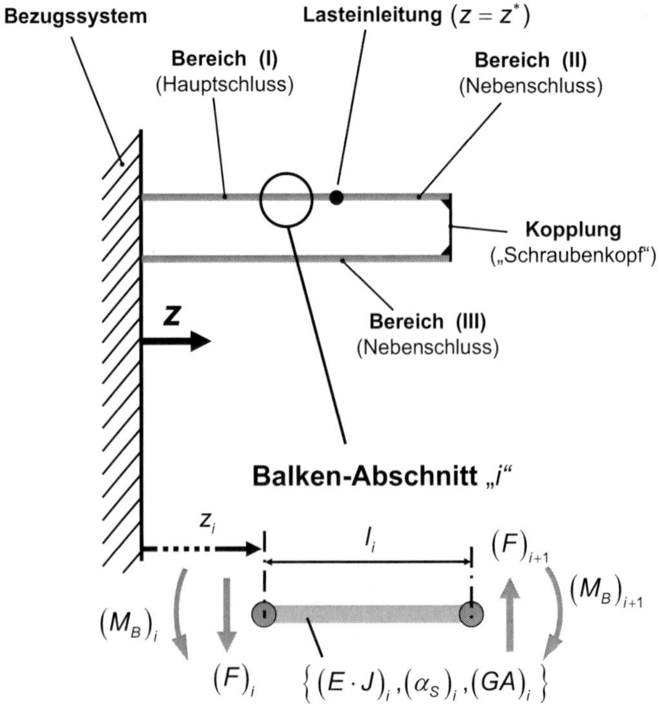

Bild 3.6: Balkenmodell einer Stirn-PV mit freigeschnittenem Balkenabschnitt *i*

3.5.2 Biegeverformung

Ausgehend von den vier Schnittreaktionen $\{M_i, M_{i+1}, F_i, F_{i+1}\}$ eines freigeschnittenen Balken-Teilabschnitts i gemäß Bild 3.6 lässt sich im Weiteren dessen elastische Biegeverformungsenergie $W_{B,i}$,

$$W_{B,i} = \int_{z=z_i}^{z=z_i+l_i} \frac{(M_B(z))^2}{2 \cdot E_i \cdot J_i} dz, \tag{3.14}$$

durch Integration über die Abschnittslänge l_i zunächst allgemein wie folgt ausdrücken:

$$W_{B,i} = \frac{1}{2(E \cdot J)_i} \left[M_i^2 \cdot l_i + M_i \cdot F_i \cdot l_i^2 + \frac{1}{3} F_i^2 \cdot l_i^3 \right]. \tag{3.15}$$

Darin sind bereits die Schnittreaktionen des rechten Schnittufers (M_{i+1}, F_{i+1}) mit Hilfe der Gleichgewichtsbedingungen eliminiert. Aus den Randbedingungen des freigeschnittenen Gesamtmodells gemäß Bild 3.5 und den jeweiligen Gleichgewichtsbedingungen für Biegung und Querkraft lässt sich nun unter Berücksichtigung der jeweiligen Lage innerhalb der Verbindung (Abschnitt I, II oder III sowie Koordinate z_i) die Energie eines Balkenelements als Funktion der äußeren Belastungsgrößen (F, M) sowie zweier statisch unbestimmter Lagerreaktionen (hier wahlweise die Hauptschlussgrößen $F_Q^{(HS)}$ und $M_B^{(HS)}$) formulieren:

$$W_{B,i} = f\left(F, M, F_Q^{(HS)}, M_B^{(HS)}\right). \tag{3.16}$$

Für eine ausführliche Darstellung der diesbezüglichen Zusammenhänge sei an dieser Stelle auf den **Anhang A** verwiesen.

Die gesamte Biegeenergie der Verbindung ergibt sich wiederum als Summe über alle Bereiche (I, II, III) bzw. alle Abschnitte i. Sie lässt sich dabei weiterhin als explizite Funktion von vier Belastungs- bzw. Reaktionsgrößen ausdrücken:

$$\begin{aligned} W_B^{(ges)} &= \sum_{(I)} W_B^{(I)} + \sum_{(II)} W_B^{(II)} + \sum_{(III)} W_B^{(III)} = \sum_i W_{B,i} \\ &= f\left(F, M, F_Q^{(HS)}, M_B^{(HS)}\right). \end{aligned} \tag{3.17}$$

Über den Satz von MENABREA folgt damit durch partielle Ableitung nach den statisch Unbestimmten $F_Q^{(HS)}$ und $M_B^{(HS)}$ ein Gleichungssystem zur Berechnung derselben:

$$\left\{ \begin{aligned} \frac{\partial W_B^{(ges)}}{\partial M_B^{(HS)}} &= 0 = f\left(F, M, F_Q^{(HS)}, M_B^{(HS)}\right) \\ \frac{\partial W_B^{(ges)}}{\partial F_Q^{(HS)}} &= 0 = f\left(F, M, F_Q^{(HS)}, M_B^{(HS)}\right) \end{aligned} \right\}. \tag{3.18}$$

Aufgelöst stellt sich dieses formal wie folgt dar:

$$\left. \begin{aligned} M_B^{(HS)} &= f_{MM} \cdot M + f_{MF} \cdot F \\ F_Q^{(HS)} &= f_{FM} \cdot M + f_{FF} \cdot F \end{aligned} \right\} \tag{3.19}$$

In Matrix-Schreibweise entspricht dies einem Zusammenhang zwischen dem gesuchten „Lösungsvektor" $[M_B^{(HS)} \quad F_Q^{(HS)}]^T$ und dem Vektor der äußeren Belastung $[M \quad F]^T$ über folgende Beziehung:

$$\begin{bmatrix} M_B^{(HS)} \\ F_Q^{(HS)} \end{bmatrix} = \frac{1}{\left(\delta_{FM}^{(ges)}\right)^2 - \delta_{MM}^{(ges)} \cdot \delta_{FF}^{(ges)}} \begin{bmatrix} \delta_{FF}^{(ges)}\delta_{MR}^{(ges)} - \delta_{FM}^{(ges)}\delta_{FR}^{(ges)} & \delta_{FF}^{(ges)}\delta_{MQ}^{(ges)} - \delta_{FM}^{(ges)}\delta_{FQ}^{(ges)} \\ \delta_{MM}^{(ges)}\delta_{FR}^{(ges)} - \delta_{FM}^{(ges)}\delta_{MR}^{(ges)} & \delta_{MM}^{(ges)}\delta_{FQ}^{(ges)} - \delta_{FM}^{(ges)}\delta_{MQ}^{(ges)} \end{bmatrix} \cdot \begin{bmatrix} M \\ F \end{bmatrix}. \tag{3.20}$$

Für den praktisch wichtigen Fall der reinen Querkraftbiegung (kein „reines“ Moment, d. h. $M = 0$) vereinfacht sich diese Beziehung:

$$\left.\begin{aligned} M_B^{(HS)} &= f_{MF} \cdot F = \frac{\delta_{FF}^{(ges)} \cdot \delta_{MQ}^{(ges)} - \delta_{FM}^{(ges)} \cdot \delta_{FQ}^{(ges)}}{\left(\delta_{FM}^{(ges)}\right)^2 - \delta_{MM}^{(ges)} \cdot \delta_{FF}^{(ges)}} \cdot F \\ F_Q^{(HS)} &= f_{FF} \cdot F = \frac{\delta_{MM}^{(ges)} \cdot \delta_{FQ}^{(ges)} - \delta_{FM}^{(ges)} \cdot \delta_{MQ}^{(ges)}}{\left(\delta_{FM}^{(ges)}\right)^2 - \delta_{MM}^{(ges)} \cdot \delta_{FF}^{(ges)}} \cdot F \end{aligned}\right\} . \tag{3.21}$$

Die in (3.20) und (3.21) auftretenden 7 Einflusszahlen

$$\left\{ \delta_{MM}^{(\,)}, \delta_{FF}^{(\,)}, \delta_{FM}^{(\,)}, \delta_{MR}^{(\,)}, \delta_{MQ}^{(\,)}, \delta_{FR}^{(\,)}, \delta_{FQ}^{(\,)} \right\} \tag{3.22}$$

ergeben sich gemäß Anhang A als zweite partielle Ableitungen von (3.16) bzw. (3.17) nach den vier Belastungsgrößen:

$$\delta_{XY}^{()} = \frac{\partial W^{()}}{\partial X \partial Y} \tag{3.23}$$

Darin repräsentieren X und Y symbolisch die Belastungsgrößen $M^{(HS)}$ ($_M$), $F^{(HS)}$ ($_F$), M ($_R$) bzw. F ($_Q$). Die Gesamteinflusszahlen in (3.20) und (3.21) ergeben sich wiederum aus den einzelnen Einflusszahlen („Nachgiebigkeiten“) aller Einzelabschnitte:

$$\delta_{XY}^{(ges)} = \sum_{(I)} \delta_{XY}^{(i)} + \sum_{(II)} \delta_{XY}^{(i)} + \sum_{(III)} \delta_{XY}^{(i)} . \tag{3.24}$$

Die Formeln für die abschnittsweise Berechnung dieser Einflusszahlen sind nach zusätzlicher Betrachtung der Schubverformung im nächsten Abschnitt in **Tab. 3-1** zusammengestellt. In diese gehen nicht nur die unmittelbaren Geometrie- bzw. Steifigkeitsparameter (EJ, l), sondern zum Teil auch die jeweiligen Lagekoordinaten z_i sowie die Stelle der Belastungseinleitung z^* ein (vgl. Bild 3.6). Hinsichtlich der Herleitung sei auf den Anhang A verwiesen.

3.5.3 Berücksichtigung der Schubverformung

Die elastische Formänderungsenergie einer Balkenstruktur gemäß (3.14) und (3.15) beschreibt den Anteil der Biegeverformung im Sinne der BERNOULLI'schen Theorie. In Gegenwart von Querkräften treten jedoch, wie in Abschnitt 2.2.5 ausführlich dargestellt, zusätzlich Schubverformungen auf, die ebenfalls in der Energiebilanz berücksichtigt werden müssen. Das Energiedifferential eines durch die Querkraft F_Q belasteten Balkenabschnitts beträgt dabei (vgl. [GöHo86])

$$dW_S = \alpha_S \cdot \frac{F_Q^2}{2 \cdot G \cdot A} \cdot dz . \tag{3.25}$$

Darin ist α_S der in Abschnitt 2.2.2 eingeführte, querschnittsabhängige Schubfaktor, der die Überhöhung der effektiven mittleren Schubdurchsenkung gegenüber dem „Nennwert“ quantifiziert. Für Ringquerschnitte mit $Q_A > 0,5$ liegt α_S laut Bild 2.23 im Bereich 1,6..2,0.

Im gemäß Bild 3.6 belasteten Balkenmodell ist die Querkraft bereichsweise konstant: Sie entspricht – analog zu Längskraft und Torsion – primärseitig der Hauptschluss-Reaktion $F_Q^{(HS)}$ sowie $F_Q^{(NS)}$ im gesamten Nebenschluss. Somit kann ein Balkenabschnitt diesbezüglich sinnvoll durch *eine* Schubnachgiebigkeit $\delta_{S,i}$ beschrieben werden, welche sich bei konstantem Querschnitt wie folgt darstellt:

$$\delta_S^{(i)} = \frac{\alpha_{S,i} \cdot l_i}{(G \cdot A)_i} . \tag{3.26}$$

Die bereichsweisen Gesamtnachgiebigkeiten ergeben sich wiederum als Summe über die entsprechenden Balkenabschnitte.

Würde die BERNOULLI'sche Biegeverformung komplett vernachlässigt, so folgten für die statisch unbestimmten Querkräfte im Haupt- und Nebenschluss formal identische Beziehungen wie bei Längskraft und Torsion (vgl. (3.8)):

$$F_Q^{(HS)} = (-)\,F \cdot \frac{1}{\dfrac{\delta_S^{(HS)}}{\delta_S^{(NS)}} + 1} \quad \Leftrightarrow \quad F_Q^{(NS)} = (-)\,F \cdot \frac{1}{\dfrac{\delta_S^{(NS)}}{\delta_S^{(HS)}} + 1} . \tag{3.27}$$

Zur integrierten Betrachtung von Schub- und Biegebelastung lassen sich die Verformungsenergien infolge Biegung und Schub auch von vornherein zur Gesamt-Verformungsenergie zusammenfassen,

$$W^{(ges)} = W_B^{(ges)} + W_S^{(ges)} , \tag{3.28}$$

aus welcher analog zur Vorgehensweise bei reiner Biegung ((3.16)ff. bzw. Anhang A) über den Satz von MENABREA das Gleichungssystem zur Berechnung der statisch unbestimmten Lagerreaktionen hergeleitet werden kann. Die resultierende Beziehung ist formal identisch mit der des „schubstarren" Falles; letztlich ändern sich lediglich die Einflusszahlen δ_{FF} und δ_{FQ} um die Anteile der Schubnachgiebigkeiten. Gleichung (3.20) beschreibt folglich analog zu (3.8) die Aufteilung des Belastungsfluss innerhalb der Verbindung bei Querkraft- und Biegebelastung auf Grundlage der Steifigkeit der verspannten Teile. In **Tab. 3-1** sind die Beziehungen für die abschnittsweise Berechnung aller Einflusszahlen zusammengestellt.

Die zu $F_Q^{(HS)}$ und $M_B^{(HS)}$ komplementären Nebenschlussanteile $F_Q^{(NS)}$ und $M_B^{(NS)}$ ergeben sich nach den aus Bild 3.5 folgenden Gleichgewichtsbedingungen:

$$\left.\begin{aligned} M_B^{(HS)} + M_B^{(NS)} - M + F \cdot z^* &= 0 \\ F_Q^{(HS)} + F_Q^{(NS)} - F &= 0 \end{aligned}\right\} \tag{3.29}$$

Weiterhin können darauf basierend lokale Schnittreaktionen im Inneren der Verbindung – so etwa die Biegung unter dem Schraubenkopf – berechnet werden. Die Biegebelastung M_B an einer Stelle $\tilde{z}$ im Verschraubungsstrang beträgt dabei

$$\begin{aligned} M_B(\tilde{z}) &= M_B^{(NS)} + F_Q^{(NS)} \cdot \tilde{z} \\ &= M + F \cdot (\tilde{z} - z^*) - M^{(HS)} - F^{(HS)} \cdot \tilde{z} \end{aligned} \tag{3.30}$$

Für den räumlichen Fall können sämtliche Beziehungen jeweils komponentenweise ($\{F_{Qx}, M_{By}\}$ und $\{F_{Qy}, M_{Bx}\}$) für beide Richtungen verallgemeinert werden.

Tab. 3-1: Einflusszahlen zur Berechnung der Belastungsanteile im Haupt- und Nebenschluss

<table>
<tr><th></th><th>Bereich (I) - $\delta^{(I)}$
(Hauptschluss)</th><th>Bereich (II) - $\delta^{(II)}$
(Nebenschluss)</th><th>Bereich (III) - $\delta^{(III)}$
(Nebenschluss)</th></tr>
<tr><td>$\delta^{(\,)}_{MM}$</td><td>$\frac{l_i}{(EJ)_i}$</td><td colspan="2">$\frac{l_i}{(EJ)_i}$</td></tr>
<tr><td>$\delta^{(\,)}_{FF}$</td><td>$\frac{z_i^2 l_i + z_i l_i^2 + \frac{1}{3} l_i^3}{(EJ)_i} + \frac{(\alpha_S)_i \cdot l_i}{(GA)_i}$</td><td colspan="2">$\frac{z_i^2 l_i + z_i l_i^2 + \frac{1}{3} l_i^3}{(EJ)_i} + \frac{(\alpha_S)_i \cdot l_i}{(GA)_i}$</td></tr>
<tr><td>$\delta^{(\,)}_{FM}$</td><td>$\frac{z_i l_i + \frac{1}{2} l_i^2}{(EJ)_i}$</td><td colspan="2">$\frac{z_i l_i + \frac{1}{2} l_i^2}{(EJ)_i}$</td></tr>
<tr><td>$\delta^{(\,)}_{MR}$</td><td>0</td><td colspan="2">$-\frac{l_i}{(EJ)_i}$</td></tr>
<tr><td>$\delta^{(\,)}_{MQ}$</td><td>0</td><td colspan="2">$-\frac{\frac{1}{2} \cdot l_i^2 + l_i \cdot (z_i - z^*)}{(E \cdot J)_i}$</td></tr>
<tr><td>$\delta^{(\,)}_{FR}$</td><td>0</td><td colspan="2">$-\frac{\frac{1}{2} \cdot l_i^2 + l_i \cdot z_i}{(E \cdot J)_i}$</td></tr>
<tr><td>$\delta^{(\,)}_{FQ}$</td><td>0</td><td colspan="2">$\frac{\frac{1}{3} \cdot l_i^3 + l_i^2 \cdot (z_i - z^*) + l_i \cdot (z_i - z^*)^2}{(E \cdot J)_i} - \frac{(\alpha_S)_i \cdot l_i}{(GA)_i}$</td></tr>
</table>

3.6 Berechnungsbeispiele und Finite-Elemente-Analysen

3.6.1 Modellbetrachtungen

Die in den vorangegangen Abschnitten hergeleiteten Modelle und Formelbeziehungen sollen nunmehr konkret angewendet und mit FE-Berechnungen verglichen werden. Basis hierfür bilden die Stirn-PV-Geometrien, wie sie einschließlich des darauf aufbauenden FE-Modells in Abschnitt 2.3.2 beschrieben sind. Für die Abbildung der Varianten im analytischen Berechnungsmodell werden dabei bewusst einfache Annahmen getroffen.

Die grundlegende Herangehensweise ist am Beispiel der Modellvariante L3 in **Bild 3.7** dargestellt. Das Balkenmodell wird dabei in der Ebene der Primärfuge – im konkreten Fall identisch mit dem Ende des eingeschraubten Gewindebereichs – angesetzt („z = 0"). Sämtliche „linksseitigen" Nachgiebigkeiten werden somit vernachlässigt, das Gleiche gilt für den Schraubenkopf. Alle Abschnitte werden als (hohl-) zylindrische Balkenabschnitte mit stückweise konstantem Querschnitt angesehen. Die Schraube wird als durchgehender „Bolzen" mit Nennmaß (Ø 16 mm) betrachtet. Fasen, Rundungen sowie die Geometrie des Lastangriffs-Flansches der Nabe werden vernachlässigt. Somit liegen für die drei Hauptbereiche I, II, III insgesamt vier Balkenabschnitte vor – lediglich der Bereich II unterteilt sich in zwei Abschnitte (die Nebenschluss-Seite der Nabe, IIa, und die Scheibe, IIb). Hinsichtlich der Belastung wird sich – entsprechend einem Ketten- oder Riementrieb – auf den Lastfall einer bezüglich der Wellenachse exzentrisch wirkenden Querkraft F beschränkt, welche somit im konkreten Fall mit einer Drehmoment-Belastung von $T = F \cdot (80/2)$ mm korrespondiert. Die Biegung bezüglich der Primärfuge infolge der Querkraft hängt vom Hebelarm $a \equiv z^*$ ab, welcher einen Variationsparameter darstellt (Bild 2.30 bzw. Bild 2.31).

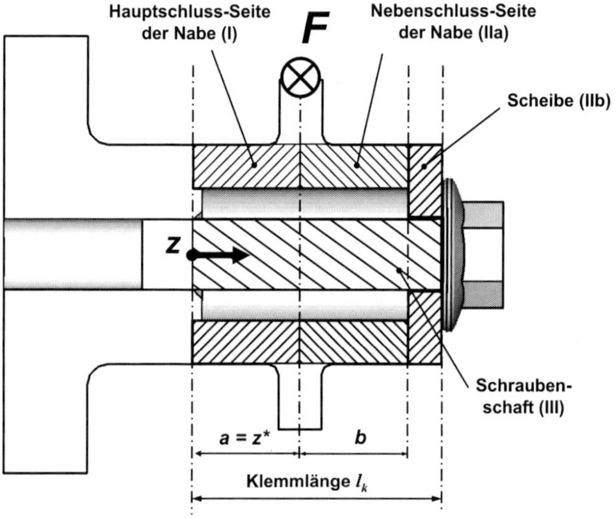

Bild 3.7: Modellbildung für die analytischen Berechnungen mit den Bereichen (I), (II) und (III) und Unter-Abschnitten (IIa, IIb) am Beispiel der Variante L3

3.6.2 Analytische Berechnungen

Auf Grundlage der oben beschriebenen Modellannahmen können die Modelle zunächst *geometrisch* parametrisiert und darauf basierend gemäß (3.26) bzw. Tab. 3-1 die Nachgiebigkeitskennwerte $\delta_{()}^{()}$ berechnet werden. In **Tab. 3-2** sind die entsprechenden Zwischenergebnisse exemplarisch für Geometrie-Variante L3 (Bild 3.7) mit Stahl-Nabe zusammengestellt: Nach abschnittsweiser Berechnung der Einzel-Nachgiebigkeiten werden diese zu den „Summen-Nachgiebigkeiten" zusammengefasst. Hinsichtlich der Torsion sind dies die Haupt- und Nebenschlussnachgiebigkeit $\delta_T^{(HS)}$ bzw. $\delta_T^{(NS)}$. Aus diesen folgt über die Beziehung (3.9) unmittelbar das Torsionsbelastungsverhältnis Φ_T, das den relativen Nebenschluss-Anteil beschreibt. Im konkreten Fall (Variante *L3*) ergibt sich

$$\Phi_T = 4{,}956 \cdot 10^{-3} \quad (\approx 0{,}5\%) . \tag{3.31}$$

Folglich werden nur ca. 0,5 % der äußeren der Drehmomentbelastung über die Schraube in die Welle geleitet, die Primärfuge überträgt den dominierenden Anteil von 99,5 %. Wird durch Verallgemeinerung der ertragbaren Spannungsamplitude für Schrauben (vgl. (2.1):

$\sigma_{\lim} = \sigma_{ADK} \approx 40\,\text{MPa})$ nach der Gestaltänderungsenergiehypothese (GEH) eine ertragbare Torsionsspannungsamplitude

$$\tau_{\lim} = \frac{\sigma_{\lim}}{\sqrt{3}} \quad (\rightarrow \approx 23\,\text{MPa}) \tag{3.32}$$

zugrunde gelegt, dann dürfte die Verbindung unter Annahme des Spannungsdurchmessers von 16 mm mit einer Torsionswechselbelastung von ca. 3'715 Nm belastet werden – ein Wert, der selbst unter Annahme eines extrem hohen Reibwertes weit jenseits der reibschlüssig übertragbaren Belastung liegt.

Für Biegung und Querkraft erfolgt keine Aufsummierung zu Haupt- und Nebenschluss-Nachgiebigkeiten, sondern gemäß (3.24) unmittelbar zu den Gesamt-„Einflusszahlen" $\delta_{()}^{(ges)}$. Aus diesen folgen die Elemente $f_{()}$ der „Übertragungsmatrix" gemäß (3.19) bzw. (3.20). Für *L3* ergibt sich mit den Zwischenergebnissen aus Tab. 3-2:

$$\begin{bmatrix} f_{MM} & f_{MF} \\ f_{FM} & f_{FF} \end{bmatrix} = \begin{bmatrix} 0{,}988 & -2{,}445 \cdot 10^{-2}\,\text{m} \\ 0{,}243\,\text{m}^{-1} & 0{,}983 \end{bmatrix}. \tag{3.33}$$

Im konkreten Fall liegt keine Belastung durch reine Momente vor, so dass sich die Haupt- und Nebenschluss-Belastungen gemäß (3.21) über folgende Beziehungen berechnen:

$$\begin{aligned} \left|M_B^{(HS)}\right| &= (24{,}45\,\text{mm}) \cdot |F| \quad \Leftrightarrow \quad \left|M_B^{(NS)}\right| = (0{,}55\,\text{mm}) \cdot |F| \; (\approx 1{,}4\% \cdot T) \\ \left|F_Q^{(HS)}\right| &= 98{,}3\,\% \cdot |F| \quad \Leftrightarrow \quad \left|F_Q^{(NS)}\right| = 1{,}7\,\% \cdot |F| \end{aligned} \tag{3.34}$$

Über den Biegehebelarm $z^* = 25\,\text{mm}$ ist darin bereits der Zusammenhang zur Drehmomentenbelastung T hergestellt: Das Biegemoment in der Schraube beträgt folglich 1,4 % der auf die Verbindung wirkenden äußeren Torsionsbelastung. Eine Rückrechnung auf die zulässige dynamische Torsionsbelastung unter Zugrundelegung der berechneten Schraubenanteile von 0,5 % für die Torsion und (torsionsbezogen) 1,4 % für die Biegung ergibt (wiederum bei Annahme einer zulässigen GEH-Vergleichsspannung von 40 MPa) eine zulässige Drehmoment-Belastung von 1'100 Nm, wenn Torsions- und korrespondierende Biegeanteile vollständig wechselnd bzw. umlaufend angenommen werden.

Analog dem Beispiel *L3* lassen sich die Übertragungsanteile für alle weiteren Varianten berechnen. Im Weiteren sollen diese Ergebnisse denen der FE-Analysen gegenüber gestellt werden.

Tab. 3-2: Exemplarische Zusammenstellung der Eingangsdaten und der daraus resultierenden Nachgiebigkeitsparameter zur Berechnung der Haupt- und Nebenschluss-Belastung (*Variante L3 mit Stahlnabe*)

	Bereich I (hauptschlussseitige Nabe)	Bereich IIa (nebenschlussseitige Nabe)	Bereich IIb (Scheibe)	Bereich III (Schraube)	Summennachgiebigkeit $\left\{\delta^{(HS)},\delta^{(NS)}\right\}$ bzw. $\delta_T^{(ges)}$
Lastangriff	$z^* = 25$ mm				
E [N/mm²]	210'000				
ν	0,3				
G [N/mm²]	80'769				
D_I / D_A [mm]	28 / 50	28 / 50	17 / 50	0 / 16	
L [mm]	25	25	8	58	
A [mm²]	1'348	1'348	1'737	201	
α_S	1,68	1,68	1,41	1,13	
J [mm⁴]	276'624	276'624	302'696	3'217	
J_p [mm⁴]	553'249	553'249	605'394	6'434	
Position z_i [mm]	0	25	50	0	
δ_T [°/Nm]	$3{,}206\cdot10^{-5}$	$3{,}206\cdot10^{-5}$	$9{,}374\cdot10^{-6}$	$6{,}395\cdot10^{-3}$	$\delta_T^{(HS)} = \delta_T^{(I)}$ $= 3{,}206\cdot10^{-6}$ °/Nm $\delta_T^{(NS)} = \delta_T^{(IIa)} + \delta_T^{(IIb)} + \delta_T^{(III)}$ $= 6{,}436\cdot10^{-3}$ °/Nm
$\delta_{MM}^{(\,)}$ [1/Nm]	$4{,}304\cdot10^{-7}$	$4{,}304\cdot10^{-7}$	$1{,}259\cdot10^{-7}$	$8{,}585\cdot10^{-5}$	$\Sigma \Rightarrow \delta_{MM}^{(ges)} = 8{,}684\cdot10^{-5}/\,\text{Nm}$
$\delta_{FF}^{(\,)}$ [m/N]	$4{,}750\cdot10^{-10}$	$1{,}013\cdot10^{-9}$	$4{,}480\cdot10^{-10}$	$1{,}003\cdot10^{-7}$	$\Sigma \Rightarrow \delta_{FF}^{(ges)} = 1{,}022\cdot10^{-7}\,\text{m}/\,\text{N}$
$\delta_{FM}^{(\,)}$ [1/N]	$5{,}379\cdot10^{-9}$	$1{,}614\cdot10^{-8}$	$6{,}796\cdot10^{-9}$	$2{,}490\cdot10^{-6}$	$\Sigma \Rightarrow \delta_{MF}^{(ges)} = 2{,}518\cdot10^{-6}/\,\text{N}$
$\delta_{MR}^{(\,)}$ [1/Nm]	0	$-4{,}304\cdot10^{-7}$	$-1{,}259\cdot10^{-7}$	$-8{,}585\cdot10^{-5}$	$\Sigma \Rightarrow \delta_{MR}^{(ges)} = -8{,}641\cdot10^{-5}/\,\text{Nm}$
$\delta_{MQ}^{(\,)}$ [1/N]	0	$-5{,}379\cdot10^{-9}$	$-3{,}650\cdot10^{-9}$	$-3{,}434\cdot10^{-7}$	$\Sigma \Rightarrow \delta_{MQ}^{(ges)} = -3{,}524\cdot10^{-7}/\,\text{N}$
$\delta_{FR}^{(\,)}$ [1/N]	0	$-1{,}614\cdot10^{-8}$	$-6{,}796\cdot10^{-9}$	$-2{,}490\cdot10^{-6}$	$\Sigma \Rightarrow \delta_{FR}^{(ges)} = -2{,}513\cdot10^{-6}/\,\text{N}$
$\delta_{FQ}^{(\,)}$ [m/N]	0	$-6{,}095\cdot10^{-10}$	$-2{,}781\cdot10^{-10}$	$-3{,}806\cdot10^{-8}$	$\Sigma \Rightarrow \delta_{FQ}^{(ges)} = -3{,}894\cdot10^{-8}\,\text{m}/\text{N}$

3.6.3 Variantenrechnungen und FE-Ergebnisse

Die Ergebnisse des analytischen Modells auf Grundlage der im vorigen Abschnitt dargestellten einfachen Annahmen (Bild 3.7) sowie der Finite-Elemente-Simulationen sind in **Bild 3.8** (Variante *L*) und **Bild 3.9** (Varianten *A*, *B*, *C*) zusammengestellt. Dabei sind die Belastungsanteile im Nebenschluss – also die Schraubenbelastung – analog zu (3.31) und (3.34) zur jeweiligen Gesamtbelastung bzw. im Falle der Biegung zum Gesamt-Torsionsmoment ins Verhältnis gesetzt. Als Variationsparameter ist auf der Abszisse stets die Position des Belastungsangriffs z^* – gleichbedeutend mit dem Biegehebelarm der Querkraft bezüglich der Primärfuge – aufgetragen. Weiterhin ist der Werkstoff der Nabe variiert (Stahl bzw. Alu). Für die analytischen Berechnungen der Variante *L* bei Biegung und Querkraft wird zusätzlich das schubstarre Balkenmodell betrachtet, welches sich durch Nullsetzen von α_S in den Formeln für $\delta_{(\,)}^{(\,)}$ (Tab. 3-1) ergibt.

Grundsätzlich zeigen alle Ergebnisse die zunehmende Nebenschluss-Belastung mit „längerer" und damit weicherer Hauptschluss-Seite. Werden zunächst die Ergebnisse der Variante *L* (Bild 3.8) betrachtet, lässt sich Folgendes festhalten:

- Bei der Torsionsbelastung zeigt sich eine gute bis sehr gute Überstimmung zwischen analytischem Ansatz und FE-Analyse. Die Ergebnisse für die Aluminium-Nabe weichen dabei etwas stärker ab.
- Der Torsions-Nebenschlussanteil an der Gesamtbelastung ist mit weniger als 3% selbst bei der sehr nachgiebigen Aluminium-Nabe recht gering.
- Hinsichtlich Biege- und Querkraftbelastung der Schraube zeigen sich ebenfalls gute Übereinstimmungen, wobei die analytischen Ergebnisse für die Stahlnabe den FE-Rechnungen wiederum besser entsprechen. Die analytischen Werte liegen für die Aluminium-Nabe eher zu hoch, für die Stahl-Nabe eher zu niedrig. Hierfür können die (im analytischen Ansatz der Einfachheit halber nicht erfassten) Anteile der Welle im Bereich der Primärfuge und im Bereich des eingeschraubten Gewindes sowie die Nachgiebigkeit im Bereich des Schraubenkopfes verantwortlich gemacht werden. Beispielsweise „versteift" die Vernachlässigung der Biegenachgiebigkeit des Kopfes effektiv die Nebenschluss-Seite und erhöht damit den rechnerischen Nebenschluss-Anteil. Je nach Steifigkeitsverhältnissen des Restsystems können sich derartige Vereinfachungen in die eine oder andere Richtung auswirken.
- Die Ergebnisse des analytischen Modells unter Vernachlässigung der Schubverformungen (klassische „schubstarre" Balkentheorie) sind unbrauchbar und liegen – bezogen auf die Schraubenbeanspruchung – erheblich auf der unsicheren Seite.

Hinsichtlich der absoluten Höhe der Schrauben-Biegebeanspruchung sei angemerkt, dass eine zulässige dynamische Biegenennspannung von 40 MPa (eher konservativ, vgl. Abschnitt 2.1.1.2) bei dem angesetzten Spannungsdurchmesser Ø 16 mm einem Biegemoment von ca. 16 Nm entspricht. 5% Biegeanteil gemäß der Normierung auf das Drehmoment entsprechen somit einer zulässigen äußeren Torsionsbelastung von ≈ 320 Nm, einer realistischen Größenordnung im Bereich der vorliegenden Konfigurationen.

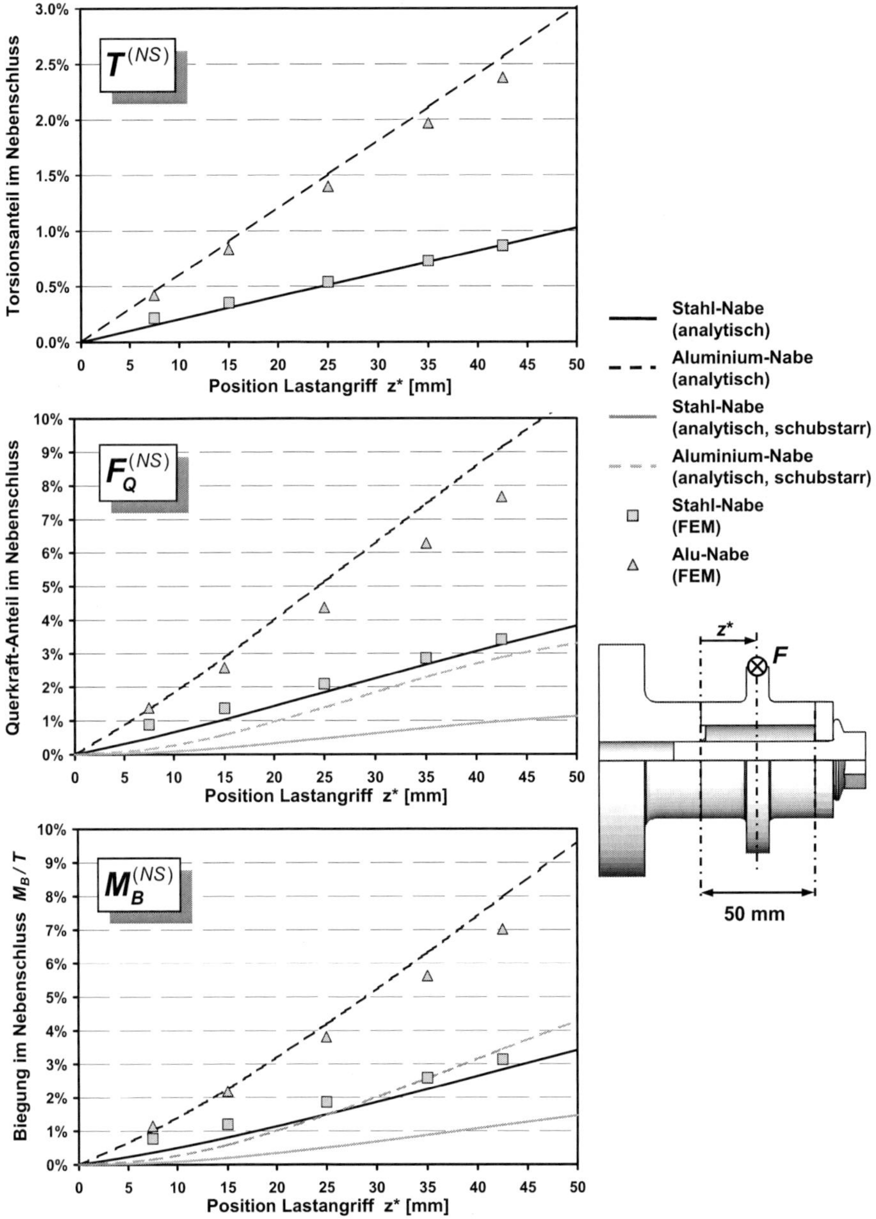

Bild 3.8: Vergleich Analytisches Modell vs. FE-Berechnung (*Geometrie-Variante L*): Last-Übertragungsanteile im Nebenschluss bezogen auf die entsprechende Gesamtbelastung (für Torsion und Querkraft) bzw. auf das korrespondierende Torsionsmoment (für Biegung)

In den Diagrammen unter **Bild 3.9** sind die Ergebnisse für die Geometrie-Varianten *A*, *B* und *C* mit Stahl- und Aluminium-Nabe zusammengefasst. Die Grad der Übereinstimmung zwischen analytischem und Finite-Elemente-Modell muss hier differenziert beurteilt werden.

- *Variante A (extrem dickwandige Nabe mit Überstand gegenüber der Welle)*

Im analytischen Modell schlägt sich die „Dickwandigkeit" der Nabe in voller Höhe in der Steifigkeit der Nabe nieder. Da die Nebenschluss-Nachgiebigkeit in erster Linie von der Schraube bestimmt wird, bedeutet dies – relativ gesehen – eine deutlich steifere Primärseite und somit einen niedrigeren Nebenschluss-Anteil. Die FE-Ergebnisse finden sich jedoch teilweise deutlich über den analytischen Vorhersagen wieder und liegen für Querkraft und Biegung eher im Bereich der Varianten B und C. Dies kann darauf zurückgeführt werden, dass nur ein Teilbereich des Nabenkörpers zwischen den links- und rechtsseitigen Kontaktbereichen (Primärfuge und Schrauben- bzw. Scheibenauflage) an der Verformung bzw. Belastungsübertragung beteiligt ist („Verformungskörper" analog zum Verspannungskegel bei verschraubten Platten). Werden den Balkenabschnitten entsprechend nur die Abmessungen der Kontaktfugen zugeordnet, entspricht dies den Varianten B bzw. C und führt hinsichtlich der Korrelation zur FE-Simulation zu deutlich besseren Ergebnissen.

- *Variante B (ähnlich Variante L – bündiger Übergang im Bereich der Primärfuge)*

Da für diese Variante die Abmessungen von Nabe und Kontaktfugen weitgehend übereinstimmen, kann davon ausgegangen werden, dass die gesamte Nabe tatsächlich an der Belastungsübertragung beteiligt ist („Verformungskörper" = Nabenkörper). Vor diesem Hintergrund zeigen sich für diese Variante sowohl für Torsion als auch Biegung und Querkraft die besten Übereinstimmungen von analytischen und numerischen Rechnungen. Wie bei der ähnlichen Variante L liegen die analytischen Ergebnisse für die homogene Stahl-Verbindung tendenziell leicht unter den FE-Berechnungen, für die Aluminium-Nabe darüber.

- *Variante C (Wellenüberstand)*

Bei dieser Ausführung gilt es zunächst zu bedenken, dass der Wellenüberstand als Unterschied gegenüber der Variante B bei analytischen Berechnung nicht berücksichtigt wird, da das Bezugssystem (willkürlich) in der Ebene der Primärfuge liegt (vgl. Bild 3.7). Aufgrund dieser Vereinfachung sind die analytischen Rechnungen zwischen den Varianten *B* und *C* identisch. Die FE-Rechnungen zeigen, dass die Nebenschluss-Anteile für die massivere, überstehende Welle der Variante C grundsätzlich etwas niedriger sind als bei *B*, was erwartungsgemäß einer steiferen Hauptschluss-Seite entspricht. Bei der Aluminium-Nabe sind die Unterschiede zwischen Analytik und FEA wiederum deutlicher als bei Stahl/Stahl, wobei die Aussagen des analytischen Modells bezüglich der Schraubenbeanspruchung dabei „auf der sicheren Seite" liegen.

Generell fällt auf, dass sich die Varianten *A*, *B* und *C* untereinander in den FE-Ergebnissen weit weniger unterscheiden, als in den analytischen Berechnungen. Die Ursache hierfür ist wohlgemerkt im effektiven „Verformungskörper" zu sehen, der sich wegen der stets gleichen Fugengeometrie ($D_I \times D_A = 30 \times 42$ mm) stets ähnlich ausbilden wird[13]. Ins analytische Modell geht dieser Effekt jedoch nicht ein, solange der Berechnung der Nachgiebigkeitsparameter $\delta_{()}^{()}$ die reale (d. h. volle äußere) Nabengeometrie zugrunde gelegt wird.

[13] vgl. hierzu Bild 5.1 in Abschnitt 5.1.2.1

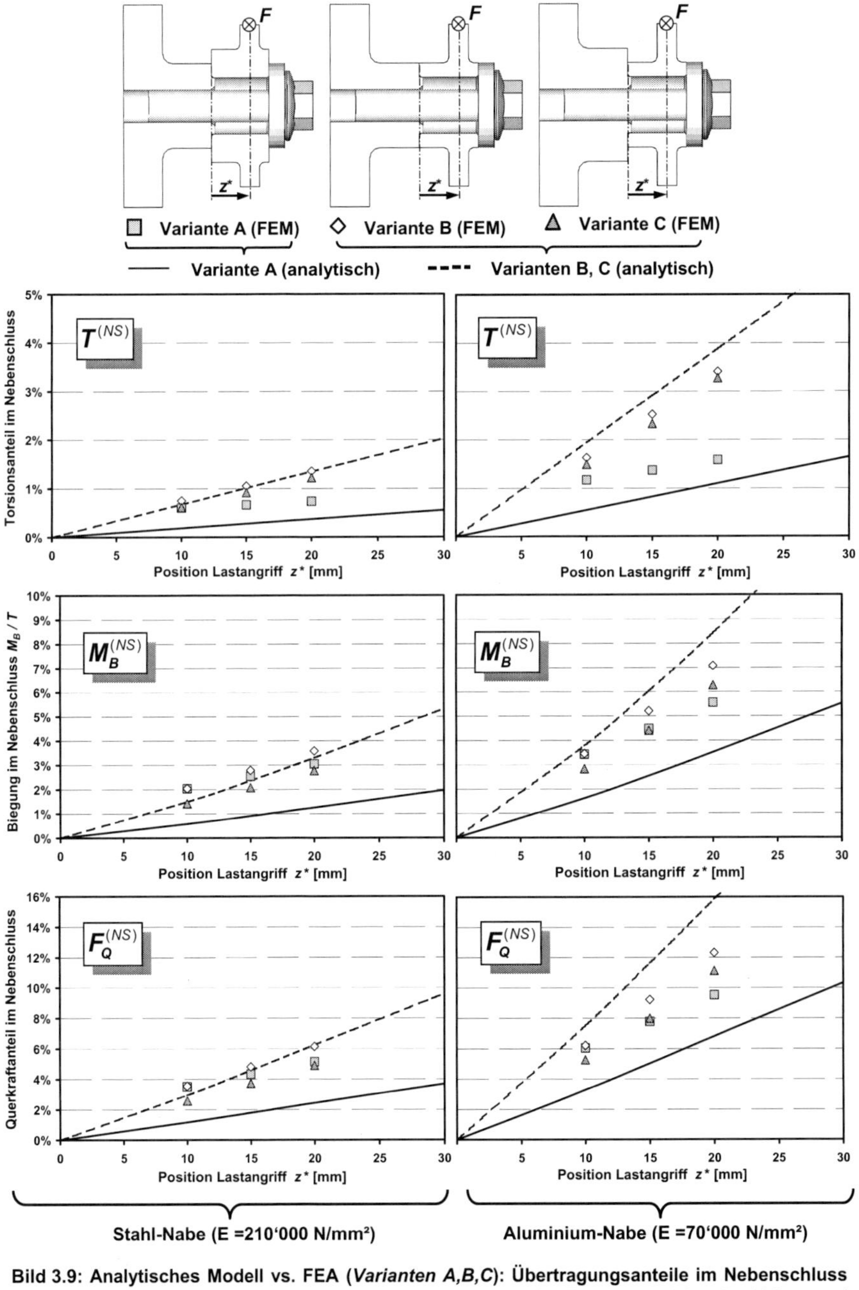

Bild 3.9: Analytisches Modell vs. FEA (*Varianten A,B,C*): Übertragungsanteile im Nebenschluss bezogen auf die entsprechende Gesamtbelastung (für Torsion und Querkraft) bzw. auf das korrespondierende Torsionsmoment (für Biegung)

Zusammenfassend lässt sich festhalten, dass die analytischen Ergebnisse teilweise eine sehr gute Korrelation zu den Finite-Elemente-Rechnungen zeigen. In vielen Fällen ergibt sich eine Genauigkeit, die praktischen Anforderungen an eine „Abschätzung" der Schraubenbeanspruchung vollkommen gerecht wird. In anderen Fällen stimmen zumindest Tendenz und Größenordnungsbereich der Nebenschluss-Anteile zufriedenstellend überein. Hierbei sei noch einmal darauf hingewiesen, dass in der vorliegenden Anwendung des analytischen Modells bewusst einfache Annahmen getroffen wurden. Zur Erhöhung der Genauigkeit ließen sich weitere Details im Balkenmodell abbilden, etwa

- die Berücksichtigung der Kopf-Nachgiebigkeit durch einen Ersatz-„Balkenabschnitt" (analog zur axialen Schraubennachgiebigkeit in [VDI2230] oder eine anderweitig ermittelte „Biegefeder"-Nachgiebigkeit)
- eine realitätsnähere Positionierung des Bezugssystems „linksseitig" der Primärfuge (also bereits im Bereich der Welle) und damit die Erfassung von haupt- und nebenschlussseitigen Nachgiebigkeiten im Bereich des Welle-Nabe-Kontaktes und des eingeschraubten Schraubenbereiches
- das Ersetzen des geometrischen Außendurchmessers durch die fiktiven Abmessungen des „Belastungskörpers" analog dem „Verformungskörper" bzw. „Verspannkegel" bei der Berechnung der Plattennachgiebigkeit [VDI2230], sofern diese, z. B. aufgrund erheblicher Querschnittsübergänge in den Kontaktbereichen, stark von einander abweichen.

Derartige „Modellverfeinerungen" stellen ausdrücklich keine prinzipielle Erweiterung des vorgestellten analytischen Ansatzes dar, sondern lediglich eine verbesserte Abbildung einer vorhandenen (realen) Verbindung in diesem Berechnungsmodell.

In jedem Fall lassen sich mit dem analytischen Modell auch in einfachster Anwendungsform zumindest die Größenordnungsbereiche der Nebenschluss-Anteile brauchbar abschätzen und somit aufwändige FE-Rechnungen oftmals vermeiden. In der Auslegung einer Stirnpressverbindung bietet sich das Modell somit zur Nachrechnung der Schraube gegen Dauerbrauch an, was – wie die Ergebnisse zeigen – besonders bei geometrisch oder werkstoffseitig sehr weichen Naben und langen Biegehebelarmen der Querkräfte angebracht ist.

Hinsichtlich mehrnabiger Verbindungen bzw. mehrfachen Belastungsangriffen sind dabei die jeweils positionsspezifischen relativen Übertragungsanteile im Haupt- und Nebenschluss zu berücksichtigen, die sich in Abhängigkeit vom Ort der Lasteinleitung aus den daraus resultierenden unterschiedlichen haupt- und nebenschlussseitigen „Balkenabschnitten" ergeben.

Weiterhin sei darauf hingewiesen, dass die Berechnungen nur für den vollständig elastisch-reversiblen Fall gelten, also nur, solange kein Durchrutschen zwischen den Teilen auftritt. Das Verhalten von Stirn-PV jenseits dieser Grenze wird im nächsten Kapitel betrachtet.

4 Durchrutschverhalten und torsionale Verspannung des Gesamtsystems

4.1 Vorüberlegungen

Solange innerhalb einer Stirn-PV infolge äußerer Belastung weder plastische Verformungen noch Relativbewegungen auftreten, die Verbindung also zum Beispiel weder „schlupft" noch rutscht, sind die absoluten Belastungen im Haupt- und Nebenschluss stets proportional zur äußeren Last. Im gleichen Sinne besteht ein linearer Zusammenhang zwischen der Belastung einerseits und der Verformung der Verbindung andererseits, welche bezogen auf die Torsion einer elastischen[14] „Verdrillung" des Naben- und Verschraubungsstranges entspricht. Bei Überlastung, also Überschreiten des Reibschlusses in den Wirkfugen, kommt es zum Durchrutschen. In statischen Verdrehversuchen, die in der Praxis vor allem durchgeführt werden, um den wirksamen Reibwert in der (Primär-) Fuge zu ermitteln, werden zumeist der äußere Verdrehwinkel φ der Nabe sowie das korrespondierende Drehmoment T beim Belastungsvorgang aufgezeichnet und in einem T-φ-Diagramm aufgetragen. Aus dem Kurvenverlauf gemäß **Bild 4.1** kann auf das Rutschmoment und damit auf den wirksamen Haft- bzw. Gleitreibwert geschlossen werden.

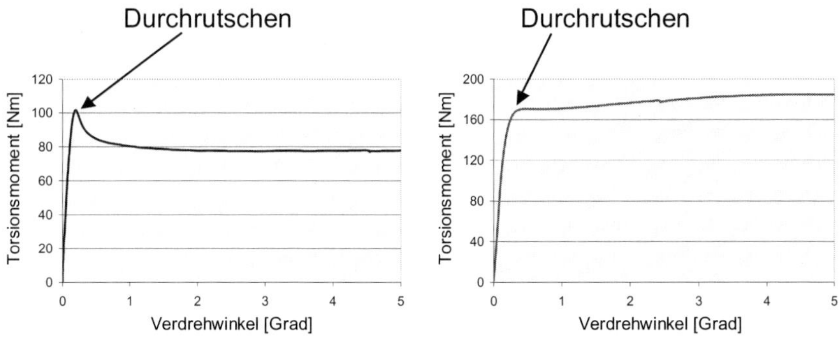

Bild 4.1: Identifikation des Rutschmomentes aus den Messkurven bei unterschiedlichen Reibwertcharakteristiken an Labormodellen [WALE07]

Die Kurven in Bild 4.1 wurden an einfachen, hohlzylindrischen Labormodellen mittels einer speziellen Versuchseinrichtung ermittelt (siehe [WALE07] bzw. Bild 2.13), welche weitgehend konstante und eindeutige Verspannungs- und Belastungsverhältnisse sicherstellt. Bei realen Verbindungen mit Welle, Nabe und Schraube führen die Verdrehungen nach dem Durchrutschen zu einer internen Umverteilung der Lastübertragungsanteile, was bis zum Nachstellen der Verschraubung (Fest- oder Losdrehen) führen kann und sich auch im äußerlich gemessenen T-φ-Verlauf widerspiegelt (vgl. späteres Beispiel in Bild 4.5).

[14] Von *elastischen* Verdrehungen und Zuständen wird hier und im Weiteren nicht im Sinne werkstofflich „elastischer" bzw. „elastisch-plastischer" Verformungen gesprochen, sondern in Abgrenzung zu auftretenden (irreversiblen) Rutsch- bzw. Verdrehbewegungen in den Fugen und im Gewinde.

In den folgenden Betrachtungen soll dieses Verhalten, also der Zusammenhang zwischen Drehmoment-Belastung und Verdrehung von Stirn-PV jenseits der „elastischen Grenzbelastung“, analysiert und quantitativ beschrieben werden. Des Weiteren soll der Einfluss einer „inneren“ torsionalen Verspannung, wie er sich in der Realität nach dem Verschraubungsvorgang („Rest-Anzugsmoment“) oder eben nach einer Überlastung der Verbindung einstellt, betrachtet werden.

4.2 Analyse des Durchrutschverhaltens

4.2.1 Torsionsbelastung in Anzugsrichtung der Verschraubung

Vom „Durchrutschen“ innerhalb einer Stirn-PV wird üblicherweise dann gesprochen, wenn das Rutschmoment T_R einer Fuge überschritten wird. In der Realität ist dies zunächst stets die Primärfuge (bzw. *eine* primärseitige Fuge im Fall von Mehrfach-Verbindungen), da der überwiegende Anteil der Belastung primärseitig abgeleitet wird. Wird die Verbindung durch ein äußeres Moment T belastet, so ist die Rutschgrenze strenggenommen erst bei $T > T_R$ erreicht, nämlich dann, wenn das anteilige Hauptschlussmoment $|T^{HS}|$ den Wert T_R erreicht. Wird zunächst davon ausgegangen, dass im unbelasteten Zustand (Zustand „O“) keinerlei „innere Torsion“, wie etwa das Restmoment aus dem Anzugsvorgang, vorliegt, und wird der entsprechende Belastungszustand als Punkt „A“ indiziert[15], so beträgt die zugehörige Grenzbelastung T_A folglich

$$T_A = T_R/(1-\Phi_T)\,. \tag{4.1}$$

Gemäß den Ausführungen im vorangegangenen Kapitel ($\Phi_T \ll 10\%$) liegt diese Belastung typischerweise nur wenige Prozent oberhalb von T_R. Das Rutschmoment der Primärfuge T_R stellt somit bei reiner Drehmoment-Belastung und ohne innere torsionale Verspannung eine Auslegungsgrundlage leicht „auf der sicheren Seite“ dar. Im Umkehrschluss überschätzt ein auf Basis von T_A als versuchstechnisch ermitteltes „Rutschmoment“ zurückgerechneter Reibwert μ^*,

$$\mu^* = T_A/(F_V \cdot R_{eff})\,, \tag{4.2}$$

die realen Reibungsverhältnisse geringfügig, da der Belastungsanteil im Nebenschluss implizit dem Reibschluss zugerechnet wird.

Die entsprechende Verdrehung der Nabe an der Lasteinleitung kann aus den Torsionsnachgiebigkeiten von Primär- oder Sekundärseite ($\delta_T^{(HS)}$ bzw. $\delta_T^{(NS)}$) berechnet werden[16]:

$$\varphi_A = T_A \cdot \delta_T^{(ges)} = \underbrace{T_R/(1-\Phi_T)}_{T_A^{(HS)}} \cdot \delta_T^{(HS)} = \underbrace{\Phi_T/(1-\Phi_T) \cdot T_R}_{T_A^{(NS)}} \cdot \delta_T^{(NS)}\,. \tag{4.3}$$

---

[15] Bestimmte Belastungszustände („Punkte“ im T-φ-Diagramm, vgl. beispielsweise Bild 4.2) werden im Folgenden mit den Großbuchstaben A...G und O indiziert, doppelte Buchstaben (z. B. AC) verweisen auf Zwischenzustände zwischen solchen ausgewiesenen Punkten. Hochgestellte, eingeklammerte Indizes referenzieren dagegen einen Ort oder Bereich innerhalb der Verbindung.

[16] In den hier angestellten Betrachtungen werden nur die Verdrehungen „im Inneren“ der Verbindung (d.h. zwischen den Lastangriffs-„Punkten“ gemäß des Stab- bzw. Balkenmodells) betrachtet. Hinsichtlich einer experimentellen Messung der Verdrehung gilt es zu bedenken, dass dabei je nach Mess- und Versuchsaufbau unter Umständen weitere Anschlusssteifigkeiten und sonstige Deformationen außerhalb der eigentlichen Verbindung erfasst werden, die im Sinne einer Reihenschaltung zu zusätzlichen Verformungen führen und welche ggf. abgezogen werden müssen.

Unter Vernachlässigung von lokalen Mikroschlupfeffekten vor dem eigentlichen Durchrutschen kann der Zustand A als singulärer Punkt im T-φ-Diagramm eingetragen werden. Dabei besteht zwischen O und A eine proportionale Beziehung zwischen φ und T mit dem Anstieg

$$\left.\frac{dT}{d\varphi}\right|_{OA} = c_T^{(HS)} + c_T^{(NS)} = 1\big/\delta_T^{(ges)}\,. \tag{4.4}$$

Dieser Zusammenhang ist in **Bild 4.2** dargestellt, welches auch die weiteren Betrachtungen veranschaulicht.

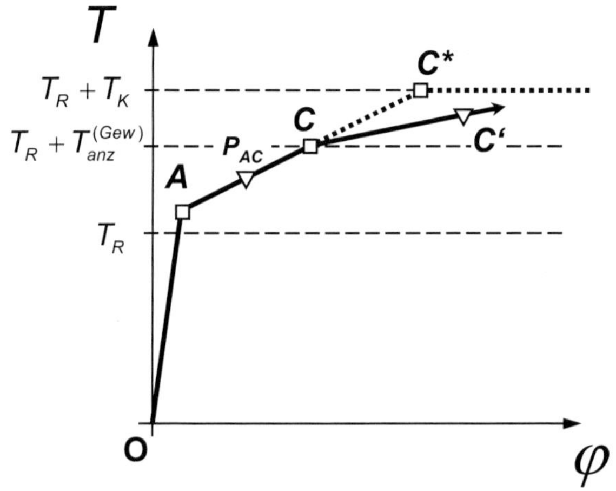

Bild 4.2: Schematische Darstellung des Verdrehwinkel-Drehmoment-Diagramms bei Belastung in Anzugsrichtung der Verschraubung ausgehend vom torsionsfreien Ausgangszustand *O*

Wird nun die äußere Torsionsbelastung T in Anzugsrichtung der Schraube über T_A hinaus bis zu einem Punkt P_{AC} weiter gesteigert ($T_A < T_{AC} < T_C$), so stellt dies gewissermaßen eine Überlastung der Verbindung dar: Es tritt ein Durchrutschen in der Primärfuge um einen Winkel $\Delta\varphi^{(Fug)}$ auf. Unter Annahme des COULOMB'schen Reibgesetzes bleibt das Rutschmoment und damit das Moment der Primärseite in guter Näherung konstant, wenn der singuläre, je nach Kontaktpaarung mehr oder weniger ausgeprägte „Losbrech-Effekt" (ausgeprägter Haft-Gleit-Übergang, vgl. Bild 4.1) vernachlässigt wird. In der Folge muss die Sekundärseite der Verbindung die *gesamte* Differenz $\Delta T = T - T_R$ zum Fugen-Rutschmoment aufnehmen. Es kommt somit zu einer überproportionalen Belastung (und damit Verdrillung) der weicheren Schraubenseite und einer entsprechend progressiven Verdrehung des Lastangriffs, also der Nabe. Der Anstieg der Drehmoment-Verdrehwinkel-Kurve $dT/d\varphi$ entspricht somit nur noch der Steifigkeit der Sekundärseite, welche in der Realität zumeist von der relativ weichen Schraube dominiert wird.

$$\left.\frac{dT}{d\varphi}\right|_{AC} = c_T^{(NS)} = 1/\delta_T^{(NS)} \tag{4.5}$$

Die T-φ-Kurve (Bild 4.2) „knickt" folglich im Punkt A „ab". Die Nebenschluss-Seite verdreht sich gegenüber der Welle weiter rein elastisch-reversibel, wobei diese elastische Verdrillung $\Delta\varphi^{(NS)} = \Delta\varphi_{AC}^{(NS)}$ genau der „äußeren" (Gesamt-)[17] Verdrehung φ entspricht, da das Schraubengewinde unverändert als „Fixpunkt" erhalten bleibt.

$$\varphi\big|_{T=T_{AC}} = \varphi_{AC} = \Delta\varphi_{AC}^{(NS)} \quad = \quad \left(T_{AC} - T_R\right)\cdot\delta_T^{(NS)} \tag{4.6}$$

Unterdessen bleibt auf der Hauptschluss-Seite das Moment $T_{AC}^{(HS)}$ (und damit die dortige elastische Verdrillung $\Delta\varphi^{(HS)}$) infolge des konstant T_R unverändert. Die Fuge rutscht dementsprechend um den Winkel $\Delta\varphi_{AC}^{(Fug)}$ durch:

$$\left.\begin{aligned}\Delta\varphi_{AC}^{(Fug)} &= \varphi_{AC} - \Delta\varphi_{AC}^{(HS)} \\ &= \left(T_{AC} - T_R\right)\cdot\delta_T^{(NS)} - T_R\cdot\delta_T^{(HS)}\end{aligned}\right\}. \tag{4.7}$$

Das Nebenschluss-Moment $T_{AC}^{(NS)} = T_{AC} - T_R$, also jenes Moment, welches durch Schraube und Gewinde übertragen wird, steigt mit dem Durchrutschen kontinuierlich an, bis auch im Nebenschluss eine entsprechende „elastische" Grenze erreicht wird. Dies könnte zum einen ein Durchrutschen in einer sekundärseitigen Fuge sein. Selbst bei Mehrfach-Stirn-PV mit mehreren Fugen im Nebenschluss (vgl. Bild 1.3) würde in der Realität zumeist die Kopfauflage der Schraube („Rutschmoment" T_K) diese kritische Fuge darstellen: Gemäß Bild 2.7 beträgt der effektive Reibungshalbmesser R_μ der Kopfauflage für Standard-Sechskant-Schrauben überschlägig das $0{,}60$- bis $0{,}65$-fache des Schraubennenndurchmessers d, weshalb das Kopfreibmoment üblicherweise deutlich kleiner als das der sonstigen Fugen ist. Der Übergang vom primärseitigen zum primär- *und* sekundärseitigen Durchrutschen entspricht dabei dem Punkt C^* in Bild 4.2. Unter Annahme konstanter COULOMB'scher Reibungsverhältnisse ($\mu = const.$) bleiben fortan die Momente im Haupt- *und* Nebenschluss durch den Reibschluss begrenzt. Somit rutscht die Verbindung bei konstanter übertragener Belastung

$$T = T_{C^*} \; = \; T_R + T_K \quad = const. \tag{4.8}$$

komplett und theoretisch unbegrenzt durch. In der Realität entspräche dies einem vollständigen Versagen – die Stirn-PV würde als Rutschkupplung im durchrutschenden Zustand fungieren.

Für den entsprechenden Grenzfall C^* ergibt sich dabei eine äußere Verdrehung des Lastangriffs (identisch mit der elastischen Verdrillung der Nebenschlussseite) von

$$\varphi_{C^*} = T_K\cdot\delta_T^{(NS)} \quad \left(= \Delta\varphi_{C^*}^{(NS)}\right). \tag{4.9}$$

Der Rutschwinkel in der Primärfuge beträgt für diesen Grenzzustand

$$\left.\begin{aligned}\Delta\varphi_{C^*}^{(Fug)} &= \varphi_{C^*} - \Delta\varphi_{C^*}^{(HS)} \\ &= T_K\cdot\delta_T^{(NS)} - T_R\cdot\delta_T^{(HS)}\end{aligned}\right\}. \tag{4.10}$$

In der Realität tritt das Erreichen des Zustandes C^* jedoch zumeist nicht ein: Zwar geht aus der rein rechnerischen Betrachtung der Anteile des Schraubenanzugsmoments gemäß Bild 2.8 unter den getroffenen Annahmen und geometrischen Verhältnissen zunächst hervor, dass das Reibmoment der Kopfauflage minimal niedriger ist als das Gesamt-Gewindemoment ($T_{anz}^{(Gew)}$ = Gewinde-Reibmoment + Steigungsmoment).

---

[17] vgl. Fußnote 16 auf Seite 80

Jedoch verschiebt schon eine geringe, realitätsnahe Änderung jener Annahmen die Aufteilung in Richtung Kopf-Reibmoment: So erhöht die Verwendung von Feingewinde (niedrigeres Steigungsmoment) den Anteil der Kopfreibung am Gesamt-Anzugsmoment. Auch sind die Reibwerte im Gewinde infolge der hohen Flankenpressung in der Realität meist niedriger als unter dem Schraubenkopf. Dies zeigten auch stichprobenartige Versuche im Rahmen dieser Arbeit, bei denen nie ein Durchrutschen der Kopfauflage zu verzeichnen war.

Folglich kommt es in der Praxis nicht zum Durchrutschen bei $T_{C*} = T_R + T_K$, sondern bereits vorher zum nebenschlussseitigen Überschreiten des Gewinde-Grenzmomentes. Bei Torsionsbelastung in Anzugsrichtung ist dies das „Weiterdrehmoment“ $T_{anz}^{(Gew)}$ ((2.7)), welches sich aus besagtem Reibungs- und Steigungsanteil zusammensetzt und unter Annahme COULOMB'scher Reibung proportional zur Schraubenvorspannkraft ist. Dieser Zustand wird hier mit C referenziert und folglich bei einer äußeren Belastung von

$$T_C = T_R + T_{anz}^{(Gew)} \tag{4.11}$$

bei einem korrespondierenden Verdrehwinkel

$$\varphi_C = T_{anz}^{(Gew)} \cdot \delta_T^{(NS)} \tag{4.12}$$

erreicht. Wegen $\Phi_T \ll 1$ nimmt das Verhältnis der Verdrehwinkel bei C (4.12) und A (4.3),

$$\frac{\varphi_C}{\varphi_A} = \frac{T_{anz}^{(G)}}{T_R} \cdot \left(\frac{1}{\Phi_T} - 1 \right), \tag{4.13}$$

praktisch meist große Werte (typisch: >10) an. Die Verdrehung bis zum Nachstellen des Gewindes (C) beträgt somit in der Realität ein Vielfaches der elastischen Grenzverdrehung (A), was in der schematischen Darstellung in Bild 4.2 nur andeutungsweise sichtbar wird.

Aus einfachen kinematischen Überlegungen ergibt sich der Rutschwinkel in der Primärfuge am Grenzpunkt C:

$$\left.\begin{aligned} \Delta\varphi_C^{(Fug)} &= \varphi_C - \Delta\varphi_C^{(HS)} \\ &= T_{anz}^{(Gew)} \cdot \delta_T^{(NS)} - T_R \cdot \delta_T^{(HS)} \end{aligned}\right\}. \tag{4.14}$$

Wird die äußere Torsionsbelastung über T_C hinaus weiter gesteigert, so kommt es zu einer kontinuierlichen Verdrehung im Gewinde um $\Delta\varphi^{(Gew)}$. Der neue Gleichgewichtszustand wird mit C' bezeichnet. Da mit einer Weiterdrehung im Gewinde um $\Delta\varphi^{(Gew)}$ auch eine Erhöhung der Schraubenvorspannkraft um ΔF_V verbunden ist, liegen im Zustand C' sowohl ein erhöhtes Rutschmoment

$$\left.\begin{aligned} T_R' &= T_R + \Delta T_R \\ &= T_R + \Delta F_V \cdot \frac{dT_R}{dF_V} \end{aligned}\right\} \tag{4.15}$$

als auch ein höheres Gewindemoment

$$\left.\begin{aligned} T_{anz}^{(Gew)\prime} &= T_{anz}^{(Gew)} + \Delta T_{anz}^{(Gew)} \\ &= T_{anz}^{(Gew)} + \Delta F_V \cdot \frac{dT_{anz}^{(Gew)}}{dF_V} \end{aligned}\right\} \tag{4.16}$$

vor. Damit erhöhen sich auch die elastischen Verdrehungsanteile im Haupt- und Nebenschluss.

Die Änderung der Schraubenvorspannkraft ΔF_V in Abhängigkeit vom Verdrehwinkel kann durch einen Vorspannkraft-Anzugswinkel-Modul K,

$$K = \frac{\Delta F_V}{\Delta \varphi^{(Gew)}}, \tag{4.17}$$

beschrieben werden. In Anlehnung an [KLTH07][18],

$$\left.\underbrace{\frac{\Delta F_V}{c_S}}_{f_S} + \underbrace{\left(\frac{\Delta F_V}{c_I} + \frac{\Delta F_V}{c_{II}}\right)}_{f_P} = \frac{\Delta \varphi^{(Gew)} \cdot P}{2 \cdot \pi} \right\} \tag{4.18}$$

kann K in guter Näherung wie folgt berechnet werden[19]:

$$K = \frac{\Delta F_V}{\Delta \varphi^{(Gew)}} = \frac{P}{2 \cdot \pi} \cdot \frac{1}{\delta^{(HS)} + \delta^{(NS)}}. \tag{4.19}$$

Werden außerdem die Gradienten des Rutschmoments sowie des Schraubenmoments (hier für metrisches ISO-Gewinde) über der Vorspannkraft betrachtet,

$$\frac{dT_R}{dF_V} = \mu \cdot R_{eff}, \tag{4.20}$$

$$\frac{dT_{anz}^{(Gew)}}{dF_V} = \Theta_{anz}^{(Gew)} \quad (= 0{,}577 \cdot \mu_{Gew} \cdot d_2 + 0{,}159 \cdot P), \tag{4.21}$$

so können aus dem Momentengleichgewicht und den kinematischen Betrachtungen mit Hilfe von (4.14) bis (4.21) die genauen Zusammenhänge zwischen der äußeren Belastung $T_{C'}$ und „äußeren" Verdrehungen $\varphi_{C'}$ berechnet werden:

$$\varphi_{C'}(T_{C'}) = \left(T_{C'} - T_{anz}^{(Gew)} - T_R\right) \cdot \frac{\Theta_{anz}^{(Gew)} \cdot \delta_T^{(NS)} + \frac{1}{K}}{\Theta_{anz}^{(Gew)} + \mu \cdot R_{eff}} + T_{anz}^{(Gew)} \cdot \delta_T^{(NS)}. \tag{4.22}$$

Außerdem erschließen sich daraus die Winkel, um den das Gewinde „nachgestellt" hat,

$$\Delta \varphi_{C'}^{(Gew)}(T_{C'}) = \frac{T_{C'} - T_{anz}^{(Gew)} - T_R}{K \cdot \left(\Theta_{anz}^{(Gew)} + \mu \cdot R_{eff}\right)}, \tag{4.23}$$

bzw. um welchen Winkel die primärseitige Fuge bis zu dieser Belastung ($T = T_{C'}$) durchgerutscht ist:

$$\Delta \varphi_{C'}^{(Fug)} = \left(T_{C'} - T_{anz}^{(Gew)} - T_R\right) \cdot \left(\frac{\Theta_{anz}^{(G)} \cdot \delta_T^{(NS)} + \frac{1}{K} - \mu \cdot R_{eff} \cdot \delta_T^{(HS)}}{\Theta_{anz}^{(G)} + \mu \cdot R_{eff}}\right) + T_{anz}^{(Gew)} \cdot \delta_T^{(NS)} - T_R \cdot \delta_T^{(HS)}. \tag{4.24}$$

Unter Zusammenführung der Beziehungen (4.19), (4.22) und (4.23) kann die Änderung der Schraubenkraft in expliziter Form als Funktion des „Überlastungsmomentes" $T_{C'}$ bzw. des „Überlastungswinkels" $\varphi_{C'}$ berechnet werden:

$$\Delta F_V = \frac{T_{C'} - T_{anz}^{(Gew)} - T_R}{\Theta_{anz}^{(Gew)} + \mu \cdot R_{eff}} = \frac{\varphi_{C'} - T_{anz}^{(Gew)} \cdot \delta_T^{(NS)}}{\Theta_{anz}^{(Gew)} \cdot \delta_T^{(NS)} + \frac{1}{K}} \tag{4.25}$$

Zusammenfassend ist festzuhalten, dass diese „Überlastung zweiter Stufe" ($T > T_C$) unter Durchrutschen in der Primärfuge bei gleichzeitigem Nachstellen („Festdrehen") des Gewindes mit damit verbundener Erhöhung der Vorspannkraft, Fugen-Rutschmomente und Gewindemomente erfolgt. Dieser Vorgang kann sich praktisch bis zur Überlastung der Schrau-

[18] ebd., S.350, Gl. (8.54)

[19] Dabei sind $\delta^{(HS)}$ bzw. $\delta^{(NS)}$ wohlgemerkt die axialen („Zug/Druck"-) Nachgiebigkeiten der Verbindung und nicht die torsionalen, welche hier stets mit $(\ )_T$ indiziert werden.

be (plastische Verformung oder Bruch) fortsetzen. Wie Bild 4.2 deutlich macht, ist der Anstieg des Torsionsmomentes über der Verdrehung im Bereich CC' nochmals flacher (aber dennoch >0 !) als der im Bereich AC (vgl. (4.5)), so dass hierbei in jedem Fall eine erhebliche (irreversible!) Verdrehung zwischen Nabe und Welle auftritt, die bei winkelgenauen Verbindungen nicht zulässig ist.

4.2.2 Torsionsbelastung in Löserichtung der Verschraubung

Wurde bisher von einer Torsionsbelastung in Anzugsrichtung der Verschraubung ausgegangen, so soll nunmehr ein äußeres Drehmoment in Löserichtung betracht werden. Bis auf weiteres werden die äußeren Momente dabei stets positiv gezählt. Beide Fälle sind dementsprechend in Bild 4.3 gegenüber gestellt.

Ausgehend vom torsionsfreien Ausgangszustand O sind die elastisch-reversiblen Bereiche der Verbindung dabei richtungsunabhängig: Die Formeln ((4.1)ff.) für den Grenzzustand A gelten demnach analog für den Punkt B bei „schraubenlösender" Belastungsrichtung, da hierbei das Gewinde noch keinerlei Rolle spielt:

$$T_A = -T_B \,. \tag{4.26}$$

Gleiches gilt für den Fall, dass bei weiterer Überlastung zunächst ein Durchrutschen unter dem Kopf eintritt und nicht im Gewinde (Grenzfall $D^* \triangleq C^*$). Die Bewegung im Gewinde, also ein Losdrehen der Schraube, setzt dagegen dann ein, wenn die Torsion im Nebenschluss den Wert des Losdreh-Gewindemoments $T_{los}^{(Gew)}$ erreicht (Punkt D). Da dieses stets um den zweifachen Betrag des Steigungsmomentes (= $F_V \cdot 0{,}159 \cdot P$ für metrisches ISO-Gewinde) kleiner ist als das *Anzugs*-Gewindemoment $T_{anz}^{(Gew)}$, ist das Eintreten dieses Falls, also $T_D < T_{D^*}$, praktisch noch wahrscheinlicher als bei Belastung in Anziehrichtung ($T_C < T_{C^*}$). Analog zu (4.11) und (4.12) gilt demnach für den Grenzfall D :

$$T_D = T_R + T_{los}^{(Gew)} \,, \tag{4.27}$$

$$\varphi_D = T_{los}^{(G)} \cdot \delta_T^{(NS)} \,. \tag{4.28}$$

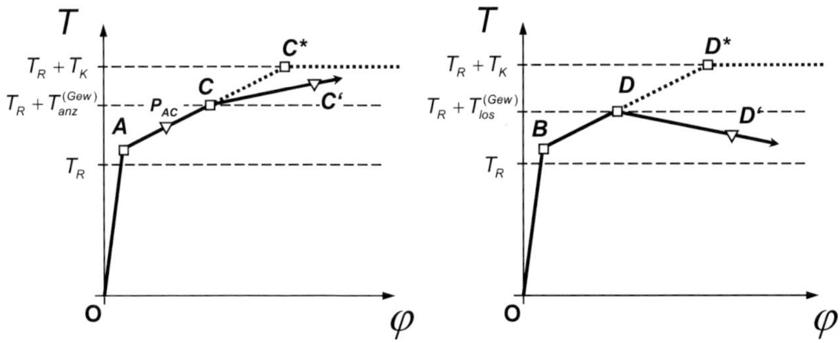

Bild 4.3: Gegenüberstellung der Verdrehungsdiagramme bei Belastung in *Anzugs*richtung (links, entspricht Bild 4.2) sowie in *Löse*richtung der Verschraubung (rechts)

Mit dem beim Erreichen von D einsetzenden Losdrehen der Schraube kommt es zu einer Verringerung der Vorspannkraft, einhergehend mit einem Abfall des Rutschmomentes gemäß (4.20) sowie des Gewindemomentes selbst (vgl. (4.21)):

$$\frac{dT_{los}^{(Gew)}}{dF_V} = \Theta_{los}^{(Gew)} \quad (= 0{,}577 \cdot \mu_{Gew} \cdot d_2 - 0{,}159 \cdot P). \tag{4.29}$$

In der Summe fällt also das übertragbare Torsionsmoment der Verbindung nach zwischenzeitlichem Erreichen von T_D wieder ab – die Momente $T_{D'}$ der Überlastungszustände D' liegen stets niedriger als T_D und unterschreiten ab einem gewissen Verdrehwinkel schließlich sogar wieder den Wert der ursprünglichen reversiblen Grenzbelastung T_B. Damit liegt ein instabiler Zustand vor: Die Schraube würde sich letztlich komplett lösen, sofern das äußere Moment nicht unmittelbar reduziert wird. Der Zusammenhang zwischen den Verdrehungen und $T = T_{D'}$ lässt sich analog zu (4.22)ff. beschreiben:

$$\left.\begin{aligned}
\varphi_{D'}(T_{D'}) &= \left(T_{D'} - T_{los}^{(Gew)} - T_R\right) \cdot \frac{\Theta_{los}^{(Gew)} \cdot \delta_T^{(NS)} - \frac{1}{K}}{\Theta_{los}^{(Gew)} + \mu \cdot R_{eff}} + T_{los}^{(Gew)} \cdot \delta_T^{(NS)} \\
&\Leftrightarrow \\
T_{D'}(\varphi_{D'}) &= T_{los}^{(Gew)} + T_R + \left(\varphi_{D'} + T_{los}^{(Gew)} \cdot \delta_T^{(NS)}\right) \cdot \frac{\Theta_{los}^{(Gew)} + \mu \cdot R_{eff}}{\Theta_{los}^{(Gew)} \cdot \delta_T^{(NS)} - \frac{1}{K}}
\end{aligned}\right\} \tag{4.30}$$

$$\Delta\varphi_{D'}^{(Gew)} = -\frac{T_{D'} - T_{los}^{(Gew)} - T_R}{K \cdot \left(\Theta_{los}^{(Gew)} + \mu \cdot R_{eff}\right)} \tag{4.31}$$

$$\Delta\varphi_{D'}^{(Fug)} = \left(T_{D'} - T_{los}^{(Gew)} - T_R\right) \cdot \left(\frac{\Theta_{los}^{(Gew)} \cdot \delta_T^{(NS)} - \frac{1}{K} - \mu \cdot R_{eff} \cdot \delta_T^{(HS)}}{\Theta_{los}^{(Gew)} + \mu \cdot R_{eff}}\right) + T_{los}^{(Gew)} \cdot \delta_T^{(NS)} - T_R \cdot \delta_T^{(HS)} \tag{4.32}$$

4.2.3 Experimentelles Praxisbeispiel

In [THLE05] wurden zur Ermittlung der maximalen Übertragungsfähigkeit der Stirnpressverbindungen an Pkw-Nockenwellen statische Verdrehversuche mit Originalbauteilen durchgeführt. Die Untersuchungen zielten dabei auf eine Leistungssteigerung durch den Einsatz diamantbeschichteter Zwischenfolien (vgl. u. a. [LSLH01], [HAGG03], [FLH04]).

Mit dem in **Bild 4.4** dargestellten Versuchsaufbau wurde dabei nach dem Verschraubungsvorgang mit jeweils gleichem, definiertem Anzugsmoment (Bild 4.4 links) die Verbindung in Löserichtung der Verschraubung (M14×1,5; Klemmlänge ca. 45 mm) quasistatisch verdreht und dabei das übertragene Drehmoment gemessen. Dabei wurden für drei verschiedene Reibpaarungen die Messkurven gemäß **Bild 4.5** ermittelt.

Bild 4.4: Versuchsaufbau in [THLE05] mit Ermittlung des Anzugsmomentes (links) und Anordnung für die Durchrutschversuche mittels servohydraulischer Lastaufbringung (rechts)

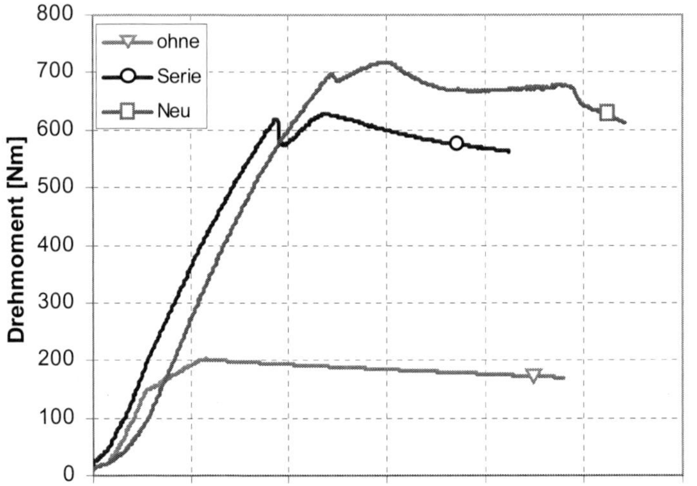

Bild 4.5: Messkurven nach [THLE05] aus Durchrutschversuchen an einer Stirnpressverbindung unter Variation der Reibungsbedingungen in der Primärfuge („ohne“ = Stahl/Stahl-Paarung; „Serie“ bzw. „Neu“ = reibungserhöhende Zwischenfolien unterschiedlicher Spezifikationen)

Wird zunächst die untere Kurve „∇" der reinen Stahl-Stahl-Paarung betrachtet, so ist besonders gut die Übereinstimmung mit den qualitativen Kurven gemäß Bild 4.3 (rechts) sichtbar. Bei ca. 150 Nm knickt der Kurvenverlauf erstmalig ab (Punkt B). Gemäß den Ausführungen der vorangegangenen Abschnitte entspricht dies dem Durchrutschen in der Primärfuge der Verbindung. Aus dem entsprechenden Moment $T_B \approx 150\,\text{Nm}$ (und nicht etwa aus dem maximalen Moment ≈ 200 Nm → T_D) könnte somit unter Berechnung der Vorspannkraft aus dem Anzugsmoment der Fugenreibwert analog zu (4.2) abgeschätzt[20] werden. Dem Zustand B schließt sich ein linearer Bereich („BD" gemäß Bild 4.3) an, bei welchem die Primärfuge weiter durchrutscht und der Nebenschluss-Strang einschließlich der Schraube elastisch verdrillt wird. Ab ca. 200 Nm (Zustand D) fällt das übertragene Torsionsmoment wieder ab („$T_{D'}$"), was auf das Losdrehen der Schraube und die sich damit verringernde Klemmkraft zurückzuführen ist. Die Tatsache, dass sich die Kurvenabschnitte in guter Näherung als Geradenabschnitte darstellen, deutet auf eine gute Brauchbarkeit der getroffenen Annahmen, insbesondere die weitgehende Konstanz des Fugenreibwertes, hin.

Eine derart klare Linearität ist bei den Kurvenzügen der reibwerterhöhten Verbindungen („O" und „□") nicht mehr vorhanden. Dennoch lassen sich die Grenzzustände B (bei 620 bzw. 700 Nm) sowie D (625 bzw. 720 Nm) eindeutig identifizieren. Der vorübergehende Abfall der Torsionsmomente nach Erreichen von T_B kann mit dem Losbrech-Verhalten und Haft-Gleitreibungs-Unterschied begründet werden, welches u. a. für Reibschlusspaarungen mit dominantem Mikro-Formschluss typisch ist (vgl. Bild 4.1 links).

Beim Vergleich aller drei Kurven fällt weiterhin auf, dass die Abschnitte BD, also die Bereiche vom Durchrutschbeginn der Primärfuge B bis zum Losdrehbeginn der Schraube D) trotz unterschiedlichem *absolutem* Momentenniveau theoriekonform (vgl. (4.28)) in etwa den gleichen Anstieg und insbesondere die gleichen Verdrehwinkel von $\Delta\varphi_{BD} = \varphi_D - \varphi_B \approx 1{,}1°$ aufweisen. Letzteres lässt sich darauf zurückführen, dass

$$\begin{aligned}\Delta\varphi_{BD} = \varphi_D - \varphi_B &= T_{los}^{(Gew)} \cdot \delta_T^{(NS)} - \frac{\Phi_T}{1-\Phi_T} \cdot T_R \cdot \delta_T^{(NS)} \\ &= F_V \cdot \left(\Theta_{los}^{(Gew)} \cdot \delta_T^{(NS)} - \frac{\Phi_T}{1-\Phi_T} \cdot \mu \cdot R_{eff} \cdot \delta_T^{(NS)} \right)\end{aligned} \tag{4.33}$$

(vgl. (4.3) und (4.28)) wegen $\Phi_T/(1-\Phi_T) \ll 1$ bei gleicher Vorspannkraft kaum vom Reibungsniveau μ der Primärfuge abhängt.

4.3 Hysterese-Charakteristik

4.3.1 Entlastungsverhalten

In den bisherigen Betrachtungen wurde stets nur von einer unidirektionalen Belastungs- (bzw. „Verdrehungs"-) Steigerung ausgegangen. Diesbezüglich wurde bereits festgehalten, dass die Verformungen φ zwischen Nabe und Welle nur bis zum Erreichen der Belastungen T_A (bzw. T_B bei Belastung in Schrauben-Löserichtung) vollständig elastisch-reversibel sind,

[20] Auf die Verfälschung des Ergebnisses infolge interner Rest-Torsionsmomente aus dem Anziehvorgang wird später eingegangen.

der Lastangiff der Nabe sich somit bei jeder Entlastung wird zum Punkt O zurückverdreht. Mit Überschreiten dieser Belastungszustände A bzw. B[21] treten aber Rutschbewegungen $\Delta\varphi^{(Fug)}$ auf, da der primärseitige Torsionsanteil die Rutschgrenze T_R der Fuge erreicht.

Wird die Belastung anschließend weggenommen, kommt es zu einer elastischen Rückverformung, welche naturgemäß auf einer Kurve mit dem Anstieg der elastischen Kennlinie erfolgt: Nach dem Superpositionsprinzip kann eine Entlastung als eine Überlagerung des belasteten, konkret: des *über*lasteten, Zustands, mit einer betragsmäßig gleichen, entgegengesetzt gerichteten äußeren Belastung betrachtet werden. Letztere teilt sich wieder im „elastisch-reversiblen Sinn" auf Haupt- und Nebenschluss auf und überlagert sich mit dem durchgerutschten, als P_{AC} bzw. C bezeichneten Zustand der Verbindung. Damit unterschreitet die primärseitige Belastung wieder die Rutschgrenze der Fuge, welche entsprechend wieder in den Zustand des Haftens übergeht. Die Fuge selbst ist dabei weiterhin gegenüber dem Ausgangszustand um $\Delta\varphi^{(Fug)}$ „verdreht". Wird die Verbindung also mit einem äußeren Drehmoment $T_{AC} > T_A$ belastet (Zustandspunkt P_{AC}), so bleibt gemäß **Bild 4.6** auch nach vollständiger Belastungswegnahme ($T = T_E = 0$) eine nach außen hin messbare „Winkelverstellung" φ_{OE} zwischen Welle und Nabe erhalten. Es liegt also eine Hysterese-Charakteristik des Verformungsverhaltens vor. Gleiches gilt für die Lastwegnahme aus anderen „Überlastungszuständen" wie C oder C', denen hier (Bild 4.6) die Entlastungszustände E (Verstellung φ_E) bzw. E' (Verstellung $\varphi_{E'}$) zugeordnet werden. Bei Überlastung bis C' liegt diesbezüglich zusätzlich die Verdrehung im Gewinde $\Delta\varphi^{(Gew)}$ vor, welche nach Belastungsreduktion gleichermaßen unverändert erhalten bleibt.

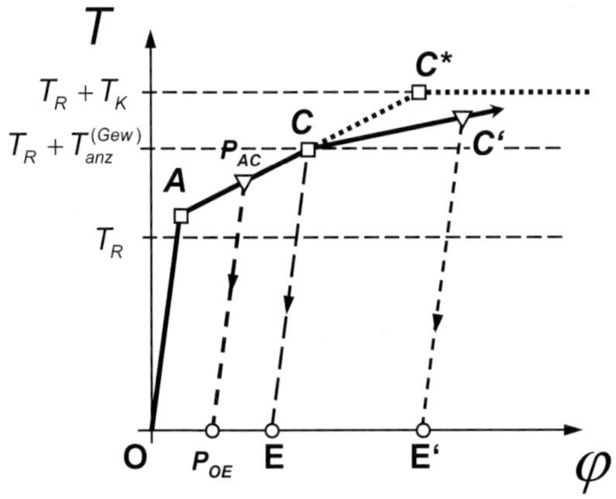

Bild 4.6: Rückverformungsverhalten der Verbindung nach Überschreiten der Rutschbelastung der Primärfuge

Hinsichtlich des Verstellwinkels in Abhängigkeit vom „Überlastungsmoment" ergibt sich für φ_{OE} die Beziehung

[21] Im Weiteren wird sich formal auf den Belastungsfall „in Schrauben-Anzugsrichtung" beschränkt. Die Ausführungen gelten analog für den entgegengesetzt gerichteten Lastfall.

$$\left.\begin{aligned}\varphi_{OE}\left(T_{AC}\right)&=\varphi_{AC}-T_{AC}\cdot\delta_T^{(ges)}\\&=T_{AC}\cdot\left(\delta_T^{(NS)}-\delta_T^{(ges)}\right)-T_R\cdot\delta_T^{(NS)}\end{aligned}\right\}\tag{4.34}$$

und analog folgen

$$\varphi_E=T_{anz}^{(Gew)}\cdot\left(\delta_T^{(NS)}-\delta_T^{(ges)}\right)-T_R\cdot\delta_T^{(ges)}\tag{4.35}$$

$$\varphi_{E'}\left(T_{C'}\right)=\left(T_{C'}-T_{anz}^{(Gew)}-T_R\right)\cdot\frac{\Theta_{anz}^{(Gew)}\cdot\delta_T^{(NS)}+\dfrac{1}{K}}{\Theta_{anz}^{(Gew)}+\mu\cdot R_{eff}}-T_{C'}\cdot\delta_T^{(ges)}+T_{anz}^{(Gew)}\cdot\delta_T^{(NS)}.\tag{4.36}$$

Wenngleich das *äußere* Drehmoment an diesen Punkten null ist, liegt wegen $\Delta\varphi^{(Fug)}$ eine „*innere* Verdrehung" von Haupt- und Nebenschluss-Strang vor, die im Weiteren als „innere (torsionale) Verspannung" bezeichnet wird. Aus der Superposition der Lastverteilung im „überelastischen" Zustand P_{AC} (analog: C, C' oder C^*) und der rein elastischen, „proportionalen" Entlastung können diese „Eigenspannungen", also das innere Drehmoment einschließlich der damit zusammenhängenden elastischen Verdrillungen, berechnet werden. Bezogen auf die Hauptschlussseite ergeben sich folgende innere Torsionsmomente für die Zustände P_{OE} und E:

$$T_{OE}^{(HS)}=T_R-\left(1-\Phi_T\right)\cdot T_{AC}\tag{4.37}$$

$$\left.\begin{aligned}T_E^{(HS)}&=T_R-\left(1-\Phi_T\right)\cdot T_C\\&=\Phi_T\cdot T_R+T_{anz}^{(Gew)}\left(\Phi_T-1\right)\end{aligned}\right\}.\tag{4.38}$$

Die Zustände C und C' repräsentieren jeweils den Zustand an der aktuellen Weiterdreh-Grenze im Gewinde. Entsprechend lassen sich die Beziehungen für E' aus den Gleichungen des Zustands E ableiten, in dem stets eine formale Substitution von T_R durch $T_R'=f\left(\Delta\varphi^{(Gew)}\right)$ sowie von $T_{anz}^{(Gew)}$ durch $T_{anz}^{(Gew)}{}'=f\left(\Delta\varphi^{(Gew)}\right)$ mit jeweils $\Delta\varphi^{(Gew)}=\Delta\varphi_{C'}^{(Gew)}=f\left(T_{C'}\right)$ (vgl. (4.23)) durchgeführt wird:

$$\left.\begin{aligned}T_{E'}^{(HS)}&=T_R'-\left(1-\Phi_T\right)\cdot T_{C'}\\&=\Phi_T\cdot T_R'+T_{anz}^{(Gew)}{}'\cdot\left(\Phi_T-1\right)\end{aligned}\right\}.\tag{4.39}$$

Für die Nebenschluss-Seite kehren sich jeweils die Vorzeichen der Ausdrücke (4.37) bis (4.39) um, da Haupt- und Nebenschluss im Gleichgewicht stehen.

Die genauere Betrachtung der Größen der inneren Drehmomente zeigt angesichts

$$T_{AC}>T_A=\frac{T_R}{\left(1-\Phi_T\right)}\quad\text{bzw.}\quad T_C>T_A=\frac{T_R}{\left(1-\Phi_T\right)},\tag{4.40}$$

dass das innere Drehmoment bezogen auf die Hauptschluss-Seite stets negativ wird. Die Primärfuge wird demnach im äußerlich entlasteten Zustand *entgegen* der vorausgegangen Überlastung vorbelastet. Umgedreht wirkt dieses innere Drehmoment im Gewinde in Richtung der vorherigen Überlastung: Die Schraube verformt sich also nicht vollständig zurück, sondern bleibt in Anzugsrichtung (bzw. in Löserichtung bei umgekehrter Erstbelastung) torsional vorgespannt.

4.3.2 Wiederbelastung nach Überlastung und Entlastung

In **Bild 4.7** und **Bild 4.8** (nicht maßstabsgleich!) sind – ausgehend von den oben hergeleiteten Beziehungen – die Drehmoment-Anteile im Neben- ($T^{(NS)}$) bzw. Hauptschluss ($T^{(HS)}$) über der Nebenschlussverdrehung bzw. über dem Rutschwinkel in der Primärfuge dargestellt (vgl. Bild 4.6). Bild 4.7 macht dabei insbesondere deutlich, dass sich der Nebenschluss und damit die Schraube einschließlich des Gewindes bis zum Zustand C rein elastisch verformen. Die elastische Verdrehung des Nebenschlusses entspricht somit bis zum Punkt C der Gesamtverdrehung φ. Auch erfolgt die Rückverformung aus Überlastungszuständen unterhalb von C auf der Linie der (elastischen) Erstverdrehung. Die entlasteten Zustände P_{OE} und E liegen deshalb auch auf diesem Kurvenabschnitt, wobei gemäß den obigen Ausführungen ein inneres „Restmoment" ($T_{OE}^{(NS)}$, $T_{E}^{(NS)}$, etc.) in Vorbelastungsrichtung verbleibt. Dieses wirkt dementsprechend auf der Hauptschluss-Seite (Bild 4.8) in negativer Richtung. Nach der äußeren Entlastung liegt somit bei vorausgegangener Überlastung eine auf die Fugen bzw. das Gewinde wirkende innere Torsionsbelastung der Höhe (4.37), (4.38) bzw. (4.39) mit

$$T^{(HS)} + T^{(NS)} = 0 \qquad (4.41)$$

vor. (Bild 4.8 zeigt darüber hinaus, dass das Hauptschluss-Moment während des Durchrutschens der primärseitigen Fuge (Kurvenabschnitt AC) konstant bleibt und sich erst jenseits von C infolge zunehmender Schraubenklemmkraft erhöht.)

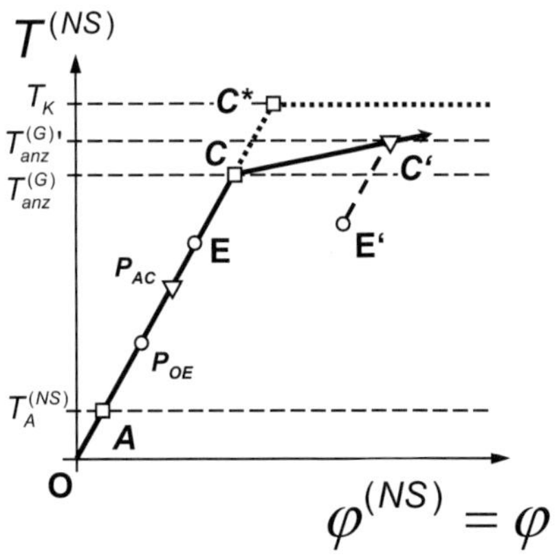

Bild 4.7: Drehmoment im Nebenschluss ($T^{(NS)}$) über der Nebenschluss- bzw. Gesamtverdrehung ($\varphi^{(NS)} = \varphi$) bei Verdrehung in Anzugsrichtung und Entlastung *(schematische Darstellung)*

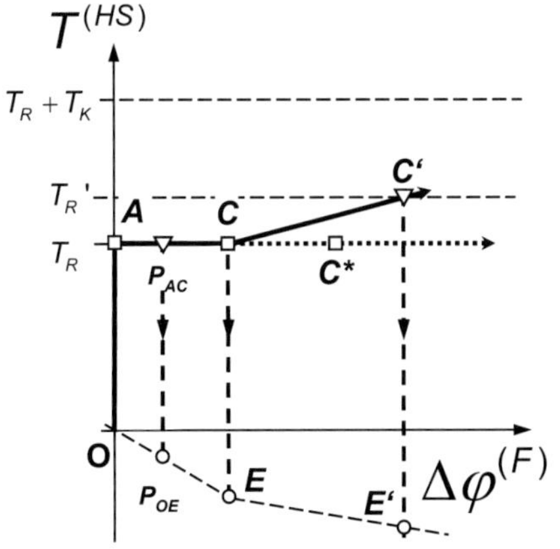

Bild 4.8: Drehmoment im Hauptschluss $T^{(HS)}$ über Rutschwinkel in der primärseitigen Rutschfuge ($\Delta\varphi^{(Fug)}$) bei Verdrehung in Anzugsrichtung und Entlastung *(schematische Darstellung)*

Wird die Verbindung nun erneut belastet, so überlagert sich der inneren Torsion das äußere Drehmoment wiederum anteilsmäßig im Haupt- und Nebenschluss. Die Verformung erfolgt somit – zunächst elastisch – exakt auf den Entlastungskurven $P_{OE}P_{AC}$, EC bzw. $E'C'$ (Bild 4.6, Bild 4.7 und Bild 4.8). Die neue elastische Grenze ist wiederum dann erreicht, wenn die Grenzmomente in der Rutschfuge (T_R, T_R') bzw. Gewinde ($T_{anz}^{(Gew)}$, $T_{anz}^{(Gew)\prime}$) erreicht werden. Dies tritt, wie mittels Superpositionsprinzip leicht nachvollzogen werden kann, genau an den Punkten P_{AC}, C bzw. C' der vorausgegangenen Überlastung ein. Praktisch heißt dies, dass nach einer Überbelastung der Verbindung die innere torsionale Verspannung dazu führt, dass – im Vergleich zur elastischen Grenze T_A bei Erstbelastung – höhere Belastungen ohne Relativbewegungen übertragen werden können. (Für den Fall der Überlastung in Losdrehrichtung – vgl. Bild 4.3 rechts – ergibt sich dabei allerdings ein Maximum (T_D), jenseits dessen wieder ein Abfall zu verzeichnen ist.) Eine Überbelastung der Verbindung geht folglich mit einem scheinbaren „Hochtrainieren" der Übertragungsfähigkeit einher, da nunmehr T_C bzw. $T_{C'}$ das bisherige Grenzmoment T_A als elastisches Limit ersetzen. Dieser „Hochtrainier"-Effekt ist wohlgemerkt zunächst auf die innere Verspannung sowie im weiteren (für $T > T_C$) auf das Nachstellen der Verschraubung zurückzuführen und darf nicht mit dem entsprechenden tribologischen Phänomen bei Mikroschlupf (Abschnitt 2.1.3.4) verwechselt werden.

4.3.3 Umkehr der Belastungsrichtung nach vorangegangener Überlastung

Analog einer Superposition bei Wiederbelastung nach vorangegangener Überlast (Abschnitt 4.3.2) kann auch eine sich anschließende Belastung in *umgekehrter* Drehrichtung durch Überlagerung der Belastungszustände berechnet werden. Diese Superposition ist naturgemäß solange gültig, bis in den Fugen bzw. im Gewinde erneut die elastische Grenzen, also Durchrutschen bzw. Fest-/Losdrehen, erreicht werden. Wird dementsprechend wiederum von einer Überlastung in Schraubenanzugsrichtung mit $T = T_{AC}$ ausgegangen, so liegt im entlasteten Zustand in der Primärfuge das Moment $T_{OE}^{(HS)}$ an, welches gemäß (4.37) in entgegengesetzter Richtung wirkt. Hinsichtlich einer nunmehr folgenden *entgegengesetzten äußeren* Belastung liegt in der Fuge schon von vornherein eine Vorbelastung vor. Es ist also leicht einzusehen, dass die Rutschgrenze in der Fuge schon bei betragsmäßig kleineren Belastungen als bei T_A und T_{AC} erreicht wird. Der vermeintliche „Hochtrainier"-Effekt einer Überbelastung wird sich somit bei Belastungsumkehr nachteilig auswirken.

Im Weiteren wird eine Belastung in Schraubenanzugsrichtung stets positiv gezählt ($T > 0$), eine Belastung in Schraubenlöserichtung entsprechend negativ ($T < 0$). Die charakteristischen Fugen- und Gewindemomente (T_R, $T_{anz}^{(Gew)}$, etc.) werden dagegen weiterhin als richtungsunabhängige Betragsgrößen aufgefasst, so dass auf Betragsstriche verzichtet werden kann. Dementsprechend liegt im mit P_{BG} gekennzeichneten Grenzpunkt bei Belastungsumkehr nach vorangegangener Überbelastung ($T = T_{AC}$) hauptschlussseitig der Zustand

$$T_{BG}^{(HS)} = -T_R \tag{4.42}$$

vor. Durch besagte Superposition von $T_{OE}^{(HS)}$ (4.37) mit dem „elastischen" Belastungsanteil im Hauptschluss $(1-\Phi_T)\cdot T$ lässt sich (4.42) in der Form

$$T_{BG}^{(HS)} = \underbrace{T_R - (1-\Phi_T)\cdot T_{AC}}_{T_{OE}^{(HS)}} + (1-\Phi_T)\cdot T_{BG} = -T_R \tag{4.43}$$

darstellen, was aufgelöst nach T_{BG} das gesuchte gegenläufige Grenzmoment als Funktion der vorangegangenen Überlastung mit $T = T_{AC}$ ergibt:

$$T_{BG} = -\frac{2 \cdot T_R}{1-\Phi_T} + T_{AC}. \tag{4.44}$$

Der Betrag von T_{BG} ist demnach wie erwartet umso kleiner, je stärker die vorangegangene Überlastung war. Dem Grenzzustand C lässt sich in Umkehrrichtung über E der verbindungscharakteristische Punkt G mit

$$\left.\begin{aligned} T_G &= -\frac{2 \cdot T_R}{1-\Phi_T} + T_C \\ &= T_R \frac{\Phi_T + 1}{\Phi_T - 1} + T_{anz}^{(G)} \end{aligned}\right\} \tag{4.45}$$

zuordnen. Der zugehörige Winkel folgt aus den elastischen Kennlinien:

$$\varphi_G = T_{anz}^{(Gew)} \cdot \delta_T^{(NS)} - 2 \cdot T_R \cdot \delta_T^{(HS)}. \tag{4.46}$$

Mit Erreichen von G setzt folglich das „Zurückrutschen" der Fuge ein, dessen Anstieg im T-φ-Diagramm übereinstimmend mit (4.5) allein durch die Nebenschluss-Steifigkeit bestimmt wird, da das hauptschlussseitige Moment mit $\left|T^{(HS)}\right| = T_R$ konstant bleibt.

In **Bild 4.9** sind diese Zusammenhänge aufgetragen. Offensichtlich beschreiben die Punkte A, C, G und B ein Parallelogramm der Höhe

$$T_A - T_B = T_C - T_G = \frac{2 \cdot T_R}{1-\Phi_T} \quad \left(= 2 \cdot T_A\right). \tag{4.47}$$

Die Verformung bei umgekehrter Belastungsrichtung erfolgt demnach wieder auf der verlängerten Geraden durch die Punkte B und D jener Kurve einer *Erst*belastung in Schraubenlöserichtung und durchläuft bei hinreichend großen „Umkehrmomenten" auch wieder jene Zustände.

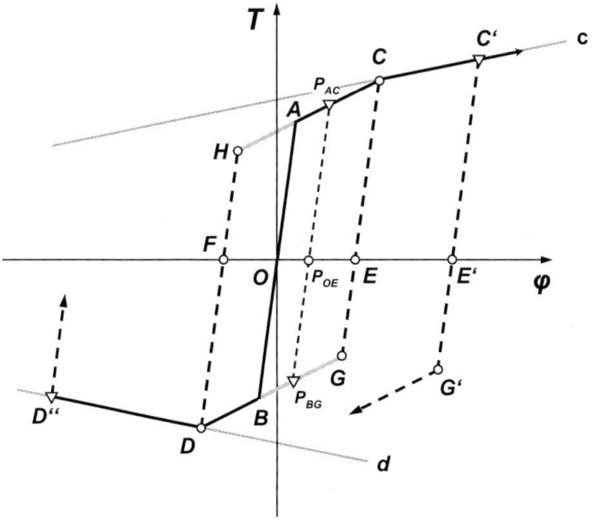

Bild 4.9: Verdrehwinkel-Drehmoment-Diagramm bei Belastung in Schraubenanzugsrichtung ($T > 0$) sowie Schraubenlöserichtung ($T < 0$) unter Berücksichtigung von Überlastung, Entlastung und Belastungsumkehr

Durch vergleichbares Vorgehen kann zusätzlich der Fall einer Umkehrbelastung nach Erstbelastung in Schraubenlöserichtung betrachtet werden. Diesbezüglich folgt analog zu E der Entlastungszustand F,

$$\left.\begin{aligned} T_F &= 0 \\ \varphi_F &= T_{los}^{(Gew)} \cdot \left(\delta_T^{(ges)} - \delta_T^{(NS)}\right) + T_R \cdot \delta_T^{(ges)} \end{aligned}\right\}, \tag{4.48}$$

sowie analog zu G der Grenzzustand H,

$$\left.\begin{aligned} T_H &= T_R \cdot \left(\frac{1+\Phi_T}{1-\Phi_T}\right) - T_{los}^{(Gew)} \\ \varphi_H &= 2 \cdot T_R \cdot \delta_T^{(HS)} - T_{los}^{(G)} \cdot \delta_T^{(NS)} \end{aligned}\right\}. \tag{4.49}$$

4.3.4 Das T-φ-Parallelogramm zur Beschreibung des torsionalen Verspannungs- und Verformungsverhaltens

Aus den Betrachtungen im vorangegangen Abschnitt ergibt sich das Parallelogramm $\boxed{HCGD}$, welches alle Verformungs- bzw. Belastungszustände umfasst, bei denen noch keine Verstellbewegungen im Gewinde auftreten. $\boxed{HCGD}$ stellt somit einen charakteristischen Grenzkurvenzug für eine bestimmte Verbindung bei einer bestimmten Vorspannkraft F_V – im Weiteren als „Konfiguration“ bezeichnet – dar. Die formelmäßigen Beziehungen für sämtliche Punkte einschließlich der internen Zustände und Belastungsanteile sind im **Anhang B** zusammengefasst.

Bewegungen im Gewinde setzen dann ein, sobald die äußere Verdrehung die Werte φ_C bzw. φ_D übersteigt. Die sich dann einstellenden Zustände sind in Bild 4.9 als C' (Festdrehen der Schraube, $\Delta\varphi^{(Gew)} > 0$) bzw. D'' (Losdrehen, $\Delta\varphi^{(Gew)} < 0$) bezeichnet. Gegenüber den Punkten innerhalb $\boxed{HCGD}$ liegt dann eben eine neue „Konfiguration“ in Form einer geänderte axialen Verspannung F_V' bzw. F_V'' mit entsprechend anderen Fugen-Rutschmomenten (T_R' bzw. T_R'') und Gewinde-Grenzmomenten ($T_{anz}^{(Gew)\prime}, T_{los}^{(Gew)\prime}$ bzw. $T_{anz}^{(Gew)\prime\prime}$, $T_{los}^{(Gew)\prime\prime}$) vor. Dementsprechend existieren auch für diese neuen Konfigurationen je ein charakteristisches T-φ-Parallelogramm, nämlich $\boxed{HCGD}'$ bzw. $\boxed{HCGD}''$. Diese Zusammenhänge sind in **Bild 4.10** dargestellt. Das Nachstellen des Gewindes findet demnach entlang der festen Geraden[22] „c“ und „d“ im T-φ-Diagramm statt. Diese spannen die für die entsprechenden Konfigurationen charakteristischen Parallelogramme auf. Alle entstehenden Parallelogramme sind einander geometrisch ähnlich, da die Richtung der Außenkanten nur durch die (konstanten) Torsionssteifigkeiten von Haupt- und Nebenschluss determiniert sind. Gegenüber $\boxed{HCGD}$ existieren für die neuen Konfigurationen auch neue (und zunächst fiktive) verspannungsfreie Ausgangszustände O' bzw. O''. Diese sind, wie aus einfachen Überlegungen folgt, gegenüber dem Ursprung O um den entsprechenden Verstellwinkel des Gewindes $\Delta\varphi^{(Gew)}$ verschoben.

$$\left.\begin{aligned} \varphi_{O'} &= \Delta\varphi^{(Gew)\prime} \\ \varphi_{O''} &= \Delta\varphi^{(Gew)\prime\prime} \end{aligned}\right\} \tag{4.50}$$

$\Delta\varphi^{(Gew)}$ ergibt sich über die Beziehung (4.23) bzw. für die Losdrehrichtung in analoger Weise als

[22] Die entsprechenden Geradengleichungen sind ebenfalls im Anhang B wiedergegeben.

$$\Delta\varphi_{D''}^{(Gew)} = \Delta\varphi^{(Gew)}{}'' = \frac{T_{D''} + T_{los}^{(Gew)} + T_R}{K\cdot\left(\Theta_{los}^{(Gew)} + \mu\cdot R_{eff}\right)} = -\frac{\varphi_{D''} + T_{los}^{(Gew)}\cdot\delta_T^{(NS)}}{K\cdot\Theta_{los}^{(Gew)}\cdot\delta_T^{(NS)} + 1}. \tag{4.51}$$

Für die Änderung der Vorspannkraft $\Delta F_V = K\cdot\Delta\varphi^{(Gew)}$ gilt damit

$$\Delta F_V{}' = \frac{T_{C'} - T_{anz}^{(Gew)} - T_R}{\Theta_{anz}^{(Gew)} + \mu\cdot R_{eff}} = \frac{\varphi_{C'} - T_{anz}^{(Gew)}\cdot\delta_T^{(NS)}}{\Theta_{anz}^{(Gew)}\cdot\delta_T^{(NS)} + \frac{1}{K}}, \qquad (4.25) = (4.52)$$

$$\Delta F_V{}'' = \frac{T_{D''} + T_{los}^{(Gew)} + T_R}{\Theta_{los}^{(Gew)} + \mu\cdot R_{eff}} = -\frac{\varphi_{D''} + T_{los}^{(Gew)}\cdot\delta_T^{(NS)}}{\Theta_{los}^{(Gew)}\cdot\delta_T^{(NS)} + \frac{1}{K}}. \tag{4.53}$$

Damit lassen sich sämtliche Grenzmomente $T_{(\,)}^{(\,)}{}'$ bzw. $T_{(\,)}^{(\,)}{}''$ nach rein formaler Substitution

$$\begin{Bmatrix} T_R \to T_R{}' \\ T_{anz}^{(Gew)} \to T_{anz}^{(Gew)}{}' \\ T_{los}^{(Gew)} \to T_{los}^{(Gew)}{}' \end{Bmatrix} \text{ bzw. } \begin{Bmatrix} T_R \to T_R{}'' \\ T_{anz}^{(Gew)} \to T_{anz}^{(Gew)}{}'' \\ T_{los}^{(Gew)} \to T_{los}^{(Gew)}{}'' \end{Bmatrix} \tag{4.54}$$

mit den entsprechenden Formeln für $T_{(\,)}^{(\,)}$ berechnen. Die zugehörigen Winkel $\varphi_{(\,)}{}'$ bzw. $\varphi_{(\,)}{}''$ ergeben sich durch die Substitution (4.54) und zusätzliche Verschiebung (vorzeichenbehaftete Addition) um $\Delta\varphi^{(Gew)}{}'$ bzw. $\Delta\varphi^{(Gew)}{}''$. Demnach folgt beispielsweise für den Punkt G':

analog (4.45):
$$T_{G'} = T_R{}'\cdot\frac{\Phi_T + 1}{\Phi_T - 1} + T_{anz}^{(G)}{}' \tag{4.55}$$

aus (4.46):
$$\varphi_{G'} = T_{anz}^{(Gew)}{}'\cdot\delta_T^{(NS)} - 2\cdot T_R{}'\cdot\delta_T^{(HS)} + \Delta\varphi_{C'}^{(Gew)}. \tag{4.56}$$

Die darin enthaltenen Fugen- und Gewinde-Grenzbelastungen $T_R{}'$ und $T_{anz}^{(Gew)}{}'$ ergeben sich in der üblichen Weise aus den neuen Vorspannkräften (vgl. (4.52), (4.53)). Jegliche Belastungszustände lassen sich somit über die in Anhang B nochmals zusammengefassten Formeln berechnen.

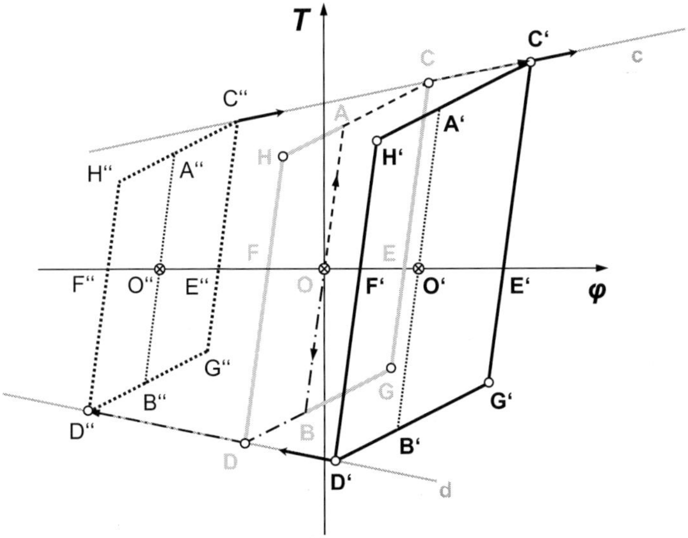

Bild 4.10: Beschreibung des torsionalen Verformungs- und Verspannungsverhaltens einer Stirn-PV mittels T-φ-Parallelogrammen

4.4 Auslegungsaspekte des torsionalen Verspannungs- und Verformungsverhaltens

4.4.1 Torsionale Anfangsverspannung aus dem Montagevorgang

Beim Anzugsvorgang der Verschraubung wird die Verbindung durch das Anzugsmoment belastet, welches sich aus dem Gewindemoment $T_{anz}^{(Gew)}$ und dem Reibmoment der Kopfauflage T_K zusammensetzt. Solange keine besonderen Anzugs- oder Abstützverfahren angewendet werden, wird das Gewindemoment über den Verschraubungsstrang, das Kopfmoment über die verspannten Teile, also die Naben, in die Welle eingeleitet. Somit erfolgt strenggenommen schon bei der Montage eine Torsionsbelastung der Verbindung.

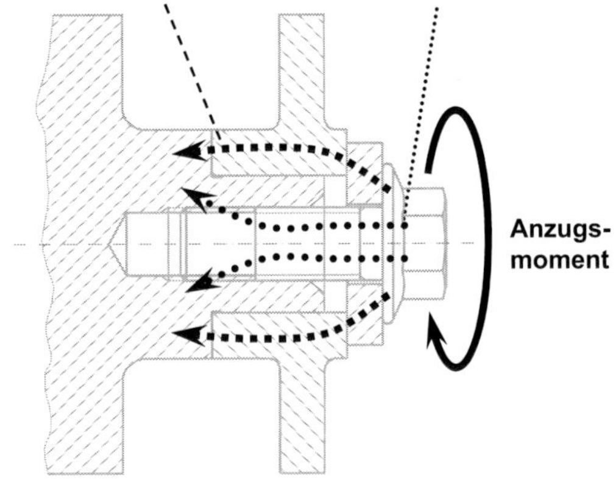

Bild 4.11: Komponentenweise Abstützung des Anzugsmomentes beim Montagevorgang

Unmittelbar am Ende des Anzugsvorgangs wird demnach der Nabenstrang um den Winkel

$$\varphi_{anz}^{(P)} = T_K \cdot \underbrace{\left(\delta_T^{(I)} + \delta_T^{(II)}\right)}_{\delta_T^{(P)}} \tag{4.57}$$

elastisch verdrillt sowie die Schraube um den Winkel

$$\varphi_{anz}^{(S)} = T_{anz}^{(Gew)} \cdot \underbrace{\delta_T^{(III)}}_{\delta_T^{(S)}} . \tag{4.58}$$

Aus diesem verformten Zustand heraus wird sich nach Wegnahme des Anzugswerkzeugs bzw. des Anzugsmomentes der Schraubenkopf – und damit gleichzeitig der Endpunkt von Naben- und Schraubenstrang – um einen Winkel $|\Delta\varphi|$ elastisch zurückdrehen. Dabei „entspannen“ sich die inneren Momente der Naben- ($T^{(P)}$) und Verschraubungsseite ($T^{(S)}$) gemäß ihren Torsions-Nachgiebigkeiten:

$$\left.\begin{aligned} T^{(P)}(\Delta\varphi) &= T_K - \frac{|\Delta\varphi|}{\delta_T^{(P)}} \\ T^{(S)}(\Delta\varphi) &= T_{anz}^{(Gew)} - \frac{|\Delta\varphi|}{\delta_T^{(S)}} \end{aligned}\right\}. \tag{4.59}$$

Schließlich stellt sich ein Momentengleichgewicht zwischen Naben- und Verschraubungsstrang ein:

$$T^{(P)}(\Delta\varphi) + T^{(S)}(\Delta\varphi) = 0. \tag{4.60}$$

Durch Kombination von (4.59) und (4.60) ergibt sich:

$$|\Delta\varphi| = \frac{T_K + T_{anz}^{(Gew)}}{\frac{1}{\delta_T^{(P)}} + \frac{1}{\delta_T^{(S)}}}. \tag{4.61}$$

Somit folgt über (4.59) ein internes Verspannungsmoment T_{int} nach Ende des Verschraubungsvorgangs und Werkzeugwegnahme von

$$\left.\begin{aligned} |T_{\text{int}}| &= \left|T^{(P)}(\Delta\varphi)\right| &&= \left|T^{(S)}(\Delta\varphi)\right| \\ &= \left|T_K - \frac{T_K + T_{anz}^{(Gew)}}{\frac{\delta_T^{(P)}}{\delta_T^{(S)}} + 1}\right| &&= \left|T_{anz}^{(Gew)} - \frac{T_K + T_{anz}^{(Gew)}}{\frac{\delta_T^{(S)}}{\delta_T^{(P)}} + 1}\right| \end{aligned}\right\}. \tag{4.62}$$

Unter der bisher zugrunde gelegten Vorzeichenkonvention (Anzugsrichtung $\hat{=}$ " >0 ") wird die Fuge im diesem Zustand durch das Moment

$$T^{(HS)} = T_K - \frac{T_K + T_{anz}^{(Gew)}}{\frac{\delta_T^{(P)}}{\delta_T^{(S)}} + 1} = \frac{T_K \cdot \left(\frac{\delta_T^{(P)}}{\delta_T^{(S)}}\right) - T_{anz}^{(Gew)}}{\frac{\delta_T^{(P)}}{\delta_T^{(S)}} + 1} = T_{\text{int}} \tag{4.63}$$

belastet, welches unter der Voraussetzung $T_{anz}^{(Gew)} \approx T_K$ (vgl. Bild 2.8) und $\delta_T^{(S)} \gg \delta_T^{(P)}$ stets kleiner als null wird. Somit wird die Fuge im neu montierten Zustand bereits entgegen der Anzugsrichtung vorbelastet. Die Schraube behält dagegen einen Teil des Gewindemomentes als „Restanzugsmoment" ($T^{(NS)} = -T_{\text{int}}$), wie für Schraubenverbindungen hinlänglich bekannt ist [KLTH07]. Die Höhe dieser inneren Verspannung T_{int} wird nach (4.63) wegen $T_{anz}^{(Gew)} \approx T_K$ offensichtlich in erster Linie durch das Steifigkeitsverhältnis von Schraube und Naben bestimmt. Unter der Annahme quasi-starrer Naben ($\delta_T^{(P)} / \delta_T^{(S)} \rightarrow 0$) bleibt das Gewindemoment nahezu vollständig als Restmoment in der Verbindung, da die Nabenseite dann kaum eine elastische Rückfederung nach der Werkzeugwegnahme zulässt. In der Verschraubungspraxis wird jedoch grundsätzlich von einer signifikanten Torsionsentlastung der Verschraubung ausgegangen, sodass selbst bei elastisch-plastisch angezogenen Schraubenverbindungen wieder eine ausreichende „Betriebsreserve" gegen weitere Plastizierung zur Verfügung steht ([JUWA84], [KLSC86], [KLTH07]). In Versuchen [KLSC88] wurde dabei eine Verminderung der Torsionsspannungen in der Schraube von durchaus bis zu 50% festgestellt.

Das Vorliegen einer inneren Verspannung nach dem Anzugsvorgang entspricht dem entlasteten Zustand nach Überlastung der Verbindung mit

$$|T| > T_A \text{ bzw. } |T| > |T_B| \tag{4.64}$$

gemäß Abschnitt 4.3.1. Wird – dieser Analogie folgend – das Rest-Anzugsmoment (4.63) als internes Verspannungsmoment gemäß (4.34) interpretiert, so kann die Verbindung als „um einen Winkel $\Delta\varphi_{\text{int}}$ verstellt" gegenüber einem torsionsspannungsfreien Ausgangszustand *O* betrachtet werden. Wiederum überlagern sich in der Folge die äußeren Belastungsanteile dem Zustand der Anfangsverspannung, weshalb bis zum erstmaligen Auftreten von Rutschbewegungen in der Primärfuge zusätzlich erst die entgegen der Anzugsrichtung wirkenden Anteile (4.63) kompensiert werden müssen. Damit ergeben sich gegenüber dem Ausgangszustand *O* andere Kurven bzw. Grenzmomente für die Erstbelastung. Dieser Zusammenhang ist in **Bild 4.12** dargestellt.

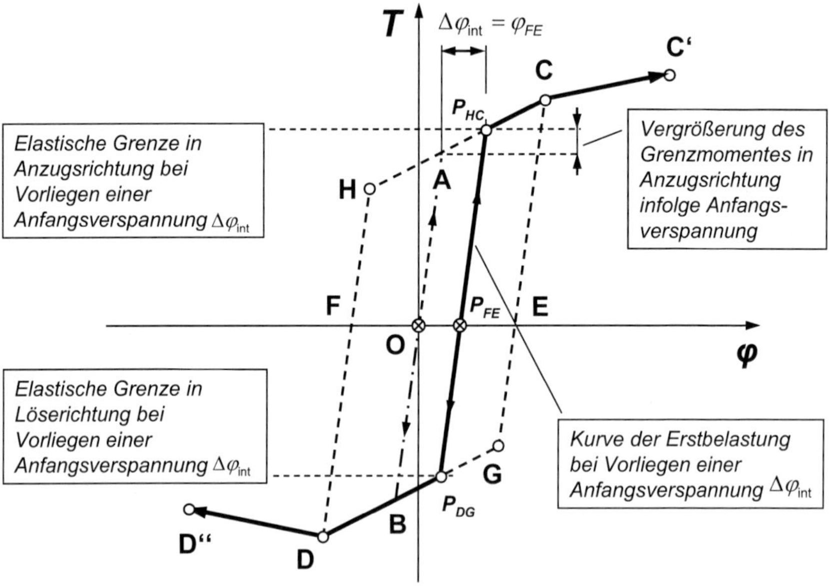

Bild 4.12: Verformungskurven für Erstbelastung bei Vorliegen einer internen Anfangsverspannung $\Delta\varphi_{\text{int}}$ (*Hinweis: Die Abszisse φ stellt für diesen Fall nicht die Absolutkoordinate bezüglich des Anfangszustandes dar!*)

Für den Zusammenhang zwischen dem fiktiven Verstellwinkel $\Delta\varphi_{\text{int}}$ $(\varphi_F \leq \Delta\varphi_{\text{int}} \leq \varphi_E)$ und einem internen Verspannungsmoment T_{int} gilt

$$\Delta\varphi_{\text{int}} = -T_{\text{int}} \cdot \delta_T^{(NS)}, \tag{4.65}$$

wobei dieser Winkel im Falle eines „Rest-Anzugsmomentes" (wegen $T_{\text{int}} < 0$, vgl. (4.63)) stets > 0 wird. Die Belastungen bis zum erstmaligen Rutschen in der Primärfuge betragen damit gemäß Bild 4.12 je nach Belastungsrichtung T_{HC} bzw. $|T_{DG}|$.

$$T_{HC} = f(T_{\text{int}}) = \frac{-T_{\text{int}} + T_R}{1 - \Phi_T} \tag{4.66}$$

$$T_{DG} = f(T_{\text{int}}) = -\frac{T_{\text{int}} + T_R}{1 - \Phi_T} \tag{4.67}$$

Die reversible Grenzbelastung erhöht sich demnach gegenüber $T_A = |T_B|$ bei Belastung in Anzugsrichtung und verringert sich um den gleichen Betrag bei Belastung entgegen dieser. Wird überschlägig angenommen, dass 50% des Gewindemomentes in der Verbindung bleiben [KLTH07] und $T_{anz}^{(Gew)}$ wiederum ungefähr die Hälfte des Gesamt-Anzugsmomentes darstellt, so kann als „Faustregel" veranschlagt werden, dass sich die Grenz-Torsionsbelastung gegenüber dem nominellen Grenzwert der Verbindung $T_A = |T_B| \approx T_R$ um 25% des Anzugsmomentes erhöht, wenn die Verbindung in Anzugsrichtung belastet wird. Entsprechend vermindert sie sich bei Belastung in Schraubenlöserichtung um den gleichen Betrag. Dieser Unterschied fällt umso höher aus, je größer das Gewindemoment und je kleiner die Rückverformung nach dem Anzugsvorgang ist.

4.4.2 Auslegungsaspekte

„Winkeltreue" Auslegung

Die bis hierher herausgearbeiteten Zusammenhänge des Verspannungs- und Verformungsverhaltens von torsionsbelasteten Stirn-PV müssen bei der Auslegung der Verbindungen berücksichtigt werden. Diesbezüglich erfordert die Praxis häufig eine „winkeltreue" Auslegung der Verbindungen, bei der keinerlei Relativbewegungen zwischen Welle und Nabe zulässig sind. Dabei bildet üblicherweise die Gleichung für das Rutschmoment der Primärfuge (bzw. der primärseitigen Fugen bei Mehrfach-Stirn-PV),

$$T_R = \mu \cdot F_K \cdot R_{eff}, \qquad ((2.10))$$

die Grundlage zur Bewertung und Bemessung der dementsprechend übertragbaren Drehmoment-Belastung. Liegt ein innerlich unverspannter (torsionsfreier) Ausgangszustand vor, so stellt dies gemäß Abschnitt 4.2.1 eine brauchbare Bemessungsgrundlage dar. Diese liegt wohlgemerkt leicht auf der sicheren Seite liegt (vgl. (4.1)), da auch die Nebenschluss-Seite zu einem geringen Anteil an der Belastungsübertragung beteiligt ist. Eine Richtungsabhängigkeit liegt in diesem Fall nicht vor – die Verbindung kann gemäß (4.26) in beiden Drehrichtungen betragsmäßig gleich belastet werden, ohne dass irreversible Winkelverstellungen auftreten.

In den meisten praktischen Fällen dürfte die Annahme eines torsionsspannungsfreien Ausgangszustandes allerdings *nicht* angemessen sein. Dies wäre strenggenommen nur bei torsionsfreien Anzugsverfahren der Fall (Abschnitt 2.1.1.3), die bei Stirn-PV bisher kaum angewendet werden. Liegt nun anzugsbedingt ein inneres Restmoment vor, so ist das elastische Grenzmoment richtungsabhängig verändert: In Anzugsrichtung kann die Verbindung demnach in etwa um den Betrag dieses Momentes höher reversibel belastet werden, in Löserichtung entsprechend weniger. Die Nutzung dieser potentiellen „Übertragungsreserve" für den erstgenannten Fall ist jedoch praktisch insofern stark eingeschränkt, als dass das Restmoment in der Realität nicht sicher quantifizierbar ist. Wenngleich experimentelle Untersuchungen vorliegen [KLSC88], die auf erhebliche Restspannungen (50..90%) hindeuten, so beziehen sich diese Aussagen auf den Zustand unmittelbar nach dem Verschraubungsvorgang. Ein Abklingen unter Langzeit-Bedingungen oder äußerer Belastung kann nicht ausgeschlossen werden, so dass die (richtungsabhängige) Wirkung (Bild 4.12) der abgeschätzten Restmomente nur bezüglich einer Abschätzung des ungünstigsten Falls (d. h. bei Belastung „in Löserichtung") in die Auslegung einbezogen werden sollte.

Zulassung begrenzter Relativverdrehungen

Werden die elastischen Grenzbelastungen überschritten, kommt es zu Rutschbewegungen in der Fuge, die jedoch nicht zum unmittelbaren Versagen der Verbindung (also dem vollständigen Aus- bzw. Abfall der Torsionsübertragung) führen: Fortan erhöht sich unter überproportionaler sowie nicht vollständig reversibler Zunahme der Verdrehung zwischen Welle und Nabe und unter entsprechender Reibarbeit[23] der Torsionsanteil in der Schraube. Das übertragene Moment steigt somit der Theorie nach zunächst weiter an. Hinsichtlich des realen Verhaltens gilt zu bedenken, dass Haft-Gleitreibungs-Übergänge jedoch auch hier schon zu einem vorübergehenden Abfall des Torsionsmomentes führen können (vgl. Bild 4.5). Bei unidirektionaler statischer, schwellender ($R = 0..1$) oder quasi-schwellender Belastung ($R \approx 0$) steht diese Erhöhung der Übertragungsfähigkeit auch in der Folge ohne weitere Relativverdrehungen zur Verfügung, die Verbindung bleibt somit „stabil". In entgegengesetzter Richtung verringert sich dagegen die elastische Grenze um den gleichen Betrag. Die zulässige „Schwingbreite" bleibt also unabhängig von der Mittellage konstant, nämlich $2 \cdot T_A = 2 \cdot |T_B|$ (vgl. (4.47)). Überschreitet die maximale Torsionsbelastung auch nur vorübergehend die elastische Grenze (T_A, T_B bzw. analog T_{HC}, T_{DG} gemäß Bild 4.12 für innere torsionale Vorspannung), so verschiebt sich die Gleichgewichtslage der Verbindung, wie dies in **Bild 4.13** veranschaulicht ist.

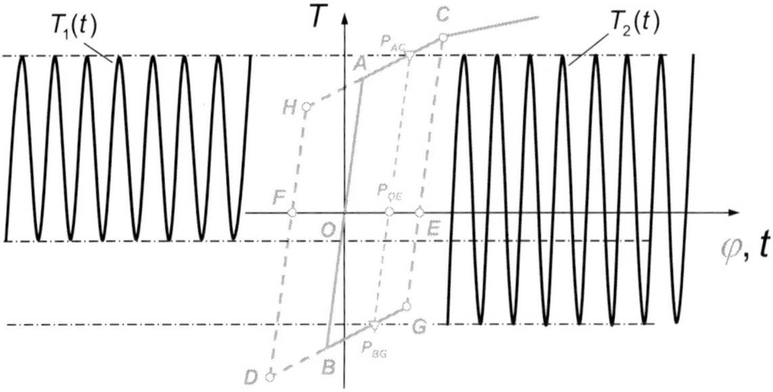

Bild 4.13: Einstellung einer neuen „elastischen Mittellage" nach dynamischer Überlastung ($T_{1,o} = T_{AC} > T_A$) mit resultierenden neuen zulässigen Ober- und Unter-Belastungen ($T_{2,o}$, $T_{2,u}$)

---

[23] Die Fläche $\int_{\varphi_A}^{\varphi_{AC}} T(\varphi)d\varphi$ im T-φ-Diagramm stellt dabei die Summe aus der Reibarbeit $W_R = T_R \cdot (\varphi_{AC} - \varphi_A)$ (dissipierte Energie) und der zusätzlichen elastischen Energie der Schraube bzw. des Nebenschlusses dar.

Die Überlastung mit T_1 (mit $T_{1,o} = T_{AC} > T_A$) „verstellt“ somit die Nabe gegenüber der Welle um den Winkel $\Delta\varphi_{OE}$ (4.34). In der Folge kann jedoch diese Belastungsfolge ohne weitere (zyklische) Rutschbewegungen übertragen werden, solange sich die Belastung innerhalb der Grenzen $T_{BG} \leq T \leq T_{AC}$ bewegt. $T_2(t)$ in Bild 4.13 repräsentiert somit den Grenzfall der rutschfreien Belastung dieser neuen, verstellten Mittellage. Diesbezüglich liegt eine gewisse Analogie zum Mikroschlupf im Nabenkantenbereich von Pressverbindungen vor, wo ebenfalls die Spannungsamplitude und nicht zunächst das Maximalspannungsniveau das Kriterium für die zyklischen Schlupfbewegungen darstellt [LEI83]. Dynamische Belastungen jenseits einer Schwingbreite von $2 \cdot T_A$ führen somit stets zu zyklischen Rutschbewegungen in der Fuge mit entsprechenden Konsequenzen, z. B. Schwingungsverschleiß mit Abfall der Schraubenkraft und daraus resultierendem Lösen der Verschraubung.

Die grundsätzliche Zulässigkeit von (temporären) Überlasten gilt zudem wohlgemerkt nur dann, wenn ein gewisser Verstellwinkel zwischen Welle und Nabe auch *funktionell* zulässig ist, was z. B. im Bereich von Ventil-, Stell- und Steuertrieben häufig nicht gegeben ist. Zudem ist zu beachten, dass neben den Konsequenzen rutschbedingter Verschleißeffekte auch das dynamische Spannungsniveau in der Verschraubung bis in den Bereich der Zeitfestigkeit ansteigen kann, was gegebenenfalls einen Ausfall der Verbindung durch einen Ermüdungsbruch der Schraube nach sich zieht.

Bei Torsion in Anzugsrichtung gelten die Aussagen zum Überlastungsverhalten sinngemäß auch noch dann, wenn das Drehmoment die Grenzbelastung im Gewinde, also den Punkt C überschreitet und sich dieser damit zum neuen „Eckpunkt“ C' entwickelt (Bild 4.10). Die Verbindung nimmt dann einen neuen, stabilen Zustand mit der neuen elastischen Mittellage E' und entsprechend erhöhter elastischer Obergrenze $T = T_{C'}$ ein. In Schraubenlöserichtung gilt dies dagegen nicht: Mit Erreichen bzw. Überschreiten des Punktes D verringert sich das übertragene Torsionsmoment. D bzw. D'' stellen somit instabile Zustände dar, die unmittelbar zum Losdrehen der Schraube führen und deswegen nicht erreicht werden dürfen. Der Grenzwert $|T_D|$, der wie T_C im Übrigen unabhängig von einer inneren torsionalen Verspannung ist, muss deshalb in der Praxis als *absolute* Maximalbelastung in Löserichtung angesehen werden.

Verhalten bei kombinierter Belastung

Bisher wurde stets von einer reinen Drehmoment-Belastung der Verbindung ausgegangen. Hierfür stellen die Rutschmomente T_R in den Fugen die maßgeblichen Belastungsgrenzen dar. Wie die weiteren Betrachtungen zeigen (Abschnitt 5.2f.), führen überlagerte Querkräfte und Biegemomente zu einer signifikanten Minderung der übertragbaren Torsionsbelastung, wobei eine Verdrehung nicht in Form eines abrupten Rutschens in der gesamten Fuge, sondern eines Mikrowanderns eintritt. Die Zusammenhänge der Belastungsumlagerung innerhalb der gesamten Verbindung und des Verstellverhaltens sind jedoch zunächst qualitativ unabhängig vom „Wirkmechanismus“ der Verdrehung und der diesbezüglichen Grenz-Torsionsbelastung einer einzelnen Fuge. Folglich lassen sich die Zusammenhänge für kombinierte Belastung prinzipiell übertragen, indem die Fugen-Grenzmomente T_R und Gewindebelastungen ($T_{anz}^{(Gew)}$, $T_{los}^{(Gew)}$), welche als maßgebliche Parameter die Grenzkurven $\boxed{HCGD}$ etc. bestimmen, durch die entsprechenden Grenzbelastungen bei kombinierter Belastung ersetzt werden. Überlagerte Querkräfte und Biegemomente haben entsprechend eine ähnliche Wirkung wie verringerte Schraubenvorspannkräfte oder Reibwerte. Es sei angemerkt, dass bezüglich $T_{anz}^{(Gew)}$ bzw. $T_{los}^{(Gew)}$ als Funktion überlagerter Querkräfte und Biegemomente trotz zahlreicher Untersuchungen im Rahmen der Problemstellung „selbsttätiges Lösen von Schrauben" noch keine gesicherten (quantitativen) Beziehungen vorliegen.

Schlussfolgerungen

Die Ausführungen in diesem Abschnitt lassen sich wie folgt zusammenfassen:

- Eine streng winkeltreue Auslegung der Verbindung ohne jegliche irreversible Relativverdrehung zwischen Wellen und Nabe(n) erfordert die Einhaltung der elastischen Grenzbelastungen. Neben Geometrie, Vorspannkraft und Reibung sind diese auch von der inneren torsionalen Verspannung infolge des Schraubenanzugsvorgangs („Rest-Anzugsmomente") abhängig, wobei diesbezüglich eine Richtungsabhängigkeit (Vergrößerung in Anzugsrichtung, Verringerung in Löserichtung) vorliegt.
- Die Belastung der Verbindung sollte vorzugsweise in Schraubenanzugsrichtung erfolgen, da hierbei zum einen ein mögliches Rest-Anzugsmoment die winkeltreue Übertragungsfähigkeit erhöht und zum anderen im Falle einer (nicht-reversiblen) Überlastung der Verbindung zumindest eine neue, stabile Gleichgewichtslage, ggf. sogar mit erhöhter Schraubenvorspannkraft (infolge Festdrehen des Gewindes) eingestellt wird. (Da praktisch häufig die Belastungsrichtung festliegt, sollte konstruktiv im Umkehrschluss die Gewindesteigung [Rechts-/Linksgewinde] dementsprechend gewählt werden.)
- Ein Überschreiten der elastischen Grenzbelastungen führt zunächst zu einem begrenzten Durchrutschen in der Fuge, wobei die Schraubenseite höher belastet wird. Damit sind jedoch i. d. R. signifikante und bei Entlastung irreversible Verdrehungen zwischen Nabe und Welle verbunden. Ab einer bestimmten Verdrehung kommt es dann zum Mitdrehen des Gewindes. In Anziehrichtung bleibt dabei die Drehmomentübertragung gewährleistet, solange die Schraube nicht überbeansprucht wird (Gewaltbruch, instabile Plastizierung). In Löserichtung der Schraube fällt die Belastungsübertragung jedoch unmittelbar ab, was einem Versagen der Verbindung gleichkommt. Unter keinen Umständen sollte deshalb die Verbindung bis in die Nähe dieses Punktes belastet werden.
- Die Ausführungen gelten für den Fall einer reinen Torsionsbelastung. Bei überlagerten Querkräften und Biegemomenten verringern sich die zulässigen Grenzbelastungen in den Fugen deutlich. Die qualitativen Zusammenhänge des Verdrehungs- und Verstellungsverhaltens gelten aber auch für den kombinierten Fall, ebenso die quantitativen Beziehungen unter Zugrundelegung der jeweiligen (dann belastungsabhängigen) Fugen- und Gewinde-Grenzwerte.

5 Belastungsübertragung in den Wirkfugen und Reibschluss-Auslegung

5.1 Elementare Belastungen

5.1.1 Vorbetrachtungen

Die kreisringförmigen, stirnseitigen Kontaktfugen stellen die Schnittstelle zwischen den verspannten Elementen und somit – im Sinne der Funktion *Verbinden* – die entscheidenden „Funktionselemente" innerhalb von Stirn-PV dar. Entsprechend kommt dem Übertragungsverhalten in diesen Fugen eine fundamentale Bedeutung zu. Insbesondere stellt die Bestimmung der übertragbaren Belastung bzw. die Bemessung einer Stirn-PV für eine bestimmte Belastung eine wesentliche Grundaufgabe der Auslegung dar, die untrennbar mit dem Beanspruchungszustand und dem Reibschlussverhalten in den Fugen infolge der Montage und der äußeren Belastung verbunden ist. Im folgenden Abschnitt soll das Verhalten von Stirn-PV diesbezüglich eingehend betrachtet werden. Ziel ist dabei letztlich, die axiale Klemmkraft (Schraubenvorspannkraft) zu bestimmen, die notwendig ist, um eine bestimmte Belastung betriebssicher, d. h. ohne makroskopische Relativbewegungen zwischen den Teilen übertragen zu können.

Wie im *Stand der Technik* (Abschnitt 1.2) dargelegt, bildet derzeit üblicherweise die Torsion die Auslegungsgrundlage, was der realen Belastungssituation in der Regel nicht gerecht wird. Gemäß den Vorbetrachtungen spielen Biegung und Querkräfte eine entscheidende Rolle bezüglich der Beanspruchung der Gesamtverbindung und somit auch bezüglich der Fugen. Wie bereits ausgeführt (Abschnitt 2.2.1), können letztere im Sinne des Balkenmodells als durch die Verbindung gelegt „Schnittflächen" betrachtet werden (Modell des ungeteilten Balkens). Damit lässt sich die Belastung in den Reibfugen in Form elementarer Schnittgrößen darstellen, deren Übertragung hier zunächst in isolierter Form betrachtet werden soll.

5.1.2 Axialkraft

5.1.2.1 Idealisierte und reale Fugendruckverteilung

Die Verspannung bei der Montage einer Stirn-PV entspricht einer unmittelbaren axialen Belastung der Fugen durch eine Längskraft, der Vorspannkraft F_V, die sich im Betriebszustand (unter Berücksichtigung von thermischen Dehnungen und Setzeffekten) als effektive Fugenklemmkraft F_K darstellt. Dieser Kraft können sich zusätzliche Anteile äußerer Längs-Belastungen F_Z überlagern. Unter Vernachlässigung der Nebenschluss-Übertragung ergibt sich folglich die Fugenkraft unter Berücksichtigung der Vorzeichenkonvention als

$$F_z = -F_K + F_Z\,. \qquad (5.1)$$

Die damit verbundenen „Längsspannungen" σ_z in der Verbindung stellen sich in den Wirkfugen als eine Flächenpressung

$$p = -\,\sigma_Z \qquad (5.2)$$

dar. Generell gilt dabei die integrale Beziehung zwischen F_z und σ_z (2.30). Der mittlere Fugendruck $\bar{p}$ setzt sich dabei aus einem Montageanteil und einer Änderung infolge der äußeren axialen Belastung zusammen:

$$\overline{p} = \overline{p}_0 + \Delta\overline{p} \quad = \quad \frac{F_K}{A} - \frac{F_Z}{A}. \tag{5.3}$$

Wegen der bei Stirn-PV allgemein sehr hohen Vorspannkräfte und in der Realität zumeist vernachlässigbaren axialen Betriebsbelastungen kann $\Delta\overline{p}$ praktisch häufig vernachlässigt werden. Im Weiteren wird überwiegend nicht zwischen $\overline{p}$ und $\overline{p}_0$ unterschieden.

In Verbindung mit dem COULOMB'schen Reibgesetz (2.15) ermöglicht der Fugendruck die Übertragung von Schubspannungen im Kontakt. Prinzipiell können sich infolge unterschiedlicher Querdehnungen der angrenzenden Bereiche bereits bei der Montage radiale Schubspannungen aufbauen. Diese sind jedoch ohne größere praktische Relevanz, da sie untereinander im Gleichgewicht stehen und sich im Betrieb analog zu Querpressverbänden [LEI83] rasch abbauen dürften.

Der mittlere Fugendruck $\overline{p}$ ist zunächst eine reine Rechengröße („Nennwert") und sagt nichts über die reale Fugendruck-Verteilung aus. In der praktischen Auslegung wird nach der Vorstellung eines homogenen Zugstabs zumeist von einer über den Querschnitt konstanten Flächenpressung ausgegangen. Wie im Folgenden gezeigt wird, kann die reale Verteilung jedoch erheblich davon abweichen. Sie hängt dabei sowohl von der makroskopischen Topologie der Verbindung als auch von Form- und Lagetoleranzen ab. In den meisten Fällen ergibt sich jedoch eine axialsymmetrische Pressungsverteilung $p = p(r)$, die nach dem Modell eines „Verspannungskörpers" einer Schraubenverbindung mit Größe und Gestalt desselben zusammenhängt.

In **Bild 5.1** sind zur Veranschaulichung des „inhomogenen" Verspannungszustandes die normierten maximalen Druckspannungen (3. Hauptspannung) der Modellvarianten *A2*, *B2* und *C2* auf Grundlage der FE-Berechnungen dargestellt. Hierbei fällt zum einen auf, dass der „Kraftfluss" innerhalb der Nabe nicht wesentlich von der Nabenform beeinflusst wird (vgl. *A2* vs. *B2/C2*). Dies kann gleichermaßen für den „Belastungsfluss" bei äußerer Belastung angenommen werden und dürfte somit die Ursache für die geringen Unterschiede in den Haupt- und Nebenschluss-Anteilen der Varianten darstellen bzw. für die Abweichungen des analytischen Modells bei der „dickwandigen" Naben-Variante *A* (vgl. Ergebnisdiskussion in Abschnitt 3.6.3).

Darüber hinaus sind deutliche Inhomogenitäten in den Übergangsregionen sowohl nahe der Schraubenkopfauflage als auch im Welle-Nabe-Kontakt erkennbar. Durch die Steifigkeitssprünge an Querschnittsübergängen sowie die Kantensingularitäten kommt es vor allem im Bereich des Innendurchmessers zu extremen, im Sinne der Elastizitätstheorie naturgemäß unendlichen Spannungsüberhöhungen. Für die Modellvarianten *A* und *C*, bei denen auch am Außendurchmesser der Primärfuge ein Fugenüberstand vorliegt, treten gleichfalls dort entsprechende Kantenpressungseffekte auf. Die Pressungsüberhöhungen werden in der Realität durch die Fließgrenze sowie die Mikrostützwirkung der Werkstoffe auf endliche Werte begrenzt. Eine elastische Finite-Elemente-Rechnung liefert somit hinsichtlich der Druckspitzen keine quantitativ verwertbaren Aussagen, wobei die absolute Höhe der lokal eng begrenzten Maxima für die Praxis ohnehin keine Relevanz besitzt.

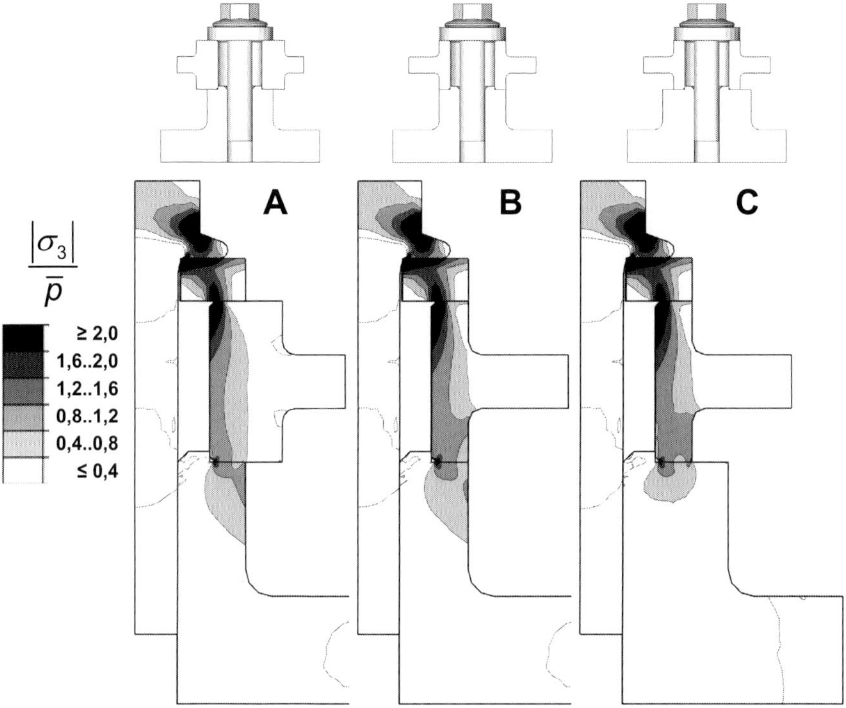

Bild 5.1: Darstellung des Verspannungszustands in Form der Verteilung der maximalen Druckspannungen (3. Hauptspannung) innerhalb der Verbindung, bezogen auf den mittleren Fugendruck der Primärfuge

Besser ersichtlich werden die Effekte bei unmittelbarer Auftragung der Flächenpressung über die Fugenbreite, wie dies in **Bild 5.2** für alle Varianten *A* bis *C* auf Grundlage der gleichen FE-Rechnungen getan ist. Bild 5.2-*(d)* vergleicht dabei die Varianten *A2/B2/C2* aus Bild 5.1. Die Fugendruck-Überhöhung am Innendurchmesser, die bei $\tilde{\rho} = 0{,}083$ (zweiter Knoten von innen) noch 30-50% gegenüber dem Nennwert $\bar{p}$ beträgt, führt aus Gleichgewichtsgründen,

$$F_K \approx -F_z = 2 \cdot \pi \cdot \int_{r=R_I}^{r=R_A} p(r) \cdot r \cdot dr = const., \tag{5.4}$$

zu einem Absinken der Flächenpressung unterhalb des Mittelwerts in anderen Bereichen. Bei der Variante B2 (stetiger Welle-Nabe-Übergang am Außendurchmesser) sinkt der Fugendruck nach außen kontinuierlich ab und erreicht an der Außenkante sein Minimum, welches nur ca. 65% des Nennwerts beträgt. Bei den Varianten *A* und *C* führt die äußere Singularität des Fugenüberstands zur Verschiebung der Minima (jeweils ca. 75% $\bar{p}$) in das Innere der Fuge.

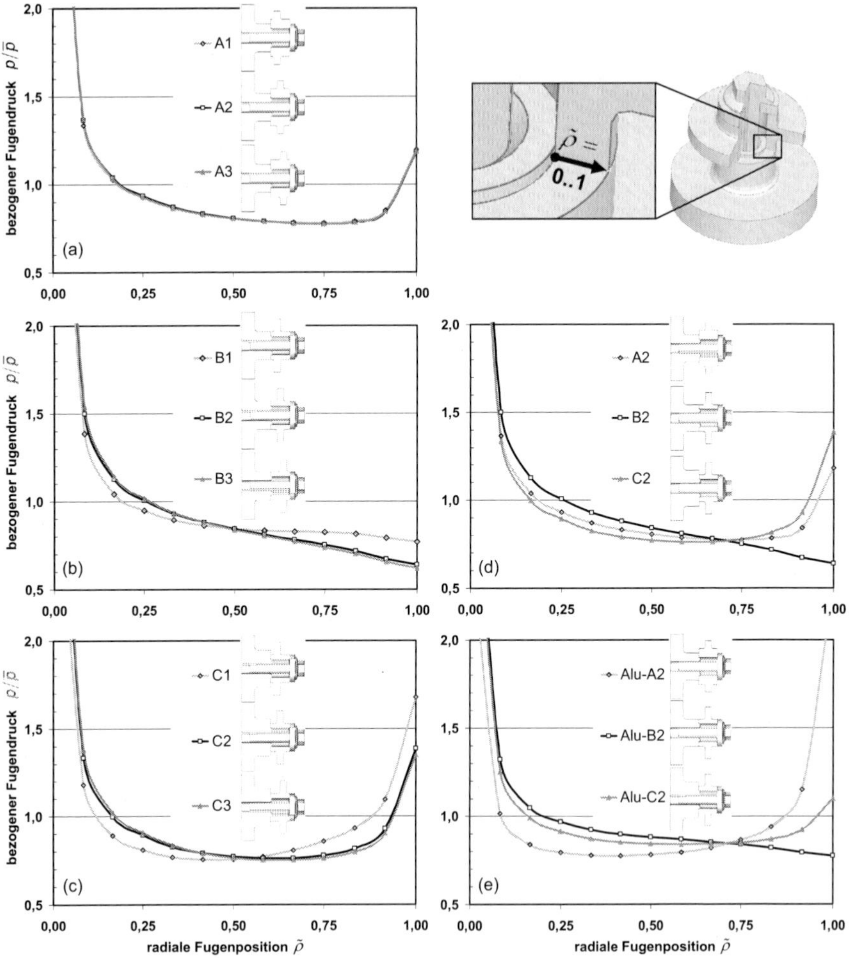

Bild 5.2: Finite-Elemente-Berechnung der realen Fugendruck-Verteilung in radialer Richtung für die Modell-Varianten A, B und C

Bild 5.2-(e) vergleicht die Varianten *A2/B2/C2* mit Naben aus Aluminium. Die größere Nachgiebigkeit – der Elastizitätsmodul beträgt nur ca. 1/3 von Stahl – führt zu einer Vergleichmäßigung der Flächenpressung, was unter anderem in einer Anhebung der jeweiligen Minima resultiert. Einen qualitativ vergleichbaren Effekt hat die Berücksichtigung plastischer Deformationen, wie stichprobenhafte FE-Simulationen zeigten.

In den Diagrammen Bild 5.2-(a-c) sind für die drei Grundvarianten A/B/C jeweils die Positionen der Lasteinleitungsflansche variiert. Sichtbare Unterschiede ergeben sich nur bei den Varianten *B* und *C*. Dort führt der wellennahe Flansch (*B1, C1*) zu einer Versteifung der Nabe im fugennahen Außenbereich, was offensichtlich zu einer gewissen Umlagerung des „Kraftflusses" und damit des Fugendrucks in diesen Bereich führt. Dieser Effekt tritt ebenso beim Stirn-PV-Modell *L* auf (**Bild 5.3**), welches sich durch eine längere Nabe sowie eine breitere Fuge ($Q_A = 0{,}6$) von den Modellen *A/B/C* unterscheidet und hinsichtlich der Fugentopologie dem Modell *B* ähnelt. Ab einem gewissen Abstand vom Kontaktbereich – als Faustregel ca. 1..2 × R_M – zeigen sich kaum noch Einflüsse von „Störungen" in der Nabengeometrie bzw. der Lasteinleitung auf die Fugendruckverteilung. Dies wird auch durch weiterführende FE-Studien bestätigt [KIE08]. Analog zu *A/B/C* wird beim Modell *L* die homogenisierende Wirkung einer werkstofflich weicheren Nabe ersichtlich. Dabei wirkt sich allerdings die fugennahe Versteifung durch den Flansch bei der Aluminium-Nabe deutlich stärker aus als bei der Stahl-Variante und führt dort zu einer singularitätsartigen Überhöhung des Fugendrucks im Außenbereich (Variante *L1*).

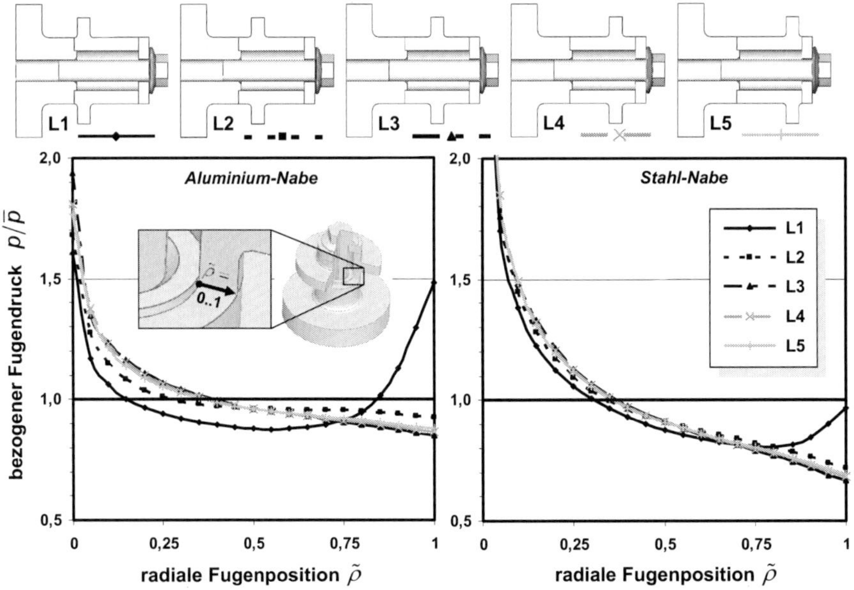

Bild 5.3: Reale Fugendruck-Verteilung in radialer Richtung am Beispiel der Modell-Varianten L1..L5 auf Grundlage der FE-Berechnungen

Abschließend sei betont, dass die anhand der Modellbeispiele angestellten FE-Analysen nur exemplarischen Charakter besitzen. Eine quantitative Übertragung der Ergebnisse scheidet aus, da – wie die Beispiele zeigen – die Pressungsverteilung von zum Teil sehr speziellen Details der realen Topologie einer Stirn-PV abhängt. Eine genaue Bestimmung der Fugendruck-Verteilung in einer realen Konstruktion ist deshalb nur mittels FE-Analyse möglich. Zusammenfassend lassen sich jedoch einige allgemeingültige qualitative Aspekte festhalten und interpretieren:

- Eine homogene Verteilung der Flächenpressung kann in den meisten praktischen Fällen nicht vorausgesetzt werden. Die reale Fugendruckverteilung hängt sowohl vom Verspannungs-„Fluss“ innerhalb der Gesamtverbindung, als auch von der konkreten Beeinflussung durch die fugennahe Gestaltung ab.
- Überstände in den Kontaktbereichen führen zu Steifigkeitssprüngen und Kantenpressungseffekten, die in einer Überhöhung der Pressung in diesen Regionen resultieren. Diese „Singularitätsstellen“ sind allein mit elastischen FE-Modellen nicht absolut auswertbar; sie sind aufgrund der engen lokalen Begrenzung jedoch auch ohne größere praktische Relevanz.
- Stetige Kantenübergänge (d. h. Fugenränder ohne Durchmessersprung zwischen den Teilen) stellen keine Singularitätsstellen im eigentlichen Sinne dar. Dennoch kann – je nach Topologie der angrenzenden Bereiche – eine Überhöhung der Pressung auftreten.
- Mit einer lokalen Überhöhung des Fugendrucks verbunden ist eine Verminderung der Pressung in anderen Bereichen. Die Verminderung kann ohne weiteres Größenordnungen von bis zu 50% gegenüber dem Nennwert $\overline{p}$ annehmen. Am Außendurchmesser ist sie besonders dann ausgeprägt, wenn kein Fugenüberstand vorliegt und der Kraftfluss der Verspannung im Innenbereich der Nabe konzentriert ist.
- Angesichts der Tatsache, dass der Fugendruck über das COULOMB'sche Reibgesetz stets mit der lokal übertragbaren Schubspannung (Schlupfgrenze) korreliert und eine Überhöhung in den Kantenbereichen zudem einen „Schutz“ hinsichtlich des Fugenklaffens und des Eindringens von Umgebungsmedien (Öl etc.) in die Fuge darstellt, sind Pressungsüberhöhung an den Kanten als durchaus vorteilhaft anzusehen. Dementsprechend sollte bei Stirn-PV ein Fugenüberstand angestrebt werden, zumal die Höhe des Minimums dabei offensichtlich ebenfalls leicht angehoben wird. (Die Varianten *B* bzw. *L* stellen so gesehen die ungünstigsten Varianten dar.)
- Aus Sichtweise der Zylinderpressverbindungen vermindern Pressungsspitzen die Schlupfbewegungen in den Kantenbereichen und die damit verbundene Reibdauerermüdung; die Problemstellung der Gestaltfestigkeit ist bei Stirn-PV jedoch in diesem Bereich nicht gegeben.
- „Weichere“ Bauteile – zum Beispiel infolge eines niedrigeren E-Moduls – führen zu einer Homogenisierung der Flächenpressung. Gleiches gilt für den Fall plastischer Verformungen.
- Der Einfluss der Lasteinleitung oder geometrischer Details, die die „Homogenität“ des Kraftflusses stören, können als weitgehend abgeklungen betrachtet werden, wenn die betreffende Stelle ca. 1-2 × R_M von der Fuge entfernt liegt. Unter diesen Voraussetzungen ist auch davon auszugehen, dass sich eine zusätzliche *äußere* axiale Belastung (F_Z) etwa in gleicher Weise radial über die Fuge verteilt, wie der Anteil des Fugendrucks, der aus der Montagevorspannung resultiert.

5.1.2.2 Einfluss nicht-ebener Kontaktflächen

Während den bisherigen Betrachtungen die Annahme ebener Stirnflächen zugrunde lag, treten in der Realität Formabweichungen auf, die zu Abweichungen von derart idealen Kontaktbedingungen führen. In der Praxis spielen fertigungsbedingt vor allem rein axialsymmetrische Ebenheitsabweichungen in Form einer radialen Steigung eine Rolle, welche sich beispielsweise durch einen Winkelfehler beim Plandrehen der Stirnflächen ergibt [FVV820]. Bei der stirnseitigen Paarung der Kontaktkörper äußert sich dies in einem radialen Spalt, der durch den Winkel γ beschrieben werden kann und welcher sich gemäß **Bild 5.4** aus den Teil-Winkelfehlern der gepaarten Oberflächen ergibt:

$$\gamma_{ges} = \gamma_1 + \gamma_2 \,. \qquad (5.5)$$

Je nach Größe und Orientierung der Winkelfehler ergibt sich eine äußere Anlage mit einem Innenspalt wie in Bild 5.4 oder aber eine innere Anlage (Außenspalt). Der Sachverhalt ähnelt dabei der Problematik der oberen bzw. unteren Anlage bei Kegel-PV (Bild 2.10).

Es ist leicht einzusehen, dass es beim Aufbringen der Vorspannkraft zur Verformung der Kontaktbereiche und schließlich – bei hinreichend großer Kraft – zum vollständigen Schließen des Spalts kommt. Dabei liegt nahe, dass die Teile (bzw. die Stirnflächen) in der Praxis so toleriert werden sollten, dass stets einen äußere Anlage vorliegt und dass der Spalt bei der Verspannung komplett geschlossen wird.

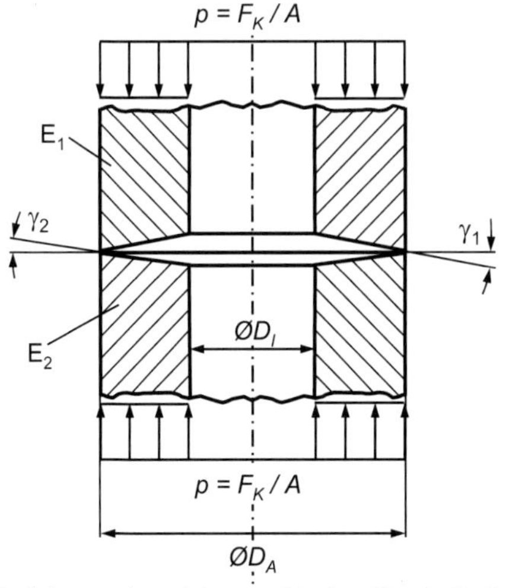

Bild 5.4: Idealisierung der axialsymmetrischen Ebenheitsabweichung im Kontakt einer Stirn-PV

Zur Untersuchung des Schließverhaltens wurden Finite-Elemente-Analysen an idealisierten Stirn-PV durchgeführt: Die Körper wurden dabei gemäß Bild 5.4 als konforme Hohlzylinder (Länge $\approx 2 \times D_A$) in stirnseitigem Kontakt mit um γ „angestellten" Kontaktflächen abgebildet. In den Studien anhand axialsymmetrischer FE-Modelle wurden dabei neben γ_{ges} und dessen Aufteilung (γ_1, γ_2) das Durchmesserverhältnis Q_A der Kontakt- bzw. Querschnittsfläche sowie die E-Moduli (E_1, E_2) der beiden Körper variiert. Es zeigte sich, dass das Schließverhalten des Kontaktes für kleine Winkelfehler ($\gamma < 1°$) allgemein wie folgt beschrieben werden kann (vgl. **Bild 5.5**):

Mit langsamer Steigerung der axialen Belastung – beschrieben durch den mittleren Fugendruck $\bar{p} = F_K / A$ – beginnt sich der Spalt von der Seite der Anlage aus zu schließen. Im bereits geschlossenen Bereich stellt sich dabei in guter Näherung eine lineare Pressungsverteilung ein (Bild 5.5, links). Bei einem bestimmten Grenzwert von $\bar{p}$, im Weiteren als Schließdruck $\bar{p}_C$ bezeichnet, ist der Spalt vollständig geschlossen: Auf der Spaltseite erreicht die Pressung dann gerade den Wert null, auf der Anlageseite stellt sich ein Maximum ein (Bild 5.5, Mitte). Dazwischen liegt weiterhin eine annähernd lineare Verteilung vor. Für eine äußere Anlage ergibt sich in diesem Zustand eine Pressung am Außendurchmesser von

$$p_C^{(A)} = p_C(D_A) \approx \bar{p}_C \cdot \frac{3 \cdot (Q_A + 1)}{Q_A + 2} \tag{5.6}$$

und für den Fall einer inneren Anlage ein Maximalwert von

$$p_C^{(I)} = p_C(D_I) \approx \bar{p}_C \cdot \frac{3 \cdot (Q_A + 1)}{2 \cdot Q_A + 1}. \tag{5.7}$$

In erster Näherung (exakt für $Q_A \to 1$) sind die jeweiligen Maximaldrücke doppelt so hoch wie der Mittelwert $\bar{p}_C$.

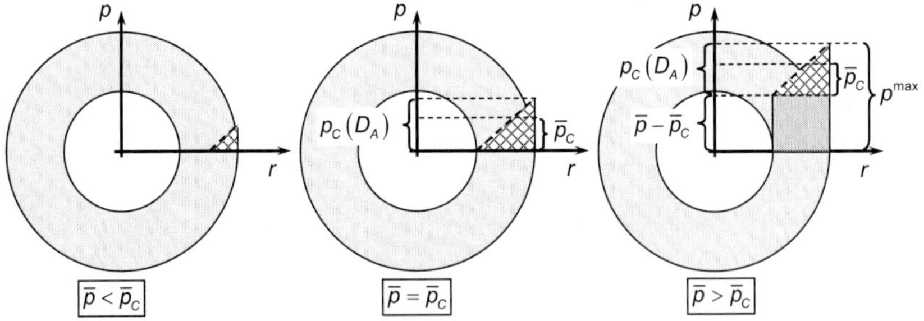

Bild 5.5: Entwicklung der Fugendruckverteilung beim Schließen eines Spalts mit äußerer Anlage durch eine axiale Belastung $\bar{p} = F_K / A$

Wird die axiale Belastung weiter gesteigert ($\bar{p} > \bar{p}_C$), so verteilt sich dieser Zuwachs homogen über den Querschnitt; die „Dreiecksverteilung" des Zustands $\bar{p} = \bar{p}_C$ wird gewissermaßen „nach oben" verschoben (Bild 5.5, rechts). Der maximale Fugendruck beträgt bei äußerer Anlage somit

$$p_{\max}^{(A)} \approx \bar{p}_C \cdot \frac{3 \cdot (Q_A + 1)}{Q_A + 2} + (\bar{p} - \bar{p}_C) \tag{5.8}$$

und bei innerer Anlage

$$p_{\max}^{(I)} \approx \bar{p}_C \cdot \frac{3 \cdot (Q_A + 1)}{2 \cdot Q_A + 1} + (\bar{p} - \bar{p}_C). \tag{5.9}$$

Die (lineare) Fugendruckverteilung ist demnach für einen vollständig geschlossenen Spalt allein aus der axialen Belastung $\bar{p}$ und dem Schließdruck $\bar{p}_C$ als „Systemgröße" berechenbar. Hinsichtlich des Schließdrucks $\bar{p}_C$ lässt sich auf Basis der FE-Studien feststellen, dass dieser nur vom Winkelfehler γ_{ges}, dem Durchmesserverhältnis Q_A sowie den E-Moduli der Körper abhängig ist. Die Aufteilung von γ_{ges} zwischen beiden Kontaktkörpern ist – weiterhin kleine Winkelfehler vorausgesetzt – nicht relevant, ebenso wenig die Position der Anlage (innen oder außen). Es besteht ein linearer Zusammenhang zwischen dem Betrag des Winkelfehlers und dem Schließdruck. Gleichermaßen gilt eine Proportionalität zwischen $\bar{p}_C$ und dem nach den Beziehungen der Kontaktmechanik gemittelten („effektiven") E-Modul der beiden Körper:

$$E_{eff} = \frac{2}{\dfrac{1}{E_1} + \dfrac{1}{E_2}}. \tag{5.10}$$

Es verbleibt eine nichtlineare Beziehung $f_p(Q_A)$ zwischen dem Schließdruck und dem Durchmesserverhältnis. Zusammengefasst lässt sich die Berechnung von $\bar{p}_C$ damit wie folgt darstellen:

$$\bar{p}_C = f_p(Q_A) \cdot E_{eff} \cdot \gamma_{ges}. \tag{5.11}$$

Der funktionelle Zusammenhang $f_p(Q_A)$, der durch entsprechende FE-Variantenrechnungen ermittelt wurde, ist in **Bild 5.6** dargestellt. Für den praktisch interessanten Bereich $0{,}6 \le Q_A \le 0{,}8$ lässt sich $f_p(Q_A)$ mit sehr guter Genauigkeit in linearer Form approximieren. Wird γ_{ges} in der Beziehung (5.11) in Grad [°] angegeben, so lautet diese Geradengleichung:

$$f_p(Q_A) = \frac{-7{,}28 \cdot 10^{-3} \cdot Q_A + 8{,}64 \cdot 10^{-3}}{1°}. \tag{5.12}$$

Darauf aufbauend kann nunmehr das Schließverhalten für eine gegebene Geometrie berechnet werden. Wird exemplarisch von einer Fugengeometrie der Varianten *A/B/C* ausgegangen ($D_I / D_A = 30\text{ mm} / 42\text{ mm} = 0{,}714$) und eine Spalthöhe von 12 µm angenommen (die Anlageposition spielt zunächst keine Rolle), so ergibt sich ein Winkelfehler von

$$\gamma_{ges} = \arctan\left(\frac{0{,}012 \cdot 2}{42 - 30}\right) = 0{,}1146°. \tag{5.13}$$

Für f_p folgt mit (5.12)

$$f_p(Q_A = 0{,}714) = 3{,}442 \cdot 10^{-3},$$

so dass sich mit dem E-Modul von Stahl ($E_{eff} = 210'000\text{ N/mm}^2$) nach (5.11) ein Schließdruck von

$$\bar{p}_C \approx 83\text{ MPa}$$

ergibt. Bei einem mittleren Fugendruck von $\bar{p} = 200\text{ MPa}$ ($F_K = 135{,}7\text{ kN}$) folgt somit eine radial lineare Verteilung der Flächenpressung mit einem minimalen Wert auf Seite des ursprünglichen Spaltes in Höhe von

$$\bar{p} - \bar{p}_C = (200 - 83)\text{ MPa} = 117\text{ MPa}.$$

Auf Seite der Anlage ergibt sich nach (5.8) bzw. (5.9) die Maxima in Höhe von

$$p_{max}^{(A)} \approx 274\text{ MPa}$$

am Außendurchmesser bei äußerer Anlage oder aber

$$p_{max}^{(I)} \approx 293\text{ MPa}$$

am Innendurchmesser im Falle einer inneren Anlage. In brauchbarer Näherung liegt der Fugendruck auf der Anlageseite um den Schließdruck $\overline{p}_C$ über dem Nennwert $\overline{p}$ und auf der Spaltseite um den gleichen Betrag darunter.

Es sei abschließend noch einmal darauf hingewiesen, dass den Beziehungen das Idealmodell zweier geometrisch konformer Hohlzylinder zugrunde liegt. Bei realen Ausführungen überlagern sich die Effekte mit den übrigen Einflüssen auf die Fugendruckverteilung, wie diese im vorangegangenen Abschnitt dargestellt wurden. Dennoch kann das Modell zur einfachen Abschätzung der Wirkung von Geometriefehlern bzw. im Umkehrschluss – unter Maßgabe zulässiger Flächenpressungen und der Forderung nach vollständig geschlossenen Kontakten – zur Festlegung und Eingrenzung der Formtoleranzen der gepaarten Stirnflächen herangezogen werden.

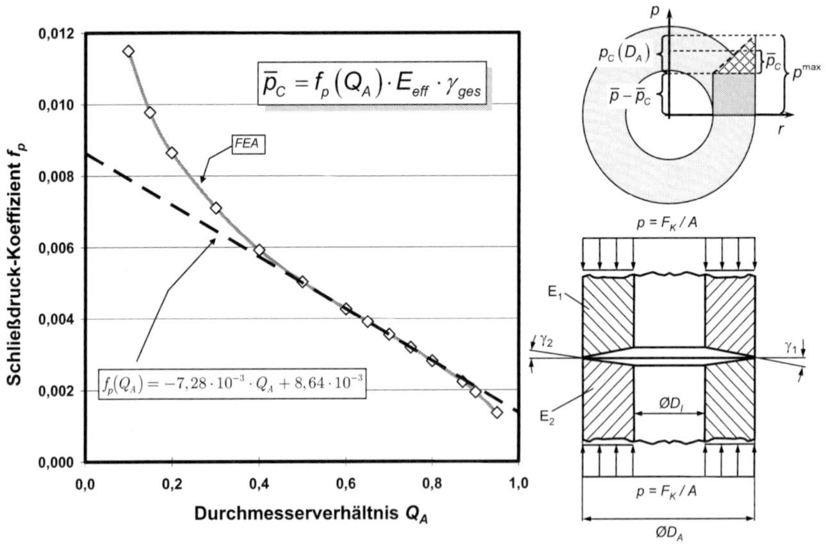

Bild 5.6: Beschreibung des Schließverhaltens einer idealisierten Stirn-PV mit linearem Kontaktspalt

5.1.3 Biegung

5.1.3.1 Fugendruck-Verteilung

Ausgehend vom Balkenmodell einer Stirn-PV folgt, dass eine Biegebelastung in der Verbindung auf die Axialspannungen in der Struktur und somit auf den Fugendruck wirkt. Hinsichtlich eines „Übertragungsmechanismus" in Stirn-PV kann diesbezüglich von einer rein formschlüssigen Biegemomentenübertragung gesprochen werden – im Gegensatz etwa zu Zylinder-PV, wo i. d. R. 50-90% der Biegung reibschlüssig übertragen werden [SME01].

Gemäß der Modellvorstellung des idealen ungeteilten Balkens mit Ringquerschnitt kann dabei in elastizitätstheoretisch exakter Weise (Abschnitt 2.2.4) von einer linearen Verteilung der

Biegespannungen ausgegangen werden (2.35). Bezogen auf die Fuge als Schnittfläche durch den Balken bedeutet dies im Zuge der Überlagerung mit der axialen Vorspannung eine lineare Veränderung der Flächenpressung Δp_B:

$$\Delta p_B(\overline{x}_B, \overline{y}_B) = -\frac{M_B}{J} \cdot \overline{y}_B . \tag{5.14}$$

Auf der „Druckseite“ kommt es zu einer Erhöhung des Fugendrucks, auf der „Zugseite“ zu einer Verminderung um den gleichen Betrag; die maximale betragsmäßige Änderung Δp_B in der Randfaser entspricht der Biegenennspannung (2.36):

$$\Delta p_B^{max} = \sigma_B = \frac{M_B}{J} \cdot \frac{D_A}{2} \tag{5.15}$$

Da das Integral des Fugendrucks (2.30) konstant bleibt, kann auch von einer Pressungs-„Umlagerung“ gesprochen werden. In Polar- bzw. Zylinderkoordinaten stellt sich diese, bezogen auf die Umfangskoordinate, als eine sinusförmige Modulation des Fugendrucks dar (vgl. Bild 5.10). Es gilt – unter Überlagerung des mittleren Montagefugendrucks – im Biegehauptachsensystem die Beziehung

$$p(r, \varphi_B) = \overline{p} - \frac{M_B}{J} \cdot r \cdot \sin\varphi_B . \tag{5.16}$$

Die Fugendruck-Änderung entlang radialer Schnitte ($\varphi = const.$) ist umso geringer, je kleiner die Breite der Fuge ist. Ausgehend vom dünnwandigen Modell ergibt sich folglich die Näerhungsbeziehung (vgl. (2.55))

$$p(\varphi_B) = \frac{F_K}{A} - \frac{2 \cdot M_B}{A \cdot R_M} \cdot \sin\varphi_B . \tag{5.17}$$

Hinsichtlich der Beanspruchung und Auslegung von Stirn-PV-Fugen sind bei Biegebelastung folgende wesentliche Aspekte zu bedenken:

- In Stirn-PV wird die Biegung in vielen Fällen durch raumfeste Querkräfte hervorgerufen, was im Zuge der Drehung der Welle zu einer „rotierenden“, d.h. dynamischen Umlagerung bezogen auf die Fuge führt.
- Die einseitige (und im Falle von Umlaufbiegung dann umlaufende) Erhöhung des Fugendrucks auf der Biegedruckseite kann dazu führen, dass im Betrieb zulässige Grenzflächenpressungen ([VDI2230], [ArBa06]) überschritten werden. Dies kann entsprechende Setzerscheinungen in der Verbindung und damit einen Vorspannkraft-Verlust der Schraube nach sich ziehen. In der Auslegung sollte deshalb die Nachrechnung auf Überschreiten der Grenzflächenpressung *unter Berücksichtigung der Biegung* erfolgen:

$$p = f(F_K, M_B) \quad \leq \quad p_{zul} \tag{5.18}$$

- Die Verringerung des Fugendrucks auf der Biegezugseite führt nach dem Coulomb'schen Reibgesetz zu einer lokalen Verminderung der übertragbaren Schubspannung τ_μ. (Auf der Druckseite erhöht sich $\tau_\mu = \mu \cdot p$ dementsprechend.) Die Konsequenzen für die Übertragung gleichzeitiger Torsions- und Querkraft-Belastungen werden weiter später eingehend betrachtet.
- Ab einer gewissen Biegebelastung ist die zugseitige Verminderung der Flächenpressung so groß, dass dort der Montage-Fugendruck null wird. Es kommt in diesem Fall zum Klaffen der Fuge, was im Folgenden betrachtet wird.

5.1.3.2 Klaffen der Pressfuge

„Klaffen“ lässt sich als der Zustand definieren, bei dem der Fugendruck infolge einer äußeren Belastung in einem bestimmten Bereich der Fuge vollständig aufgehoben wird, sich der Kontakt also lokal öffnet. Für biegebelastete Stirn-PV-Fugen kann nach dem Balkenmodell das entsprechende Grenzmoment, im Weiteren *theoretisches Klaff-Biegemoment* $M_{K,th}$ genannt, bei dem der Fugendruck gerade an einem Punkt aufgehoben wird, durch Nullsetzen und Auflösen der Gleichung (5.16) berechnet werden. Es folgt für die Randfaser der Zugseite:

$$M_{K,th} = \bar{p} \cdot \frac{J}{R_A} = \bar{p} \cdot D_A^3 \cdot \frac{\pi}{32} \cdot \left(1 - Q_A^4\right) \tag{5.19}$$

In naheliegender Weise erhöht sich das Klaffmoment demnach mit der Montage-Vorspannung und dem Außendurchmesser der Fuge.

In **Bild 5.7** sind die Verteilung (oben) und die Veränderung des Fugendrucks (unten) in radialer Richtung auf der Zugseite ($\varphi_B = 90°$) für verschiedene Biege-Belastungen dargestellt (Modell *B2*; reine, d.h. querkraftfreie Biegung).

Für $M_B = 0$ entspricht die Ausgangsverteilung zunächst wieder der inhomogenen Verteilung gemäß Bild 5.2b/d. Die Pressung reduziert sich sukzessive mit zunehmendem Biegemoment, wobei Verminderung (Bild 5.7 unten) allerdings nur ansatzweise als „nach außen linear ansteigend“ gemäß dem Balkenmodells (5.14) zu charakterisieren ist. Die größte Verminderung tritt an der Singularitätsstelle am Innendurchmesser auf. Infolge des bei $\tilde{\rho} = 1$ auf $\approx 65\%$ von $\bar{p}$ reduzierten Montage-Flächenpressung tritt an dieser Stelle ein Klaffen bereits deutlich unterhalb der theoretischen Klaffbelastung (5.19) auf, die im konkreten Fall (Variante *B2*, $\bar{p} =$ 200 MPa) $M_{K,th} \approx$ 1'076 Nm beträgt. In der FE-Simulation kommt es dagegen bereits zwischen 70% und 80% von $M_{K,th}$ zur lokalen Aufhebung des Fugendrucks. Dabei ist zusätzlich zu berücksichtigen, dass das tatsächliche Biegemoment in der Fuge infolge des Nebenschluss-Anteils um ca. 4% niedriger liegt als die äußere Belastung. Die reale Klaff-Grenzbelastung in Form des numerisch ermittelten Wertes $M_{K,FEA}$ ist folglich gegenüber dem theoretischen Wert $M_{K,th}$ in etwa gleicher Größenordnung reduziert wie der reale minimale Fugendruck gegenüber $\bar{p}$.

Aus den Diagrammen in Bild 5.7 lässt neben dem Klaffbeginn auch die Breite der Klaffzone herauslesen. Bei der theoretischen Klaffbelastung $M_B = M_{K,th}$ erstreckt sich diese bereits über mehr als die Hälfte der Fugenbreite. Noch besser ist die Entwicklung der Klaffzone in **Bild 5.8** zu erkennen: Oberhalb von 130% $M_{K,th}$ ergibt sich ein *fugenbreiter* Bereich, in dem die Flächenpressung vollständig aufgehoben ist. Bei 200% von $M_{K,th}$ umfasst dieses Gebiet etwa die Hälfte der gesamten Kontaktfläche.

Mit Überschreiten des Grenzzustandes $M_B = M_{K,th}$ gelten die Annahmen der Balkentheorie (ebenbleibende Querschnitte bzw. lineare Spannungsverteilung) nicht mehr streng, so dass etwa eine Berechnung des Klaffmomentes für das Innere der Fuge bzw. für die Größe der Klaffzone nach der Herangehensweise gemäß (5.19) (Nullsetzen des Fugendrucks für die betreffende Stelle) a priori nur eine Näherung darstellt. Das Beispiel *B2* (Bild 5.8) zeigt dementgegen aber, dass die Vorhersage des fugenbreiten Klaffens unter Umständen genauer sein kann als der Klaffbeginn: Nullsetzen von (5.16) für den Innendurchmesser liefert hier ein Biegemoment von $\approx$ 1'506 Nm (140% von $M_{K,th}$) und damit etwa die Belastung, bei der gemäß Bild 5.7 und Bild 5.8 ein vollständiges Klaffen erreicht wird.

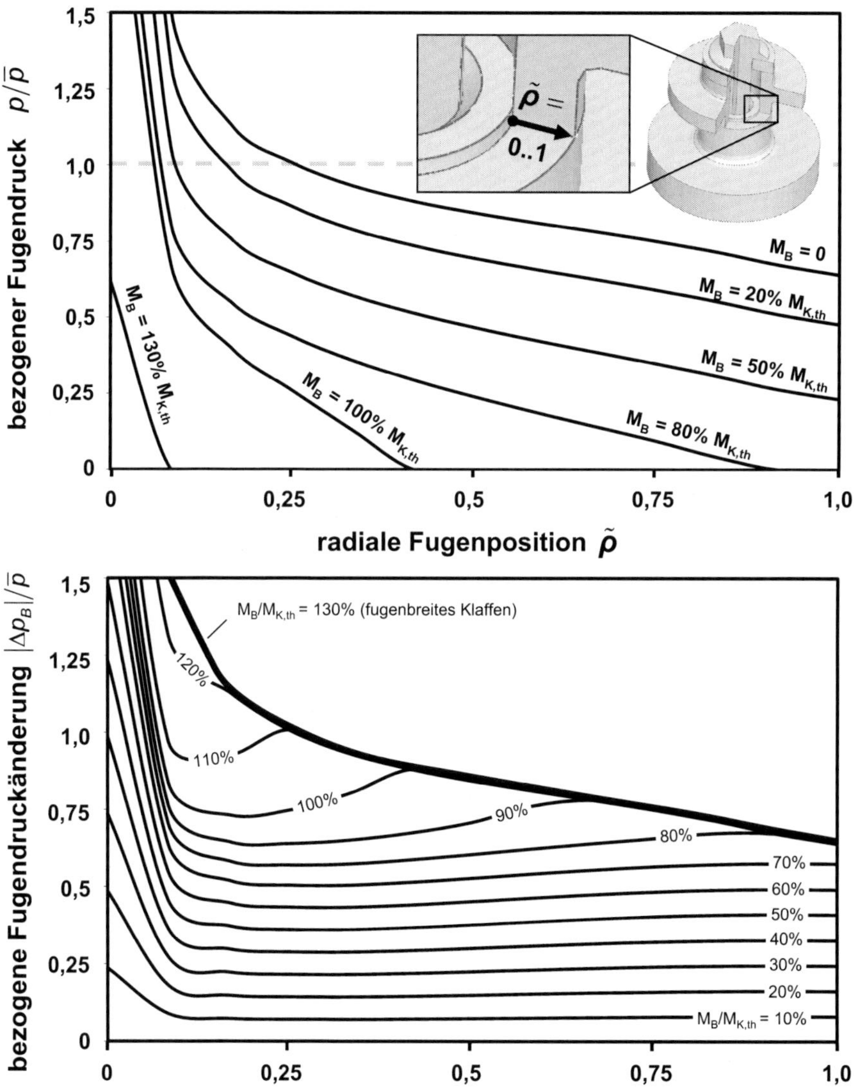

Bild 5.7: Änderung des Fugendrucks auf der Zugseite einer biegebelasteten Stirn-PV (Modell-Variante B2)

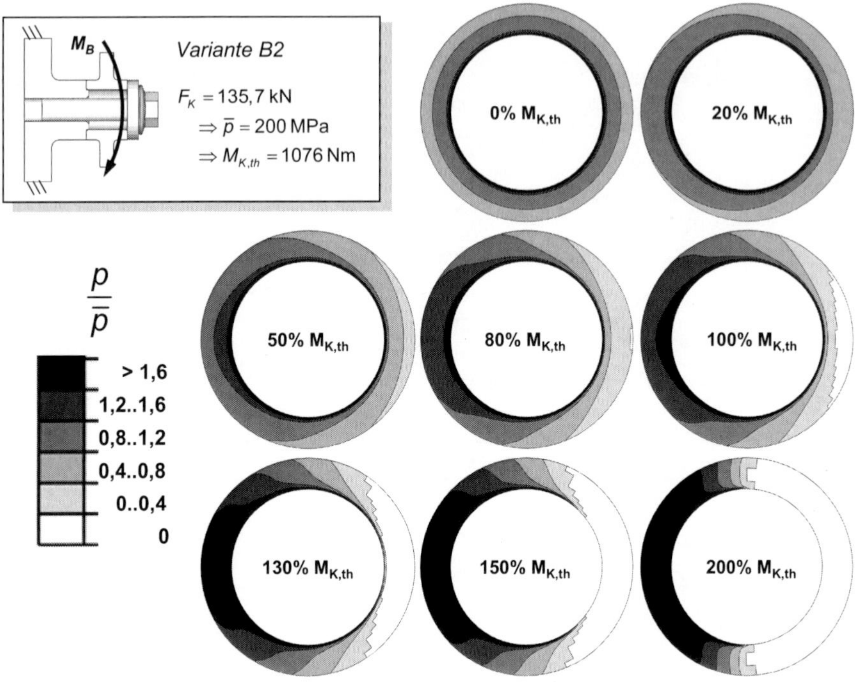

Bild 5.8: Finite-Elemente-Analyse (Modell-Variante *B2*): Umlagerung des Fugendrucks und Klaffen der Trennfuge bei Biegebelastung der Stirn-PV

Bezüglich der reibschlüssigen Belastungsübertragung bedeutet Klaffen, dass im entsprechenden Bereich keinerlei Schubspannungen übertragen werden und somit (lokale) Relativbewegungen uneingeschränkt stattfinden können. Der Effekt lokaler Relativbewegungen wird später noch ausführlich betrachtet. Darüber hinaus ermöglicht ein „Öffnen" der Fuge das Eindringen von Umgebungsmedien (Öl, Sauerstoff, etc.) und gefährdet durch die damit verbundenen Effekte (Reibwert-Reduzierung, Korrosion etc.) die Übertragungssicherheit. Ungeachtet dessen geht mit dem Klaffen eine entsprechend hohe Biegebeanspruchung der Schraube einher (Nebenschluss-Biegung). Diesbezüglich zeigt **Bild 5.9**, dass es mit Überschreiten der Klaffgrenze – der Darstellung in Bild 5.9 ist die reale bzw. FE-ermittelte Grenzbelastung zugrunde gelegt – auch zu einer stark progressiven axialen Zusatzbeanspruchung kommt. Ein Klaffen stellt sich auch aus diesem Grund als potentiell schädlich für die Verbindung dar. Auf diesen Umstand wird unter anderem auch in [VDI2230] hingewiesen und ein entsprechendes Berechnungsverfahren dargelegt.

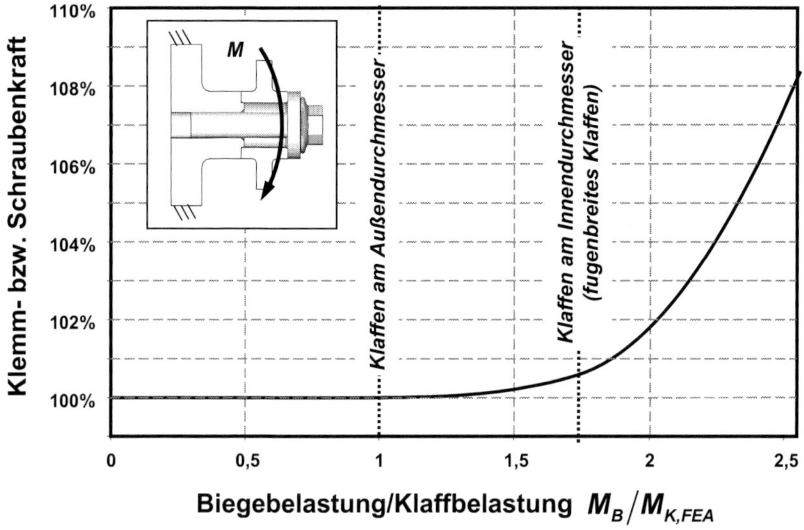

Bild 5.9: Zunahme der Schraubenkraft oberhalb der Klaffbelastung am Beispiel der Variante *B2* bei ≈ 136 kN Vorspannkraft (entspricht $\bar{p}$ = *200 MPa*)

Zusammenfassend kann festgehalten werden, dass die lokale Aufhebung des Fugendrucks und damit ein Klaffen der Fuge bei der Auslegung der Verbindung von vornherein und unter Maßgabe der maximal (ggf. nur statisch bzw. einmalig) auftretenden Belastung ausgeschlossen werden sollte. Das Balkenmodell liefert dafür eine brauchbare Berechnungsgrundlage, die allerdings aufgrund der zumeist nicht exakt bekannten Fugendruckverteilung (Abschnitt 5.1.2) eine begrenzte Genauigkeit in lokaler Hinsicht hat. Einer Auslegung sollte deshalb immer eine verfahrensbedingte Mindestsicherheit gegen Klaffen von

$$S_{K,\min} = 2 \tag{5.20}$$

zugrunde gelegt werden. Eine technisch ausreichende Beschreibung der biegungsbedingten Fugendruckumlagerung, die neben dem Klaffen auch die Reduzierung der lokal übertragbaren Schubspannungen beschreibt, ist deshalb auch mit dem „dünnwandigen“ Fugenmodell (vgl. (5.17)) möglich. In **Bild 5.10** ist die entsprechende sinusförmige Verteilung nach diesem Ansatz der Verteilung gemäß FEA gegenüber gestellt, wobei die praktisch akzeptable Genauigkeit deutlich wird. Das Klaffmoment auf Basis von (5.17) berechnet sich nach der sehr einfachen Beziehung

$$M_{K,dünn} = F_K \cdot \frac{R_M}{2}. \tag{5.21}$$

Gemäß dieser Modellvorstellung – konstante Verhältnisse in radialer Richtung – entspricht diese Belastung einer vollständigen Aufhebung der Flächenpressung auf der Biegezugseite über die gesamte Fugenbreite. Für die Variante *B2* ergibt sich

$$M_{K,dünn} \approx 1'221\,\text{Nm} \approx 1{,}14 \cdot M_{K,th} \approx 1{,}45 \cdot M_{K,FEA},$$

was ohne Weiteres vom Rahmen der oben geforderten Mindestsicherheit (5.20) abgedeckt wird.

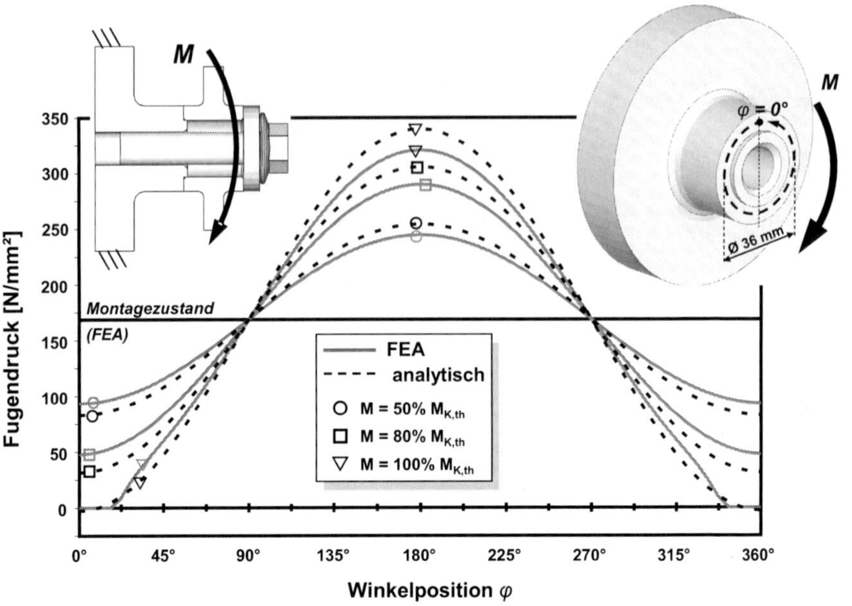

Bild 5.10: „Modulation" des Fugendrucks im Umfangsrichtung nach der FE-Berechnung und nach analytischen Modell der dünnwandigen Fuge (Modellvariante *B2*)

5.1.4 Torsionsmoment

5.1.4.1 Grenzmoment bei durchrutschender Verbindung

Die Torsion stellt die vordergründige Belastung einer Welle-Nabe-Verbindung dar und bildet somit auch die übliche Grundlage für die Bemessung der Schraubenklemmkraft bei Stirn-PV. Nach Art einer Reibkupplung wird dabei unter Berücksichtigung des Reibwerts μ und eines „wirksamen Reibungshalbmessers" R_{eff} die erforderliche axiale Klemmkraft

$$F_{Kerf} = \frac{T}{\mu \cdot R_{eff}} \tag{5.22}$$

berechnet (vgl. (1.1) bzw. (2.10)). Dabei kann R_{eff} beispielsweise den mittleren Halbmesser der Fuge R_M (2.23) darstellen. Nach dem Drehmoment aufgelöst ergibt sich eine Beziehung für ein zulässiges Grenzmoment T_{zul}, welches üblicherweise in der Torsionsbelastung T_R gesehen wird, bei welcher die Fuge komplett durchrutscht bzw. die das Moment darstellt, welches von einer durchrutschenden Fuge übertragen wird:

$$T_{zul} = T_R = \mu \cdot F_K \cdot R_{eff} . \tag{5.23}$$

Die Beziehungen (5.22) und (5.23) entsprechen der Vorstellung, dass die gesamte Reibkraft $\mu \cdot F_K$ mit dem Hebelarm R_{eff}, für den Fall $R_{eff} = R_M$ also in der Mitte der Reibfuge, in tangentialer Richtung wirksam wird. Diese Sichtweise ist dem Modell der dünnwandigen Reibfuge äquivalent, welches im Hinblick auf die Torsionsübertragung von einer konstanten tangentialen (Reib-) Schubspannung

$$\tau_\varphi = \frac{T}{A \cdot R_M} \quad \left(= \frac{\mu \cdot F_K}{A} \right) \tag{(2.53)}$$

ausgeht. Wird die radiale Breite $h = R_A - R_I$ der Rutschfuge dagegen *nicht* vernachlässigt und von einer komplett durchrutschenden Verbindung bei konstanter Flächenpressung $\bar{p}$ und idealen COULOMB'schen Reibungsverhältnissen ausgegangen, so kann das resultierende Rutschmoment T_R aus der Integration der Momentendifferentiale der Reibschubspannungen $\tau_\mu(r) = \mu \cdot p(r) = const.$ über die gesamte Fugenfläche A berechnet werden:

$$\left.\begin{aligned} T_R &= \int_{(A)} \tau_\mu(r) \cdot r\, dA \\ &= \int_{R_I}^{R_A} 2 \cdot \pi \cdot \mu \cdot \bar{p} \cdot r^2\, dr = \ldots = \mu \cdot F_K \cdot \underbrace{\frac{2}{3}\frac{R_A^3 - R_I^3}{R_A^2 - R_I^2}}_{R_\mu} \end{aligned}\right\} \tag{5.24}$$

Der hier mit R_μ bezeichnet Term wird in der Praxis in Abgrenzung zum mittleren Halbmesser R_M häufig „Reibradius" oder „Reibungshalbmesser" genannt. Die Beziehung (5.24) ist formal identisch mit (5.23), wobei nunmehr der „Reibradius" R_μ den effektiven Hebelarm R_{eff} der Reibkraft darstellt. Wenngleich bei dem (5.24) zugrunde liegenden Modell eine klare mechanische Überlegung vorliegt, kann R_μ dennoch nicht a priori als „praktisch genauer als R_M" bezeichnet werden: Es gilt zu bedenken, dass die Herangehensweise (5.24) auf speziellen Annahmen, konkret

- eines konstanten Fugendrucks $\bar{p}$
- eines konstanten Reibwertes μ
- eines gleichzeitigen kompletten Durchrutschens der Verbindung,

basiert. So zeigt beispielsweise Abschnitt 5.1.2, dass allein der erste Punkt in der Regel nur eine Näherung der realen Verhältnisse darstellt. Je nach tendenzieller Konzentration der Flächenpressung an der Innen- oder Außenkante der Fuge verschiebt sich der effektive Hebelarm R_{eff} der Reibkraft zwischen R_I und R_A. Innen- und Außenhalbmesser stellen somit allgemeingültig die physikalischen Schranken für R_{eff} dar:

$$R_I < R_{eff} < R_A . \tag{5.25}$$

R_{eff} würde diese Extremwerte annehmen, wenn die Vorspannkraft (und damit die Reibkraft) jeweils *vollständig* an der entsprechenden Fugenkante konzentriert wäre. Die maximale Unsicherheit, die im Rahmen dieser Schranken möglich ist, beträgt bezogen auf den mittleren Halbmesser

$$\frac{\Delta R_{eff}}{R_M} = \frac{R_A - R_I}{2 \cdot R_M} = \pm \frac{1 - Q_A}{1 + Q_A} . \tag{5.26}$$

Für $Q_A = 0{,}714$ (Varianten *A/B/C*) ergibt sich beispielsweise eine maximale Toleranz von $\pm 16{,}7\,\%$. Mit $Q_A \to 1$ geht (5.26) gegen null.

Auch für den allgemeinen Fall gilt weiterhin die Gleichgewichts-Beziehung der ersten Zeile in (5.24). Für R_{eff} folgt somit:

$$R_{eff} = \frac{2 \cdot \pi}{F_K} \cdot \int_{R_I}^{R_A} p(r) \cdot r^2\, dA . \tag{5.27}$$

Ist die konkrete radiale Verteilung $p(r)$ bekannt, so lässt sich dieses Integral auswerten – bei FE-Ergebnissen auf numerischem Weg, etwa mit Hilfe der Trapezregel. Für eine lineare Verteilung des Fugendrucks – beispielsweise entsprechend Bild 5.5 – mit einem Verhältnis

$$\chi_p = \frac{p_I}{p_A} = \frac{p(r = R_I)}{p(r = R_A)} \quad (\chi_p = 0..\infty) \tag{5.28}$$

ergibt sich R_{eff} in bezüglich R_M normierter Darstellung unabhängig von der absoluten Höhe der Pressung als

$$\frac{R_{eff}}{R_M} = \frac{1}{Q_A + 1} \cdot \frac{\chi_p \cdot (1 + 2 \cdot Q_A + 3 \cdot Q_A^2) + (3 + 2 \cdot Q_A + Q_A^2)}{\chi_p \cdot (2 \cdot Q_A + 1) + (Q_A + 2)}. \tag{5.29}$$

Ist der Fugendruck für eine Fuge mit $Q_A = 0{,}714$ gerade am Innendurchmesser null (→ $\chi_p = 0$), so ist R_{eff} lediglich ca. 6,1% größer als R_M, für die lineare Verteilung mit „Außendruck null" ($p_A = 0$ → $\chi_p = \infty$) dagegen ca. 4,9% kleiner als R_M. Für eine homogene Fugendruck-Verteilung $\bar{p}$ folgt $R_{eff} = R_\mu = 100{,}9\% \cdot R_M$. Eine Abschätzung des Rutschmomentes mit R_M liegt somit für diesen Fall um ca. 1% auf der sicheren Seite – ein „Fehler", der in jedem Fall deutlich unterhalb der Streuung bzw. Unsicherheit des Reibwertes liegt und somit vollkommen irrelevant ist.

In **Bild 5.11** sind die Verhältnisse verschiedener „effektiver Reibungshalbmesser" R_{eff} – und damit der rechnerischen Rutschmomente – bezogen auf den Mittelwert R_M verglichen[24]. Für technisch relevante Durchmesserverhältnisse bei Stirn-PV ($Q_A = 0{,}6..0{,}85$) zeigen sich insbesondere kaum Unterschiede zwischen R_M und dem häufig favorisierten R_μ. Der Unterschied beträgt selbst für $Q_A = 0{,}5$ nur 3,7%, weshalb eine technische Auslegung der Verbindung auf Grundlage des arithmetisch einfachen R_M ohne Weiteres vertretbar ist.

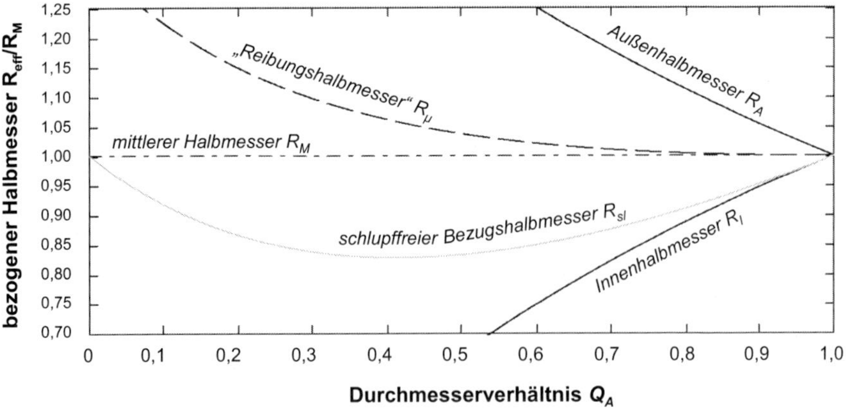

Bild 5.11: Effektiver Reibungshalbmesser R_{eff} bezogen auf den mittleren Fugenhalbmesser R_M unter Zugrundelegung verschiedener Annahmen

[24] Auf den ebenfalls dargestellten *schlupffreien Bezugshalbmesser* R_{sl} wird später eingegangen.

5.1.4.2 Schlupfproblematik

Den bisherigen Betrachtungen lag der Zustand einer vollständig durchrutschenden Fuge zugrunde, bei der in der gesamten Kontaktfläche die jeweiligen COULOMB'schen Grenzschubspannungen $\tau_\mu = \mu \cdot p$ in voller Höhe wirksam werden. Wird jedoch wiederum das Balkenmodell mit allgemeinem Ringquerschnitt herangezogen, so kann zunächst erst einmal nicht von einer derartigen Verteilung ausgegangen werden: Für den elastischen, d. h. haftenden Fall liegt nach der NAVIER'schen Torsionstheorie eine radial lineare Verteilung der tangentialen Schubspannungen vor (Abschnitt 2.2.2). Die „Inanspruchnahme" des Reibschlusses ist demnach im Außenbereich der Fuge maximal. Da Relativbewegungen zwischen angrenzenden Reibflächen jedoch auftreten, sobald die Grenzschubspannung τ_μ auch nur örtlich überschritten wird, kann ein zulässiges Torsionsmoment T_{zul} alternativ so definiert werden, dass bei der entsprechenden („schlupffreien") Belastung $T_{zul} = T_{sl}$ die COULOMB'sche Haftbedingung an keiner Stelle der Fuge überschritten wird. Auf Basis des Balkenmodells mit homogener Flächenpressungsverteilung ist T_{sl} durch Auflösen der entsprechenden Schubspannungsbeziehung (2.37) zu berechnen:

$$\mu \cdot \overline{p} = \frac{T}{J_p} \cdot R_A \quad \Rightarrow \quad T_{sl} = \mu \cdot \frac{F_K}{A} \cdot \frac{J_p}{R_A}. \tag{5.30}$$

Hinsichtlich einer formalen Analogie zu (5.22) lässt sich ein „schlupffreier Bezugshalbmesser" R_{sl} als effektiver Reibdurchmesser einführen:

$$\left.\begin{aligned} R_{eff} = R_{sl} &= \frac{J_p}{A \cdot R_A} \\ &= R_M \cdot \frac{1+Q_A^2}{1+Q_A} \end{aligned}\right\}. \tag{5.31}$$

Die Relation von schlupffreiem Grenzmoment T_{sl} zu Rutschmoment T_R ist in Form von R_{sl}/R_M ebenfalls in Bild 5.11 aufgetragen. Paradoxerweise ergibt sich eine exakte Übereinstimmung zwischen R_{sl} und R_M neben $Q_A = 1$ auch für den Vollquerschnitt ($Q_A = 0$). Wird der Zusammenhang auf Grundlage des mechanisch konsistenten Rutschmomentes $T_R\left(R_\mu\right)$ (5.24) gebildet, so ergibt sich das Verhältnis

$$\frac{T_{sl}}{T_R} = \frac{3}{4} \cdot \left[Q_A + \frac{1}{Q_A^2 + Q_A + 1} \right], \tag{5.32}$$

welches einem Gütefaktor η_{gr} gemäß [LEI83] entspricht (Abschnitt 2.1.2.1) und welches in **Bild 5.12** dargestellt ist. Es hängt – weiterhin konstante Fugendruck- und Reibungsverhältnisses vorausgesetzt – nur vom Durchmesserverhältnis Q_A der Reibfuge ab. Das schlupffrei übertragbare Drehmoment bei Kreis- bzw. Kreisringquerschnitt beträgt demnach mindestens 75% der Rutschbelastung. Für technisch relevante Durchmesserverhältnisse von $Q_A = 0{,}6..0{,}85$ entstehen erste Relativbewegungen in der Fuge erst bei 83..93% von T_R. Verglichen mit anderen reibschlüssigen WNV – insbesondere Zylinderpressverbindungen – verbleibt nach erstmaligem Auftreten von Schlupf eine relativ geringe „Rutschreserve". Im Umkehrschluss wird für Stirn-PV mit der strikten Forderung nach schlupffreier Drehmomentübertragung ($T_{zul} = T_{sl}$) potentiell nur sehr wenig des zur Verfügung stehenden Reibschlusses „verschenkt". Nach [LEI83] ergeben sich dagegen für torsionsbelastete Zylinderpressverbindungen typische Gütefaktoren im Bereich von η_{gr} = 0,5 und kleiner.

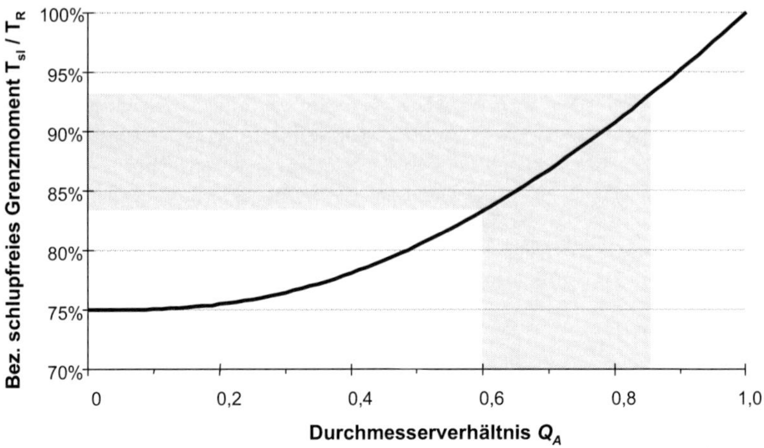

Bild 5.12: Verhältnis aus schlupffrei übertragbarem Torsionsmoment T_{sl} und Rutschmoment T_R (berechnet auf Basis von R_μ) auf Grundlage des Balkenmodells. *Hervorhebung:* praktisch relevanter Bereich bei Stirn-PV ($Q_A = 0{,}6..0{,}85$)

Mit Erreichen von T_{sl} wird die COULOMB'sche Grenzschubspannung τ_μ im Außenbereich der Fuge erreicht. Wird das Drehmoment darüber hinaus gesteigert, so tritt lokaler Schlupf in Form tangentialer Relativbewegungen auf. Die Schubspannungen bleiben dabei durch τ_μ begrenzt. Es kommt somit zur Ausbildung einer mit der Höhe der Belastung von außen nach innen wachsenden Schlupfzone, in welcher $\tau = \tau_\mu = const.$ gilt. Die radiale Aufteilung der Fuge in einen Haft- und einen Schlupfbereich lässt sich durch ein „Schlupfhalbmesser" R^* beschreiben, der die innere Haftzone von der äußeren Gleitzone abgrenzt (**Bild 5.13**). Unter der Annahme, dass die Schubspannungen im Haftbereich weiterhin radial linear verteilt sind, lassen sich die beiden Bereiche wie zwei unabhängige Fugen gleicher Flächenpressung $\bar{p}$ behandeln. Der Haftbereich stellt dabei eine Fuge (1) mit Innenhalbmesser/Außenhalbmesser R_I/R^* dar, die unmittelbar an ihrer Schlupfgrenze $T_{sl}^{(1)}$ (5.30) belastet ist. Der äußere Schlupfbereich entspricht einer Fuge (2) mit Innenhalbmesser/Außenhalbmesser R^*/R_A, die dagegen vollständig durchrutscht ($T^{(2)} = T_R^{(2)}$, (5.24)). Die Summe beider Momente steht mit der äußeren Belastung im Gleichgewicht:

$$\begin{aligned} T &= T^{(1)} + T^{(2)} \\ &= T_{sl}^{(1)}(R_I, R^*) + T_R^{(2)}(R^*, R_A) \end{aligned} \quad (5.33)$$

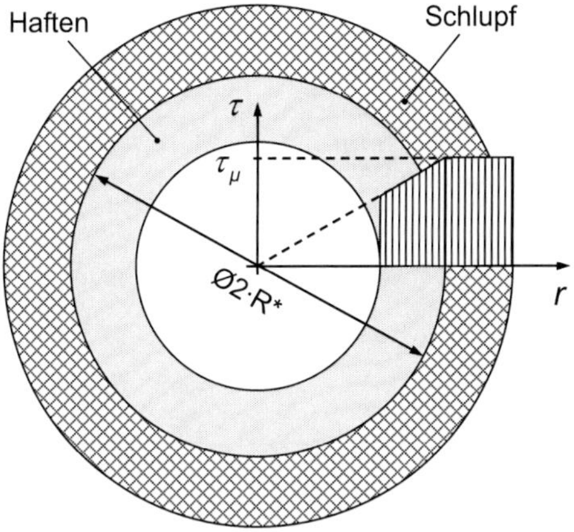

Bild 5.13: Schlupfzonenbildung unter Drehmomentbelastung bei Überschreiten der schlupffreien Grenzbelastung T_{sl}

Die Ausformulierung auf Basis von (5.30) und (5.24) ergibt die Beziehung

$$T = \frac{1}{6} \cdot \pi \cdot \mu \cdot \bar{p} \cdot \left[4 \cdot R_A^3 - 3 \frac{R_I^4}{R^*} - R^{*3} \right], \tag{5.34}$$

die für $T > T_{sl}$ den Zusammenhang zwischen dem Drehmoment T und der Ausbreitung der Schlupfzone – beschrieben durch R^* – quantifiziert. Dies lässt sich auch in dimensionsloser Form auf Basis einer bezogenen Schlupftiefe

$$\frac{R_A - R^*}{h} = 1 - \tilde{\rho}^* \quad \rightarrow 0..100\% \tag{5.35}$$

ausdrücken. Diese Größe ist in **Bild 5.14** für verschiedene Durchmesserverhältnisse Q_A dargestellt[25]. Die Kurven verlassen dabei jeweils die Abszisse (Schlupftiefe null) bei T_{sl}/T_R gemäß (5.32). Im Weiteren erfolgt ein progressives Wachstum. Bei 95% der Rutschbelastung beträgt die Schlupftiefe für $Q_A \geq 0{,}5$ jedoch stets noch weniger als 50% der Fugenbreite.

Die Problematik der Ausbildung einer Schlupfzonen infolge „überkritischer" Beanspruchung stellt im Übrigen eine Analogie zur plastischen Torsion dar – für die hier angenommene COULOMB'sche Reibung bei konstanter Flächenpressung konkret für idealplastisches (d.h. nicht verfestigendes) Materialverhalten. Dieser Fall wird auf Basis einer allgemeineren Theorie speziell auch für den Vollkreisquerschnitt ($Q_A = 0$) in [SZA75] behandelt. Dabei ergibt sich beispielsweise für das entsprechende Verhältnis von elastischer Grenzbelastung (analog T_{sl}) zu vollplastischer Belastung (analog T_R) ein Wert von $3/4$ und somit genau der Wert nach (5.32) bzw. Bild 5.13.

---

[25] Eine analytische Darstellung in expliziter Form $R^* = f(T)$ bzw. $(R_A - R^*)/(h) = f(T)$ ist mangels Invertierbarkeit von (5.34) nicht möglich.

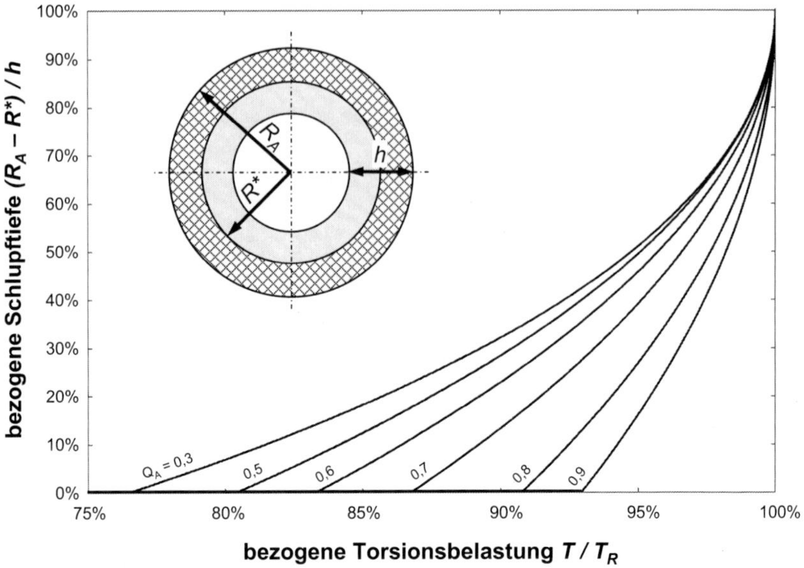

Bild 5.14: Tiefe der Schlupfzone bei Drehmomentbelastung in Abhängigkeit von der Belastungshöhe nach dem analytischen Modell

Es sei an dieser Stelle noch einmal darauf hingewiesen, dass allen genannten Beziehungen neben konstanter Reibung eine homogene Fugendruckverteilung und eine „natürliche" (NAVIER'sche) Torsionsspannungsverteilung vorausgesetzt wird. Für die Realität sind signifikante Abweichungen von dieser Idealisierung zu erwarten. So zeigt **Bild 5.15** die Schubspannungsverteilungen gemäß FEA der Variante *B2* bei reiner Torsionsbelastung und stellt diese den entsprechenden Grenzbelastungen bzw. analytischen Verteilungen gegenüber. Zum einen sind die Grenzschubspannungen τ_μ ③ bzw. $\tau_{\mu,FEA}$ ① nach analytischer bzw. FE-Fugendruckverteilung über die Fugenbreite auftragen. Letztere entspricht der um den Faktor $\mu = 0{,}15$ skalierten Kurve gemäß Bild 5.2, die sich bekanntlich von der konstanten analytischen Annahme $p(r) = \overline{p}$ unterscheidet.

Zum anderen sind die Torsionsschubspannungen für eine Drehmomentbelastung der Verbindung von 60% bzw. 80% des analytischen Rutschmomentes T_R der Fuge dargestellt. Bei $T = 60\%\, T_R$ wäre nach analytischer Betrachtung wegen $T_{sl} > 85\%\, T_R$ von einer ausreichenden Sicherheit gegen Schlupfbildung auszugehen, wie auch durch den Vergleich von ③ und ⑤ sichtbar wird. Während nun aber die analytische Schubspannung am Außendurchmesser bereits größer ist als die FEA-Grenzschubspannung ①, zeigt auch die FEA-Torsionsspannung ⑥ signifikante Abweichungen hiervon und weist ebenso wie die reale Flächenpressung eine Singularität am Innendurchmesser auf. Sie zeigt zwar im Außenbereich eine ansteigende Tendenz, liegt aber unterhalb des analytischen Niveaus, so dass noch kein Schlupf auftritt. Wegen der auch qualitativen Diskrepanz zwischen analytischer (⑤) und FE-basierter Verteilung ⑥ kann auch die dünnwandige Näherung ④ – vgl. (2.53) – als durchaus sinnvolle Näherung angesehen werden.

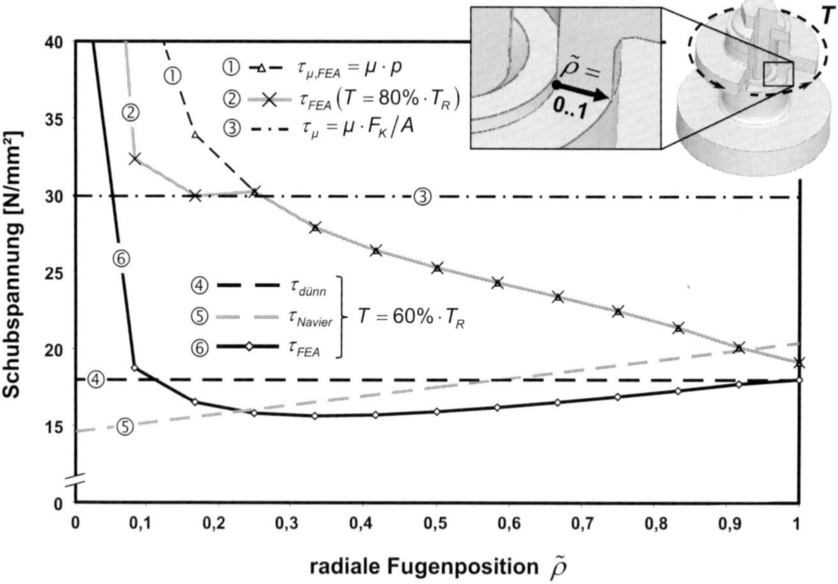

Bild 5.15: Exemplarische Verteilung der Torsions-Schubspannungen und Grenzschubspannungen gemäß FEA und analytischem Ansatz bei verschiedenen Belastungen (Modellvariante *B2*)

Auch bei einer Drehmoment-Belastung mit 80% T_R sollte nach analytischer Betrachtung ($T_{sl} > 85\%\,T_R$) die Grenzschubspannung an keiner Stelle der Fuge erreicht werden. Aufgrund des bei der Variante *B2* nach außen hin deutlich abfallenden Fugendrucks stellt sich gemäß FEA-Simulation ② allerdings ein Bereich von bereits ca. 75% der Fugenbreite ein, in dem die Torsions- und Grenz-Schubspannungen (①, ②) zusammenfallen und somit Schlupf auftritt. Unmittelbarer ist die Schlupfzonenbildung in **Bild 5.16** dargestellt, wo die FE-berechneten Verteilungen der Schlupfwege in der Fugenfläche für vier verschiedene Belastungsniveaus wiedergegeben sind. Hierbei sind insbesondere Bereiche sehr geringen und deshalb in den Bereich numerischer Toleranzen fallenden Schlupfs (<0,1 µm) „ausgeblendet" (weiß). Der Vergleich experimenteller und numerischer Untersuchungen zu Schlupfphänomenen in Wälzlagersitzen in [SLAW08] deutet diesbezüglich klar darauf hin, dass minimale „numerische" Schlupfwege ohne praktische bzw. tribologische Relevanz sind. Dennoch zeigt sich auch unter Berücksichtigung einer derartigen Auswerteschwelle, dass bei $T = 80\%\,T_R$ bereits eine Schlupfzone zu verzeichnen ist, während diese bei $T = 70\%\,T_R$ offensichtlich noch nicht auftritt. Bei $T = 90\%\,T_R$ erstreckt sie sich bereits über mehr als die Hälfte der Fläche und erreicht bei $T = T_R$ die gesamte Fuge. Hinsichtlich der Ergebnis-Interpretation gilt zum einen zu bedenken, dass T_R das gemäß (5.23) (mit $R_{eff} = R_M$) *analytisch* berechnet Rutschmoment der Fuge darstellt. Zum anderen ist das bei den FE-Berechnungen zugrunde gelegte Drehmoment die Belastung der gesamten Verbindung; unter Berücksichtigung des Nebenschluss-Anteils ergibt sich folglich in der Fuge eine geringfügig niedrigere Torsionsbelastung, was im konkreten Fall *B2* (vgl. Bild 3.9) aber nur ca. 1% ausmacht. Im gleichen Zusammenhang führt dabei auch ein vollständiges Durchrutschen der Fuge nicht zur unmittelbaren Begrenzung der Drehmoment-Übertragung: Wie in Abschnitt 4.2 dargestellt, übernimmt die Sekundärseite dann zunächst einen zusätzlichen Anteil der Belastung, so dass folglich auch in der FE-Simulation der Schlupfweg mit Erreichen bzw. Überschreiten des Rutschmomentes auf endliche Werte begrenzt bleibt.

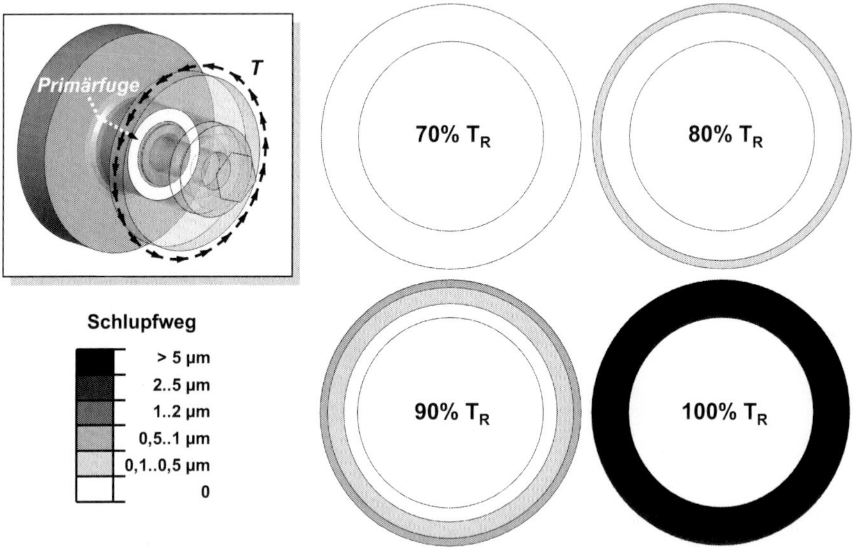

Bild 5.16: Finite-Elemente-Simulation der Schlupfzonenbildung bei reiner Torsionsbelastung bei vier verschiedenen Belastungsniveaus (T_R = *analytisch* berechnetes Rutschmoment der Fuge)

Eine Entlastung der Fuge aus einem Zustand T_* jenseits der Schlupf-Grenzbelastung T_{sl} geht in Anbetracht der COULOMB'schen Reibung mit einer Hysterese-Charakteristik einher. Eine lokale Verschiebung im Kontakt (Schlupf) bleibt demnach so lange erhalten, bis die Schubspannungen wiederum den Grenzwert τ_μ erreichen. Theoretisch-mechanisch betrachtet, stellt eine Entlastung eine Superposition des belasteten (Spannungs-) Zustands und einer entsprechenden Belastung in *umgekehrter* Richtung dar. Aus dieser Tatsache heraus ist leicht einzusehen, dass nach vollständiger Entlastung von $T = T_* > T_{sl}$ auf $T = 0$ ein Schubspannungszustand in der Fuge verbleibt[26] und gleichermaßen die lokalen Relativverschiebungen in der Kontaktzone erhalten bleiben. Ein „Zurückschlupfen" der entsprechenden Bereiche wird analog der globalen Betrachtung zum Durchrutschen der gesamten Fuge

[26] Angesichts des Hysterese-Verhaltens des Gesamtsystems – vgl. Abschnitt 4.3 – bleibt zudem strenggenommen ein resultierendes, die Fuge belastendes Restmoment in der Verbindung.

(Abschnitt 4.3.3) folglich erst einsetzen, wenn die Verbindung in entgegengesetzter Richtung mit einem hinreichend großen Moment belastet wird. Auf Grundlage des Superpositionsmodells folgt diesbezüglich konkret eine „Umkehr-Grenzbelastung" von

$$T = T_* - 2 \cdot T_{sl}\,. \tag{5.36}$$

Bei zyklisch-alternierender Torsionsbelastung kommt es in diesem Zusammenhang zu einem „Einspielen" der Verbindung analog einer zyklisch-plastischen Beanspruchung (vgl. [KRE92]). In [LEI83] wird die Problematik einschließlich sich einstellender „Eigenspannungen" am Beispiel torsionsbelasteter Zylinder-PV ausführlich betrachtet. Allgemeingültig ist dabei – unter Voraussetzung konstanten und insbesondere richtungsunabhängigen Reibungsverhaltens – die aus (5.36) folgende Aussage, dass sich bei dynamischer Belastung ein stabiler elastischer Zustand ohne zyklische Mikrobewegungen einstellt, solange die *Amplitude* der Belastung kleiner als T_{sl} bleibt. Eine schwellende Torsionsbelastung T_* mit $T_R > T_* > T_{sl}$ führt demnach nur bei Erstbelastung zur Ausbildung eines (in der Folge stabilen, d.h. unveränderlichen) Schlupfzustandes. Somit kann auch bei Schwellbelastung das reale Rutschmoment T_R der Fuge voll ausgenutzt werden, solange $T_{sl}/T_R \geq 0{,}5$ ist, was bei Stirn-PV praktisch immer gegeben sein dürfte. Da T_R analytisch sehr genau berechnet werden kann, ist eine Bemessung einer nur in eine Drehrichtung torsionsbelasteten Stirn-PV auf dieser Grundlage, also ohne Schlupfbetrachtungen, auch praktikabel. Bei Wechseltorsion wäre dagegen strenggenommen das Schlupfmoment T_{sl} (bzw. $R_{eff} = R_{sl}$) in die Betrachtungen einzubeziehen. Tritt allerdings entgegen dem Modellbeispiel *B* kein ausgeprägter Abfall des Fugendrucks zum Rand hin auf (vgl. Varianten *A* und *C* in Bild 5.2) so fallen T_R und T_{sl} aus praktischer Sicht ohnehin quasi zusammen (Bild 5.12), zumal die Streuung des Reibwertverhaltens als dominierende Unsicherheit verbleibt.

5.1.5 Querkraft

Gemäß der Fugengeometrie kann bei Stirn-PV a priori davon ausgegangen werden, dass eine Querkraft-Belastung wie die Torsion tangential zu den Kontaktflächen und somit rein reibschlüssig übertragen wird. Der „Querkraft-Schub" einer Kraft F_Q kann dabei zweckmäßig in Form einer Nennschubspannung $\bar{\tau}$ (2.41) quantifiziert werden. Gemäß dem COULOMB'schen Reibgesetz lässt sich zudem auf Grundlage der axialen Klemmkraft F_K und des Fugenreibwerts μ eine absolute Grenzbelastung, die theoretische Rutschkraft

$$F_{R,th} = \mu \cdot F_K \tag{5.37}$$

definieren, die aussagt, bei welcher resultierenden Querkraft eine komplettes Durchrutschen der Fuge stattfindet. Darüber hinaus liefert das analytische Modell des querkraftbelasteten Ringbalkens (Abschnitt 2.2.4.1) eine genaue Beschreibung der Verteilung von τ. Diese ist demnach stark inhomogen, wobei die Schubspannungen überwiegend in tangentialer Richtung wirken und im Maximum das Zweifache des Nennwerts $\bar{\tau}$ übersteigen. In **Bild 5.17** sind diesbezüglich die Schubspannungsverteilungen gemäß FEA sowie analytischem Modell für die Modellvariante *B2* gegenüber gestellt.

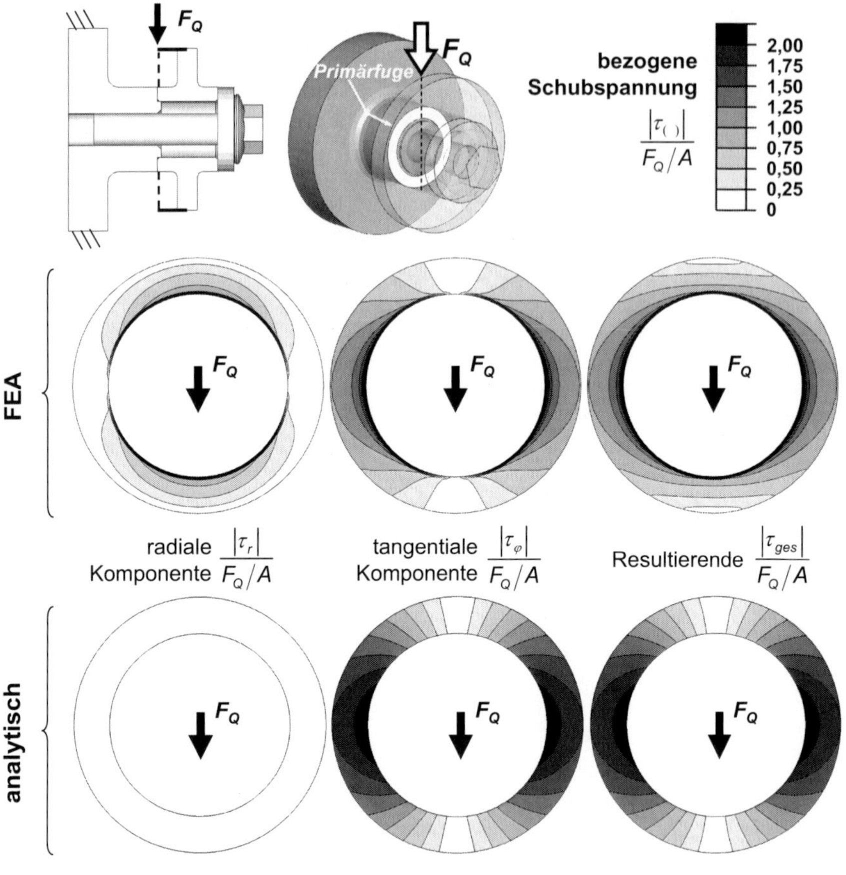

Bild 5.17: Schubspannungsverteilung in der Primärfuge des biegungsfrei querkraftbelasteten Stirn-PV-Modells *B2* gemäß FE-Simulation (oben) und analytischem Modell (unten); *Querkraftbelastung im FE-Modell: $F_Q = 0,2 \cdot F_{R,th}$*

Hinsichtlich der radialen Komponenten τ_r (links) fällt unmittelbar auf, dass die Spannungen der realen Verbindung (FEA) deutlich über den analytisch berechneten liegen. Die analytischen „Balkenspannungen" in radialer Richtung sind dabei keineswegs null, sondern betragen lediglich durchgängig < 0,25 $\bar{\tau}$ (vgl. Bild 2.25). Gleichwohl werden auch die „realen" Schubspannungen von der tangentialen Komponente τ_φ dominiert, deren Verteilung zumindest qualitativ gut zwischen Balkenmodell und FEA übereinstimmt. Dies spiegelt sich auch in der resultierenden Schubspannung wider (Bild 5.17 rechts). Die reale Verteilung zeigt dabei eine stärkere Konzentration der Schubspannungen am Innendurchmesser. Der Singularitäts-Charakter der inneren Fugenkante erstreckt sich somit[27] gleichermaßen auf die Belastungs-

[27] vgl. Längskraft, Biegung und Torsion in den vorangegangen Abschnitten

übertragung bei allen Einzelbelastungen. Vor diesem Hintergrund ist die formelmäßig recht aufwändige Beschreibung auf Grundlage des elastizitätstheoretischen Ringbalkenmodells nur von begrenzter Relevanz. Der entscheidende Effekt – die sinusförmige Verteilung entsprechender Ausbildung von Minima und Maxima – wird dagegen auch durch das dünnwandige Modell wiedergegeben, wie die Darstellung in **Bild 5.18** zeigt. Darin sind die Schubspannungen der FE-Berechnung umfänglich in der Mitte der Fuge – also bei $r = R_M$ – aufgetragen. Das einfache analytische Modell lässt dabei per se sämtliche radialen Effekte außer Acht und „unterschätzt“ somit zwangsläufig die radiale Schubspannungskomponente τ_r, welche an den auslegungsrelevanten Maximalstellen allerdings ohnehin keine Rolle spielt. Bezogen auf $r = R_M$ liegt das dünnwandige Modell mit $\max(\tau) = 2 \cdot \bar{\tau}$ dabei auf der sicheren Seite, wobei allerdings die radiale Überhöhung der „realen“ Verteilung (Bild 5.17) bedacht werden muss.

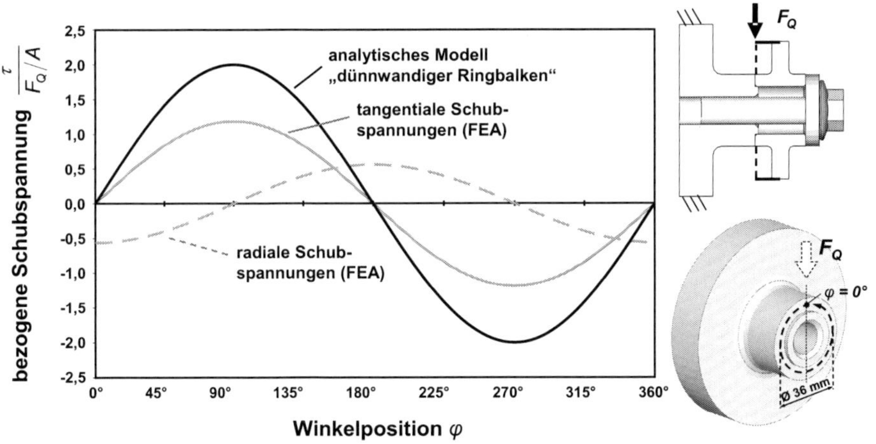

Bild 5.18: Verteilung der Reibschubspannungen entlang eines umfänglichen Pfades in der querkraftbelasteten Fuge gemäß FEA (Auswertung in der Mitte der Fuge) sowie nach dem analytischen Modell des dünnwandigen Ringbalkens

Entscheidend hinsichtlich des Fugenversagens und einer Reibschluss-Auslegung ist das Auftreten von Relativbewegungen im Kontakt. Wegen der real gleichermaßen inhomogenen Verteilung von Flächenpressung (Abschnitt 5.1.2.1) und Schubspannungen ist dabei ähnlich der Torsion wiederum von einem Auftreten von Schlupf bereits deutlich unterhalb der theoretischen Grenzbelastung $F_{R,th}$ (5.37) auszugehen. Angesichts der Inhomogenitäten von Querkraftschub und Fugendruck ist es sinnvoll, zur Beschreibung der Reibschluss-Ausnutzung den Quotienten η (2.16) heranzuziehen, welcher den örtlichen Beanspruchungszustand in der Fuge quantifiziert (Abschnitt 2.1.3.1). In **Bild 5.19 (oben)** sind entsprechenden Verteilungen η auf Grundlage des FE-Modells *B2* für verschiedene Belastungsniveaus bezogen auf $F_{R,th}$ dargestellt. Darunter (**Bild 5.19 unten**) sind unmittelbar die sich einstellenden Schlupfzonen wiedergegeben.

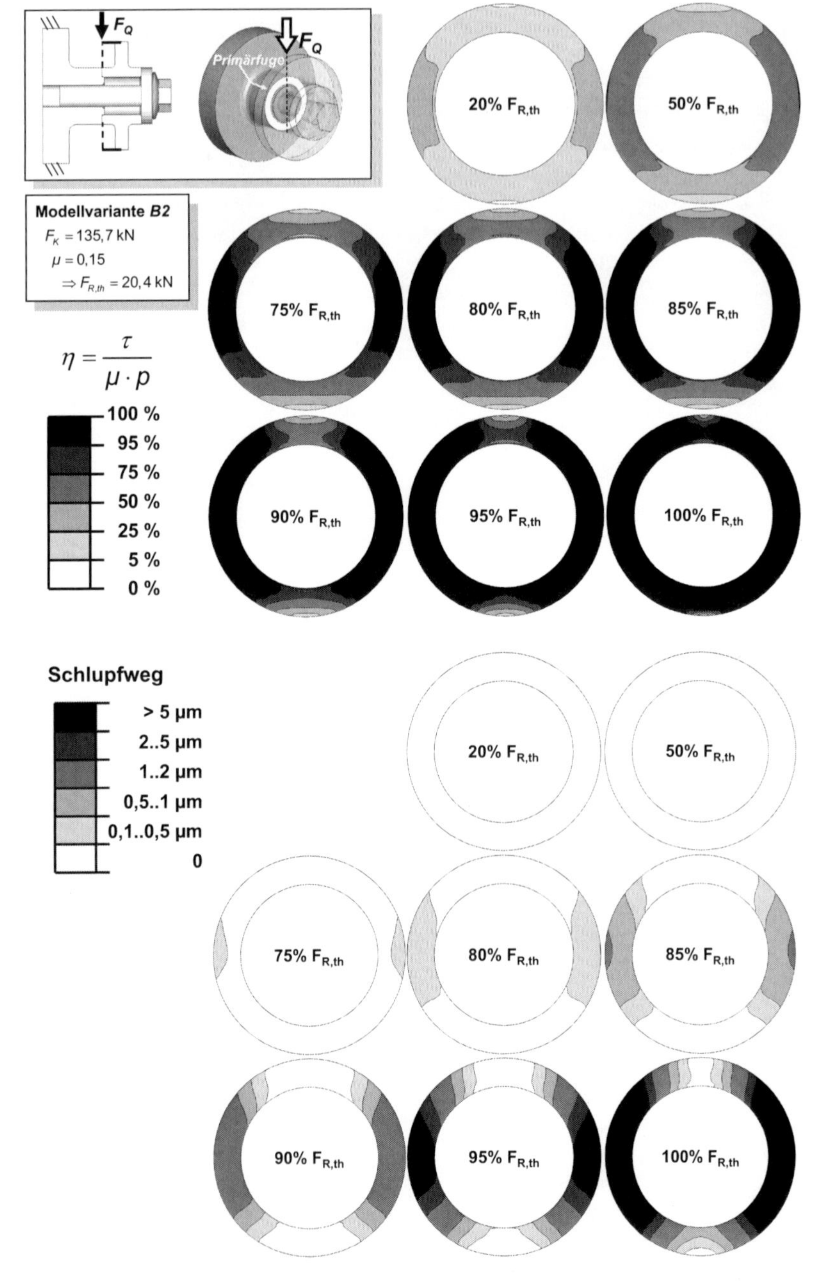

Bild 5.19: Fugenbeanspruchung bei reiner Querkraft-Belastung in Form der Reibschlussausnutzung η (oben) und Schlupfzonenbildung (unten) auf Grundlage der FE-Simulation

Zur gezielten Isolierung der Schubwirkung von den Biegeeffekten, welche die Flächenpressung und somit auch η beeinflussen, wurde dabei im FE-Modell die Angriffsebene der Querkraft modelltechnisch in die Fugenebene verschoben, woraus näherungsweise ein biegungsfreier Zustand in der Primärfuge resultiert[28]. Die ungleichmäßige Verteilung der Schubspannungen in Umfangsrichtung mit den Maxima im Bereich $\varphi_Q = \pm 90°$ findet sich auch in der Reibschlussausnutzung η wieder. Da jedoch Pressung und Schubspannung beide stärker am Innendurchmesser konzentriert sind, stellt sich η in radialer Richtung weitaus gleichmäßiger dar, als die Einzelgrößen. Dies gilt gleichermaßen für die Schlupfzonen, die zudem trotz des absoluten Maximums von τ bei $r = R_i$ tendenziell eher von außen nach innen wachsen. Die Ausbildung signifikanter Schlupfbereiche ($\geq 0{,}1\,\mu\text{m}$) beginnt diesbezüglich bereits bei ca. 75% der theoretischen Maximalbelastung[29]. Der Bereich der „grenzwertigen" Reibschlussausnutzung ($\eta = 95..100\%$) erstreckt sich unter dieser Belastung bei $\varphi_Q = \pm 90°$ bereits über die gesamte Fugenbreite; bei $F_Q = 80\% \cdot F_{R,th}$ trifft dies auch für den eigentlichen Schlupf zu. Demgegenüber ist das Modell der dünnwandigen Reibfuge konservativ, da dieses wegen

$$\tau\left(\varphi_Q = \pm 90°\right) = 2 \cdot \overline{\tau} \tag{5.38}$$

einen (fugenbreiten) Schlupfbeginn bei bereits $F_Q = 50\% \cdot F_{R,th}$ prognostiziert, ohne jedoch eine Aussage zur Höhe der Schlupfwege zu liefern. Wird auf jener Modellgrundlage dennoch ein schlupffreies Auslegungskriterium formuliert, so lautet dies aufgrund (5.38)

$$F_{Q,zul} = 0{,}5 \cdot F_{R,th} \quad \Leftrightarrow \quad F_{Kerf}\left(F_Q\right) = 2 \cdot \mu \cdot F_Q \tag{5.39}$$

und liegt demzufolge auf der sicheren Seite. Bezüglich der Auslegung von Stirn-PV spielt die *isolierte* Betrachtung einer Querkraft-Belastung praktisch jedoch nahezu keine Rolle: Neben der im Bereich von Welle-Nabe-Verbindungen dominierenden Rolle der Torsion, sind mit Querkräften quasi immer gewisse Biegebeanspruchungen in den Fugen verbunden. Diese Problematik des kombinierten Auftretens der bisher einzeln betrachteten Belastungen wird im Folgenden eingehend betrachtet.

---

[28] Die gleiche Modellmodifikation liegt im Übrigen den Ergebnissen in Bild 5.17 und Bild 5.18 zugrunde, hat dort aber keine signifikanten Auswirkungen, da nur Schubspannungen betrachtet werden.

[29] Dabei sind die tatsächlich wirksamen Belastungen *in der Fuge* infolge des Nebenschluss-Anteils jeweils geringfügig niedriger, was hier jedoch nicht weiter unterschieden wird.

5.2 Kombinierte Belastung

5.2.1 Grundlegende Betrachtungen

In der Realität treten die in Abschnitt 5.1 einzeln behandelten Belastungen einer Fuge in sehr vielen Fällen gleichzeitig auf. Dies trifft insbesondere für eine Hauptanwendung von Stirn-PV, nämlich Ketten- und Riemenrad-Verbindungen, zu. Hier wird das Drehmoment mittelbar über exzentrische Querkräfte – die Trumkräfte – aufgebracht, was somit zur Überlagerung der Fugen-„Schnittreaktionen“ *Torsion* T und *Querkraft* F_Q führt. Die Querkraft ist wiederum über ihren senkrechten Abstand von der Fuge mit einem Biegemoment M_B verbunden, so dass meist zusätzlich eine Biegebelastung vorliegt. Gleiches gilt für zentralverschraubte Zahnräder; bei schrägverzahnten Stirnrädern führt darüber hinaus die axiale Zahnkraftkomponente zu einer Längskraftbeanspruchung F_Z. Darüber hinaus greifen in vielen praktischen Fällen schwingungsbedingte Massenkräfte und -momente an, die zusätzlich zur Nennbelastung wirken.

Das kombinierte Auftreten der elementaren Belastungsarten führt zu einer Superposition der vorab dargestellten Beanspruchungseffekte in der Fuge: Querkraft und Torsion überlagern sich in ihren (Reib-) Schubspannungen τ, während Axialkraft und Biegung auf den Fugendruck bzw. dessen Verteilung wirken und somit die (lokal) *übertragbaren* Schubspannungen $\mu \cdot p$ beeinflussen. Aufgrund der Verschiedenartigkeit der Effekte ist es sinnvoll, den Beanspruchungszustand in der Fuge wiederum über den Reibschluss-Quotienten η zu charakterisieren, welcher gleichzeitig Schub- und Normalspannungseffekte erfasst. Unter Berücksichtigung der Wirkung der elementaren Schnittreaktionen stellt sich der genannte funktionelle Zusammenhang wie folgt dar:

$$\eta(r,\varphi;F_z,M_B,T,F_Q)=\frac{\left|\tau(r,\varphi;T,F_Q)\right|}{\mu\cdot p(r,\varphi;F_z,M_B)}. \tag{5.40}$$

Die Ortskoordinaten r und φ symbolisieren darin den Feldcharakter von η. Für die Auslegung der Verbindung in Form der Bemessung der Schraubenklemmkraft stellt dabei F_K die gesuchte Größe dar, welche über (5.1) in der resultierenden Axialkraft F_z enthalten ist. Ein mögliches sinnvolles Auslegungskriterium ist dabei, Relativbewegungen im Kontakt grundsätzlich auszuschließen und die Bedingung

$$\eta<1, \tag{5.41}$$

also eine streng schlupffreie Belastungsübertragung, für die gesamte Pressfuge zu fordern. Wird an dieser Stelle noch ein Sicherheitsfaktor gegen örtliches Gleiten S_μ eingeführt, so kann die Auslegungsbedingung in der Form

$$\frac{\left|\tau(r,\varphi;T,F_Q)\right|}{\mu\cdot p(r,\varphi;F_K,M_B)}<\frac{1}{S_\mu}\quad\forall(r,\varphi)\in A \tag{5.42}$$

geschrieben werden. Die Kontaktbedingung

$$p>0\quad\forall(r,\varphi)\in A, \tag{5.43}$$

also das Ausschließen von lokalem Klaffen, ist dabei wegen $S_\mu>0$ implizit in (5.42) enthalten. Im Übrigen kann S_μ rein formal in einen entsprechend abgeminderten Reibwert μ „eingerechnet“ werden, so dass dieser Sicherheitsfaktor im Folgenden nicht weiter betrachtet wird („$S_\mu=1$“).

Für eine analytische Berechnung lassen sich die Teilfunktionen $\tau(...)$ und $p(...)$ gemäß den vorangegangenen Abschnitten aus den elementaren Beziehungen des Balkenmodells berechnen. Sind die Fugenbelastungen einschließlich der (Schrauben-) Vorspannkraft bekannt, so kann das Übertragungsvermögen einer Stirn-PV durch Prüfen der obigen Bedingung für jede einzelne Wirkfuge verifiziert werden. Eine geschlossene Auflösung der Ungleichung (5.42) nach F_K ($\rightarrow F_{Kerf}$) für den allgemeinen Fall scheitert dabei jedoch an der Komplexität des entstehenden Minimum-Problems.

Die Verteilung von η lässt sich auch auf Basis der FE-Ergebnisgrößen bestimmen, wie dies bereits den Darstellungen in Bild 5.19 zugrunde liegt. Ebenso kann prinzipiell aus den FE-Verteilungen von τ und p auf eine erforderliche Mindestklemmkraft F_{Kerf} zurückgerechnet werden. Dies wird allerdings durch die Tatsache erschwert, dass sich die Schraubenvorspannung – wie in Abschnitt 5.1.2 gezeigt – nicht homogen über die Fuge verteilt. Eine Berücksichtigung dieses Umstandes ist nach den folgenden Überlegungen möglich, wenn die FE-Ergebnisse $|\tau(r,\varphi)|$ und $p(r,\varphi)$ für einen mit $F_K^{(0)}$ vorgespannten Ausgangszustand (Indizierung $(\ )^{(0)}$) und einen mit $(\ )^{(L)}$ indizierten Zustand unter Betriebsbelastung vorliegen. $F_K^{(0)}$ sollte dabei nach Möglichkeit so groß gewählt sein, dass möglichst kein Schlupf und Klaffen in der Fuge auftritt. Dies ist stets für eine modelltechnisch „geklebte“ Fuge der Fall. Der erforderliche Montagefugendruck p_{erf} an einer Stelle (r,φ) der Fuge ergibt sich durch Umstellen der COULOMB'schen Haftbedingung allgemeingültig in der Form[30]

$$p_{erf}(r,\varphi) = \frac{|\tau^{(L)}(r,\varphi)|}{\mu} - \underbrace{\left(p^{(L)}(r,\varphi) - p^{(0)}(r,\varphi)\right)}_{\Delta p^{(L)}(r,\varphi)}. \tag{5.44}$$

Obwohl p im Montagezustand nicht konstant ist, kann davon ausgegangen werden, dass sich dass Gesamtsystem linear verhält. Dies bedeutet, dass der lokale Montage-Fugendruck proportional zur Montage-Klemmkraft ist. Somit gilt:

$$p(r,\varphi,F_K) = F_K \cdot \left[\frac{p^{(0)}(r,\varphi)}{F_K^{(0)}}\right]. \tag{5.45}$$

Der eingeklammert Term stellt dabei eine Art normierte „Formfunktion“ der realen Fugendruckverteilung dar, welche in den meisten praktischen Fällen axialsymmetrisch ist. Werden (5.44) und (5.45) kombiniert, so folgt mit $F_K = F_{Kerf}$

$$F_{Kerf} \cdot \frac{p^{(0)}(r,\varphi)}{F_K^{(0)}} = \frac{|\tau^{(L)}(r,\varphi)|}{\mu} - p^{(L)}(r,\varphi) + p^{(0)}(r,\varphi) \tag{5.46}$$

und letztlich

$$F_{Kerf}(r,\varphi) = F_K^{(0)} \cdot \left(\frac{|\tau^{(L)}(r,\varphi)| - \mu \cdot p^{(L)}(r,\varphi)}{\mu \cdot p^{(0)}(r,\varphi)} + 1\right). \tag{5.47}$$

Die erforderliche Mindestschraubenklemmkraft F_{Kerf} ergibt sich demnach als eine fiktive *Verteilung* in der Fuge („Feldgröße“). Moderne FE-Postprozessoren erlauben arithmetische Operationen zwischen beliebigen Ergebnisgrößen und somit die einfache Berechnung des entsprechenden „Feldes“ auf Basis der Zustände (0) und (L). Der maßgebliche Wert wäre dann gemäß (5.42) das globale Maximum der gesamten Kontaktfläche, womit die Haftbedingung in sehr guter Näherung in der gesamten Fuge erfüllt würde. Der praktische Sinn einer

[30] Es wird der unmittelbare Grenzfall betrachtet, für den „$\geq$“ in „$=$“ übergeht.

derartigen Berechnung wird insofern relativiert, als dass der generelle Ausschluss von Schlupf ein extrem konservatives Auslegungskriterium darstellt, da lokal begrenzte Schlupfzonen – insbesondere auch unter dem Aspekt des „Hochtrainierens" des Reibwertes – in vielen Fällen unkritisch sind. Zudem wird gemäß (5.47) nicht zwischen einmaligem und zyklischem (= Wechsel-) Schlupf unterschieden.

5.2.2 Analytisches Berechnungs- und Auslegungsmodell

5.2.2.1 Dünnwandiges Balkenmodell als Berechnungsgrundlage

Die vorab dargestellte Vorgehensweise auf Basis von FE-Ergebnissen kann prinzipiell auch für Spannungsverteilungen angewendet werden, die auf Grundlage der elementaren Beziehungen des Balkenmodells mit Kreisringquerschnitt ermittelt wurden. Wie oben erwähnt, ist aufgrund deren Komplexität eine direkte (analytische) Auflösung jedoch allgemeingültig nicht möglich, weshalb wiederum eine numerische (konkret: punktweise) Auswertung notwendig wäre. Der Nutzen eines derartigen Aufwandes wird durch die begrenzte Genauigkeit der Beziehungen gegenüber den „realen" Verteilungen insbesondere in radialer Richtung geschmälert. Eine deutlich einfachere Darstellung ergibt sich jedoch, wenn die Theorie der dünnwandigen Reibfuge herangezogen wird, welche gemäß Abschnitt 5.1 eine brauchbare Näherung zur Beschreibung der Fugenspannungen darstellt. Darin verbleibt mit dem Winkel φ nur eine Ortskoordinate. Aufgrund der Vernachlässigung des radialen Gradienten bedeutet die Forderung

$$\eta(\varphi) < 1 \quad \forall \varphi \in [0..2 \cdot \pi] \tag{5.48}$$

allerdings keinen strengen Ausschluss von „flächigen" Relativbewegungen mehr. Nur „im Mittel" wird der Reibschluss nicht durchbrochen, was gegebenenfalls einen zusätzlichen „Sicherheitszuschlag" erfordert. Hierbei gilt aber auch zu bedenken, dass gemäß Abschnitt 2.1.2.2 eine Schlupfzone erst „instabil" wird und zu makroskopischen Bewegungen („Wandern") führen kann, wenn sie sich über die gesamte Fugenbreite erstreckt und sich so im Zuge einer umlaufenden Belastung fortpflanzen kann. Wegen der radialen Mittelung kann die Bedingung (5.48) unter Annahme der „dünnwandigen" Theorie dabei durchaus als näherungsweises Kriterium für fugenbreite und damit definitiv kritische Schlupfzonen betrachtet werden.

Unter Einsetzen der Beziehungen für die Schubspannungen und die Flächenpressung gemäß Tab. 2-2 ergibt sich die Auslegungsbedingung (5.42) bzw. (5.48) in der Form

$$\frac{\left| \frac{T}{A \cdot R_M} - 2\frac{F_Q}{A}\sin(\varphi - \psi_Q) \right|}{\mu \cdot \left[\frac{F_K}{A} - \frac{F_Z}{A} - 2\frac{M_B}{A \cdot R_M}\sin(\varphi - \psi_B) \right]} \leq 1 \quad \forall \varphi \in [0..2\pi]. \tag{5.49}$$

Wie im Rahmen des Balkenmodells (Abschnitt 2.2) vereinbart, stellen in diesen Gleichungen die Belastungen T und F_Z vorzeichenbehaftete Größen dar. F_Q und M_B sind dagegen Betragsgrößen, die zusätzlich durch ihre Wirkrichtungen $\psi_{()}$ gekennzeichnet sind. Im Weiteren wird anstelle des körperfesten Bezuges der querkraftbezogene Ortswinkel

$$\varphi_Q = \varphi - \psi_Q \tag{5.50}$$

und der „Phasenwinkel" zwischen Biege- und Querkraftvektor

$$\Delta\psi = \psi_Q - \psi_B \tag{5.51}$$

(vgl. (2.50)) verwendet. Damit und nach Herauskürzung des Fugenquerschnitts A vereinfacht sich (5.49) zu

$$\frac{\left|\frac{T}{R_M} - 2 \cdot F_Q \cdot \sin\varphi_Q\right|}{\mu \cdot \left[F_K - F_Z - 2 \cdot \frac{M_B}{R_M}\sin\left(\varphi_Q + \Delta\psi\right)\right]} \leq 1 \quad \forall\, \varphi_Q \in \left[0..2\pi\right]. \tag{5.52}$$

Die Bedingung ist erfüllt, wenn das Maximum der linken Seite kleiner eins ist. Folglich ist es ausreichend, die Extremalstelle bzgl. φ_Q im Intervall $\left[0, 2\pi\right]$ und den dortigen Extremwert im Hinblick auf die Verspannungs- (F_K) und Belastungsparameter (T, F_Q, F_z, M_B) zu betrachten. Eine Auflösung von (5.52) nach F_K für diese Extremalstelle liefert somit eine Beziehung für die erforderliche axiale Klemmkraft F_{Kerf} als Funktion der verbleibenden sieben Parameter ($T, F_Q, F_Z, M_B, \Delta\psi, R_M, \mu$). Erschwerend erweist sich dabei die Phasenlage zwischen Biegung und Querkraft $\Delta\psi$. Es lassen sich jedoch zunächst zwei technisch wichtige Sonderfälle herausgreifen, welche die Betrachtungen vereinfachen.

5.2.2.2 Sonderfall: Ungünstigste Phasenkonstellation ($\Delta\psi = \{0°, 180°\}$)

Wie in (5.52) leicht zu erkennen ist, sind Querkraftschub und Pressungsänderung infolge Biegung entlang des Fugenumfangs sinusförmig verteilt (vgl. auch Bild 5.10 und Bild 5.18), wobei die Phasenverschiebung durch den Winkel $\Delta\psi$ ausgedrückt wird. Die ungünstigste Konstellation tritt dann ein, wenn die Querkraft-Schubspannung gerade auf der Zugseite der Biegung maximal wird, also an der Stelle, wo das wirkende Biegemoment den Fugendruck (und damit die übertragbare Schubspannung $\tau_{\lim}$) am stärksten vermindert. In der technischen Berechnung einer Stirn-PV ist dies insbesondere auch dann relevant, wenn die Phasenlage $\Delta\psi$ unbekannt[31] ist bzw. aus Auslegungsgründen der „schlimmste denkbare Fall" angenommen werden soll. Mathematisch betrachtet liegt dieser Fall dann vor, wenn der Zähler der linken Seite in (5.52) dort maximal wird ($\sin\varphi_Q = \pm 1$, je nach Vorzeichen von T), wo der Nenner sein Minimum erreicht ($\sin\left(\varphi_Q + \Delta\psi\right) = 1$, da vereinbarungsgemäß $M_B > 0$). Allgemein lässt sich sagen, dass Querkraft- und Biegevektor in diesen Fällen parallel verlaufen. In der Extremwert-Betrachtung ($\max(\eta)$) ergibt sich unter Auflösung der Betragsstriche des Nenners die Beziehung (5.52) in der Form[32]

$$\frac{\frac{|T|}{R_M} + 2 \cdot |F_Q|}{\mu \cdot \left(F_K - F_Z - 2\frac{|M_B|}{R_M}\right)} \leq 1. \tag{5.53}$$

Damit lässt sich eine Formel für die unter den gegebenen Belastungsgrößen erforderliche Schrauben-Klemmkraft F_{Kerf} angeben:

---

[31] Dies trifft zwangsläufig zu, wenn Biegung und Querkraft mechanisch vollkommen unabhängig von einander auftreten und keinerlei Vorzugsrichtungen existieren bzw. bekannt sind.

[32] Darin sind Biegemoment und Querkraft ebenfalls in Betragsstriche gesetzt, was gemäß der Vereinbarung zwar redundant ist, hier und im Weiteren jedoch auf die (5.53) zugrunde liegende Irrelevanz der Wirkrichtungen hinweisen soll. Die axiale Betriebskraft F_Z wird dagegen vereinbarungsgemäß dann positiv gezählt, wenn sie den Druck in der Fuge *verringert*.

$$F_K \geq F_{Kerf} = \frac{1}{\mu} \cdot \left(\frac{|T|}{R_M} + 2 \cdot |F_Q| \right) + 2 \frac{|M_B|}{R_M} + F_Z \tag{5.54}$$

Alternativ kann beispielsweise das übertragbare Torsionsmoment („Grenzmoment" $T_{\lim}$) berechnet werden, wenn die Schraubenklemmkraft F_K sowie die verbleibenden Belastungsgrößen bekannt sind:

$$|T| \leq T_{\lim} = \underbrace{\mu \cdot F_K \cdot R_M}_{T_R} - \mu \cdot F_Z \cdot R_M - 2 \cdot \mu \cdot |M_B| - 2 \cdot |F_Q| \cdot R_M \,. \tag{5.55}$$

Darin stellt der erste Term der rechten Seite das Rutschmoment der Fuge dar. Die verbleibenden Terme können als „Verminderung" von $T_{\lim}$ gegenüber T_R infolge der kombinierten Belastung interpretiert werden. Wird die triviale Wirkung der Axialkraft F_Z nicht betrachtet (sie kann rein formal in die Klemmkraft F_K einbezogen werden) sowie Biegung und Querkraft in bezüglich T_R normierter Darstellung mit

$$m_B = \frac{|M_B|}{T_R} = \frac{|M_B|}{\mu \cdot F_K \cdot R_M}, \quad f_Q = \frac{|F_Q| \cdot R_M}{T_R} = \frac{|F_Q|}{\mu \cdot F_K} = \frac{|F_Q|}{F_{R,th}}, \tag{5.56}$$

ausgedrückt, so ergibt sich die Beziehung (5.55) in der dimensionslosen Form

$$\frac{T_{\lim}}{T_R} \leq 1 - 2 \cdot \left[\mu \cdot m_B + f_Q \right]. \tag{5.57}$$

Diese Beziehung gibt nach Art eines belastungsabhängigen Gütefaktors η_{gr} an, welcher Anteil des nominellen Rutschmoments im Sinne des Modells schlupffrei übertragen werden kann. Die entsprechenden Grenzkurven $T_{\lim}/T_R$ für die übertragbare Belastung sind in **Bild 5.20** als Funktion von f_Q für $\mu = 0{,}15$ dargestellt. **Bild 5.21** gibt den gleichen Zusammenhang als Funktion von m_B wieder, wobei dabei insbesondere noch der Reibwert-Einfluss deutlich wird. In allen Fällen wird der lineare Minderungscharakter einer überlagerten Biege- und Querkraft-Belastung sichtbar.

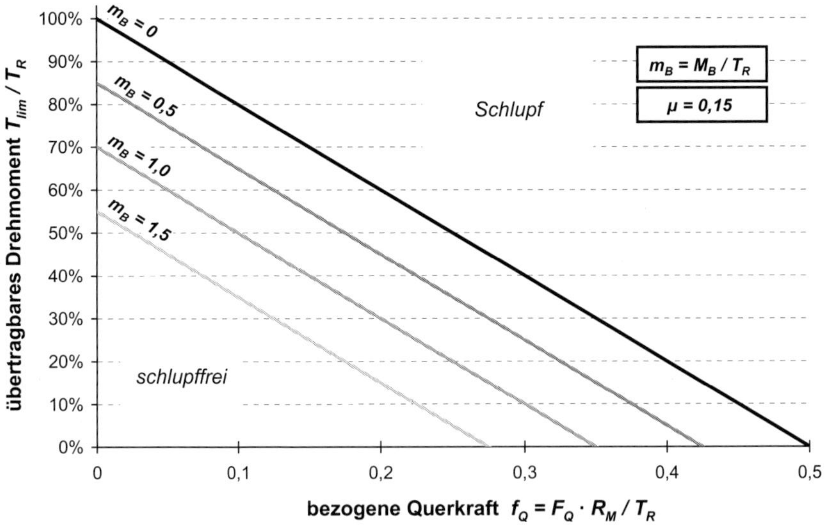

Bild 5.20: Dimensionslose Darstellung des schlupffrei übertragbaren Torsionsmoments unter kombinierter Belastung bei ungünstigster Phasenlage zwischen Querkraft und Biegung – ***Darstellung als Funktion der bezogenen Querkraftbelastung***

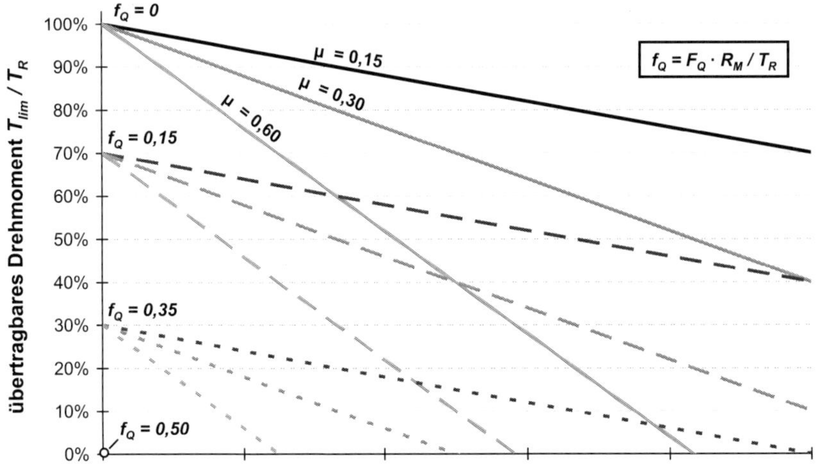

Bild 5.21: Dimensionslose Darstellung des schlupffrei übertragbaren Torsionsmoments unter kombinierter Belastung bei ungünstigster Phasenlage zwischen Querkraft und Biegung – ***Darstellung als Funktion der bezogenen Biegebelastung***

Wird exemplarisch der Fall betrachtet, dass keine Querkraft-Beanspruchung vorliegt ($F_Q = 0 \Leftrightarrow f_Q = 0$), aber die Verbindung mit einem Biegemoment in Höhe des Rutschmoments der Fuge T_R belastet wird ($M_B = T_R \Leftrightarrow m_B = 1{,}0$), so darf die Torsionsbelastung bei $\mu = 0{,}15$ nur 70% der nominellen Rutschbelastung T_R betragen, damit keine kritischen Schlupfzonen auftreten.

Eine andere Darstellungsweise ergibt sich, wenn (5.53) bzw. (5.55) in die folgende Form gebracht werden:

$$\left.\begin{aligned} &\frac{|T|}{\mu \cdot F_K \cdot R_M} + \frac{2 \cdot \mu \cdot |M_B|}{\mu \cdot F_K \cdot R_M} + \frac{2 \cdot |F_Q| \cdot R_M}{\mu \cdot F_K \cdot R_M} + \frac{\mu \cdot F_Z \cdot R_M}{\mu \cdot F_K \cdot R_M} \le 1 \\ \Rightarrow\quad &\frac{|T|}{\mu \cdot F_K \cdot R_M} + \frac{|M_B|}{\frac{1}{2} \cdot F_K \cdot R_M} + \frac{|F_Q|}{\frac{1}{2} \cdot \mu \cdot F_K} + \frac{|F_Z| \cdot sign(F_Z)}{F_K} \le 1 \end{aligned}\right\} . \tag{5.58}$$

Dies stellt eine formale Analogie zu [KUR93] dar und kann dementsprechend als eine Summe von Auslastungsgraden (in [KUR93] „Nutzungszahlen" genannt) interpretiert werden (vgl. (2.12), Abschnitt 2.1.2.1). Die Nenner der einzelnen Summanden, also die entsprechenden theoretischen „Absolut-Grenzen" der elementaren Belastungsgrößen, werden dabei offensichtlich gebildet

- für die Torsion durch das Rutschmoment T_R (5.23) mit $R_{eff} = R_M$,
$$\Rightarrow \eta_T = \frac{|T|}{\mu \cdot F_K \cdot R_M} = \frac{|T|}{T_R} \tag{5.59}$$
- für die Biegung durch das Klaffmoment (5.21) nach dem dünnwandigen Modell,
$$\Rightarrow \eta_B = \frac{|M_B|}{\frac{1}{2} \cdot F_K \cdot R_M} = \frac{|M_B|}{M_{K,dünn}} \tag{5.60}$$
- für die Querkraft durch die zulässige Querkraft (5.39), identisch mit der *halben* Rutschkraft (5.37),
$$\Rightarrow \eta_Q = \frac{|F_Q|}{\frac{1}{2} \cdot \mu \cdot F_K} = \frac{|F_Q|}{\frac{1}{2} \cdot F_{R,th}} \tag{5.61}$$
- für die Längskraft durch die Vorspannkraft F_K, äquivalent einer „Abhebekraft" für die gesamte Fuge.
$$\Rightarrow \eta_Z = \frac{|F_Z|}{F_K} \tag{5.62}$$

Folgerichtig und analog zu (2.13) stellt sich der Grenzzustand (= 1) unter anderem dann ein, wenn auch nur eine Einzelbelastung ihren jeweiligen Grenzwert erreicht. Für kombinierte Belastung gilt ein linearer Zusammenhang: Der Gesamtauslastungsgrad Σ_η ergibt sich als arithmetische Summe der elementaren Größen und darf den Wert eins nicht übersteigen:

$$\Sigma_\eta = \eta_T + \eta_B + \eta_Q + \eta_Z \cdot sign(F_Z) \quad \le 1. \tag{5.63}$$

Im Falle einer Längskraftbelastung F_Z ist wegen der Definition (5.62) zusätzlich die Wirkrichtung (*sign*) zu beachten (vgl. Fußnote 32 auf Seite 135).

5.2.2.3 Sonderfall: Querkraftbiegung ($\Delta\psi = \pm 90°$)

Von praktisch großer Bedeutung ist der Fall, dass die Biegebelastung in den Fugen allein aus Querkräften resultiert, also mit diesen in festem Größen- und Richtungsverhältnis steht. Ein Beispiel dafür ist die besagte Drehmomentenübertragung durch Riemen- und Kettenkräfte oder Zahnkräfte bei Geradverzahnung. Bei dieser *Querkraftbiegung* stehen Querkraft- und Biegemomentenvektor allgemein senkrecht aufeinander:

$$|\psi_Q - \psi_B| = 90° . \tag{5.64}$$

Die Beziehung (5.52) reduziert sich dann auf

$$\frac{\left|\frac{T}{R_M} - 2 \cdot F_Q \cdot \sin\varphi_Q\right|}{\mu \cdot \left[F_K - F_Z \pm 2 \cdot \frac{M_B}{R_M} \cos\varphi_Q\right]} \leq 1 \quad \forall\, \varphi_Q \in [0..2\pi]. \tag{5.65}$$

Da nur das Extremwert (Maximum) der linken Seite, nicht aber die genaue Phase der Extremalstelle gesucht ist, lässt sich die Beziehung weiter vereinfachen. Unter Ausnutzung der Periodizitätseigenschaften der trigonometrischen Funktionen kann sich die Betrachtung auf die Funktion

$$\left(\frac{|T|}{R_M} + 2 \cdot F_Q \cdot \sin\varphi_Q^*\right) \leq \mu \cdot \left[F_K - F_Z + 2\frac{M_B}{R_M}\cos\varphi_Q^*\right] \tag{5.66}$$

im Intervall $\varphi^* = 0..180°$ ($0..\pi$) beschränken. Die Beziehung für die erforderliche Klemmkraft der Schraube folgt damit in der Form

$$F_K \geq \frac{|T|}{\mu \cdot R_M} + 2 \cdot \frac{1}{\mu} \cdot F_Q \cdot \sin\varphi_Q^* - 2 \cdot \frac{M_B}{R_M}\cos\varphi_Q^* + F_Z \quad \forall\, \varphi_Q^* \in [0..\pi]. \tag{5.67}$$

Maßgeblich ist dabei die Extremalstelle φ_Q^{**} im besagten Intervall. Diese liegt bei

$$\varphi_Q^{**} = 2 \cdot \arctan\left(\kappa + \sqrt{\kappa^2 + 1}\right) \quad \text{mit } \kappa = \mu \cdot \frac{M_B}{F_Q \cdot R_M}. \tag{5.68}$$

Eingesetzt in (5.67) ergibt sich die Gleichung zur Bemessung der erforderlichen Schraubenklemmkraft:

$$F_K \;\geq\; F_{Kerf} = F_Z + \frac{|T|}{\mu \cdot R_M} + 2 \cdot \sqrt{\left(\frac{F_Q}{\mu}\right)^2 + \left(\frac{M_B}{R_M}\right)^2}. \tag{5.69}$$

Analog zu (5.55) kann daraus eine Gleichung für das übertragbare Drehmoment bei überlagerter Querkraft-Biegung abgeleitet werden:

$$|T| \;\leq\; T_{\lim} = \underbrace{\mu \cdot F_K \cdot R_M}_{T_R} - \mu \cdot F_Z \cdot R_M - 2 \cdot \sqrt{\left(F_Q \cdot R_M\right)^2 + \left(\mu \cdot M_B\right)^2}. \tag{5.70}$$

Die Beziehung ist (5.55) formal ähnlich, die Querkraft- und Biegeterme gehen hier lediglich als geometrische Summe ein. Mit den bezogenen Größen (5.56) ergibt sich der zu (5.57) analoge Zusammenhang für reine Querkraftbiegung wie folgt:

$$\frac{|T|}{T_R} \leq 1 - 2 \cdot \sqrt{\left(\mu \cdot m_B\right)^2 + f_Q^2}. \tag{5.71}$$

Dieser ist in **Bild 5.22** und **Bild 5.23** veranschaulicht. Im Vergleich zur ungünstigsten Biege-Querkraft-Konstellation (vgl. Bild 5.20 und Bild 5.21) zeigt sich ein etwas „gestreckter“, leicht nichtlinearer Verlauf der Grenzkurven. In der Darstellung mit „Auslastungsgraden“ analog (5.63) ergibt sich dabei die Grenzbedingung

$$\Sigma_\eta = \eta_T + \sqrt{\eta_B^{\,2} + \eta_Q^{\,2}} + \eta \cdot sign(F_Z) \;\leq 1. \tag{5.72}$$

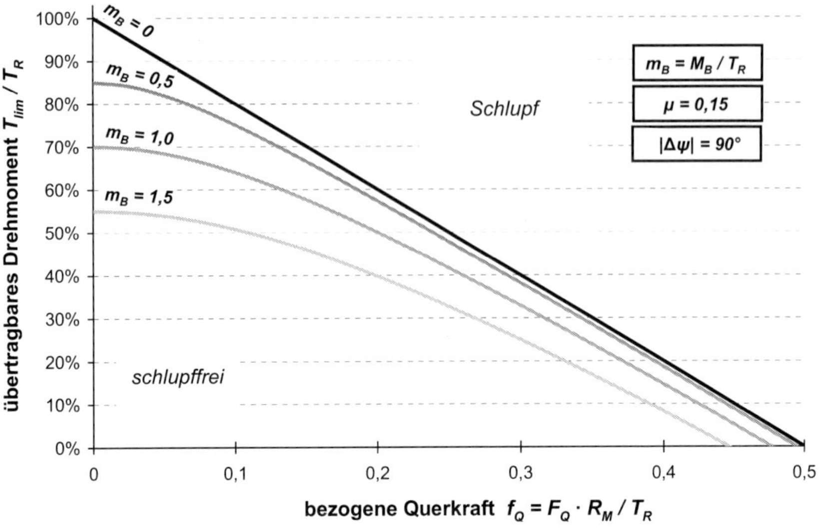

Bild 5.22: Dimensionslose Darstellung des schlupffrei übertragbaren Torsionsmoments unter überlagerter Querkraftbiegung (vgl. Bild 5.20 für allgemein ungünstigste Phasenlage) *– Darstellung als Funktion der bezogenen Querkraftbelastung*

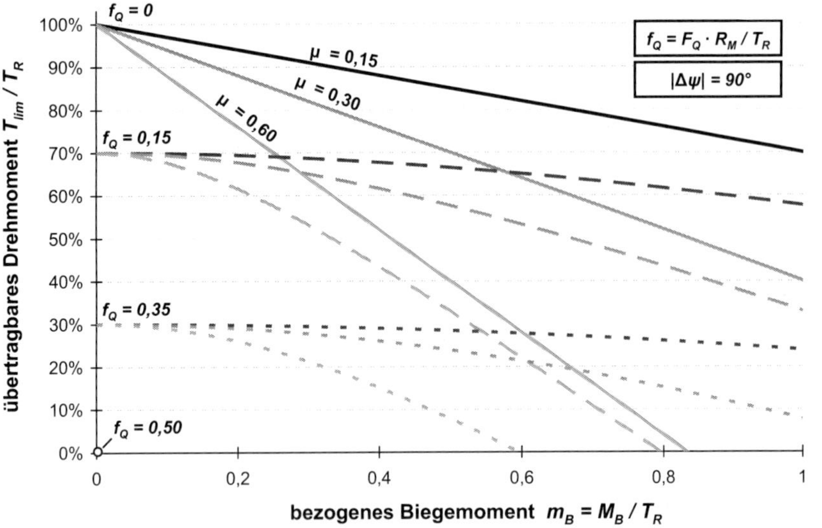

Bild 5.23: Dimensionslose Darstellung des schlupffrei übertragbaren Torsionsmoments unter überlagerter Querkraftbiegung (vgl. Bild 5.21 für allgemein ungünstigste Phasenlage) *– Darstellung als Funktion der bezogenen Biegebelastung*

In der Realität besteht bei einfach belasteten (d. h. in der Regel einnabigen) Stirnpressverbindungen meist ein fester, proportionaler Zusammenhang[33] zwischen der „treibenden" Querkraft (Zahn-, Ketten- oder Riemenkraft) und den resultierenden Torsions- und Biegemomenten. Es kann dann nicht nur von einer der Torsion *überlagerten*, sondern – konkreter – von einer *assoziierten* Querkraftbiegung gesprochen werden. Diese Kopplung lässt sich über den „Biege-" (h_B) bzw. „Torsionshebelarm" (h_T) der Querkraft beschreiben. Es gilt:

$$\left.\begin{aligned} |M_B| &= h_B \cdot |F_Q| \\ |T| &= h_T \cdot |F_Q|. \end{aligned}\right\} \tag{5.73}$$

Geometrie- und damit verbindungs- bzw. fugenspezifisch ergibt sich danach ein dimensionsloser Biege-Anteil κ_B sowie ein Querkraft-Anteil κ_Q:

$$\left.\begin{aligned} \kappa_B &= \frac{|M_B|}{|T|} = \frac{h_B}{h_T} \\ \kappa_Q &= \frac{|F_Q| \cdot R_M}{|T|} = \frac{R_M}{h_T}. \end{aligned}\right\} \tag{5.74}$$

Unter Nichtbetrachtung einer Längskraft F_Z nimmt (5.70) damit die Form

$$|T| \leq T_{\lim} = \frac{\mu \cdot F_K \cdot R_M}{1 + 2 \cdot \sqrt{(\kappa_Q)^2 + (\mu \cdot \kappa_B)^2}} \tag{5.75}$$

an, in welcher explizit nur noch eine Belastungsgröße – hier praxisgemäß T – enthalten ist. Der Zähler der rechten Seite ist das Rutschmoment T_R der Fuge. Folglich bildet der Nenner einen „Minderungsfaktor" des übertragbaren Drehmomentes infolge assoziierter Querkraft-Biegung. Der entsprechende Zusammenhang wird in den Darstellungen unter **Bild 5.24** wiedergegeben. Dabei wird der große Einfluss von Biegung und Querkraft deutlich. Im Bereich von Ketten- und Riementrieben sind Biege- und Querkraftanteile (κ_B bzw. κ_Q) im Bereich von 0,2...1,0 üblich, was einer gegenüber dem nominellen statischen Rutschmoment T_R auf bis zu 30% reduzierten übertragbaren Torsionsbelastung entspricht.

[33] Dies trifft umso weniger zu, je stärker die resultierende Querkraft von der Riemen- oder Ketten*vorspannung* dominiert wird. Dann liegen zwar weiterhin feste Hebelverhältnisse vor, ein im eigentlichen Sinne proportionaler Zusammenhang gilt allerdings nicht, da selbst bei Wegnahme der Drehmoment-Belastung die Querkraftbiegung infolge der Vorspannkraft wirksam bleibt.

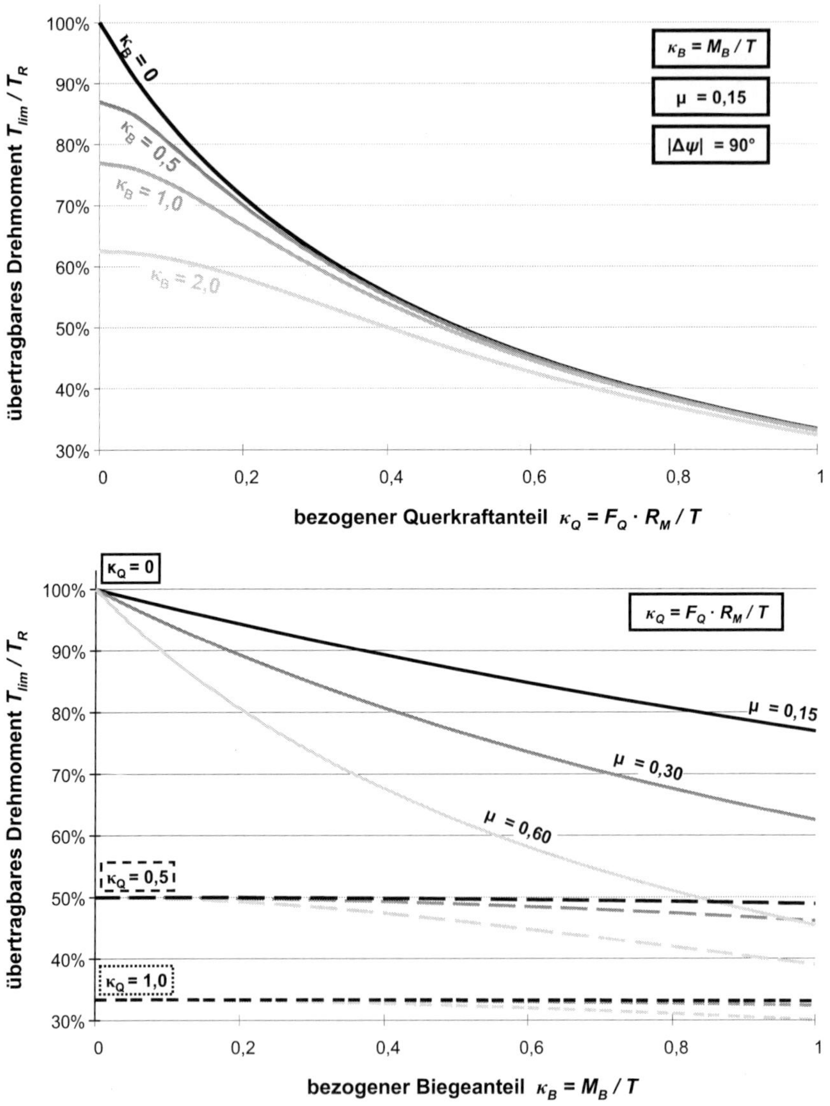

Bild 5.24: Minderung des übertragbaren Torsionsmoments infolge assoziierter Querkraft-Biegung – ***Darstellung über dem bezogenen Querkraftanteil bei μ = 0,15 (oben) bzw. dem Biegeanteil bei verschiedenen Reibwerten (unten)***

Werden die Stirn-PV-Modellvarianten *A*, *B* und *C* als Riemen- oder Kettenräder (ohne Berücksichtigung einer Riemen- oder Kettenvorspannung) betrachtet und demgemäß durch eine exzentrische Querkraft am Nabenflansch belastet, so entspricht der zugrunde gelegte Wirkkreis-Durchmesser (Flanschdurchmesser) von 80 mm bei $R_M = 18\,\text{mm}$ einem Querkraftanteil von $\kappa_Q = 18/40 = 0,45$. Der Biegeanteil κ_B hängt dagegen vom axialen Abstand z^* der Querkraft von der Fuge ab und beträgt je nach Untervariante (*1*, *2* oder *3*) $\kappa_B = 0,125$, $0,25$ bzw. $0,375$. Das bedeutet, dass mit einer Torsionsübertragung durch die Tangentialkräfte stets eine Biegebelastung in Höhe von 12,5%, 25% bzw. 37,5% des Drehmoments verbunden ist. Dieser Wert würden sich gemäß (5.74) weiter erhöhen, wenn der Teilkreisdurchmesser (80 mm) des entsprechenden Riemen-, Ketten- oder Stirnrades verkleinert würde. Für die Modelle *{A|B|C / 1|2|3}* sind die zugehörigen, oben genannten Werte für κ_B und κ_Q in **Bild 5.25** in den entsprechenden Schaubildern (Bild 5.24) hervorgehoben. Folglich ergeben sich Grenz-Torsionsmomente T_{lim} in Höhe von ca. 50..55% des Rutschmomentes. So beträgt für die Variante *B2* bei $F_K = 135{,}7\ \text{kN}$ ($\hat{=}\ \bar{p} = 200\ \text{MPa}$) und $\mu = 0{,}15$ das Rutschmoment $T_R = 366\,\text{Nm}$. Dagegen ergibt sich unter Berücksichtigung der assoziierten Querkraftbiegung eine schlupffreie Grenzbelastung gemäß (5.75) von $T_{\text{lim}} = 192\ \text{Nm}$ (ca. 52,5%). Dies entspricht einer „Kettenkraft" von $F_Q = 4{,}8\ \text{kN}$ und einem Biegemoment in der Fuge von $M_B = 72\ \text{Nm}$.

Für den entsprechenden Grenzbereich – konkret für eine querkraftinduzierte Torsionsbelastung in Höhe von 90% und 100% T_{lim} gemäß (5.75) – sind in **Bild 5.26** die FE-berechneten Spannungsverteilungen (τ sowie $\tau_{\text{lim}} = \mu \cdot p$) in der Fugenmitte in Umfangsrichtung aufgetragen. Dabei sind zunächst die typischen sinusförmigen Verläufe mit einem Phasenversatz zwischen Schub und Pressung von 90° zu erkennen. Den Mittelwert der entsprechenden Kurven bildet dabei die Montage-Flächenpressung (für τ_{lim}) bzw. die Torsionsschubspannung (für τ). Eine Erhöhung der (Schrauben-) Klemmkraft bewegt somit die Kurve $\tau_{\text{lim}} = \mu \cdot p$ senkrecht nach oben. Eine Änderung des Torsionsmoments würde dagegen allgemein den Mittelwert der Schubspannung verschieben, im konkreten Fall (*assoziierte* Querkraft-Biegung) jedoch auch unmittelbar die „Sinus-Amplituden" beeinflussen.

Für das Belastungsniveau 90% T_{lim} zeigt sich ein noch ausreichender Abstand zwischen τ und τ_{lim}, so dass die Haftbedingung entlang des gesamten Umfangs erfüllt wird. Bei einer Steigerung auf 100% T_{lim} haben sich Mittelwert und Sinus-Amplitude der Schubspannung im Bereich ihres Maximums so stark erhöht, dass die Grenzkurve $\tau_{\text{lim}} = \mu \cdot p$, die sich weit weniger verändert hat, geschnitten wird. Gemäß der COULOMB'schen Reibungsungleichung kann τ_{lim} nicht überschritten werden, so dass es zu einer Spannungsumlagerung kommt und die beiden Kurven stückweise ($\varphi \approx 250..270°$) zusammenfallen. Dieser Bereich entspricht einer Schlupfzone, welche sich gemäß der Position des Auswertepfads zumindest in der Fugenmitte erstreckt. Bezüglich des Auftretens einer tatsächlich *fugenbreiten* Schlupfzone verbleibt gemäß der „dünnwandigen" Betrachtung zwar eine gewisse systematische Unsicherheit, welche nach den Betrachtungen in Abschnitt 5.1 jedoch im Bereich von <20% einzuschätzen ist. Das analytische Modell liefert somit eine sehr gute Vorhersage der entsprechenden Grenzbelastung.

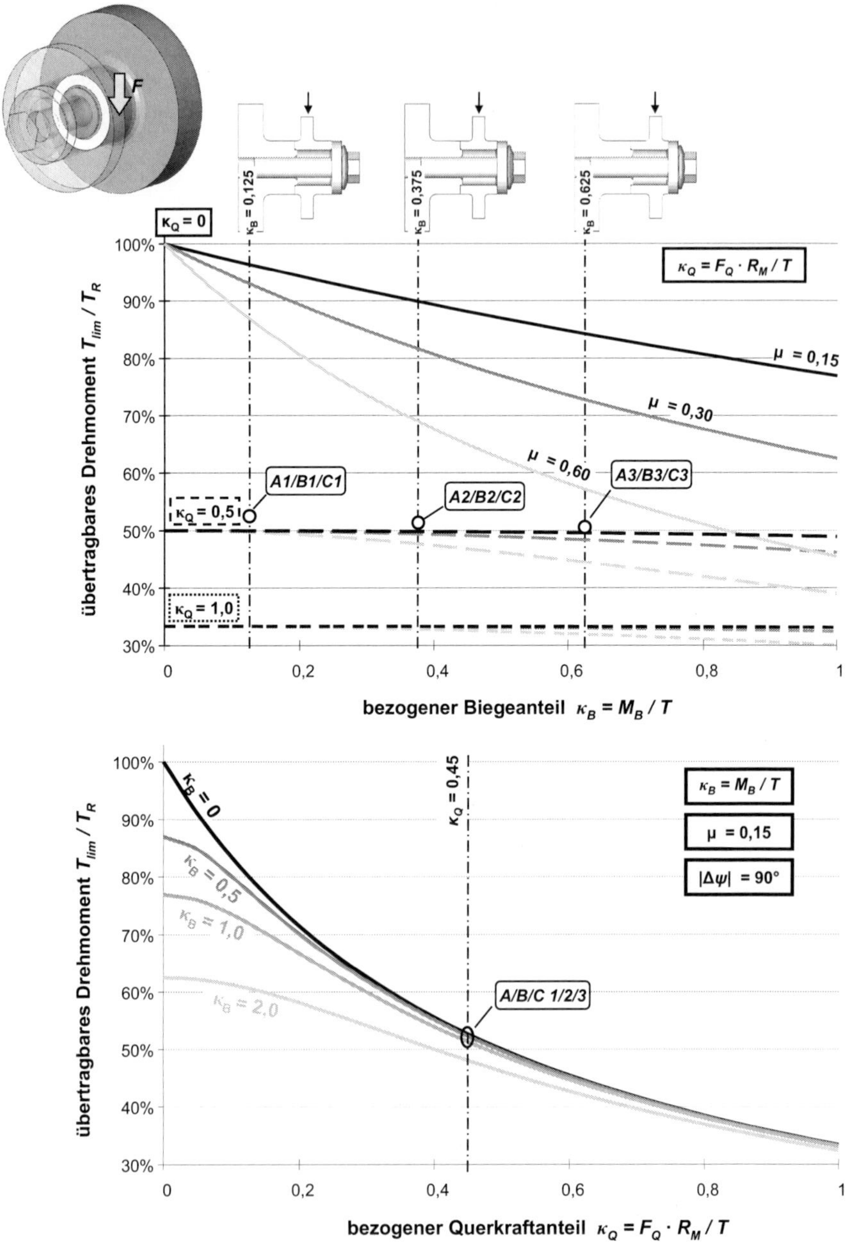

Bild 5.25: Minderung des übertragbaren Drehmoments gegenüber dem nominellen Rutschmoment bei den Modellvarianten *A, B* und *C* bei Torsions-Aufbringung über eine exzentrische Querkraft

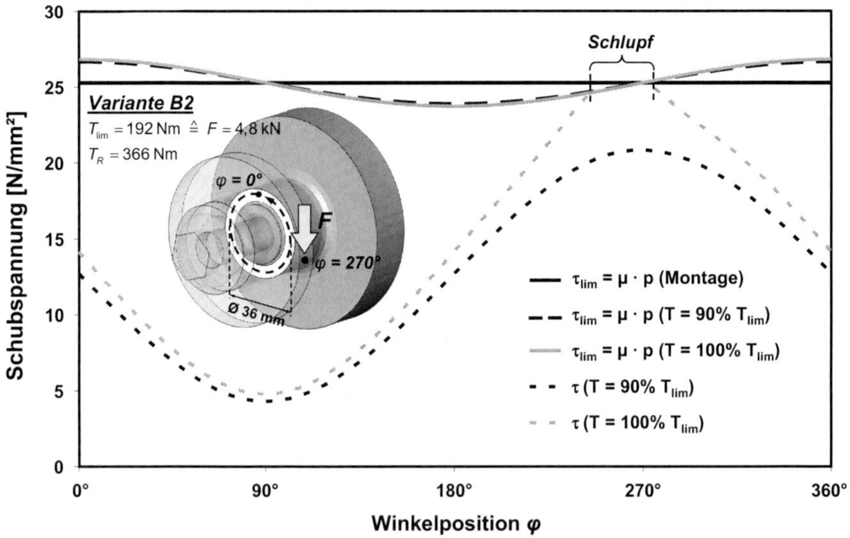

Bild 5.26: Verteilung von Schubspannungen und Grenzschubspannungen gemäß FEA für 90% und 100% der analytisch berechneten Grenzbelastung T_{lim} beim Stirn-PV-Modell *B2*

5.2.2.4 Allgemeine Phasenlage von Querkraft und Biegung (beliebiges $\Delta\psi$)

Über die bisherigen Sonderfälle hinaus besitzt auch die Betrachtung einer allgemeinen Phasenlage $\Delta\psi$ praktische Relevanz. Diesbezüglich sind beispielsweise die folgenden Konstellationen von Bedeutung:

- Bei Mehrfach-Stirn-PV, also Verbindungen mit mehreren, in verschiedenen Ebenen auftretenden Lastangriffen, überlagern sich die wirkenden Beanspruchungen. So führt zwar jeder Riemen- oder Kettentrieb für sich betrachtet bezüglich einer bestimmten Fuge zu einer Querkraftbiegung mit $|\Delta\psi| = 90°$, infolge unterschiedlicher Biegehebelarme der unterschiedlichen Lastangriffe ist der Phasenwinkel zwischen resultierender Gesamt-Biegung und Gesamt-Querkraft im Allgemeinen $\neq 90°$.
- Exzentrische Axialkräfte, wie sie zum Beispiel bei schrägverzahnten Stirnrädern auftreten, führen zu querkraftfreien Biegemomenten, die sich mit der Querkraftbiegung (infolge radialer Kräfte) überlagern und die Phasenlage $\Delta\psi$ verschieben.
- Schwingungen und die damit verbundenen Massenkräfte und -momente überlagern sich den Betriebsbelastungen und wirken damit ebenso auf $\Delta\psi$, wenngleich diese Wirkung i. d. R. unbestimmt ist.

Zur Betrachtung des allgemeinen Falls muss die Auslegungs-Grundbeziehung

$$\frac{\left|\frac{T}{R_M} - 2 \cdot F_Q \cdot \sin\varphi_Q\right|}{\mu \cdot \left[F_K - F_Z - 2 \cdot \frac{M_B}{R_M} \sin\left(\varphi_Q + \Delta\psi\right)\right]} \leq 1 \quad \forall\ \varphi_Q \in \left[0..2\pi\right] \qquad ((5.52))$$

ohne Einschränkungen hinsichtlich $\Delta\psi$ vollständig ausgewertet werden. Hierfür sind wegen dem Ungleichungscharakter, dem Betrag im Zähler sowie den trigonometrischen Termen mehrere Fallunterscheidungen notwendig. Für die näheren Ausführungen sei auf den **Anhang C** verwiesen. Für das globale Maximum der linken Seite ergibt die Auflösung nach der Klemmkraft F_K letztlich den folgenden Zusammenhang in Form einer expliziten Funktion der sieben Einflussgrößen $\{\mu, R_M, T, F_Q, M_B, \Delta\psi, F_Z\}$:

$$F_K \geq F_{Kerf} = f\left(\mu, R_M, T, F_Q, M_B, \Delta\psi, F_Z\right)$$
$$= \max\left\{\begin{array}{l} F_Z + \dfrac{T}{\mu \cdot R_M} + 2 \cdot \sqrt{\left(\dfrac{|F_Q|}{\mu}\right)^2 + \left(\dfrac{|M_B|}{R_M}\right)^2 - 2 \cdot \dfrac{|F_Q|}{\mu} \cdot \dfrac{|M_B|}{R_M} \cdot \cos\Delta\psi} \\ F_Z - \dfrac{T}{\mu \cdot R_M} + 2 \cdot \sqrt{\left(\dfrac{|F_Q|}{\mu}\right)^2 + \left(\dfrac{|M_B|}{R_M}\right)^2 + 2 \cdot \dfrac{|F_Q|}{\mu} \cdot \dfrac{|M_B|}{R_M} \cdot \cos\Delta\psi} \end{array}\right\}. \tag{5.76}$$

Mit dieser Beziehung lässt sich auch für eine beliebige Lastkonstellation die erforderliche axiale Klemmkraft berechnen, die erforderlich ist, um im Sinne des Modells der dünnen Reibfuge lokale Schlupfzonen auszuschließen. Zu beachten ist dabei, dass die Allgemeingültigkeit von (5.76) auch die genaue Berücksichtigung das Vorzeichen des Drehmomentes ($sign(T)$) erfordert, während die Wirkrichtungen von F_Q und M_B implizit über $\Delta\psi$ eingehen. Dieser Zusammenhang wird in **Bild 5.27** veranschaulicht. Darin sind die Verteilungen der Schub- (τ) und Grenzschubspannungen ($\tau_{lim} = \mu \cdot p$) in Umfangsrichtung bei unterschiedlichen Belastungsniveaus skizziert. Die Kurve ① stellt dabei zunächst die übertragbare Schubspannung im Montagezustand dar. Wegen deren Richtungsunabhängigkeit ist die Linie als ①' auch im negativen Bereich von τ relevant. Die Größe des zulässigen Bereichs wird letztlich durch den Reibwert μ und die Klemmkraft F_K begrenzt.

Eine Biegebelastung führt nun zu einer Umlagerung der Flächenpressung und lässt die Geraden ① und ①' in die sinusförmigen Kurven ② und ②' übergehen. Diese begrenzen den schlupffreien Schubspannungsbereich – das im Bild schattierte „überkritische" Gebiet kann gemäß der COULOMB'schen Reibungsungleichung praktisch nicht erreicht werden.

Die Kurve ③ stellt die sinusförmige Verteilung einer Querkraft-Schubspannung (τ_Q) dar. Im konkreten Fall liegt diesbezüglich eine Phasenverschiebung von $\Delta\psi \approx 75°$ vor. Eine Torsionsbeanspruchung führt dagegen zu einer in Umfangsrichtung *konstanten* Schubspannung τ_T, welche bezüglich τ_Q zu einer vertikalen Verschiebung der Schubspannungskurve führt. Für den Zustand „*(a)*" mit einer positiven Drehrichtung (Torsionsschubspannung $\tau_T^{(a)} > 0$) ergibt sich somit die Schubspannungsverteilung ③^a, in negativer Torsionsrichtung („*(b)*") ③^b. Bei Kurven stellen das jeweiligen Grenzbelastungsniveau dar, bei denen sich Kurven der vorhandenenen (τ) und maximalen Schubspannungen (τ_{lim}) gerade in einem Punkt berühren (P_a bzw. P_b). Wie im Bild erkennbar, sind die Schubspannungen $\tau_T^{(a)}$ und $\tau_T^{(b)}$ und damit die zugehörigen Torsions-Grenzbelastungen betragsmäßig unterschiedlich groß. Dieser Unterschied verschwindet im Übrigen für $|\Delta\psi| = 90°$ (Querkraftbiegung).

Anhand der Abbildung ist leicht einzusehen, dass eine Verschiebung der Querkraft- bzw. Biegungsphase zu veränderten potentiellen „Berührungspunkten" und damit veränderten Grenzbeziehungen führt. Die Auslegungsgleichung (5.76) kann dabei so verstanden werden,

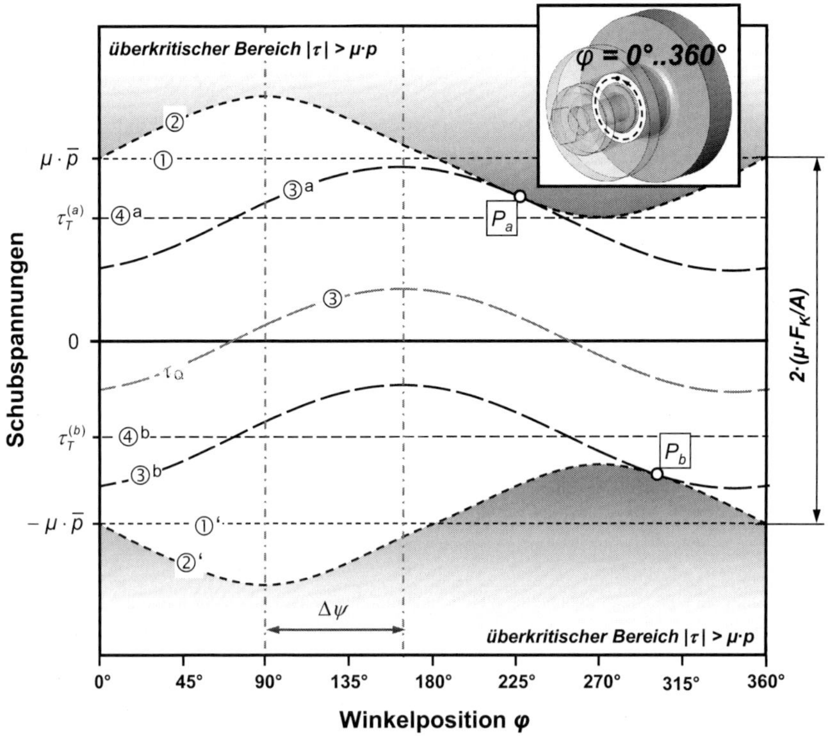

Bild 5.27: Einfluss von Torsionsrichtung und Phasenlage auf die Schubspannungsverteilung in der Fuge bei allgemeiner kombinierter Belastung mit T, F_Q und M_B

dass sie in Abhängigkeit von Geometrie (R_M), Reibwert (μ) und Belastung ($T, F_Q, M_B, \Delta\psi, F_Z$) die aus der Biegung resultierende „Sinuskurve" der Grenzschubspannung exakt in einem Punkt mit τ in Berührung bringt. Der „weiße" Flächenbereich in Bild 5.27 wird also über F_{Kerf} so „dimensioniert", dass die reale Schubspannungskurve vollständig hineinfällt. Die betrachteten Sonderfälle (Abschnitte 5.2.2.2 und 5.2.2.3) sind dabei in der Beziehung (5.76) enthalten, welche sich dann zu (5.54) bzw. (5.69) vereinfacht.

Eine alternative Darstellung der Grenzbelastungszustände ist über das Konzept der Teilauslastungsgrade möglich. Diesbezüglich lässt sich (5.76) mit (5.59)..(5.62) in den folgenden Zusammenhang für die Gesamtauslastung überführen:

$$\Sigma_\eta = f(\Delta\psi) = \max\left\{\begin{matrix} sign(T)\cdot\eta_T + \sqrt{\eta_Q^2 + \eta_B^2 - 2\cdot\eta_Q\cdot\eta_B\cdot\cos\Delta\psi} + sign(F_Z)\cdot\eta_Z \\ \\ -sign(T)\cdot\eta_T + \sqrt{\eta_Q^2 + \eta_B^2 + 2\cdot\eta_Q\cdot\eta_B\cdot\cos\Delta\psi} + sign(F_Z)\cdot\eta_Z \end{matrix}\right\} \leq 1. \tag{5.77}$$

Entgegen (5.63) liegt damit nunmehr eine stark nichtlineare Grenzbeziehung vor, welche nicht nur von der Höhe der Belastung, sondern zudem von den Wirkrichtungen ($sign(T)$, $sign(F_Z)$ und eben $\Delta\psi$) der einzelnen Komponenten abhängig ist. Der Einfluss von $\Delta\psi$ und $sign(T)$ ist exemplarisch in **Bild 5.28** dargestellt.

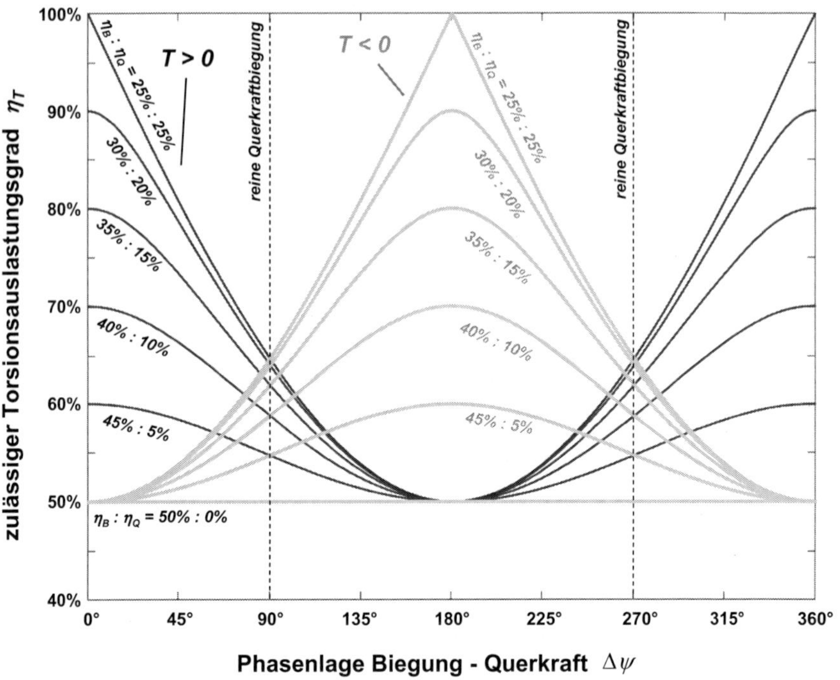

Bild 5.28: Einfluss von Torsionsrichtung und Phasenlage auf den zulässigen Torsion-Teilauslastungsgrad η_T für den Fall $\eta_B + \eta_Q = 0,5$ und $\eta_Z = 0$. – *Hinweis: Die Aufteilung von $\eta_B + \eta_Q = 0,5$ zwischen η_B und η_Q ist gemäß (5.77) kommutativ.*

Hierbei wird konkret von einer konstanten Summe der Teilauslastungsgrade von Biegung und Querkraft ausgegangen ($\eta_B + \eta_Q = 0,5$), während deren Aufteilung zwischen η_B und η_Q sowie der Phasenwinkel und die Wirkrichtung der Torsion variiert sind. Aufgetragen ist letztlich der zulässige Torsions-Teilauslastungsgrad η_T zur Erfüllung der Grenzbedingung (5.77). Für den querkraft- oder biegungsfreien Zustand ($\eta_B = 0$ oder $\eta_Q = 0$) entfällt trivialerweise der Einfluss von $\Delta\psi$ und (5.77) geht in die lineare Gesamtbeziehung (5.63) über. Die zulässige Torsionsauslastung entspricht dann der arithmetischen Differenz zu $\Sigma_\eta = 1$ von $\eta_T = 0,5$. Dieser Fall entspricht zugleich der ungünstigsten Konstellation für eine sonstige Aufteilung $\eta_B : \eta_Q$, welche sich für $T > 0$ bei einer Phasenlage von $\Delta\psi = \pm 180°$ und bei $T < 0$ von $\Delta\psi = 0°$ bzw. $360°$ einstellt. Für reine Querkraftbiegung ($\Delta\psi = \pm 90°$) bzw. $\Delta\psi = \pm 270°$) spielt die Torsionsrichtung keine Rolle. Der potentielle Einfluss von $\Delta\psi$ ist gemäß Bild 5.28 umso größer, je gleichmäßiger die Aufteilung der Auslastungsgrade von Biegung und Querkraft ist. Im Falle des Modellbeispiels *B2* bewirkt die assoziierte Querkraftbiegung eine Konstellation der Auslastungsgrade im Grenzzustand ($T = T_{\text{lim}} = 192\,\text{Nm}$) von $\eta_T : \eta_Q : \eta_B \approx 52,4\% : 47,2\% : 5,9\%$. Die *arithmetische* Summe ($105,5\%$) liegt dabei offensichtlich nahe am realen Gesamtauslastungsgrad ($\Sigma_\eta = 100\%$), stellt folglich im konkreten Fall eine gute Näherung der „nichtlinearen Summe“ (5.77) dar.

5.3 Numerische und experimentelle Verifikation und Interpretation des Berechnungsmodells für kombinierte Belastung

5.3.1 Schlupfzonenbildung bei kombinierter Belastung

Der vorab dargestellte Berechnungs- und Auslegungszugang ermöglicht die Bemessung der Schraubenklemmkraft oder aber im Umkehrschluss die Nachrechnung der Überschreitung von Grenzbelastungen für den allgemeinen Belastungsfall (kombinierte Belastung). Kriterium ist hierbei das lokale Auftreten von Schlupf nach dem Modell des dünnen Ringquerschnitts bzw. der dünnen Reibfuge. Eine Aussage zur praktischen Relevanz sowie zum genauen Versagensmechanismus ist damit allerdings zunächst noch nicht gegeben. Diese Problemstellung soll im Folgenden untersucht werden. Grundlage dafür bildet die FE-Simulation der Modellvariante *B2*, deren Nabe nach Art eines Ketten- oder Riemenrades ohne Trumvorspannung belastet wird. Wie bereits in Abschnitt 5.2.2.3 auf Seite 143 ausgeführt, beträgt das nominelle Rutschmoment der Verbindung unter den gegebenen Bedingungen $T_R = 366\,\mathrm{Nm}$. Wegen der assoziierten Querkraftbiegung entspricht die Grenzbelastung, bei der ein Gesamtausnutzungsgrad von $\Sigma_\eta = 1{,}0$ erreicht wird, einem Drehmoment von $T_{\mathrm{lim}} = 192\,\mathrm{Nm}$ ($\eta_T = 52{,}5\%$). Aus der streng proportionalen Beanspruchungssituation ($\kappa_Q = 0{,}45$, $\kappa_B = 0{,}125$ → $T \sim F_Q \sim M_B$, $|\Delta\psi| = 90° = const.$) folgt zudem ein proportionaler Zusammenhang zwischen der Torsion und dem Gesamtauslastungsgrad,

$$\Sigma_\eta = \frac{T}{T_{\mathrm{lim}}}, \tag{5.78}$$

wie ausgehend von (5.72) leicht nachvollzogen werden kann.

Die sich in der FE-Simulation bei der Lastaufbringung bis in den Überlastungsbereich ($\Sigma_\eta > 1{,}0$) einstellende Fugenbeanspruchung ist Form der Reibschlussausnutzung η sowie der Schlupfausbildung in **Bild 5.29** dargestellt. Hierbei wird zunächst die asymmetrische Verteilung in der Fuge sichtbar, welche aus dem sinusförmigen Beanspruchungsverlauf in Umfangsrichtung resultiert (vgl. Bild 5.26). Dies kann auch so interpretiert werden, dass sich die Reibschubspannungen von Querkraft-Schub und Torsion in der Art überlagern, dass es einseitig zur richtungsgleichen Aufsummierung, auf der gegenüberliegenden Seite dagegen zu einer teilweisen Aufhebung der Schubbeanspruchung kommt. Bei einem Belastungsniveau von $\Sigma_\eta = 100\%$ [34] – dem theoretischen Grenzzustand – bildet sich dabei eine sichelförmige Schlupfzone aus, die sich in radialer Richtung an der breitesten Stelle über etwa die Hälfte der Fuge erstreckt. Mit Überschreiten von $\Sigma_\eta = 100\%$ kommt es in der Folge zu einer raschen Ausbreitung des Schlupfes, der sich bereits bei 120% über mehr als ein Drittel der Fugenfläche und dabei auch in einem größeren Abschnitt über die gesamte Fugenbreite erstreckt. Bei einem Auslastungsgrad von 160% erreicht der Schlupfbereich bereits ca. 90% der Fuge.

[34] Zu berücksichtigen ist dabei wiederum, dass der Berechnung von Σ_η die *äußere* Belastung zugrunde liegt. Aufgrund des Übertragungsanteils im Nebenschluss liegt die tatsächliche Fugenbelastung etwas niedriger (Größenordnung 0..10%) und damit auch der „reale" rechnerische Gesamtauslastungsgrad Σ_η.

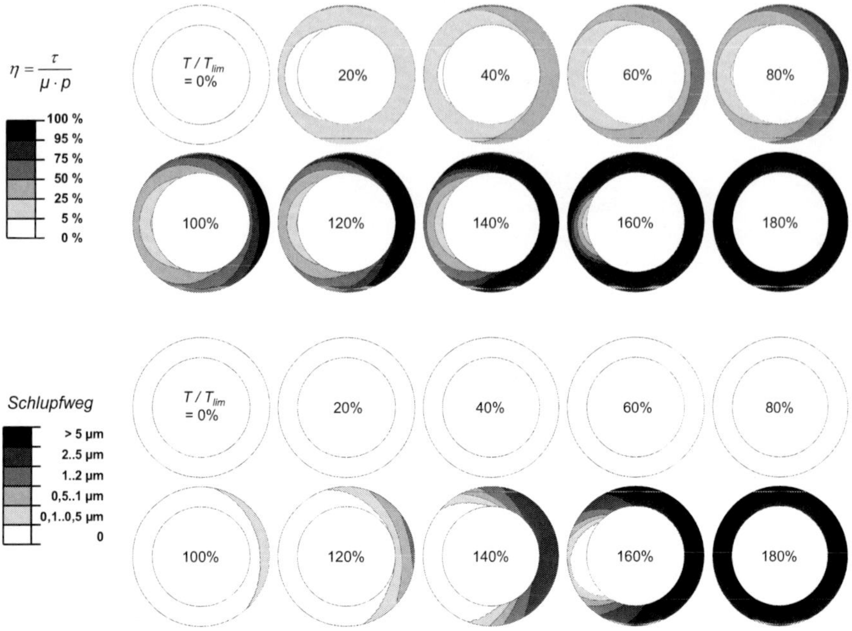

Bild 5.29: Asymmetrische Fugenbeanspruchung und Ausbildung der Schlupfzonen bei Torsionsbelastung mit assoziierter Querkraftbiegung (FE-Simulation der Modellvariante *B2; Wirkrichtung der Querkraft: „senkrecht nach unten", Wirkrichtung der Torsion: im Uhrzeigersinn*)

Hinsichtlich einer praxisgemäßen Interpretation ist zu bedenken, dass ein Überlastungsniveau von 160% einem Drehmoment von ca. 307 Nm entspricht und damit noch deutlich unterhalb der konventionellen Auslegungsgrundlage – dem Rutschmoment T_R – liegt. Andererseits kann diese Belastung im Falle einer statischen Belastungsaufbringung trotz des großflächigen Schlupfes grundsätzlich noch zwischen Welle und Nabe übertragen werden, zumal der Nebenschluss beim Auftreten von Relativbewegungen in der Primärfuge überproportional an der Belastungsübertragung beteiligt wird (Abschnitt 4.2). Ein statischer, räumlich konstanter Belastungszustand entspricht allerdings nicht der üblichen Belastungssituation einer Stirn-PV. Dieser Umstand wird im folgenden Abschnitt betrachtet.

5.3.2 Schlupfverhalten bei umlaufender Belastung

Theoretische Betrachtungen

In der Realität stellt sich die kombinierte Belastung bei Stirn-PV in den meisten Fällen so dar, dass die wirkenden Querkräfte und Biegemomente zum überwiegenden Anteil aus den Kräften des Umschlingungstriebs oder der Verzahnung folgen und somit konstante Wirkrichtungen, also raumfesten Charakter besitzen. Im Zuge der Drehung der Welle führt dies allerdings dazu, dass sich die Belastung bezogen auf die Fuge als umlaufende Belastung (*Umlaufbiegung*) darstellt. Selbst ein stationärer Belastungszustand mit konstantem Drehmoment führt demnach zu einer dynamischen Fugenbeanspruchung bezogen auf die Querkraft- und Biege-Effekte. Im Hinblick auf einen sich bei Überlastung ausbildenden Schlupfzustand bedeutet dies entsprechend, dass auch dieser – selbst wenn zunächst nur örtlich begrenzt – den gesamten Umfang erreicht. Erstreckt sich die „statische" Schlupfzone dabei im maximalen Bereich nur über einen Teil der gesamten Fugenbreite, so gelten sinngemäß die gleichen Zusammenhänge wie bei reiner Torsion (Abschnitt 5.1.4.2): Der verbleibende umfängliche Haftbereich verhindert eine ganzheitliche Rutschbewegung zwischen Welle und Nabe und stellt so die Belastungsübertragung sicher. Nach einem Einspielen des Schlupfzustandes tritt dabei auch kein zyklischer Wechselschlupf auf, solange der dynamische Anteil der Torsion innerhalb gewisser Grenzen bleibt. Überdeckt der Schlupf dagegen (zunächst lokal) die gesamte Breite der Fuge, so wird der besagte Haftzustand an jeder umfänglichen Position der Fuge *zyklisch*, d. h. mit jeder Umdrehung der Welle (bzw. der Belastung) durchbrochen. In der Folge wird es zur kontinuierlichen Akkumulation der Mikrobewegungen kommen und damit in der Summe zu einer makroskopischen Verdrehung der Nabe gegenüber der Welle. Diese Bewegung kann in Abgrenzung zu einem abrupten diskontinuierlichen Durchrutschen bei reiner Torsions-Überlastung nur im Laufe des Belastungsumlaufs und somit kontinuierlich-„schleichend" stattfinden. Dies entspricht dem in Abschnitt 2.1.2.2 dargestellten Versagensmechanismus des *Wanderns*, wie er von anderen Reibschlusspaarungen wie Zahnradbandagen oder Wälzlagerringen bekannt ist. Um diesen zu verhindern, ist dementsprechend die Sicherstellung eines (wenn auch eng begrenzten) Bereichs notwendig, der über den gesamte Belastungsverlauf stets im Zustand des Haftens verbleibt. Im konkreten Fall bedeutet dies eben den Ausschluss von fugenbreiten Schlupfzonen, wie es dem Berechnungsmodell der dünnwandigen Fuge (5.52) implizit zugrunde liegt.

FE-Simulationen

Für eine nach analytischer Rechnung überlastete Stirn-PV (FE-Modell *B2*, $\Sigma_\eta = 120\%$) ist in **Bild 5.30** der Schlupf zweier gegenüberliegender Knoten im Laufe des simulierten Lastumlaufs (konkret: 3 Umdrehungen) aufgetragen. Dabei wird der zyklisch-progressive Charakter dieser Mikrobewegungen sichtbar: Mit jeder Umdrehung durchläuft jeder Knoten genau einmal den Zustand der maximalen Beanspruchung und erfährt dabei einen einmaligen „Vortrieb". Wegen der Position der beiden Knoten „△" und „O" sind auch die Schlupfbewegungen um 180° phasenversetzt. Die mittlere Bewegung aller Punkte der Fuge stellt dabei die makroskopische Bewegung zwischen Welle und Nabe dar. In **Bild 5.31** sind die sich ausbildenden Schlupfverteilungen abgebildet. Die zunächst sichelförmige Schlupfzone wächst mit dem Umlauf der Belastung in Umfangsrichtung und umfasst bereits nach ¾ Umdrehungen

(270°) quasi die gesamte Kontaktfläche. Mit den folgenden Lastumläufen wachsen die lokalen Schlupfwege und damit die globale Verdrehung zwischen Welle und Nabe kontinuierlich an.

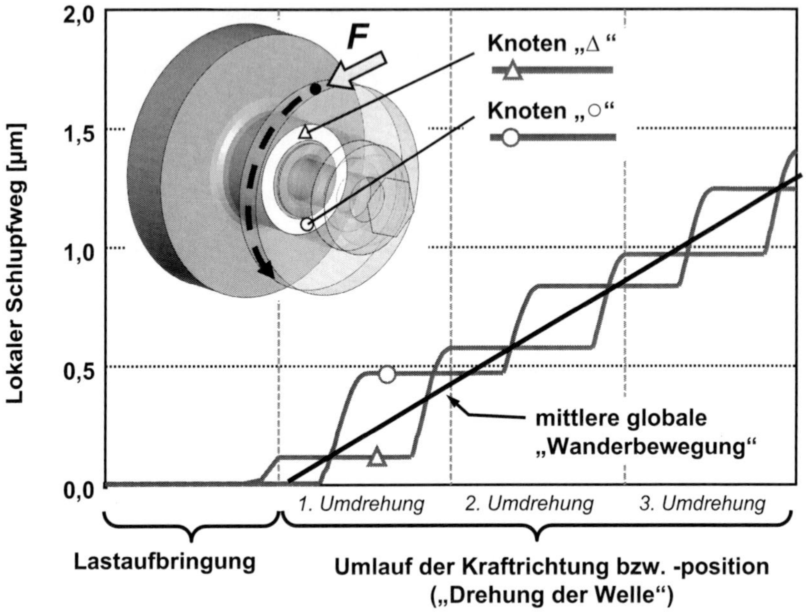

Bild 5.30: Knotenweise Schlupfauswertung in der Fuge einer umlaufbelasteten Stirn-PV: Zyklisch-akkumulative Mikrobewegungen als Ursache des „Wanderns“ der Verbindung.

Der Einfluss der Überlastung – also des Auslastungsgrades – auf die Intensität der Schlupf- und damit „Wanderbewegungen“ wurde am Beispiel des FE-Modells *B2* untersucht, wobei für verschiedene Lastniveaus mehrere Lastumläufe simuliert wurden. Die sich einstellenden Verdrehungen zwischen Welle und Nabe sind in **Bild 5.32** dargestellt: Darin wird zunächst sichtbar, dass für $\Sigma_\eta \leq 1$ (die Kurven für $\Sigma_\eta < 1$ fallen quasi zusammen und sind nicht wiedergegeben) kein Wandern auftritt, sondern die Verdrehung der Nabe nach anfänglichen, minimalen Einspieleffekten fest gegenüber der Welle fixiert bleibt. Für höhere Belastungen kommt es dagegen zu einer mit dem Gesamtauslastungsgrad steigenden Verdrehung. Die Kurven zeigen dabei allerdings einen ausgeprägt degressiven Verlauf. Dies ist zum einen als „Einlaufphänomen“ beim erstmaligen „Aufbau“ der Schlupfverteilung zu sehen. Darüber hinaus gilt zu bedenken, dass das „Wandern“ als Verdrehung zwischen Welle und Naben – bezogen auf die torsionale Verspannung der Gesamtverbindung – einem Durchrutschen äquivalent ist. Mit zunehmendem Verdrehwinkel steigt somit der Belastungsanteil in der Schraube an, womit der Übertragungsanteil und damit Beanspruchung, Schlupfbewegungen und Wandergeschwindigkeit in der Primärfuge abnehmen. Das Wandern würde entsprechend zum Stillstand kommen, wenn sich gemäß dem torsionalen Verspannungsschaubild (vgl. Bild 4.9) der belastungsgemäße Zustand „P_{AC}“ eingestellt hat.

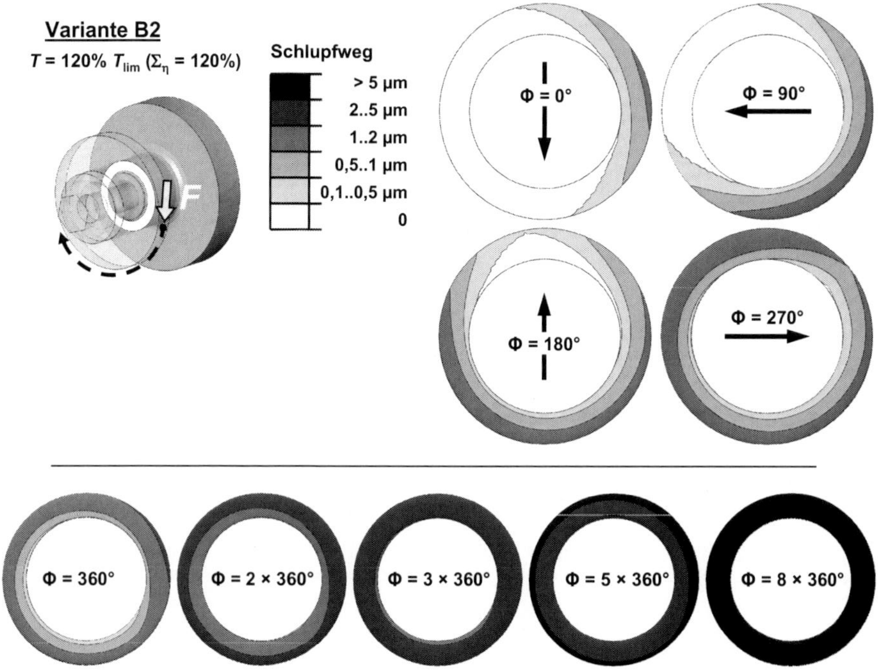

Bild 5.31: Entwicklung der Schlupfverteilung in der Fuge bei umlaufender Belastung oberhalb des Grenzwertes (*oben rechts:* erste Umdrehung, *unten:* fortfolgende Lastumläufe)

Eine andere Darstellung des Sachverhalts in Bild 5.32 ergibt sich, wenn nicht der Verdrehwinkel, sondern unmittelbar dessen „zeitliche“ (korrekterweise: Lastumlauf-bezogene) Änderung durch Differentiation der Verdrehwinkelkurven berechnet und die resultierende „Wandergeschwindigkeit“ über der Belastungshöhe dargestellt wird. Dies ist für drei verschiedene „Zeitpunkte“ (nach ½, 1 und 2 Lastumläufen) in Form eines mittleren Schlupfwegs pro Wellenumdrehung („µm/U“)in **Bild 5.33** geschehen. Die Auftragung über dem Auslastungsgrad Σ_η stellt dabei gleichzeitig eine Bewertung des analytischen Berechnungsmodells dar, da gemäß dessen Anspruch für $\Sigma_\eta \leq 1$ kein Wandern auftreten dürfte. Wie die Kurven im Diagramm zeigen, trifft Letzteres sehr gut zu, was seitens der FE-Simulation die Brauchbarkeit der Berechnungsbeziehungen zur Vorhersage kritischer Grenzbelastungen und damit zur Auslegung von Stirn-PV belegt.

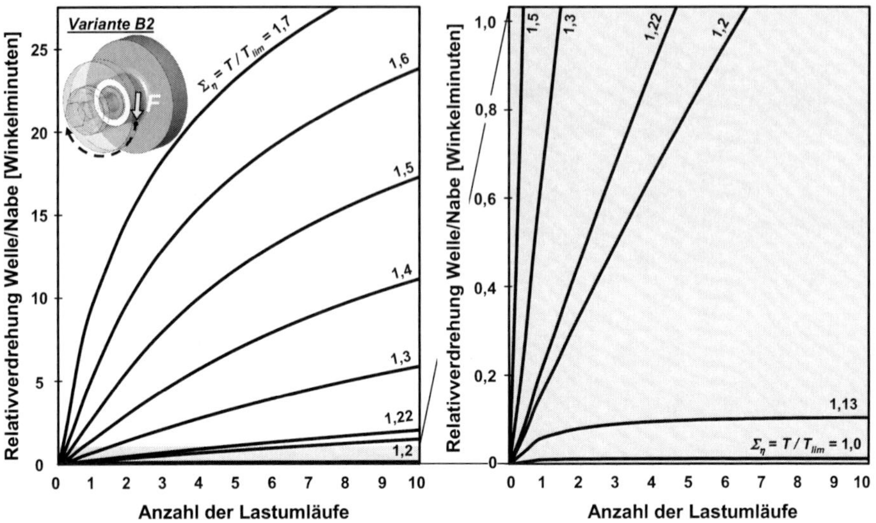

Bild 5.32: Relativverdrehung zwischen Nabe und Welle (ausgewertet anhand der mittleren Verdrehung des Nabenflansches) bei kombinierter Belastung von Torsion und umlaufender Querkraftbiegung für verschiedene Belastungsniveaus Σ_η bezogen auf das analytische Modell (*rechts*: vergrößerter Bereich 0..1 Winkelminuten)

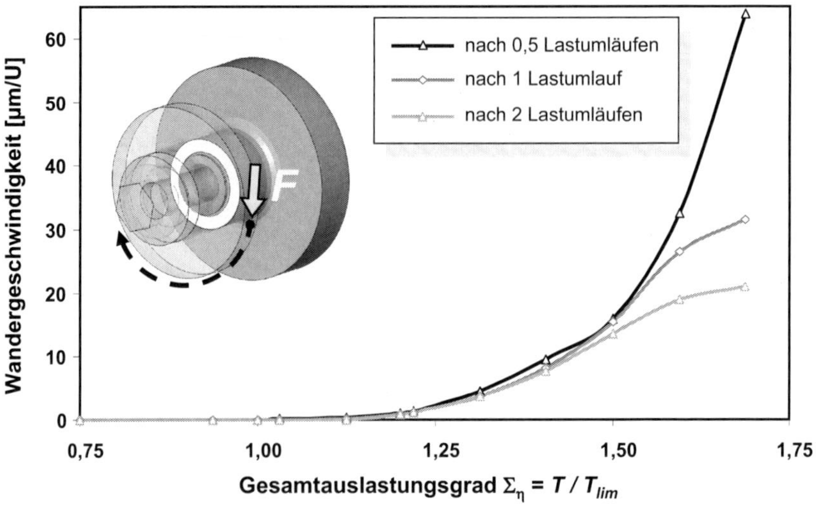

Bild 5.33: Auftragung der Wandergeschwindigkeit gemäß FE-Simulation (Modellvariante *B2*) für drei verschiedene Zeitpunkte der Belastungsgeschichte über dem mittels analytischem Modell berechneten Gesamtauslastungsgrad

5.3.3 Experimentelle Untersuchungen

5.3.3.1 Versuchsablauf und Vorversuche

Als experimentelle Absicherung der analytischen und simulativen Betrachtungen zur kombinierten Belastung von Stirn-PV wurden Versuche auf dem eigens dafür entwickelten Prüfstand durchgeführt, welcher einschließlich der verwendeten Probengeometrie in Abschnitt 2.4 beschrieben ist.

Am Anfang des Versuchsprogramms standen verschiedene Vorversuche, die weniger systematischen Charakter hatten, sondern in erster Linie auf qualitative Effekte zielten. Die Ergebnisse sollen an dieser Stelle kurz zusammengefasst werden.

Statische Rutschversuche

Hierbei wurden statische Rutschversuche durchgeführt, teils mit und teils ohne vorherige Unwuchtbelastung. Die Reibwerte lagen zunächst generell im erwarteten Bereich (μ = 0,12..0,20). Eine vorangegangene isolierte Querkraft-/Biege-Belastung wirkte sich dabei tendenziell reibwerterhöhend aus, was dem Phänomen des „Hochtrainierens“ (Abschnitt 2.1.3.4) zuzuordnen ist. In erster Linie wird dabei der „Haftreibwert“, also das Rutschmoment, erhöht, was sich in einem ausgeprägten Haft-Gleit-Übergang („Losbrechen“) niederschlägt.

Auch ein weggesteuertes Durchrutschen über größere Winkel erhöht – unabhängig von der Zunahme der Schraubenklemmkraft infolge des Gewinde-Nachstellens – den Reibwert. Mit größeren Verdrehwinkeln konnten Anstiege des Haftreibwertes auf bis zu μ = 0,4 festgestellt werden. Da die Belastungsrichtung am Prüfstand immer in Festdrehrichtung des Rechtsgewindes erfolgte, war beim Durchrutschen bei hinreichend großen Drehwinkeln auch eine Zunahme der Schraubenklemmkraft festzustellen, wie dies in Kapitel 4 theoretisch erläutert ist.

Dauerversuche mit schwellender Torsion

Hierbei wurden dynamische Torsionsversuche (rein schwellend, Frequenzen bis 50 Hz) bis in die Nähe (max. 95%) des vorher durch minimales statisches Rutschen ermittelten Rutschmoments durchgeführt. Die Versuchsdauer umfasste bis zu einige Millionen Lastwechsel (max. 1×10^7 LW). In keinem Fall[35] konnte ein vorzeitiges Durchrutschen oder ein Abfall der Schraubenklemmkraft (Setzen) beobachtet werden. Dies bestätigt somit die praktischen Erfahrungen, wonach bei reiner Torsion das statische Rutschmoment ohne Weiteres auch einer Dimensionierung hinsichtlich dynamischer Belastung zugrunde gelegt werden kann [FVV820].

Vorversuche mit statischer Torsion bei umlaufender Querkraftbiegung

Zur Untersuchung der übertragbaren Drehmoment-Belastung bei überlagerten Querkraft- und Biegeanteilen, wie dies gemäß Abschnitt 5.2 in Riemen- und Kettentrieben auftritt, wurden entsprechende Versuche mit statischer Torsion und „aktiver“ Unwucht durchgeführt.

An einem Beispiel soll die grundsätzliche Vorgehensweise beschrieben werden:

[35] Dies gilt gleichermaßen für Versuche mit nativen Oberflächen, als auch für Paarungen mit reibungserhöhenden Diamantpartikel-Folien (vgl. [LSLH01], [FLH04]).

1. Die Probe wurde neu montiert und der Prüfstand auf Weg- (bzw. Drehwinkel-) Steuerung eingestellt, um in einem statischen Rutschversuch mit geringem Verdrehwinkel das Rutschmoment zu ermitteln. Für das an dieser Stelle betrachtete Beispiel ergab sich ein experimentelles Rutschmoment von $T_R^{(exp)} = 270\,\text{Nm}$.
2. Der Prüfstand wurde auf Kraft- (d. h. Drehmoment-) Steuerung umgestellt und – ausgehend von der Einmesskurve – die Unwucht-Drehzahl entsprechend der Soll-Umlaufbelastung in Gang gesetzt (Beispiel: n = 1200/min $\Leftrightarrow$ $\{F_Q = 3\,\text{kN}, M_B = 360\,\text{Nm}\}$). In der Folge lag somit an der Probe eine konstante umlaufende Querkraftbiegung an.
3. Ausgehend vom torsionsfreien Anfangszustand wurde das Drehmoment alle 15-60 Sekunden manuell in Schritten von 10 Nm gesteigert und zugleich sämtliche Mess- und Steuerdaten aufgezeichnet. Die Beobachtung galt dabei in erster Linie dem Verdrehwinkel. In **Bild 5.34** sind die exemplarischen Kurven für das aufgebrachte Torsionsmoment (linke Ordinate) und den resultierenden Verdrehwinkel (rechte Ordinate) über der Versuchszeit dargestellt. Im konkreten Fall zeigten sich bei einem Drehmoment von 175 Nm erste nicht-elastische Verdrehungen. Diese traten nicht sprunghaft, sondern (wie theoretisch vorhergesagt) in Form eines „Wanderns" bei konstant eingeregeltem äußeren Moment auf. Dieser Verdrehvorgang kam nach 20 – 30 Sekunden wieder zum Erliegen, die Verbindung fand gewissermaßen wieder eine „stabile Lage". Ein erneutes Wandern trat nach Steigerung der Torsionsbelastung auf 185 Nm auf. Auch hier fand sich nach ca. 60 s und einem Verdrehwinkel von ≈ 0,8° wieder ein stabiler Zustand. Der gleiche Vorgang wiederholte sich bei 205 Nm, wobei innerhalb von ca. 80 s ein Wandern von ca. 3° auftrat. Innerhalb der Bild 5.34 zugrunde liegenden Versuchsausführung trat somit dreimaliges Wandern auf. (Die „Wanderpunkte", d.h. die Lastniveaus, bei denen eine fortschreitende Relativverdrehung einsetzte, sind in der Abbildung hervorgehoben: ①, ②, ③.) Generell fiel auf, dass der Wandervorgang zum Teil erst mit einigen Sekunden Verzögerung gegenüber der Lasterhöhung einsetzte.
4. Schließlich wurden Unwucht und Torsionsbelastung abgeschaltet und erneut ein statischer Durchrutschversuch zur Ermittlung des am Versuchsende vorliegenden (statischen) Rutschmoments $T_R^{(exp)}$ durchgeführt. Im konkreten Fall ergab sich ein Wert von ca. 500 Nm, der damit nicht nur um ca. 85% über dem Rutschmoment zu Versuchsbeginn (270 Nm) lag, sondern auch mehr als das Zweifache des letzten Wandermoments von ca. 215 Nm (Niveau ③ in Bild 5.32) betrug.

Das hier exemplarisch vorgestellte Verhalten war in dieser Art beliebig reproduzierbar. In der Summe bestätigen die Versuche somit zunächst qualitativ die theoretisch vorhergesagten Effekte für eine kombinierte Belastung, nämlich das Wandern der Nabe gegenüber der Welle *ohne* abruptes Durchrutschen und dies bei Belastungen weit unterhalb des statischen Rutschmomentes T_R. Der Anstieg von T_R während des Versuchs bzw. die sich einstellende „Stabilisierung" des Wanderns kann neben dem Mitdrehen der Verschraubung vor allem dem Hochtrainieren des Reibwertes im Zuge von Relativbewegungen in der Wirkfuge zugeschrieben werden.

Stichprobenartig wurden zudem Versuche mit reibungserhöhenden Diamant-Folien durchgeführt, allerdings jeweils ohne das vorangestellte „Minimal-Rutschen" zur Ermittlung von $T_R^{(exp)}$. Die Höhe der „Wanderbelastung" lag dabei ebenfalls im Bereich der analytischen Vorhersagen. Es trat jedoch erwartungsgemäß kein stabilisierendes Hochtrainieren auf, sondern stattdessen bei Erreichen der entsprechenden Grenzbelastung ein sehr schnelles und instabiles, nahezu „rutschartiges“ Wandern. Dies kann so interpretiert werden, dass bezüglich der Schlupfzonenbildung nicht die kinematischen Wandereffekte vordergründig sind, sondern stattdessen in der Fuge ein „reißverschlussartiger“ Übergang vom Haftzustand in den Gleitzustand erfolgt, welcher eine Absenkung des Reibwertes und damit eine Herabsetzung der übertragbaren Belastung zur Folge hat. Der Effekt ist in dieser Form grundsätzlich auch für andere Kontaktpaarungen mit ausgeprägtem Unterschied zwischen Haft- und Gleitreibung zu erwarten.

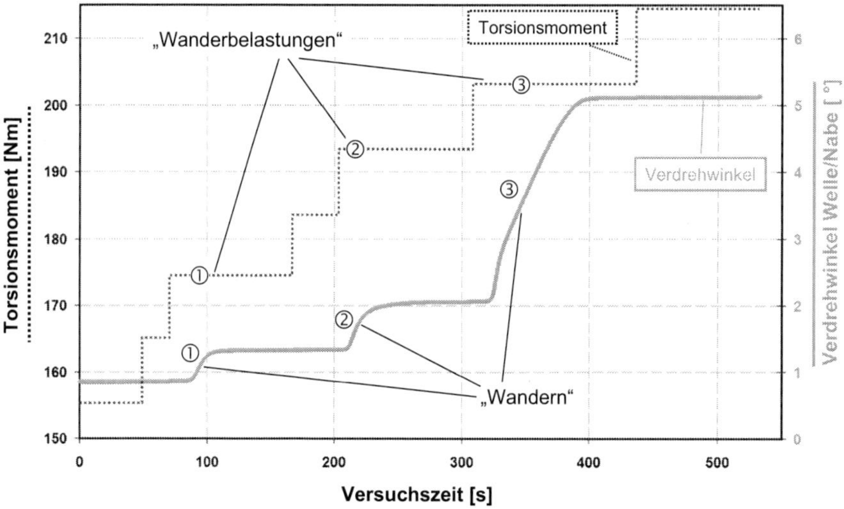

Bild 5.34: „Wandern“ der Stirn-PV im Prüfstandsversuch mit umlaufender Biege-Querkraftbelastung und stufenweise gesteigerter statischer Torsion

5.3.3.2 Verifikation des Berechnungsmodells

Die Ergebnisse der Vorversuche bestätigen qualitativ sowohl die signifikante Reduzierung der übertragbaren Torsionsbelastung durch die überlagerte Querkraftbiegung, als auch den gemäß der Simulation zu erwartenden Versagensmechanismus eines „Wanderns“ der Verbindung. Darüber hinaus besteht die Notwendigkeit, anhand gezielter Untersuchungen zur *Höhe* der Grenzbelastungen unter kombinierter Belastung das analytische Berechnungsmodell gemäß Abschnitt 5.2.2 zu verifizieren. Ausgehend von den Vorversuchen wurde dabei ein entsprechender Versuchsblock mit folgender Vorgehensweise festgelegt:

1. Schritt: Probenmontage und Verspannung

Zunächst werden die Stirn-PV-Proben (vgl. Abschnitt 2.4.2) montiert und die Schrauben (M16 ×1,5) auf eine Klemmkraft von ca. 175 kN ($\overline{p} \approx 250$ MPa) angezogen. Messung und

Überwachung dieser erfolgen wie in allen Versuchen über den mitverspannten Kraftmessring.

2. Schritt: Aufbringen der umlaufenden Querkraftbiegung

Nach der Montage wird die Unwucht anhand der Kraft-Drehzahl-Einmesskurve auf die gewünschte Drehzahl eingestellt. Grundsätzlich werden Versuche mit {900, 1100, 1250, 1375, 1500} U/min, entsprechend Querkräften von zirka {2, 3, 4, 5, 6} kN durchgeführt. Der Biegeanteil in der Primärfuge ergibt sich aus dem Abstand Unwuchtebene/Fuge von h_B = 119 mm.

3. Schritt: Schrittweise Steigerung des statischen Torsionsmomentes

Nach Aufbringung der konstanten Umlaufbelastung wird über den Hydraulikzylinder ein statisches Torsionsmoment aufgebracht. Die Steigerung erfolgt manuell in Schritten von 10 Nm alle ca. 10 Sekunden. Dabei wird der Verdrehwinkel über das Wegmesssystem des Hydraulik-Zylinders überwacht. Als „Wandern“ wird ein Zustand dann eingestuft, wenn der Verdrehwinkel nach Lasterhöhung sichtbar über den zusätzlichen elastischen Verdrehanteil hinausgeht und eine kontinuierlich fortschreitende Relativverdrehung einsetzt. Wenn dieser Zustand feststellbar ist, wird der Versuch sofort abgebrochen: Unwucht und Torsion werden abgeschaltet und das zuletzt aufgebrachte Torsionsmoment als das „Wandermoment“ T_W registriert, welches mit der entsprechenden Querkraft- und Biegebelastung F_Q und M_B korrespondiert.

4. Schritt: Statischer Rutschversuch

Da der Reibwert in der Fuge nicht genau bekannt ist und sich im Laufe der Versuche bzw. des Wanderns auch ändert („hochtrainiert“), wird unmittelbar nach dem Abbruch des Wanderns ein statischer Rutschversuch zur Ermittlung des Rutschmomentes bzw. des Reibwertes durchgeführt.

Am Ende der vier Schritte eines Versuchs liegen folglich die Parameter

- mittlerer Fugendurchmesser R_M → *Geometrieparameter*
- Klemmkraft F_K → *Eingangsgröße*
- Querkraft F_Q und Biegemoment M_B → *Eingangsgröße*
- experimtentelles Grenzmoment $T_{\text{lim}}^{(\text{exp})}$, im Weiteren als Wandermoment T_W bezeichnet → *Ergebnisgröße*
- Rutschmoment $T_R^{(\text{exp})}$ → *Ergebnisgröße*

vor. Die Ergebnisse können nachfolgend mit denen des Berechnungsmodells verglichen werden. Dieses liefert in seiner allgemeinen Form (5.76) einen Zusammenhang zwischen allen genannten Größen einschließlich der Phasenlage zwischen Querkraft und Biegung. Für den vorliegenden Fall der reinen Querkraftbiegung ($|\Delta\psi| = 90°$) lässt sich dies auf den Zusammenhang (5.69) reduzieren. Aufgelöst nach der übertragbaren Torsionsbelastung, welches das Grenzmoment T_{lim} darstellt, folgt (5.70) in der Form

$$T_{\text{lim}} = \underbrace{\mu \cdot R_M \cdot F_K}_{T_R} - 2 \cdot \sqrt{(F_Q \cdot R_M)^2 + (\mu \cdot M_B)^2}\,. \tag{5.79}$$

Das übertragbare Moment bei kombinierter Belastung ergibt sich demnach aus dem Rutschmoment T_R, vermindert um einen querkraft- und biegungsabhängigen Anteil. Im Hinblick auf die Auswertung ist es sinnvoll, die Ergebnisse in dimensionsloser Form darzustellen. Hierfür bietet sich das Verhältnis T_{lim}/T_R (bzw. versuchsseitig $T_W/T_R^{(\text{exp})}$) an. Dies hat im

Hinblick auf Messreihen insbesondere den Vorteil, dass sich der Darstellungseinfluss der Schraubenklemmkraft, welche beim Anziehen bezüglich des „Zielwertes“ 175 kN zwar nur innerhalb eines Streuungsfensters von ca. ± 5% eingestellt, dafür aber sehr genau (≈ 1%) gemessen werden kann, deutlich reduziert. Dem Prinzip des dimensionslosen Verhältnisses $T_{\lim}/T_R$ weitgehend äquivalent ist die Einführung eines fiktiven Reibwerts μ^*,

$$\mu^* = \frac{T_{\lim}}{R_M \cdot F_K} \quad \Rightarrow \quad \mu^*_{(\exp)} = \frac{T_W}{R_M \cdot F_K}, \qquad (5.80)$$

welcher sich analog dem „eigentlichen“ Reibwert μ bei reiner Torsionsbelastung („Rutsch-Reibwert“) berechnet und welcher die Übertragungsfähigkeit einer Verbindung anschaulich beschreibt. Aus (5.79) und (5.80) ergibt sich μ^* zu

$$\mu^* = \mu - \frac{2}{F_K} \cdot \sqrt{F_Q^{\,2} + \left(\mu \cdot \frac{M_B}{R_M}\right)^2} \qquad (5.81)$$

bzw. mit

$$M_B = F_Q \cdot h_B \qquad (5.82)$$

zu

$$\mu^* = \mu - 2 \cdot \frac{F_Q}{F_K} \cdot \sqrt{1 + \left(\mu \cdot \frac{h_B}{R_M}\right)^2}\,. \qquad (5.83)$$

Zum Vergleich von Theorie und Versuch lassen sich folglich die experimentellen Ergebnisse nach (5.80) den nach (5.83) berechneten Werten gegenüberstellen.

5.3.3.3 Auswertung und Zusammenfassung der Ergebnisse

Gemäß der oben dargestellten Vorgehensweise wurden ca. 50 Versuche durchgeführt, wobei sich diese auf die Paarungen *C45 gehärtet/weich* und *gehärtet/gehärtet* verteilten, zwischen denen sich allerdings weder qualitativ noch quantitativ ein signifikanter Unterschied zeigte. In **Bild 5.35** sind alle Versuchsergebnisse zusammengefasst, wobei die Darstellung in der oben erläuterten Art und Weise auf Basis der Koeffizienten μ und μ^* erfolgt, die sich aus den experimentell ermittelten Rutsch- und Wandermomenten T_R und T_W gemäß (5.80) ergeben. Zusätzlich sind die berechnete Gerade (5.83)[36] („analytisches Modell“), der Mittelwert aller statischen Rutschversuche μ und die Regressionsgerade der Versuchswerte eingetragen. Die grundsätzliche Konsistenz der Versuchsdaten wird hierbei auch dadurch bestätigt, dass die extrapolierten Regressionsgeraden den Mittelwert der statischen Rutschversuche korrekterweise bei F_Q = 0 schneiden.

Die experimentellen Ergebnisse zeigen zunächst unmittelbar den deutlichen Abfall des übertragbaren Drehmoments mit steigender Querkraftbiegung. Bei einer umlaufende Belastung von $\{F_Q = 6{,}2\,\text{kN},\ M_B = 740\,\text{Nm}\}$, dies entspricht rechnerischen Teilauslastungsgraden von $\{\eta_Q \approx 0{,}39,\ \eta_B \approx 0{,}47\}$, kann beispielsweise offenbar nur noch ca. ein Drittel des Rutschmomentes übertragen werden. Ingesamt ergibt sich dabei eine gute Übereinstimmung von Versuch und Theorie. Zwar gehen gemessene und berechnete Werte mit größer werdender Querkraft/Biege-Belastung tendenziell auseinander, angesichts des Streubereichs der Messwerte kann dieser Trend jedoch nicht als statistisch abgesichert angesehen werden.

---

[36] Für μ und F_K wurden in (5.83) die jeweiligen Mittelwerte aus allen Messungen eingesetzt.

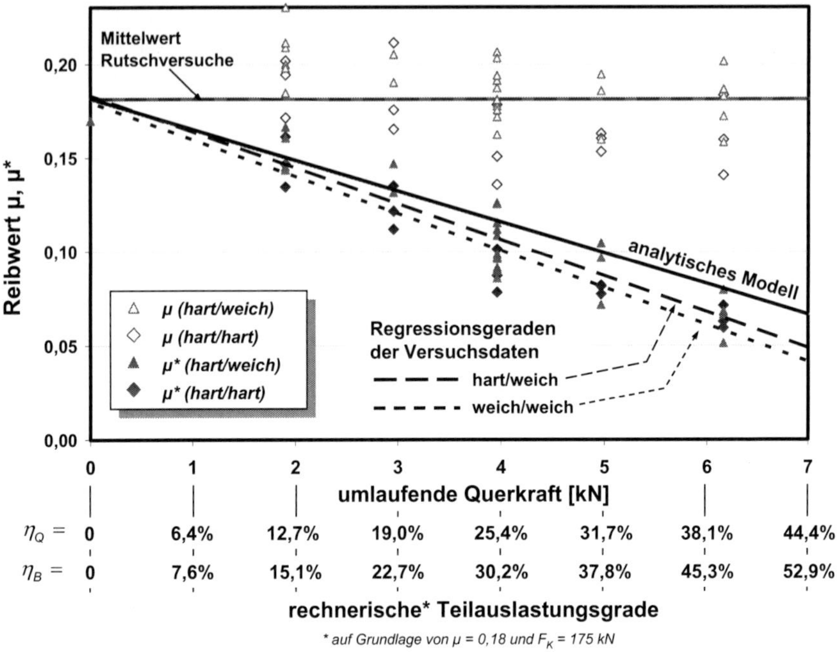

Bild 5.35: Experimentelle Ergebnisse am Unwuchtprüfstand mit kombinierter Belastung: Abfall des reibschlüssig übertragbaren Drehmoments bei überlagerter Umlaufbiegebelastung unter Einführung eines fiktiven Reibwerts μ^* gemäß (5.80) und (5.83)

Ein Vergleich von Theorie und Experiment kann ebenfalls sehr gut vollzogen werden, wenn anstelle der eher integralen Betrachtung (wie in Bild 5.35) für *jede Einzelmessung* – wie weiter oben bereits angedeutet – Messwert T_W und Berechnungswert T_{lim} (5.79) ins Verhältnis gesetzt werden,

$$\frac{T_W}{T_{\text{lim}}} = \frac{T_W}{\mu \cdot R_M \cdot F_K - 2 \cdot \sqrt{\left(F_Q \cdot R_M\right)^2 + \left(\mu \cdot M_B\right)^2}} \,. \tag{5.84}$$

Bei genauer Übereinstimmung von Realität (Experiment) und Berechnungsmodell würde sich hierbei stets ein Wert von eins ergeben würde. Die für alle Versuche gebildeten Verhältniswerte sind in **Bild 5.36** aufgetragen. Sie zeigen ebenfalls eine Übereinstimmung von Berechnungsmodell und Versuch im Bereich von 80..100%. Gleichwohl machen sie wiederum deutlich, dass die Messwerte überwiegend unterhalb der Berechnungen liegen und dass die Vorhersagen der Theorie somit eher nicht-konservativ sind.

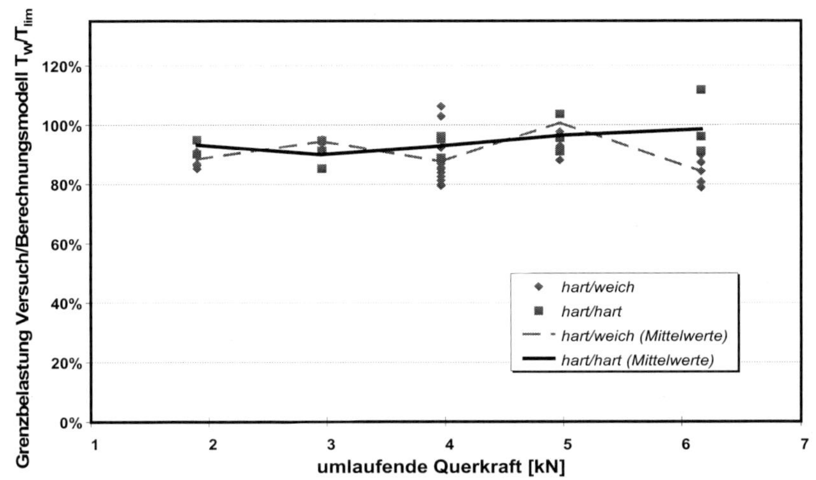

Bild 5.36: Verhältnisse der Einzelversuche von gemessenen und berechneten Werten der übertragbaren Torsionsbelastung in Gegenwart von Umlaufbelastung

5.3.4 Schlussfolgerungen

Im Hinblick auf die FE-Analysen und die experimentellen Untersuchungen kann zusammenfassend festgehalten werden, dass sich das analytische Berechnungsmodell als gut geeignet erweist, das Übertragungsvermögen von Stirn-PV bei kombinierter Belastung zu berechnen. Die entsprechende Grundbeziehung (5.76) kann somit die bisherige „Kupplungsformel" für den allgemeinen Belastungsfall ersetzen und geht für reine Torsion in diese über. Die FE-Simulation zeigt anhand des Modellbeispiels einen eher konservativen Trend des neuen Auslegungsansatzes, während die experimentellen Ergebnisse – bei einer Abweichung von 10..20% – eher eine gegenteilige Tendenz („unsichere Seite") andeuten. Hinsichtlich der praktischen Anwendung der Auslegungsformel ließe sich daraus ein erforderlicher Sicherheitsfaktor von 1,1..1,2 ableiten, was angesichts der bislang üblicher „Zuschlagsfaktoren" von 2..3 zur Abdeckung der nicht explizit berücksichtigten Biege- und Querkraftanteile sowie der weitaus größeren Unsicherheit des Reibwertes beinahe vernachlässigbar ist. Diesbezüglich gilt auch zu bedenken, dass im Bereich metallischer Kontaktpaarungen das Phänomen des Hochtrainierens im Laufe der Belastung die angesetzten „Anfangsreibwerte" (μ = 0,10...0,20) eher auf der sicheren Seite erscheinen lässt. Einzelne Versuche zeigten diesbezüglich eine klare „Restabilisierung" der Wanderbewegung, die eben der schlupfbedingten Reibwerterhöhung zugeschrieben werden kann. Wenn jedoch aufgrund hoher Anforderungen an die Winkelgenauigkeit oder wegen eines möglichen „Reißverschlusseffekts" beim Haft-Gleitübergang (Abschnitt 5.3.3.1) vom unmittelbaren Montagezustand an jegliche Relativbewegungen auch bei Maximalbelastung ausgeschlossen werden müssen, darf die Erwartung dieses Effekts in der Auslegung natürlich nicht berücksichtigt werden. Dies gilt in gleicher Weise für Nicht-Stahl-Paarungen (z. B. Sintermetalle) oder Beschichtungen, für welche Hochtrainiereffekte bislang wenig untersucht oder wegen grundsätzlich hoher Anfangsreibwerte (z. B. Diamant-Partikel: $\mu \approx 0{,}5$) kaum noch zu erwarten sind.

6 Integrale Betrachtungen zur Auslegung von Stirnpressverbindungen

6.1 Grundlegende Auslegungsaspekte

Die bisherigen Ausführungen – ausgehend vom Stand der Forschung (Abschnitt 2.1), über die Modell- (Abschnitt 2.2) und System-Betrachtungen (Kapitel 3 und 4) bis hin zum Fugenverhalten (Kapitel 5) – liefern die wesentlichen Grundlagen für eine systematische Auslegung und Berechnung von Stirnpressverbindungen. Darauf aufbauend sollen im Folgenden wesentliche, untereinander in enger Wechselbeziehung stehende Gesichtspunkte abschließend diskutiert werden:

• ***Stirn-PV als Schraubenverbindung***

Gemäß Abschnitt 1.1 können Stirn-PV zunächst als hoch belastete Einschraubenverbindungen betrachtet und ausgelegt werden. Mögliche Basis hierfür kann die entsprechende VDI-Richtlinie [VDI2230] bilden, welche wesentliche Berechnungsformeln und -daten zusammenstellt. Dies betrifft etwa die Problematik der Setzverluste, Anzugsverfahren bzw. -faktoren, Kopf- und Gewindereibwerte sowie zulässige Spannungen und Flächenpressungen(Abschnitt 2.1.1). Auch der Abfall der Vorspannkraft im Betriebszustand infolge thermischer Gradienten oder unterschiedlicher Wärmeausdehnungskoeffizienten der beteiligten Elemente fällt in diesen Bereich.
Darüber hinaus erweitern die in dieser Arbeit angestellten Betrachtungen die in [VDI2230] zugrunde gelegten Modelle und Gültigkeitsbereiche. Dies betrifft insbesondere den Aspekt der dynamischen Schraubenbeanspruchung, welche bei Stirn-PV üblicherweise nicht durch axiale Betriebskräfte dominiert wird und stattdessen gemäß Kapitel 3 abgeschätzt werden kann. Weiterhin stellt die Berechnung der erforderlichen Klemmkraft in [VDI2230] nur einen Randaspekt dar, welcher in der vorliegenden Arbeit dagegen – siehe folgender Absatz – unter Berücksichtigung der speziellen Verhältnisse bei Stirn-PV ausführlich betrachtet wird.

• ***Schlupfproblematik, Reibschlussauslegung und erforderliche Klemmkraft***

Die Belastungsübertragung in den Wirkfugen stellt bei reibschlüssigen Welle-Nabe-Verbindungen allgemein eine zentrale Problemstellung dar. In Kapitel 5 ist diese im Hinblick auf Stirn-PV ausführlich behandelt. Auf Grundlage der dortigen Betrachtungen lassen sich jedoch zunächst mehrere Berechnungs- und Auslegungsprinzipien ableiten. Ein möglicher Ansatz ist der rechnerisch strenge und ggf. mit einem zusätzlichen Sicherheitsfaktor „beaufschlagte" Ausschluss jeglicher Relativbewegungen in der Fuge. Die Ergebnisse in Abschnitt 5.1ff. zeigen jedoch, dass das analytische Balkenmodell in seiner allgemeinen („dickwandigen") Form hinsichtlich lokaler Beanspruchungen zum Teil nur geringe Aussagekraft besitzt. Vor diesem Hintergrund wären zur genauen Absicherung Finite-Elemente-Analysen der realen Verbindungen oder hinreichend hohe Sicherheitsfaktoren notwendig. In den Betrachtungen wird jedoch auch darauf hingewiesen, dass lokale Schlupfzonen

- generell nur im Sinne von zyklischen Bewegungen („Wechselschlupf") tribologische Relevanz besitzen
- im Betrieb nur bei entsprechend hohen Belastungs*amplituden* als Wechselschlupf auftreten

- durch Hochtrainiereffekte – entsprechende Oberflächenpaarungen vorausgesetzt – zumeist stabilen bis hin zu „selbstheilenden“ Charakter besitzen
- für eine progressive Fortpflanzung mit resultierender makroskopischer Relativbewegung erst eine hinreichender Größe – konkret: fugenbreiten Ausdehnungen – bei gleichzeitigem zyklischen Auftreten erreichen müssen.

Somit ist „rechnerischer“ Schlupf nicht generell als kritisch zu sehen. Stattdessen liefert das Modell der dünnen Reibfuge, welches per se keine Aussage zur Fugen-Breitenrichtung macht und in radialer Richtung „mittelt“, eine angemessene Auslegungsgrundlage: Das Modell ermöglicht nicht nur die Quantifizierung des Spannungszustandes in der Fuge mit überschaubarem formelmäßigen Aufwand, sondern erlaubt im Umkehrschluss auch die explizite Berechnung der erforderlichen Klemmkraft bei gegebener Belastung,

$$F_{Kerf} = \max\left\{\begin{array}{l} F_Z + \dfrac{T}{\mu \cdot R_M} + 2 \cdot \sqrt{\left(\dfrac{|F_Q|}{\mu}\right)^2 + \left(\dfrac{|M_B|}{R_M}\right)^2 - 2 \cdot \dfrac{|F_Q|}{\mu} \cdot \dfrac{|M_B|}{R_M} \cdot \cos\Delta\psi} \\ F_Z - \dfrac{T}{\mu \cdot R_M} + 2 \cdot \sqrt{\left(\dfrac{|F_Q|}{\mu}\right)^2 + \left(\dfrac{|M_B|}{R_M}\right)^2 + 2 \cdot \dfrac{|F_Q|}{\mu} \cdot \dfrac{|M_B|}{R_M} \cdot \cos\Delta\psi} \end{array}\right\}, \qquad ((5.76))$$

bzw. die Ermittlung von zulässigen Belastungen (z. B. (5.75)). Dabei können neben der Torsion insbesondere die Biegung und der Querkraftschub bei beliebiger Phasenlage berücksichtigt werden, womit die Beziehungen als allgemeingültig bezeichnet werden können. Da der Auslegung auch beim dünnen Modell die Sicherstellung des Reibschlusses als Kriterium zugrunde liegt, werden damit gleichfalls kritische Mikrobewegungen verhindert, die globale Relativverdrehungen (Wandern) oder aber auch Verschleiß- und damit verbundene Setzeffekte nach sich ziehen können. Über entsprechende – i. d. R. recht geringe – Sicherheitsfaktoren kann mit dem Modell zudem der generelle Ausschluss rechnerischer Schlupfzonen erreicht werden. Gleiches gilt für den Ausschluss des Fugenklaffens, welches in der Auslegungsgrundlage (5.42) implizit enthalten ist.

• *Statisch unbestimmtes vs. statisch bestimmtes Berechnungsmodell*

Eine weitere prinzipielle Fragestellung im Zuge der Reibschlussauslegung ist die der maßgeblichen Belastung in der Fuge, also jener Größen, die beispielsweise in die Berechnungsgleichung (5.76) eingehen. Gemäß Kapitel 3 stellt eine Stirn-PV ein statisch unbestimmtes System dar, bei dem die äußere Last anteilig über die eigentliche(n) Wirkfuge(n) und die Schraubenseite übertragen wird[37]. Für eine Vorspannkraft-Bemessung wäre somit streng genommen der Hauptschluss-Anteil zugrunde zu legen, welche auf Basis des geschlossenen Balkenmodells berechnet werden kann. Eine Vernachlässigung des Nebenschlussanteils, also die unmittelbare Übertragung der Belastung von der Nabe in die Welle, entspricht dagegen dem Modell eines statisch bestimmten Systems (vergleichbar einem Kragbalken). Letztere Herangehensweise ist – ungeachtet des entfallenden Rechenaufwands – zudem auch aus modelltechnischen Überlegungen heraus zu bevorzugen: Die eigentliche Motivation des Berechnungsmodells für den Nebenschluss-Anteil stellt die Abschätzung der dynamischen Schraubenbeanspruchung dar. Die Annahmen hierfür sollten deshalb so getroffen

[37] Ein potentieller Übertragungsanteil der Zentrierungen kann nicht in der Berechnung berücksichtigt werden kann, vgl. Abschnitt 3.1.

werden, dass im Zweifelsfall die Steifigkeit und damit Übertragungsanteil und Beanspruchung der Schraube überschätzt werden, um eine festigkeitsmäßig konservative Aussage ableiten zu können. Da ein überschätzter Schraubenanteil jedoch im Umkehrschluss die Fugenbelastung unterschätzt, ist somit der Fugenauslegung vorzugsweise die gesamte äußere Belastung zugrunde zu legen. Der potentielle Fehler (üblicherweise deutlich weniger als 10%) ist praktisch gering und liegt dabei immer auf der sicheren Seite.

• *Innere Torsionsbelastung*

In Zusammenhang mit dem Nebenschluss-Anteil beeinflussen auch Verspannungen in der Verbindung die Beanspruchung in den Fugen. Nach Abschnitt 4.4.1 liegen diese in Form einer inneren Torsion entweder nach dem Anzugsvorgang oder aber nach dem Durchrutschen einer Fuge vor. Die übertragbare äußere Torsionsbelastung verringert oder erhöht sich dabei um den entsprechenden Betrag. Bezogen auf das Restanzugsmoment bedeutet dies, dass die Verbindung in Anzugsrichtung stärker belastet werden kann, bis erstmalige Bewegungen in der Fuge stattfinden. Gleichzeitig führt in diesem Zusammenhang ein begrenztes Durchrutschen nicht zum kompletten Versagen der Verbindung, da die Nebenschlussseite zunächst verstärkt an der Belastungsübertragung beteiligt wird. Die Berücksichtigung dieser Umstände in der rechnerischen Auslegung muss fallspezifisch beurteilt werden: Zunächst verhindert grundsätzlich die genaue Kenntnis des „Restanzugsmoments" eine präzise Erfassung dieser Effekte. Eine Vernachlässigung bei Belastung in Anzugsrichtung ist somit praktisch naheliegend. Wirkt das äußere Drehmoment dagegen in Losdrehrichtung, liegt diese Annahme nicht mehr auf der sicheren Seite. Zwar führt auch in diesem Fall ein Durchrutschen in bestimmten Grenzen zunächst noch nicht zum vollständigen Lösen der Verbindung. Die innere Verspannung wird dabei zudem abgebaut und liegt nach Entlastung entsprechend nur noch in verminderter Höhe oder sogar in umgekehrter Richtung an. Allerdings nimmt die Verdrehung jenseits des erstmaligen Rutschens überproportional mit der Belastung zu, was zumindest bei winkelgenauen Verbindungen nicht zulässig ist. Aus diesem Grund sollte das zulässige äußere Drehmoment in Schraubenlöserichtung um die volle Höhe des Gewindemoments (2.7) verringert werden, wenn eine konservative Auslegung angestrebt wird.

Neben einer torsionalen Verspannung kann zudem eine innere Biegebelastung vorliegen. Dies ist beispielsweise bei nicht-parallelen Kontaktflächen der Fall, infolge deren es zu einer Schrägstellung und Biegung des Schraubenkopfes kommt. Dieses Problem wird auch in [VDI2230] behandelt. Hinsichtlich des damit verbundenen Biegemoments ist anzumerken, dass eine Berücksichtigung in der Reibschlussauslegung (z. B. (5.76)) insofern nur bedingt sinnvoll ist, als dass dieser Anteil bezüglich der Verbindung selbst richtungsmäßig fixiert ist und dementsprechend zumindest keine (kritische) Umlaufbelastung darstellt. Für eine streng schlupffreie Auslegung muss dies dennoch berücksichtigt werden. Allerdings führt ein überelastisches Anziehen der Schraube, wie es bei Stirn-PV in der Praxis weithin üblich ist, zum weitgehenden Abbau der Biegespannungen, so dass der Effekt in vielen Fällen ohnehin vernachlässigbar ist.

• *Plastizierung und Gestaltfestigkeit*

Das Übertragungsvermögen von WNV wird neben dem rein funktionellen Mechanismus der Belastungsübertragung auch durch die Festigkeit der beteiligten Elemente begrenzt. Bei

Stirn-PV stellt dabei zumeist die Schraube das schwächste und zudem spannungsmäßig am höchsten belastete Glied dar. Als Teilaspekt im Bereich der Schraubenverbindungen (s. o.) wurde dieser Punkt bereits betrachtet. Aus der Praxis wird darüber hinaus von bei der Montage gebrochenen Zentrierzapfen berichtet. Eine festigkeitskritische Stelle liegt in diesem Bereich unter Umständen dann vor, wenn das Schraubengewinde im freien Zapfen(anstelle im massiven Wellenstumpf) endet und dieser folglich die gesamte Schraubkraft in Form von Zugspannungen sowie die Montagebeanspruchung (Gewindemoment zzgl. eventueller Anzugskräfte) aufnehmen muss. Bei minderfesten Wellenwerkstoffen (z. B. Kurbelwellen aus Gusseisen) kann auf diese Weise durchaus die Bruchgrenze erreicht werden.

Daneben unterliegen auch die druckbeanspruchten (verspannten) Teile hohen Belastungen. Aufgrund der starken axialen Verspannung tritt die Fragestellung nach dem Beulen im Sinne eines Stabilitätsproblems von besonders dünnwandigen Naben auf. Entsprechende Grenzbeziehungen auf Grundlage des Modells der Kreiszylinderschale finden sich zum Beispiel in [PIL05]. Diesbezüglich zeigt sich jedoch keine Versagensgefahr bei Stirn-PV typischer Längen- und Wandstärkenverhältnisse.
Aufgrund der axialen Druckspannungen in den Naben bzw. im verspannten Bereich und dem damit verbundenen Mittelspannungseinfluss (vgl. [FKM03]) erweist sich auch die dynamische Festigkeit (Gestaltfestigkeit) zumeist als unkritisch. Gleiches gilt hinsichtlich der Problematik von Reibdauerbrüchen, welche mangels Zugspannungen und wegen i. d. R. vernachlässigbarer Schlupfbewegungen keine Gefahr darstellen. Dagegen liegen im Zusammenhang mit der axialen Verspannung auch extrem hohe Flächenpressungen vor; in der Praxis finden sich hier Anwendungsbeispiele mit einem mittleren Fugendruck in der Primärfuge von bis zu 350 MPa [FVV820]. Angesichts derartiger Größenordnung besteht grundsätzlich die Tendenz zu lokalen plastischen Verformungen sowie zur Überschreitung von kritischer Pressungen. Diesbezüglich ist bei Stirn-PV besonders auch die lokale Überhöhung des Fugendrucks infolge einer Biegebelastung zu berücksichtigen (Abschnitt 5.1.3).
Wenngleich Untersuchungen aus dem Bereich der Zylinder-PV keinen negativen Einfluss einer elastisch-plastischen Auslegung auf das reibschlüssige Übertragungsvermögen andeuten [BIE63], müssen doch im Hinblick auf Vorspannkraftverluste infolge Setzens entsprechende Grenzwerte eingehalten werden. Hierzu sei auf die entsprechenden Literaturangaben bzw. einschlägige Untersuchungen verwiesen (vgl. Abschnitt 2.1.1.2, S. 11). Die Gefahr von Vorspannkraftverlusten ist unterdessen auch durch strukturelle plastische Verformungen gegeben, wenn entsprechend ungünstige Kraftfluss- und Beanspruchungsverhältnisse vorliegen (vgl. Bild 2.3), welche dementsprechend vermieden werden sollten.

- ***Tolerierung der Bauteile***

Neben der allgemeinen topologisch-geometrischen Gestaltung einer Stirn-PV und der Berechnung stellt auch die Tolerierung der Bauteile einen Teilaspekt bei der Auslegung von Stirn-PV dar. So wurde oben bereits der Einfluss nicht-paralleler Kontaktflächen auf eine innere Biegebeanspruchung der Verbindung erwähnt. In Abschnitt 5.1.2.2 wird der Einfluss nicht-ebener Kontaktflächen betrachtet und quantifiziert. Auf dieser Grundlage ist die Eingrenzung der Toleranzen möglich, wobei diese entsprechend so festgelegt werden sollten, dass immer eine äußere Anlage erreicht wird (vgl. Bild 5.4), die mit einer Verlagerung der Flächenpressung zum Außendurchmesser hin verbunden ist und auf diese Weise R_{eff} erhöht (vgl. (5.27)). Darüber hinaus müssen stets ein vollständiges Schließen eines möglichen Spaltes sowie eine Unterschreitung zulässiger Flächenpressungen sichergestellt werden. Weiterhin beeinflussen Oberflächeneigenschaften und -toleranzen naheliegenderweise das Reibungsverhalten der Kontaktpaarungen. Wenngleich mangels Kenntnis der genaueren Einflusssituation (vgl. Abschnitt 2.1.3.2f.) zur Zeit keine verbindlichen Empfehlungen gegeben werden können, so muss doch durch hinreichende Präzisierung – etwa im Hinblick auf Bearbeitungsverfahren und -richtung sowie die Vorgabe eines Rauheitsfensters – die näherungsweise Vergleichbarkeit und Reproduzierbarkeit der Oberflächenzustände ermöglicht werden.

Die Toleranzsituation der Zentrierungen zwischen den Bauteilen beeinflusst eine potentielle Lastübertragung in eben diesem Bereich. Wie in Abschnitt 3.1 ausgeführt, kann dieser jedoch wegen der geometrischen Unbestimmtheit nicht in der Auslegung berücksichtigt werden. Darüber hinaus wirken die Zentrierungstoleranzen jedoch auch indirekt über Rundlauf und Unwuchteffekte auf die Belastungssituation, so dass sie ebenso unter diesem Gesichtspunkt mit dem Übertragungsverhalten der Verbindung in Zusammenhang stehen.

- ***Lastannahmen***

Ein mitunter alles entscheidender Gesichtspunkt in der Auslegung von Maschinensystemen allgemein ist die realitätsnahe Erfassung der auftretenden Belastungen. Während im Falle von Stirn-PV nominelle Lastdaten (meist in Form von Nenndrehmomenten) auf Grundlage der zu übertragenden Leistung recht genau abgeschätzt werden können, werden diese im Betrieb von dynamischen Effekten überlagert, die den Nennwert unter Umständen deutlich übersteigen können. Dies sind in erster Linie dynamische Trumkräfte infolge von Riemen- und Torsionsschwingungen sowie Massenkräfte und -momente aus Drehungleichförmigkeiten, transversalen und Taumel-Bewegungen sowie Unwuchteffekten. Liegt zudem eine Schwingungsanregung im Bereich von Eigenformen der Stirn-PV selbst bzw. ihrer Komponenten vor, so treten darüber hinaus Anteile auf, die von außen kaum messbar sind.

Generell muss versucht werden, auch all diese Effekte quantitativ in der Bemessung der Verbindung zu berücksichtigen, die Belastungsgrößen (T, M_B, F_Q, $\Delta\psi$, F_Z) also entsprechend zu bestimmen. Praktisch ist dies in der Regel nur basierend auf Erfahrungswerten, Messungen oder MKS-Rechnungen möglich. Die letzten beiden Optionen führen dann zumeist auf diskrete Zeitreihen von Belastungen (Lastreihen) oder sogar inneren Beanspruchungsgrößen (z. B. „Schnittgrößen"). Auf deren Grundlage ist in der Folge eine Nachrechnung der Verbindung hinsichtlich der erforderlichen Klemmkraft zum Ausschluss von Schlupfzonen (Abschnitt 5.2.2) bzw. der Beanspruchung der Schraube (Kapitel 3) für diskrete Zustände möglich, wobei letztlich der Maximalwert einer Zeitreihe die Bemessungsgrundlage darstellt. Hinsichtlich der Ergebnisinterpretation ist anzumerken, dass den Versagenskriterien („Wandern" einerseits bzw. Dauerbruch der Schraube andererseits) zunächst die Annahme eines zeitlich stationären Belastungszustands (konstante Torsion, umlaufende konstante Querkraft und Biegung) zugrunde liegt. Eine Verallgemeinerung für instationäre Zustände liegt somit – sofern auch die „instationären", d. h. dynamischen Zusatzbelastungen erfasst werden – tendenziell auf der sicheren Seite: Beispielsweise sind für ein kontiniuierliches „Wandern" vollständig umlaufende Schlupfzonen erforderlich, was aber bei singulären kurzzeitigen Lastspitzen mit einer Dauer von deutlich weniger als einer Wellenumdrehung nicht erreicht wird.

• Sicherheitsfaktoren

Die aufgestellten Berechnungsgleichungen basieren auf Modellannahmen und Vereinfachungen. Wenngleich punktelle numerische und experimentelle Verifikationen vorliegen, stellt sich die Frage nach der allgemeingültigen praktischen Genauigkeit. Generell müssen aus dem Modell folgende Ungenauigkeiten mit einem *verfahrensbedingten* Sicherheitsfaktor berücksichtigt werden. Darüber hinaus sind sonstige Überlegungen wie Unsicherheiten in Last-, Werkstoff- und Reibwertannahmen bzw. -angaben separat zu bewerten.

Der Berechnung der Schraubenbeanspruchung liegt die Betrachtung der Stirn-PV als statisch unbestimmtes Balkensystem zugrunde. Die konkrete Übertragung einer Verbindung in ein solches Modell bestimmt somit die Genauigkeit der Ergebnisse, so dass die Angabe einer allgemeinen „verfahrensbedingt erforderlichen“ Sicherheit kaum möglich ist. Zudem liegen bislang noch keine experimentellen Untersuchungen vor. Werden allein die Simulationsrechnungen betrachtet (Abschnitt 3.6), so erscheint ein Sicherheitsfaktor hinsichtlich des Festigkeitsnachweises der Schraube von $S = 1{,}5$ als ausreichend.

Hinsichtlich der Reibschlussauslegung, für die sich das Modell der dünnen Reibfuge empfiehlt, ist zunächst auch eine analytische Beurteilung möglich. Aufgrund der Vernachlässigung der radialen Verteilung folgt hierbei, dass der potentielle Fehler umso größer wird, je breiter die Fuge ist, wobei dieser „Fehler“ unter Umständen auch auf der sicheren Seite liegen kann. Angesichts praktisch üblicher Durchmesserverhältnisse $Q_A > 0{,}6$ erscheint Sicherheitsfaktor von $S = 1{,}2$ als angemessen. Auch die experimentellen Untersuchungen (Abschnitt 5.3.4) begründen einen Wert in diesem Bereich.

6.2 Spezielle Aspekte realer Ausführungen sowie mehrnabiger und mehrfach belasteter Verbindungen

Hinsichtlich realer Verbindungen sind besondere Gesichtspunkte zu beachten, die im Rahmen der an den vereinfachten Modellen angestellten Untersuchungen nicht unmittelbar zu Tage treten.

Diesbezüglich sei zunächst auf die bereits eingangs erwähnte Beschränkung der Modellbetrachtungen auf Stirn-PV mit hülsen- bzw. hohlzylinderförmiger Grundstruktur verwiesen. Zwar kann auch bei scheiben- bzw. plattenartigen Naben der mechanisch wirksame „Verformungskörper“ in grober Näherung als Körper bzw. „Balken“ mit Ringquerschnitt approximiert werden, allerdings gewinnen mit abnehmenden Längenabmessungen die Art und Gestaltung der Lasteinleitungsstellen an Einfluss, was die Angemessenheit des Balkenmodells in Frage stellt.

Darüber hinaus sind folgende Punkte zu berücksichtigen:

• Unterscheidung und Umrechnung zwischen „Lastangriff“ und „Lasteinleitung“

Während in den betrachten Modellen die Lastaufbringung stets über einfache „Flansche“ erfolgte (vgl. Bild 2.30 bzw. Bild 2.36), ist hinsichtlich realer Nabengestaltungen unter Umständen zwischen den Orten des Belastungs*angriffs* und der Last*einleitung* zu unterscheiden. Dies wird am Beispiel in **Bild 6.1** deutlich, bei dem ein offensichtlicher axialer Versatz zwischen der Riemenebene und jenem Bereich besteht, der die Belastung in den eigentlichen Nabengrundkörper überträgt.

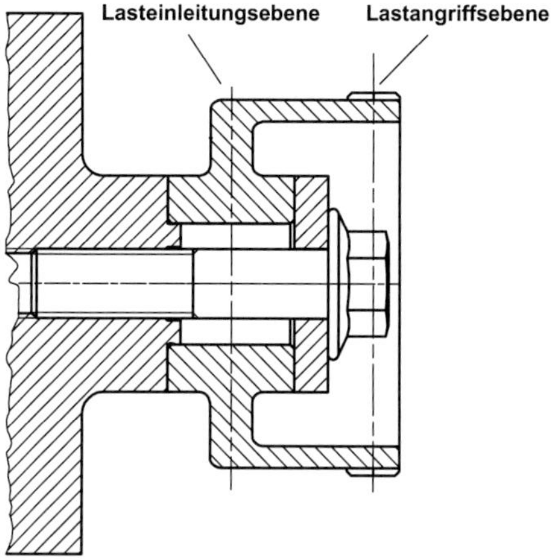

Bild 6.1: Unterscheidung zwischen Lastangriff und Lasteinleitung bei einer Stirn-PV-Nabe

Für die Betrachtung der Fugenbelastung anhand eines statisch bestimmten Balkenmodells (also unter Außerachtlassung des sekundären Übertragungsweges) ist dies ohne Bedeutung, da sich konkret die Querkraftbiegemomente in einfacher Weise aus Kraft und Hebelarm ergeben. Für die Berechnung der Nebenschluss-Belastung oder Verformungsbetrachtung anhand des geschlossenen, statisch unbestimmten Balkensystems bestimmen dagegen die haupt- und nebenschlussseitigen Steifigkeiten die jeweiligen Übertragungsanteile. Eine Lasteinleitungsstelle kann dabei als Punkt („Knoten") der Balkenstruktur betrachtet werden, an welchem sich die Belastung in Haupt- und Nebenschlussanteil aufteilt. Entsprechend müssen die äußeren Belastungen auf diese Knoten umgerechnet werden. Dies ist naturgemäß nur für Querkräfte und exzentrische Axialkräfte notwendig. Folglich führt gemäß **Bild 6.2** die äußere Querkraft im Lasteinleitungspunkt auf ein zusätzliches Ersatzbiegemoment, welches vom axialen Abstand zwischen Lastangriffs und Lasteinleitungsstelle abhängig ist. Im gleichen Sinne ist die exzentrische Axialkraft durch eine zentrische Axialkraft und ein statisch äquivalentes reines Biegemoment zu ersetzen. Das globale statische Gleichgewicht bleibt davon unberührt.

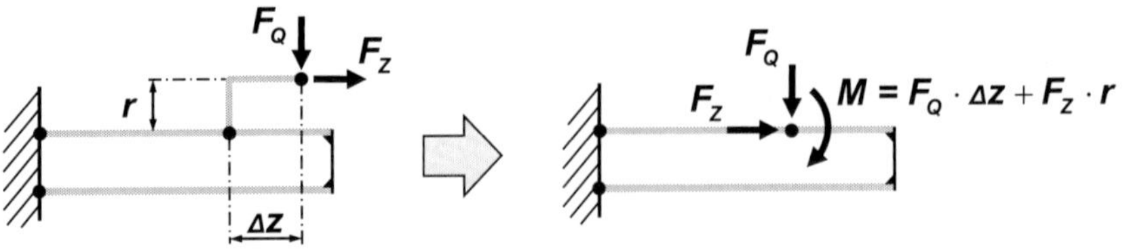

Bild 6.2: Statisch äquivalente Umrechnung der äußeren Belastungen vom Lastangriffs- auf den Lasteinleitungspunkt unter Einführung eines Ersatzbiegemomentes

• Mehrere angreifende Belastungen

Greifen an einer Stirn-PV mehrere verschiedene Belastungen an, so überlagern sich die entsprechenden Einzelkomponenten zur wirksamen Gesamtbelastung. Dies spielt nicht nur bei mehrnabigen Verbindungen eine Rolle (siehe unten), sondern tritt gleichermaßen beispielsweise bei Mehrfach-Ketten- und Riemenscheiben (Bild 1.4 links: „doppeltes" Riemenrad) auf. Ebenso können der Nennbelastung überlagerte dynamische Anteile oder selbst die Riemenvorspannung als mehrfache Belastung einer einzelnen Stirn-PV-Nabe interpretiert werden.

Während die Superposition der einzelnen Komponenten zunächst mechanisch trivial ist, gilt Folgendes zu bedenken: Im realen Betrieb werden die verschiedenen Lasten nicht immer gleichzeitig wirksam. Dies trifft insbesondere auf Schwingungsanteile zu (deren Komponenten ohnehin richtungsmäßig unbestimmt sind), sondern ebenso auf den Fall mehrerer Umschlingungstriebe, deren Last- bzw. Betriebszustände sich i. d. R. keineswegs synchron verhalten. Aufgrund unterschiedlicher räumlicher Wirkrichtungen entspricht das gleichzeitige Zusammenfallen aller Einzelbelastungen jedoch nicht zwangsläufig dem kritischsten Zustand im Hinblick auf die resultierende Fugen- und Schraubenbeanspruchung. Greifen etwa an einer Verbindung zwei Riementriebe mit um 180° versetzten Trumrichtungen an, so addieren sich zwar die Torsionsmomente, allerdings kompensieren sich im Idealfall die Querkräfte und – vom axialen Versatz der Wirkebenen abgesehen – die damit verbundenen Biegemomente. Dominiert im Hinblick auf die Fugebeanspruchung letztlich die Querkraftbiegung, so ist unter Umständen der „Volllast-Zustand" nicht der maßgebliche für eine Bemessung der Schraubenklemmkraft.

In Konsequenz dessen müssen hinsichtlich einer konservativen Auslegung sämtliche denkbaren Last- bzw. Betriebszustände nachgerechnet werden. Hinsichtlich einer vorliegenden Schwingungsbeanspruchung sind zudem alle diesbezüglich möglichen Wirkrichtungen in die Betrachtungen einzubeziehen. Wegen des resultierenden „kombinatorischen" Aufwands ist in diesen Fällen der Einsatz eines entsprechenden Rechnerprogramms (z. B. [SFIT08]) sinnvoll.

• Stirn-PV mit mehreren Naben

Setzt sich eine Stirn-PV aus mehreren (belasteten) Naben zusammen, so sind zunächst die oben genannten Aspekte von Verbindungen mit verschiedenen angreifenden Lasten zu beachten. Darüber hinaus gilt zu berücksichtigen, dass nunmehr zusätzliche Wirkfugen (nämlich die zwischen den Naben) vorliegen und dass zudem auch die Belastungs*einleitung* an verschiedenen Stellen der Verbindung erfolgt. Dies hat für die Berechnung folgende Konsequenzen: Hinsichtlich der Reibschlussauslegung muss die Berechnung für jede einzelne Fuge erfolgen, wobei entsprechend alle nebenschlussseitigen Belastungen bezüglich der jeweiligen Fuge zugrunde gelegt werden müssen.

Bezüglich der Berechnung der Schraubenbelastung ist zu bedenken, dass jede Einleitungsstelle unterschiedliche Haupt- und Nebenschlussbereiche hat: Der Nabenstrang wird durch den Einleitungs-„Knoten" in die Bereiche *(I)* und *(II)* geteilt (**Bild 6.3**). Folglich verteilen sich die Belastungen in unterschiedlichen Anteilen auf Haupt- und Nebenschluss und tragen somit in ungleichen Relationen zur Schraubenbeanspruchung bei. Am Beispiel der Torsionsbelastung betrachtet, besitzt dabei jede Lasteinleitungsstelle j ein spezifisches Nachgiebigkeitsverhältnis $\Phi_{T,j}$ (3.9),

$$\Phi_{T,j} = \frac{1}{\frac{\delta_{T,j}^{(NS)}}{\delta_{T,j}^{(HS)}} + 1} = \left| \frac{T_j^{(NS)}}{T_j} \right| . \tag{6.1}$$

Die Gesamtbelastung im Nebenschluss ergibt sich in der Folge als Summe über alle Einleitungsstellen j:

$$T_{ges}^{(NS)} = \sum_{(j)} T_j^{(NS)} = \sum_{(j)} \left(\Phi_{T,j} \cdot T_j^{(NS)} \right) . \tag{6.2}$$

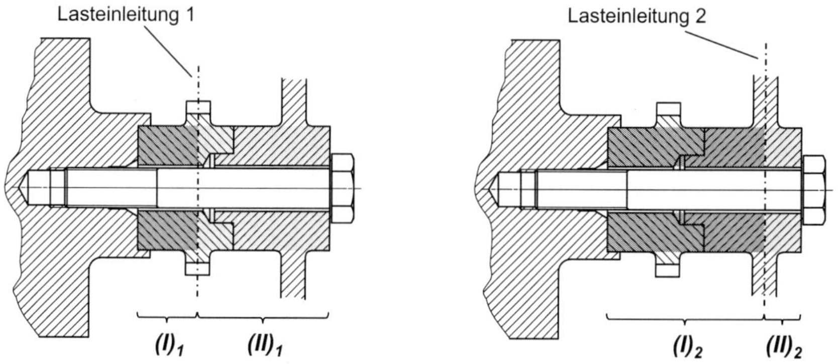

Bild 6.3: Unterschiedliche Haupt- und Nebenschlussbereiche *(I)* bzw. *(II)* in Abhängigkeit vom Ort der Belastungseinleitung

6.3 Experimentelle Validierung

Jenseits der rechnerischen Auslegung von Stirn-PV ist in vielen Fällen eine experimentelle Absicherung des Übertragungsverhaltens durchzuführen. Während naturgemäß Laufversuche unter Maximallast-Bedingungen eine realitätsnahe Verifikation der Übertragungssicherheit für eine Serienfreigabe ermöglichen, werden in der Praxis zudem häufig statische Rutschversuche (Verdrehversuche) durchgeführt [FVV820]. Damit ist insbesondere auch eine Abschätzung der Übertragungsgrenzen möglich, welche im dynamischen Versuch nur schwer zu ermitteln bzw. zu messen ist. Hauptaugenmerk bei solchen Versuchen gilt häufig dem Reibwert in den Fugen, welcher aus dem Rutschmoment ermittelt wird (z. B. [THLE05], vgl. Bild 4.4). Angesichts der diffizilen Einflusssituation hinsichtlich des Haftschlussverhaltens (Werkstoffpaarung, Reinigungszustand, Oberflächenbearbeitung u. v. a., vgl. Abschnitt 2.1.3) und mangels zuverlässiger Reibwertangaben bzw. anerkannter Standardprüfverfahren für das Haftreibungsverhalten ist eine derartige Absicherung in der Praxis dringend angebracht.

Aus der vorliegenden Arbeit ergibt sich dabei eine Reihe von Aspekten, die für eine richtige Interpretation entsprechender Versuchsergebnisse berücksichtigt werden müssen:

- Zunächst ist hinsichtlich der Rückrechnung vom Rutschmoment auf den Reibwert μ^* (4.2) zu bedenken, dass die axiale Klemmkraft linear in das Rutschmoment eingeht und ihrerseits selbst einer erheblichen Streuung unterliegt, wenn sie nicht direkt gemessen, sondern aus dem Anzugsmoment berechnet wird. Vorzugsweise sollte versucht werden, durch mitverspannte Kraftsensoren (vgl. Abschnitt 2.4.2) oder präparierte Messschrauben die Kraft direkt zu ermitteln. Ist dies nicht möglich, so ist hinsichtlich einer statistischen Bewertung die Überlagerung der jeweils erheblichen Streufenster von Reibwert *und* Vorspannkraft zu bedenken.
- Bei der Berechnung des Reibwerts ist die Wirkung einer inneren Torsionsvorspannung („Restanzugsmoment") zu beachten. Dieses überlagert sich der äußeren Belastung und führt gemäß Abschnitt 4.4 dazu, dass das Rutschmoment der Fuge bei Belastung in Anzugsrichtung um diesen Betrag überschätzt, bei Verdrehung in Löserichtung unterschätzt wird. Somit liegt eine vermeintliche Richtungsabhängigkeit des Rutschmoments vor. In jedem Fall stellt der erste Abknickpunkt der T-φ-Kurve den Rutschpunkt der Fuge dar (vgl. Bild 4.12), welcher je nach Reibungscharakteristik mehr oder weniger ausgeprägt sein kann. Generell ist eine Aufzeichnung der T-φ-Kurve (also eine Messung von Torsion *und* Drehwinkel) unbedingt notwendig, da eine genaue Identifikation der Grenzbelastung sonst nicht möglich ist. Bei der Interpretation der gemessenen Anstiege bzw. T-φ-Verläufe ist zudem der Aspekt gemäß Fußnote 16 auf Seite 80 zu beachten.
- Grundsätzlich wird mit einem statischen Verdrehversuch das Rutschmoment, also das Torsionsgrenzmoment bei *reiner* Drehmomentbelastung ermittelt. Unter überlagerter Querkraft- und Biegebelastung vermindert sich die übertragbare Torsionsbelastung gemäß Abschnitt 5.2.1ff. erheblich. Aufgrund des Versagensmechanismus in diesem Fall (sich umlaufend ausbreitende Schlupfzonen) kann die diesbezügliche Grenzbelastung auch in einem statischen Versuch mit *kombinierter* Lastaufbringung nicht genau ermittelt werden. Stattdessen trägt der Verdrehversuch nur mittelbar – über den daraus abgeschätzten Reibwert – zur Bestimmung der Übertragungsfähigkeit bei.

6.4 Optimierung und Leistungssteigerung

Im Zuge steigender Leistungsanforderungen bei begrenztem Bauraum stellt im Rahmen der Auslegung von Stirn-PV die Optimierung und Leistungssteigerung eine häufige praktische Herausforderung dar. Dies erweist sich dabei insofern als schwierig, als dass Stirn-PV von vornherein einerseits als sehr einfache und kostengünstige Lösungen zur Drehmomentübertragung ausgewählt werden, andererseits prinzipbedingt in ihrem Übertragungsvermögen begrenzt sind (Abschnitt 1.2).

Erfahrungsgemäß liegt das größte Potential zur Erhöhung der Übertragungsfähigkeit in einer Vergrößerung des Haftreibwertes, da im Regelfall der Fugenreibschluss (und nicht etwa die Dauerfestigkeit der Schraube) den limitierenden Faktor darstellt. Da diesbezüglich in der vorliegenden Arbeit keine Untersuchungen angestellt wurden, sei hierzu lediglich auf die Erkenntnisse gemäß Abschnitt 2.1.3.3 verwiesen, wonach offensichtlich nur durch Mikroformschluss-Effekte (z. B. Hartpartikelbeschichtungen, Laserstrukturierung) nennenswerte Leistungssteigerungen möglich sind. Auch das bislang nicht betrachtete Verkleben der Fugen lässt wegen der üblicherweise ohnehin sehr hohen Flächenpressungen (und entsprechend hohen Grenzschubspannungen) keine deutliche Verbesserung erwarten.

Darüber hinaus ergeben sich jedoch grundsätzlich weitere Gesichtspunkte hinsichtlich einer Erhöhung der Übertragungsfähigkeit, die im Folgenden zusammengefasst werden sollen:

- Entscheidender geometrischer Parameter für die Lastübertragung in den Fugen ist der effektive Halbmesser R_{eff}, der im Rahmen des Bauraums maximiert werden sollte. Neben den Fugenabmessungen (R_I, R_A → „R_M“) wird R_{eff} im Sinne eines „Reibungshalbmessers“ R_μ (s. (5.24) bzw. (5.27)) auch durch die radiale Verteilung des Fugendrucks bestimmt. Dementsprechend sollte dieser in den Außenbereichen konzentriert werden. Dies wird zum Beispiel durch entsprechende Fugentoleranzen zur Erzeugung einer äußeren Anlage (Abschnitt 5.1.2.2) erreicht. Zudem sollte am Außendurchmesser auch ein Fugenüberstand vorliegen, um einen Abfall des Fugendrucks nach außen hin zu begrenzen oder zu verhindern (Bild 5.2).
- Eine Erhöhung der Schraubenklemmkraft erhöht die Übertragungsfähigkeit einer Stirn-PV linear und hat folglich den gleichen erheblichen Einfluss wie R_{eff} und μ. Durch ein überelastisches – vorzugsweise streckgrenzengesteuertes – Anziehen der Verschraubung wird nicht nur die Festigkeit der Schraube optimal ausgenutzt, sondern gleichzeitig die Streuung der Vorspannkräfte reduziert (Abschnitt 2.1.1.3). Da Stirn-PV generell zugleich Schraubenverbindungen darstellen, gelten sonstige diesbezügliche Gestaltungsempfehlungen zur Erhöhung der Verschraubungssicherheit (z. B. große Klemmlängen) auch hier.
- Die Steigungsrichtung des Gewindes sollte so gewählt werden, dass – sofern eine Vorzugsrichtung der Belastung vorhanden ist – das betragsmäßig maximale Torsionsmoment in Anzugsrichtung auftritt: Einerseits erhöht eine innere Verspannung in Form eines Restanzugsmoment das Grenzmoment in dieser Belastungsrichtung. Außerdem führt ein Durchrutschen der Verbindung dann im ungünstigsten Fall (nach allerdings erheblichem Verdrehwinkel) zum Festdrehen des Gewindes (bzw. Durchrutschen unter dem Schraubenkopf) und nicht zum Lösen der Verschraubung (Abschnitt 4.2). Ein Lösen der Schraube bei Überlastung in Losdrehrichtung kann dagegen letztlich nur durch eine entsprechende Gewindesicherung (z. B. mikroverkapselter Klebstoff) ansatzweise verhindert werden.
- Ein Formschluss in Umfangsrichtung, z. B. mittels Pass- oder Scheibenfedern, kann nur unter Umständen zur Erhöhung der Übertragungsfähigkeit beitragen. Der potentielle Übertragungsanteil ist in der Regel geometrisch und statisch unbestimmt und kann entsprechend erst bei zumindest partiellem Versagen des Reibschlusses wirksam werden. Analog zu Flanschverbindungen ([MEMI88], S. 21) sind deshalb derartige Elemente nur zum Auffangen von Überlasten sinnvoll. Aus der Praxis wurde zudem das Phänomen berichtet, dass ein vorgespannter und damit in gewisser Weise „definierter“ Formschluss (konkret:

spielfreie Passfeder) anfängliche Schlupfbewegungen in der Wirkfuge und damit ein Hochtrainieren des Reibwertes verhinderte, worauf in der Folge vollständiges Versagen einschließlich Abscherung der Passfedern auftrat [FVV820]. Im Falle eines gewissen „Verdrehspiels“ der Passfeder konnte die Belastung dagegen ohne Ausfall übertragen werden.

- Auch ein Formschluss in Querrichtung (Zentrierungen, Passschrauben) kann zwar analog dem umfänglichen Formschluss als „Redundanzelement“ eingebaut werden. Er nimmt in der Regel jedoch keine Querkräfte auf (Abschnitt 3.1), zumal der Querkraftschub innerhalb der Naben überwiegend in tangentialer Richtung übertragen wird (Bild 2.24, S. 42). Eine Berücksichtigung in der rechnerischen Auslegung scheidet wegen der Toleranzproblematik und entsprechenden geometrischen und statischen Unbestimmtheiten von vornherein aus.
- Neben den genannten gestalterischen und konstruktiven Punkten haben auch das Umfeld und die Art des Lastangriffs einen Einfluss auf die Beanspruchung und damit die Übertragungsfähigkeit einer Stirn-PV. Wird beispielsweise die Primärfuge auf Höhe der Wirkebene des Umschlingungstriebs bzw. des Zahneingriffs positioniert, so entfallen die Biegeanteile der Querkraft. Weiterhin bewirkt die Riemenvorspannung selbst naturgemäß eine konstante umlaufende Querkraft bzw. Querkraftbiegung. Eine Begrenzung dieser erhöht somit stets das „nutzbare“ Drehmoment. Gleichzeitig können durch gezielte Orientierung der Trumrichtungen Kompensationseffekte erzielt werden, wodurch sich die Beanspruchung in den Fugen ebenfalls reduziert.

7 Zusammenfassung und Ausblick

Stirnpressverbindungen stellen eine einfache und kostengünstige Form reibschlüssiger Welle-Nabe-Verbindungen dar, die beispielsweise im Bereich der Riemen- und Kettenräder breite Anwendung findet. Während zu Kegel- und Zylinder-PV bereits vielfältige Forschungsergebnisse vorliegen, bildeten Stirn-PV bislang nicht den Gegenstand wissenschaftlicher Untersuchungen. Dies spiegelt sich in einer Auslegungs- und Anwendungspraxis wider, in der wesentliche Aspekte der realen Belastungs- und Beanspruchungssituation vernachlässigt werden. Vor diesem Hintergrund wurde in der vorliegenden Arbeit das Übertragungsverhalten der Verbindungen umfassend untersucht. Dabei wurden Betrachtungen und Analysen theoretischer, numerisch-simulativer und experimenteller Art angestellt.

Eine erste wichtige Fragestellung bildete der Mechanismus der Belastungsübertragung innerhalb der Gesamtverbindung (Kapitel 3). Diesbezüglich gilt zu beachten, dass die äußere Last zwar überwiegend direkt zwischen Welle und Nabe übertragen wird („Hauptschluss"), eine anteilige Belastung jedoch ebenfalls auf die Schraube wirkt („Nebenschluss"), was einer dynamischen Torsion und Umlaufbiegung derselben entspricht. In der Arbeit wurde dabei ein analytischer Ansatz entwickelt, mit welchem die Belastungsanteile im Haupt- und Nebenschluss und somit die Betriebsbeanspruchung der Schraube berechnet werden können. Grundlage dafür stellte die Abbildung einer Stirn-PV als statisch unbestimmtes, schubweiches Balkensystem dar. Die Gegenüberstellung von Berechnungsergebnissen auf Basis der hergeleiteten Gleichungen und Finite-Elemente-Simulationen zeigt grundsätzlich eine gute Übereinstimmung und bestätigt somit die Brauchbarkeit des theoretischen Modells. Generell zeigen die Berechnungen, dass die Übertragungsanteile im Nebenschluss bezogen auf die Gesamtbelastung zwar recht gering sind, angesichts der hohen Empfindlichkeit von Schrauben gegenüber dynamischer Beanspruchung jedoch durchaus kritische Größenordnungen erreichen können. Angesichts praktischer Schadensfälle in diesem Bereich empfiehlt es sich daher, einen entsprechenden Dauerfestigkeitsnachweis auf Basis des dargelegten Berechnungsmodells in eine Auslegung der Verbindung einzubeziehen.

Die Notwendigkeit einer integralen Herangehensweise hinsichtlich des Systems Welle–Nabe–Schraube wird auch im Hinblick auf das Durchrutschen einer Stirn-PV sichtbar. Diesbezüglich wurden umfangreiche Betrachtungen zum Verhalten bei torsionaler Be- bzw. Überlastung angestellt (Kapitel 4). Es wurde deutlich, dass die Verschraubung bei Überschreiten der Rutschgrenze einer Verbindung zunächst überproportional an der Belastungsübertragung beteiligt wird und somit ein unmittelbares vollständiges Versagen der Drehmomentleitung verhindert. In der Folge kommt es – nach wohlgemerkt erheblicher Relativverdrehung zwischen Welle und Nabe – zu einem Weiterdrehen des Gewindes, was je nach Torsionsrichtung zu einem Festdrehen der Verschraubung (mit ansteigendem Drehmoment bis hin zum Bruch der Schraube) oder aber zum Schrauben-Losdrehen (mit Abfall des Drehmoments) führt. Die entsprechenden Formelbeziehungen wurden in der Arbeit hergeleitet. Sie beschreiben ebenso den Effekt einer inneren torsionalen Verspannung, der sich nach einem Durchrutschen oder aber auch in Form eines „Restanzugsmoments" nach Ende des Montagevorgangs einstellt. Dieses innere Moment überlagert sich im Weiteren mit der äußeren Belastung und führt somit zu einer richtungsabhängigen Verschiebung der Rutschgrenze. Für die richtige Interpretation von Versuchsergebnissen ist – neben den oben genannten – insbesondere auch dieser Aspekt von Bedeutung.

Für die Dimensionierung von Stirn-PV ist in den meisten Fällen das reibschlüssige Übertragungsvermögen der Wirkfugen entscheidend, dessen rechnerischer Auslegung bislang häufig nur die Torsion zugrunde gelegt wird. Die genauere Betrachtung realer Belastungsverhältnisse machte deutlich, dass Querkräfte und Biegemomente zu erheblichen zusätzlichen Beanspruchungen in den Reibfugen führen (Kapitel 5). Der reibschlüssig übertragene Querkraft-Schub überlagert sich dabei mit den Torsionsschubspannungen in der Fuge. Biegemomente führen dagegen zu einer lokalen Änderung der Flächenpressung, was mit einer örtlichen Minderung der übertragbaren Schubspannung einhergeht. Im Ergebnis bilden sich bereits weit unterhalb des nominellen Rutschmoments einer Verbindung lokale Schlupfzonen im Reibkontakt aus, welche sich bei Drehung der Welle zu einem makroskopischen Wandern aufsummieren können und so zum Versagen der Verbindung im Sinne einer Relativverdrehung zwischen Welle und Nabe führen. Dementsprechend reduziert sich unter überlagerter Querkraft und Biegung das sicher übertragbare Drehmoment. Bei praxisüblichen Randbedingungen – z. B. bei Riemen- und Kettenrädern – kann diese Minderung bis zu 70% bezogen auf das Rutschmoment betragen. In der Konsequenz muss die Schraubenvorspannkraft so ausgelegt werden, dass auch bei kombinierter Torsions-, Biege- und Querkraftbelastung lokale kritische Schlupfzonen verhindert werden. Ein entsprechendes Berechnungsmodell auf Grundlage der Balkentheorie wurde in der Arbeit hergeleitet. Die Berechnungen weisen gute Übereinstimmung mit Finite-Elemente-Simulation auf, welche auch den „Wander-Effekt" aufzeigen. Zur experimentellen Verifikation wurde ein spezieller Unwucht-Prüfstand entwickelt, der Untersuchungen unter kombinierter umlaufender Belastung ermöglichte. Die hiermit durchgeführten „dynamischen" Versuche bestätigten einerseits das Wandern als Versagensmechanismus und andererseits gleichfalls die Gültigkeit des Berechnungsmodells. Wegen der großen praktischen Bedeutung kann somit dessen Beschreibung des Einflusses von Biegung und Querkraft auf die übertragbare Torsionsbelastung als der wichtigste Punkt der Untersuchungen angesehen werden.

Im Ergebnis der Arbeit liegen somit neue Erkenntnisse vor, die nicht nur zum grundlegenden Verständnis des Übertragungs- und Versagensverhaltens von Stirnpressverbindungen beitragen, sondern darüber hinaus als unmittelbar anwendbare Berechnungsmodelle für die praktische Nutzung bereitstehen. Auf deren Grundlage ist es fortan möglich, Stirn-PV unter mechanisch fundierter Berücksichtigung der realen Beanspruchungssituation und damit systematisch und ökonomisch auszulegen. Zusätzliche Hinweise dazu sind in der Arbeit gegeben (Kapitel 6).

Während die dargelegten Berechnungsmodelle einerseits Raum für Detailverbesserungen und Erweiterungen lassen – hierbei sei beispielsweise an eine genauere Berechnung der Schrauben- und Nabennachgiebigkeiten, eine Berücksichtigung eventueller formschlüssiger bzw. höher statisch überbestimmter Übertragungsanteile sowie scheibenförmige Nabengeometrien gedacht – verbleibt andererseits insbesondere die hier nur randständig betrachtete Problematik des Haft- bzw. Reibschlussverhaltens. Zukünftige Forschungsarbeiten sollten sich diesbezüglich einem verbesserten Verständnis der Wechselwirkungen im Reibkontakt bei hohen Flächenpressungen und unter Auftreten von Mikrobewegungen widmen, um die damit verbundenen Effekte, wie etwa das Hochtrainieren des Reibwerts, nicht zuletzt in der praktischen Auslegung besser berücksichtigen zu können.

Berechnungsbeispiel

Im Folgenden sollen die Berechnung einer Stirn-PV auf Grundlage der in der Arbeit dargelegten Beziehungen an einem Beispiel ausgeführt werden. Zugrunde gelegt wird dabei ein Anwendungsfall gemäß **Bild 1**. Die Grundausführung entspricht in wesentlichen Punkten der Variante *L* (vgl. Tab. 2-3, S. 48), weist ihr gegenüber aber

- eine Nabenlänge von 30 mm
- eine doppelt ausgeführten und gegenüber dem Nabenflansch axial versetzten Lastangriff
- den Nabenwerkstoff GG-25 (GJL-250) mit E = 110'000 MPa

auf. In Bild 1 sind nur die wesentlichen Maße angegeben.

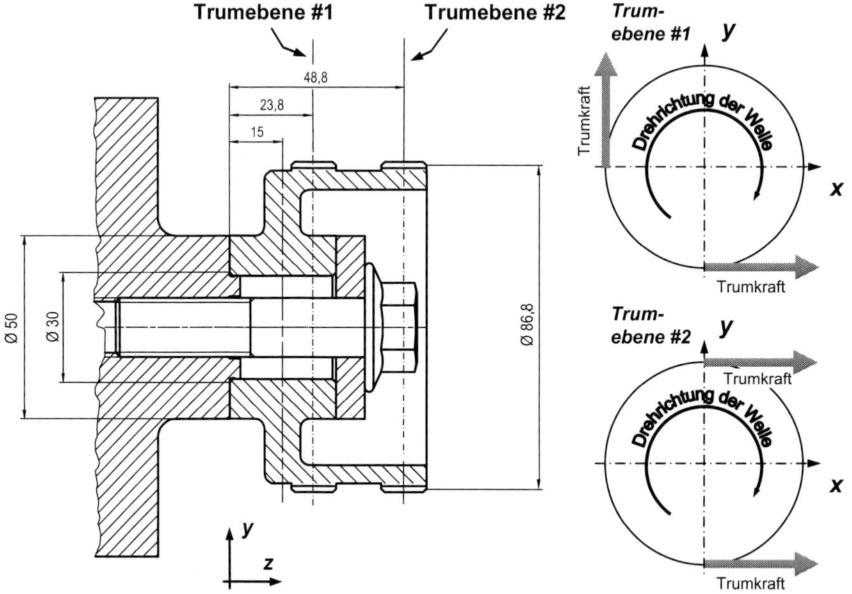

Bild 1: Stirn-PV mit doppeltem Belastungsangriff unterschiedlicher Wirkrichtungen als Berechnungsbeispiel

1. Erfassung zentraler Eingangs- und Belastungsgrößen (*Vorgaben*)

In **Tabelle 1** sind die wesentlichen Eingangsgrößen der Berechnungsaufgabe zusammengestellt. Die geometrischen Angaben folgen dabei aus Bild 1 und Tab. 2-3, S. 48. Darüber hinaus ist hinsichtlich der Reibung zunächst von eine Fugenreibwert $\mu = 0{,}15$ sowie einem Gewindereibwert von $\mu_{Gew} = 0{,}12$ auszugehen.

Tabelle 1: Eingangsdaten

Größe	Zahlenwert	Anmerkung
Bezugsebene	$z = 0$	axiale Position der Primärfuge
Lasteinleitungsebene	$z^* = 15$ mm	Position des Nabenflansches = Lastleitung in den Grundkörper der Verbindung (Bild 1)
Abmessungen des idealisierten Naben-Hohlzylinders	$D_I \times D_A \times L = 28 \times 50 \times 30$ mm	
Geometrie der Primärfuge	$D_I = 30$ mm $D_I = 50$ mm	vgl. Bild 1
Klemmlänge der Schraube	$l_{III} = 38$ mm	Scheibendicke = 8 mm gemäß Tab. 2-3
Schraube: Spannungs-Ø und Widerstandsmoment	$d_S = 14{,}16$ mm $W_B = 295$ mm^3	für Gewinde M16×1,5
Bezugswert der Schraubenvorspannkraft	$F_{K,\text{nom}} = 100$ kN	Richtwert gemäß Tab. A7 in [VDI2230] für M16-12.9
Belastungsdaten		
Teilkreisdurchmesser	d = 86,8 mm	vgl. Bild 1
Lastangriffsposition #1	$z_1 = 23{,}8$ mm	vgl. Bild 1
Trum-Vorspannung #1	400 N	Vorgabe
Torsionsmoment #1	100 Nm	Vorgabe
Trum-Richtungen #1	0°; 90°	vgl. Bild 1 (rechts oben)
Lastangriffsposition #2	$z_2 = 48{,}8$ mm	vgl. Bild 1
Trum-Vorspannung #2	400 N	Vorgabe
Torsionsmoment #2	100 Nm	Vorgabe
Trum-Richtungen #2	0°; 0°	vgl. Bild 1 (rechts unten)
Torsionsschwingungen aufgrund von Drehungleichförmigkeiten der Welle	±50 Nm	Vorgabe

2. Berechnung von Zwischengrößen

Tabelle 2: Fugendaten

Größe	Grundlage (Formel-Nr.)	Berechnung / Zahlenwert
Durchmesserverhältnis	(2.19)	$Q_A = 30/50 = 0{,}6$
mittlerer Halb- und Durchmesser	(2.23)	$R_M = 20$ mm , $D_M = 40$ mm
Querschnittsfläche	(2.20)	$A = 1257$ mm^2
Flächenträgheitsmoment	(2.21)	$J = 2{,}67 \cdot 10^5$ mm^4
mittlere Flächenpressung (Bezugswert)	(2.28), (5.2)	$\bar{p}_{\text{nom}} = 79{,}6$ MPa
Rutschmoment	(5.23) mit $R_{eff} = R_M$	$T_{R,\text{nom}} = 0{,}15 \cdot 20\text{ mm} \cdot 100\text{ kN}$ $= 300$ Nm

Tabelle 3: Abgeleitete Belastungsgrößen

Größen	Berechnung und Zahlenwerte	Anmerkung
wirksames Gesamt-Torsionsmoment	$T = \underline{\underline{(+)\,250\ \text{Nm}}}$	Summe aus max. Trum-Momenten und der Schwingungskomponente
Komponenten der Querkräfte des Trum 1	$F_x^{(\#1)} = 400\ \text{N} + \dfrac{100\ \text{Nm}}{86{,}6/2\ \text{mm}} = 2704\ \text{N}$ $F_y^{(1)} = 200\ \text{N}$	vgl. Bild 1 bzgl. der Wirkrichtungen; *Annahme*: Kraft im Leertrum wird konstant auf Vorspannungsniveau gehalten
Komponenten der Querkräfte des Trum 2	$F_x^{(\#2)} = 400\ \text{N} + \dfrac{100\ \text{Nm}}{86{,}6/2\ \text{mm}} + 400\ \text{N} = 3104\ \text{N}$ $F_y^{(2)} = 0\ \text{N}$	
Ersatzmomente infolge QuerkraftBelastung in der Einleitungsebene (z = 15 mm)	$M_x^{(\#1)}\big\|_{z^*} = -400\ \text{N}\cdot(23{,}8-15)\ \text{mm} = -3{,}5\ \text{Nm}$ $M_y^{(\#1)}\big\|_{z^*} = 2704\ \text{N}\cdot(23{,}8-15)\ \text{mm} = 23{,}8\ \text{Nm}$ $M_x^{(\#2)}\big\|_{z^*} = -0\ \text{N}\cdot(48{,}8-15)\ \text{mm} = 0\ \text{Nm}$ $M_y^{(\#2)}\big\|_{z^*} = 3104\ \text{N}\cdot(48{,}8-15)\ \text{mm} = 104{,}9\ \text{Nm}$	komponentenweise Umrechnung gemäß Bild 6.2
Komponenten der Querkraft-Biegung in der Primärfuge	$M_x^{(\#1)} = -400\ \text{N}\cdot 23{,}8\ \text{mm} = -9{,}5\ \text{Nm}$ $M_y^{(\#1)} = 2704\ \text{N}\cdot 23{,}8\ \text{mm} = 64{,}4\ \text{Nm}$ $M_x^{(\#2)} = -0\ \text{N}\cdot(48{,}8)\ \text{mm} = 0\ \text{Nm}$ $M_y^{(\#2)} = 3104\ \text{N}\cdot 48{,}8\ \text{mm} = 151{,}5\ \text{Nm}$ $M_{x,ges} = -9{,}5\ \text{Nm}$ $M_{y,ges} = 215{,}8\ \text{Nm}$	Biegung in der Primärfuge unter Vernachlässigung des Nebenschlussanteils
Resultierendes Biegemoment (Primärfuge)	$M_B = \sqrt{(-9{,}5\ \text{Nm})^2 + (215{,}8\ \text{Nm})^2} = \underline{\underline{216{,}1\ \text{Nm}}}$ $\psi_B = \arctan\left(-\dfrac{215{,}8}{9{,}5}\right) = 92{,}5^\circ$	M_B bildet Eingangsgröße für spätere Klemmkraft-Auslegung
Komponenten der Querkraft	$F_x = 2704\ \text{N} + 3104\ \text{N} = 5808{,}3\ \text{N}$ $F_y = 0\ \text{N} + 400\ \text{N} = 400\ \text{N}$	
Resultierende Querkraft	$F_Q = \sqrt{(5808{,}3\ \text{N})^2 + (400\ \text{N})^2} = \underline{\underline{5822{,}1\ \text{N}}}$ $\psi_Q = \arctan\left(\dfrac{400}{5822{,}1}\right) = 3{,}9^\circ$	F_Q bildet Eingangsgröße für spätere Klemmkraft-Auslegung
Phasenlage von Querkraft und Biegung	$\Delta\psi = \psi_Q - \psi_B = 3{,}9^\circ - 92{,}5^\circ = \underline{\underline{-88{,}6^\circ}}$	Formel (5.51); bildet Eingangsgröße für spätere Klemmkraft-Auslegung

3. Berechnung der erforderlichen Schrauben-Klemmkraft

Die erforderliche Schraubenklemmkraft wird über die Beziehung (5.76) berechnet. Die Eingangsgrößen ergeben sich aus den obigen Daten und Zwischenrechnungen, sie lauten

$$\begin{pmatrix} \mu \\ R_M \\ T \\ F_Q \\ M_B \\ \Delta\psi \\ F_Z \end{pmatrix} = \begin{pmatrix} 0{,}15 \\ 20\text{ mm} \\ 250\text{ Nm} \\ 5822\text{ N} \\ 216\text{ Nm} \\ -88{,}6^\circ \\ 0\text{ N} \end{pmatrix}.$$

Eingesetzt in (5.76) ergibt sich:

$$F_{Kerf} = \max\left\{\begin{matrix} F_Z + \dfrac{T}{\mu \cdot R_M} + 2\cdot\sqrt{\left(\dfrac{|F_Q|}{\mu}\right)^2 + \left(\dfrac{|M_B|}{R_M}\right)^2 - 2\cdot\dfrac{|F_Q|}{\mu}\cdot\dfrac{|M_B|}{R_M}\cdot\cos\Delta\psi} \\ F_Z - \dfrac{T}{\mu \cdot R_M} + 2\cdot\sqrt{\left(\dfrac{|F_Q|}{\mu}\right)^2 + \left(\dfrac{|M_B|}{R_M}\right)^2 + 2\cdot\dfrac{|F_Q|}{\mu}\cdot\dfrac{|M_B|}{R_M}\cdot\cos\Delta\psi} \end{matrix}\right\}$$

$$= \max\left\{\begin{matrix} 163{,}4\text{ kN} \\ -2{,}2\text{ kN} \end{matrix}\right\}$$

$$\underline{\underline{= 163{,}4\text{ kN}}}$$

Diese Kraft ist kleiner als die veranschlagten 100 kN, obwohl das Fugenrutschmoment (300 Nm) als „konventionelle“ Bemessungsgrundlage größer ist als die vorhandene max. Drehmoment-Belastung (250 Nm).

Mit einem optimierten Anzugsverfahrens (überelastisches Anziehen) ist der geforderte Wert für M16×1,5 prinzipiell im Bereich des möglichen. Alternativ könnte eine reibungserhöhende Zwischenfolie eingesetzt werden. Für μ = 0,45 liefert (5.76)

$$F_{Kerf} = \max\left\{\begin{matrix} 61{,}1\text{ kN} \\ 6{,}3\text{ kN} \end{matrix}\right\}$$

$$\underline{\underline{= 61{,}1\text{ kN}}}.$$

Damit liegt bei 100 kN Klemmkraft eine Sicherheit von

$$S_{vorh} = 100/61 \approx 1{,}6$$

vor, was bei angemessenen Lastannahmen als ausreichend angesehen werden kann.

4. Berechnung sonstiger Fugengrößen

Über die Auslegung des Reibschlusses hinaus sind in **Tabelle 4** weitere Berechnungen zur Fugenbeanspruchung zusammengestellt.

Tabelle 4: Berechnung diverser Fugengrößen

Größe	Formel	Berechnung / Zahlenwert
Klaff-Biegemoment nach dem dünnwandigen Modell und Sicherheit gegen Klaffen	(5.21)	$M_K = 100\ \text{kN} \cdot \frac{20\ \text{mm}}{2}$ $= 1000\ \text{Nm}$ $S_K = \frac{1000\ \text{Nm}}{216{,}1\ \text{Nm}}$ $= 4{,}6$
Lokale Fugendruckerhöhung infolge Biegung	(5.15)	$\Delta p_B = \frac{216{,}1\ \text{Nm}}{2{,}67 \cdot 10^5\ \text{mm}^4} \cdot \frac{50\ \text{mm}}{2}$ $= 20{,}2\ \text{MPa}$
max. Spaltwinkel zum vollständigen Schließen bei Mindestdruck	(5.10), (5.11), (5.12)	$E_{eff} = \frac{2}{\frac{1}{210'000\ \text{MPa}} + \frac{1}{110'000\ \text{MPa}}}$ $= 144'375\ \text{MPa}$ $\gamma_{ges} = \frac{79{,}5\ \text{MPa}}{144'375\ \text{MPa} \cdot \left[-7{,}28 \cdot 10^{-3} \cdot (0{,}6) + 8{,}64 \cdot 10^{-3}\right]}$ $\underline{= 0{,}129^\circ}$ $\tan(0{,}129^\circ) \cdot \frac{50\ \text{mm} - 30\ \text{mm}}{2} \underline{\underline{= 22{,}5\ \mu\text{m}}}$

Die Ergebnisse lassen sich wie folgt interpretieren:

- Die Sicherheit gegen Klaffen ist ausreichend.
- Die lokale Pressungserhöhung in der Fuge infolge Biegung ist mit ≈ 20 MPa gering und deshalb angesichts des niedrigen mittleren Fugendrucks (≈ 80 MPa) unproblematisch hinsichtlich der zulässigen Flächenpressung.
- Die theoretisch zulässige Spalthöhe von 22,5 µm sollte wegen der idealisierten Modellgrundlage (Abschnitt 5.1.2.2) sinnvollerweise nur maximal zur Hälfte ausgenutzt werden. Daraus ergibt sich eine Einzeltoleranz pro Stirnfläche von ≈ 5 µm, wenn die Bauteile unabhängig toleriert werden.

5. Berechnung der Nachgiebigkeiten

Zur Berechnung der Nebenschlussbelastung bzw. Schraubenbeanspruchung müssen die Nachgiebigkeiten des Systems berechnet werden. Die grundlegende Abbildung der vorliegenden Verbindung als Balkenmodell erfolgt gemäß Bild 3.7 (S.71). Die entsprechenden Steifigkeits-Parameter sind in **Tabelle 5** zusammengestellt. Bei der Schraube wird die Schwächung durch den freien (nicht-eingeschraubten) Gewindeabschnitt ignoriert, d. h. die Schraube mit Schaftdurchmesser (Ø 16 mm) angenommen. Hinsichtlich der axialen Nachgiebigkeiten erfolgt eine vereinfachte Berechnung auf Basis *eines* homogenen Abschnitts (Ø 16 mm) *ohne* Berücksichtigung der „fiktiven" Abschnitte (Kopf etc.) gemäß [VDI2230].

Tabelle 5: Berechnung der Steifigkeitsparameter der Stirn-PV

	Bereich I (haupt-schluss-seitige Nabe)	Bereich IIa (neben-schluss-seitige Nabe)	Bereich IIb (Scheibe)	Bereich III (Schraube)	Summennachgiebigkeit $\{\delta^{(HS)}, \delta^{(NS)}\}$ bzw. $\delta_T^{(ges)}$
Lasteinleitung	$z^* = 15$ mm				
E [N/mm²]	110'000		210'000		
ν	0,3				
G [N/mm²]	42'308		80'769		
D_I / D_A [mm]	28 / 50	28 / 50	17 / 50	0 / 16	
L [mm]	15	15	8	38	
A [mm²]	1'348	1'348	1'737	201	
α_S	1,68	1,68	1,41	1,13	
J [mm⁴]	276'624	276'624	302'696	3'217	
J_p [mm⁴]	553'249	553'249	605'394	6'434	
Position z_i [mm]	0	15	30	0	
axial: δ (2.32), (3.10) [m/N]	$1{,}012 \cdot 10^{-10}$	$1{,}012 \cdot 10^{-10}$	$2{,}194 \cdot 10^{-11}$	$9{,}000 \cdot 10^{-10}$	$\delta^{(HS)} = \delta^{(I)} = 1{,}012 \cdot 10^{-10}$ m/N $\delta^{(NS)} = \delta^{(IIa)} + \delta^{(IIb)} + \delta^{(III)} = 1{,}023 \cdot 10^{-9}$ m/N
torsional: δ_T (2.40), (3.2) [°/Nm]	$3{,}672 \cdot 10^{-5}$	$3{,}672 \cdot 10^{-5}$	$9{,}374 \cdot 10^{-6}$	$4{,}190 \cdot 10^{-3}$	$\delta_T^{(HS)} = \delta_T^{(I)} = 3{,}672 \cdot 10^{-5}$ °/Nm $\delta_T^{(NS)} = \delta_T^{(IIa)} + \delta_T^{(IIb)} + \delta_T^{(III)} = 4{,}236 \cdot 10^{-3}$ °/Nm
Biegung: Tab. 3-1					**Gesamtwerte:** (3.24)
$\delta_{MM}^{()}$ [1/Nm]	$4{,}930 \cdot 10^{-7}$	$4{,}930 \cdot 10^{-7}$	$1{,}259 \cdot 10^{-7}$	$5{,}625 \cdot 10^{-5}$	$\Sigma \Rightarrow \delta_{MM}^{(ges)} = 5{,}736 \cdot 10^{-5}$ / Nm
$\delta_{FF}^{()}$ [m/N]	$4{,}784 \cdot 10^{-10}$	$7{,}002 \cdot 10^{-10}$	$2{,}265 \cdot 10^{-10}$	$2{,}971 \cdot 10^{-8}$	$\Sigma \Rightarrow \delta_{FF}^{(ges)} = 3{,}112 \cdot 10^{-8}$ m/ N
$\delta_{FM}^{()}$ [1/N]	$3{,}697 \cdot 10^{-9}$	$1{,}109 \cdot 10^{-8}$	$4{,}279 \cdot 10^{-9}$	$1{,}069 \cdot 10^{-6}$	$\Sigma \Rightarrow \delta_{MF}^{(ges)} = 1{,}088 \cdot 10^{-6}$ /N
$\delta_{MR}^{()}$ [1/Nm]	0	$-4{,}930 \cdot 10^{-7}$	$-1{,}259 \cdot 10^{-7}$	$-5{,}625 \cdot 10^{-5}$	$\Sigma \Rightarrow \delta_{MR}^{(ges)} = -5{,}687 \cdot 10^{-5}$ /Nm
$\delta_{MQ}^{()}$ [1/N]	0	$-3{,}697 \cdot 10^{-9}$	$-2{,}391 \cdot 10^{-9}$	$-2{,}250 \cdot 10^{-7}$	$\Sigma \Rightarrow \delta_{MQ}^{(ges)} = -2{,}311 \cdot 10^{-7}$ /N
$\delta_{FR}^{()}$ [1/N]	0	$-1{,}109 \cdot 10^{-8}$	$-4{,}279 \cdot 10^{-9}$	$-1{,}070 \cdot 10^{-6}$	$\Sigma \Rightarrow \delta_{FR}^{(ges)} = -1{,}084 \cdot 10^{-6}$ / N
$\delta_{FQ}^{()}$ [m/N]	0	$-5{,}339 \cdot 10^{-10}$	$-1{,}624 \cdot 10^{-10}$	$-1{,}368 \cdot 10^{-8}$	$\Sigma \Rightarrow \delta_{FQ}^{(ges)} = -1{,}438 \cdot 10^{-8}$ m/N

6. Haupt-/Nebenschlussanteile sowie Schraubenbeanspruchung

Die Berechnung der Anteile in Haupt- und Nebenschluss auf Basis der Nachgiebigkeiten in Tabelle 5 ist in **Tabelle 6** ausgeführt. Auf Basis des Schraubenquerschnitts wird dabei die dynamische Spannung in der Schraube berechnet.

Tabelle 6: Berechnung von Nebenschlussanteilen und Schraubenbeanspruchung

Größe	Grundlage	Berechnung / Zahlenwert
Torsionsbelastungsverhältnis	(3.9)	$\Phi_T = \dfrac{1}{\dfrac{4{,}236\cdot 10^{-3}\ °/\text{Nm}}{3{,}672\cdot 10^{-5}\ °/\text{Nm}}+1} = 0{,}86\%$
Torsion im Nebenschluss	(3.8)	$T^{(NS)} = 0{,}86\% \cdot 250\ \text{Nm} = 2{,}15\ \text{Nm}$
Koeffizienten für Biegung und Querkraft	(3.19), (3.20), Tabelle 5	$\left.\begin{array}{l} M_B^{(HS)} = f_{MM}\cdot M + f_{MF}\cdot F \\ F_Q^{(HS)} = f_{FM}\cdot M + f_{FF}\cdot F \end{array}\right\}$ mit $\begin{bmatrix} f_{MM} & f_{MF} \\ f_{FM} & f_{FF} \end{bmatrix} = \begin{bmatrix} 0{,}981 & -1{,}404\cdot 10^{-2}\text{m} \\ 0{,}539\ \text{m}^{-1} & 0{,}953 \end{bmatrix}$
Komponenten im Hauptschluss		$M_{By}^{(HS)} = (0{,}981)\cdot M_y - (-1{,}404\cdot 10^{-2}\text{m})\cdot F_x = (0{,}981)\cdot(128{,}7\ \text{Nm}) - (-1{,}404\cdot 10^{-2}\text{m})\cdot(5808{,}3\ \text{N}) = \underline{\underline{207{,}9\ \text{Nm}}}$ $F_{Qx}^{(HS)} = -(0{,}539\ \text{m}^{-1})\cdot M_y + (0{,}953)\cdot F_x = -(0{,}539\ \text{m}^{-1})\cdot(128{,}7\ \text{Nm}) + (0{,}953)\cdot(5808{,}3\ \text{N}) = \underline{\underline{5466\ \text{N}}}$ $M_{Bx}^{(HS)} = (0{,}981)\cdot M_x + (-1{,}404\cdot 10^{-2}\text{m})\cdot F_y = (0{,}981)\cdot(-3{,}5\ \text{Nm}) + (-1{,}404\cdot 10^{-2}\text{m})\cdot(400\ \text{N}) = \underline{\underline{-9{,}1\ \text{Nm}}}$ $F_{Qy}^{(HS)} = (0{,}539\ \text{m}^{-1})\cdot M_x + (0{,}953)\cdot F = (0{,}539\ \text{m}^{-1})\cdot(-3{,}5\ \text{Nm}) + (0{,}953)\cdot(400\ \text{N}) = \underline{\underline{379{,}1\ \text{N}}}$
Komponenten im Nebenschluss	(3.29)	$M_{Bx}^{(NS)} = M_x - F_y\cdot z^* - M_{Bx}^{(HS)} = (-3{,}5\ \text{Nm}) - (400\ \text{N})\cdot(15\ \text{mm}) - (-9{,}1\ \text{Nm}) = \underline{\underline{-0{,}4\ \text{Nm}}}$ $F_{Qy}^{(NS)} = F_y - F_{Qy}^{(HS)} = 400\ \text{N} - 379\ \text{N} = \underline{\underline{11\ \text{N}}}$

		$M_{By}^{(NS)} = M_y + F_x \cdot z^* - M_{By}^{(HS)}$ $= (128{,}7\ \text{Nm}) + (5808\ \text{N}) \cdot (15\ \text{mm}) - (207{,}9\ \text{Nm})$ $\underline{\underline{= 7{,}9\ \text{Nm}}}$ $F_{Qx}^{(NS)} = F_x - F_{Qx}^{(HS)}$ $= 5808\ \text{N} - 5466\ \text{N}$ $\underline{\underline{= 342\ \text{N}}}$
Resultierende im Nebenschluss		$M_B^{(NS)} = \sqrt{(-0{,}4\ \text{Nm})^2 + (7{,}9\ \text{Nm})^2}$ $\underline{\underline{= 7{,}9\ \text{Nm}}}$ $F_Q^{(NS)} = \sqrt{(342\ \text{N})^2 + (11\ \text{N})^2}$ $\underline{\underline{= 342\ \text{N}}}$
Torsionsspannung in der Schraube		$\tau_T = \frac{2{,}15\ \text{Nm}}{2 \cdot 295\ \text{mm}^3}$ $\underline{\underline{= 4\ \frac{\text{N}}{\text{mm}^2}}}$
Biegespannung in der Schraube		$\sigma_B = \frac{7{,}9\ \text{Nm}}{295\ \text{mm}^3}$ $\underline{\underline{= 27\ \frac{\text{N}}{\text{mm}^2}}}$

Interpretationsansatz:

- Die Torsionsspannung ist unerheblich und tritt zudem nur schwellend auf.
- Die Biegespannung wirkt in Form von Umlaufbiegung, liegt aber unterhalb der Dauerfestigkeit von > 40 MPa.

7. Bestimmung des *T*-φ-Schaubilds

Zur Berechnung der charakteristischen Punkte im *T*-φ-Diagramm sind zunächst Hilfsparameter zu bestimmen, die in **Tabelle 7** zusammengestellt sind. Hinsichtlich der Fugenreibung ist dabei ein Wert von μ = 0,15, für die Gewindereibung μ_{gew} = 0,12 zugrunde gelegt. In der Folge ergeben sich die Koordinaten gemäß **Tabelle 8**. Dabei sind neben dem Referenzzustand ($\boxed{HCGD}$) zusätzlich auch zwei Überlastungskonfigurationen mit Nachstellen im Gewinde um +1° ($\boxed{H'C'G'D'}$) bzw. -1° ($\boxed{H''C''G''D''}$) berücksichtigt sowie der Referenzzustand mit einem Fugenreibwert von μ = 0,45, wie er zur sicheren Belastungsübertragung notwendig wäre. Für den Fall eines „Restanzugsmoments" sind weiterhin die Koordinaten der entsprechenden Punkte der Erstbelastungskurve(→ $\overline{DG - FE - HC}$) angegeben.

Die sich ergebenden *T*-φ-Schaubilder sind in **Bild 2** dargestellt.

Tabelle 7: Eingangsgrößen zur Berechnung der Punkte im *T-φ*-Schaubild

axiale Nachgiebigkeiten von Haupt- und Nebenschluss-Seite	(2.32), (3.10), Tabelle 5	$\delta^{(HS)} = 1{,}012 \cdot 10^{-4}\ \frac{mm}{kN}$ $\delta^{(NS)} = 1{,}023 \cdot 10^{-3}\ \frac{mm}{kN}$
Torsions-Nachgiebigkeiten von Haupt- und Nebenschluss-Seite	(2.40), (3.2), Tabelle 5	$\delta_T^{(HS)} = 3{,}672 \cdot 10^{-5}\ \frac{°}{Nm}$ $\delta_T^{(NS)} = 4{,}236 \cdot 10^{-3}\ \frac{°}{Nm}$
Torsionsbelastungsverhältnis	(3.9)	$\Phi_T = 8{,}6 \cdot 10^{-3}$
Anstieg der Vorspannkraft über dem Verdrehwinkel im Gewinde	(4.19)	$K = 3{,}7\ \frac{kN}{°}$
Gradient des Gewindemoments über der Vorspannkraft beim Anziehen	(4.21)	$\Theta_{anz}^{(Gew)} = 1{,}256\ \frac{Nm}{kN}$
Gradient des Gewindemoments über der Vorspannkraft beim Lösen	(4.29)	$\Theta_{los}^{(Gew)} = 0{,}779\ \frac{Nm}{kN}$
Anstieg der Hüllgeraden c und d für μ = 0,15	Tab. B-1	$\left.\frac{dT}{d\varphi}\right\vert_c = 15{,}469\ \frac{Nm}{°}$ $\left.\frac{dT}{d\varphi}\right\vert_d = -13{,}837\ \frac{Nm}{°}$

Tabelle 8: Koordinaten der Punkte im *T-φ*-Schaubild

	Referenzzustand		**Zustand ( )'** ***Überlastung mit Nachstellen im Gewinde in Festdreh-Richtung***		**Zustand ( )"** ***Überlastung mit Nachstellen im Gewinde in Losdreh-Richtung***		**Referenzzustand** ***erhöhter Fugen-Reibwert***	
	$\mu = 0{,}15$ $F_K = 100$ kN		$\Delta\varphi^{(Gew)} = +1°$ $F_K = 103{,}7$ kN		$\Delta\varphi^{(Gew)} = -1°$ $F_K = 96{,}3$ kN		$\mu = 0{,}45$ $F_K = 100$ kN	
Punkt	φ [°]	T [Nm]	φ [°]	T [Nm]	φ [°]	T [Nm]	φ [°]	T [Nm]
A	0,011	302,6	1,011	313,8	-0,989	291,4	0,033	907,8
B	-0,011	-302,6	0,989	-313,8	-1,011	-291,4	-0,033	-907,8
C	0,532	425,6	1,552	441,4	-0,488	409,9	0,532	1025,6
D	-0,33	-377,9	0,658	-391,9	-1,318	-363,9	-0,33	-977,9
E	0,517	0	1,536	0	-0,502	0	0,495	0
F	-0,316	0	0,672	0	-1,305	0	-0,295	0
G	0,51	-179,6	1,529	-186,2	-0,509	-172,9	0,466	-790,0
H	-0,308	227,3	0,68	235,7	-1,297	218,8	-0,264	837,7
für $T_{int} = -62{,}8$ Nm :								
HC	0,279	366,0						
FE	0,266	0						
DG	0,257	-239,3						

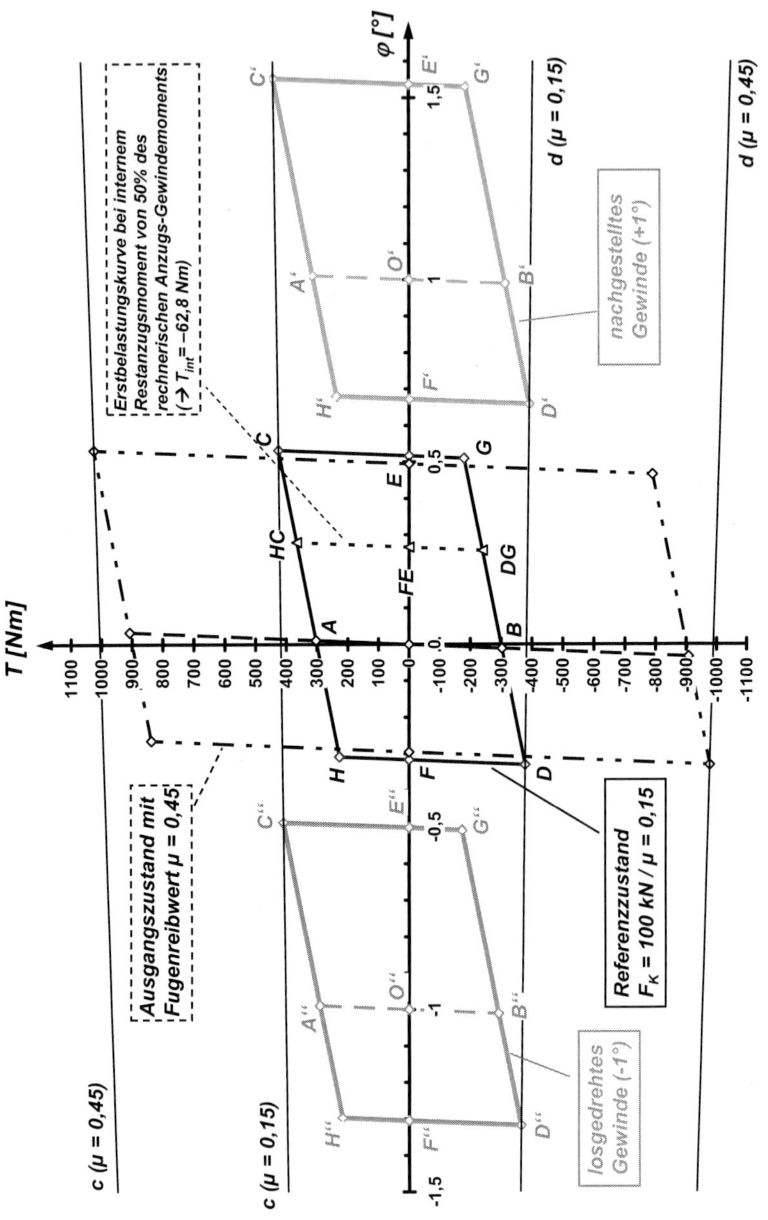

Bild 2: *T-φ*-Schaubild unter Berücksichtigung des Referenzzustands (F_K = 100 kN, μ = 0,15), zwei „Überlastungskonfigurationen“ ($\varphi^{(Gew)}$ = ±1°) sowie der reibwertgesteigerten Variante (μ = 0,45)

Referenzen

[AbqT07] ABAQUS Theory Manual, Version 6.7.
ABAQUS Inc., Providence/RI, 2007.

[AbqU07] ABAQUS User's Manual, Version 6.7.
ABAQUS Inc., Providence/RI, 2007.

[Aga73] Agatonovic, P.:
Verhalten von Schraubenverbindungen bei zusammengesetzter Betriebsbeanspruchung.
Dissertation, TU Berlin, 1973.

[AGMA9003] ANSI/AGMA 9003-A91:
Flexible Couplings – Keyless Fits.
AGMA-Standard, American Gear Manufacturers Association, Alexandria/VA, 1991.

[ALB07] Alraheb, O.; Lyszczan, P.; Blessing, L.:
Selbsttätiges Losdrehen von Pleuelschrauben.
FVV-Abschlussbericht. FVV-Heft 835. Forschungsvereinigung Verbrennungskraftmaschinen (FVV e.V.), Frankfurt/M., 2007.

[Amo99] Amontons, G.:
De la resistance causeé dans les machines.
Mémoires de l'Academie Royale (A), S.275-282, 1699.

[ArBa06] Arz, U.; Baumgart, H.; Kremer, U.; Marx, T.; Stolle, C.:
Grenzflächenpressung von Eisenwerkstoffen und Leichtmetallen unter kontinuierlicher Beanspruchung.
Mat.-wiss. u. Werkstofftech. 37 (10), 2006.

[ArBe02] Arz, U.; Berger, C.; Müller, H.; Westphal, K.:
Ermittlung der Grenzflächenpressung unter einaxialer kontinuierlicher Beanspruchung bei Raumtemperatur.
Konstruktion 52 (7/8), S.38-42, 2002.

[ASDG07] Alkatan, F.; Stephan, P.; Daidie, A.; Guillot, J.:
Equivalent axial stiffness of various components in bolted joints subjected to axial loading.
Finite Elements in Analysis and Design, Vol. 43, S.589-598, 2007.

[Aul08] Aul, E.:
Analyse von Relativbewegungen in Wälzlagersitzen.
Dissertation, TU Kaiserlautern, 2008.

[Bac08] Bach, C.:
Die Maschinenelemente. Band 1.
Springer Verlag, 1908.

[BIE63] Biederstedt, W.:
Presspassungen im elastischen, elastisch-plastischen und plastischen Verformungsbereich.
Techn. Rundschau, Bern/Schweiz, Nr. 9,11,14,20,24,28 und 29, 1963.

[BINA98] Bickford, J.H.; Nassar, S.A.:
Handbook of Bolts and Bolted Joints.
Marcel Dekker, New York, 1998.

[BIR61] Birger, J.A.:
Bestimmung der Nachgiebigkeit der verspannten Teile von Schraubenverbindungen *(in Russisch)*.
Vestnik Mashinostrojenija 41 (H. 5), S.41-44, 1961.

[BIR63] Birger, J.A.:
Die Stauchung zusammengeschraubter Platten oder Flansche.
Konstruktion 15, 1963.

[BLES73] Blume, D.; Esser, J.:
Mikroverkapselter Klebstoff als Schraubensicherung.
Verbindungstechnik 8 (8/9), S.25-30, 1973.

[BLU69] Blume, D.:
Wann müssen Schraubenverbindungen gesichert werden?
Verbindungstechnik 1, S.25-30, 1969.

[BOTA53] Bowden, F.P.; Tabor, D.:
Reibung und Schmierung fester Körper.
Springer Verlag, 1953.

[CAS98] Casper, T.:
Reibkorrosionsverhalten von Spannelementverbindungen
Dissertation, RWTH Aachen, 1998.

[COU85] Coulomb, C.A.:
Théorie des la machines simples.
Mémoires de Mathématique et de Physics de l'Academie Royale, S.161-342, 1785.

[CZHA03] Czichos, H.; Habig, K.-H.:
Tribologie Handbuch – Reibung und Verschleiß.
Vieweg Verlag, 2003.

[DIN254] DIN 254:
Reihen von Kegeln und Kegelwinkeln; Werte für Einstellwinkel und Einstellhöhen.
Deutsches Institut für Normung e.V.; Berlin, April 2003.

[DIN7190] DIN 7190:
Pressverbände – Berechnungsgrundlagen und Gestaltungsregeln.
Deutsches Institut für Normung e.V.; Berlin, 2001.

[DUB07] Grote; Feldhusen (Hrsg.):
Dubbel - Taschenbuch für den Maschinenbau.
22. Auflage, Springer Verlag, 2007.

[EN1665] DIN EN 1665:
Sechskantschrauben mit Flansch.
Deutsches Institut für Normung e.V.; Berlin, 1998.

[FKM03] FKM-Richtlinie:
Rechnerischer Festigkeitsnachweis für Maschinenbauteile aus Stahl, Eisenguss- und Aluminiumwerkstoffen.
Forschungskuratorium Maschinenbau (FKM), 5. Ausgabe, VDMA-Verlag, Frankfurt, 2003.

[FLH04] Fundus, M.; Leidich, E.; Hamilton, K.:
Advanced Frictional Coatings for Powertrain Applications.
Powertrain International, Vol. 7, No. 1, S. 6-13, 2004.

[FOR06] Forbrig, F.:
Untersuchungen zur Gestaltfestigkeit von Passfederverbindungen.
Dissertation, TU Chemnitz, 2006.

[FSLL01] Forbrig, F.; Smetana, L.; Leidich, E.; Lori, W.:
Numerische Simulation exzentrisch belasteter Mehrschraubenverbindungen am Beispiel eines zweiteiligen Kegelrades.
VDI-Berichte 1644, S.77-94, 2001.

[FUJ05] Fujioka, Y.; Tomotsugu, S.:
Rotating Loosening Mechanism of a Nut Connecting a Rotary Disk Under Rotating-Bending Force.
Journal of Mechanical Design, Vol. 127, S.1191-1197, 2005.

[FVA7190] FVA-Richtlinie 7190-2:
Berechnungsgrundlagen und Gestaltungsregeln für kegelige, selbsthemmende Pressverbände.
Forschungsvereinigung Antriebstechnik, Frankfurt/M, Entwurf 2004.

[FVV820] Diskussionen und persönliche Mitteilungen im Rahmen des Forschungsvorhabens 820 der FVV: „Untersuchungen zum Übertragungsverhalten von Stirnpressverbindungen", Forschungsvereinigung Verbrennungskraftmaschinen (FVV e.V.), Frankfurt, 2003-2005.

[GABE80] Galwelat, G.; Beitz, W.:
Das Verhalten rotationssymmetrischer Mehrschraubenverbindungen unter Biegemomentenbelastung.
Konstruktion 32 (7), S.257-263, 1980.

[GAL81] Galle, G.:
Tragfähigkeit von Querpreßverbänden.
Dissertation, TU Berlin, 1981.

[GER91] Gerber, H.:
Statisch überbestimmte Flanschverbindungen mit Reib- und Formschlußelementen unter Torsions-, Biege- und Querkraftbelastung.
Dissertation, TU Berlin, 1991.

[GOHO86] Göldner, H.; Holzweißig, F.:
Leitfaden der technischen Mechanik.
Fachbuchverlag Leipzig, 9. Auflage, 1986.

[GOSW45] Goodier, J.N.; Sweeney, R.J.:
Loosening by vibration of threaded fastenings.
Mechanical Engineerung 12 (1945), S.798-802.

[GRKE03] Gropp, H.; Kern, K.:
Das Übertragungsverhalten von Pressverbindungen mit über dem Umfang ungleichmäßiger Belastungseinleitung.
VDI-Berichte 1790, S.355-366, VDI Verlag, 2003.

[GRO74] Gropp, H.:
Die Übertragungsfähigkeit von Längspressverbindungen bei dynamischer Belastung durch wechselnde Momente.
Dissertation, TH Karl-Marx-Stadt, 1974.

[GRO84] Grote, K.-H.:
Untersuchungen zum Tragverhalten von Mehrschraubenverbindungen.
Dissertation, TU Berlin, 1984

[GRO97] Gropp, H.:
Übertragungsverhalten dynamisch belasteter Pressverbindungen und die Entwicklung einer neuen Generation von Pressverbindungen.
Habilitationsschrift, TU Chemnitz, 1997.

[GSM00] Gropp, H., Saed, A.; Möckel, J.:
Experimentelle Untersuchungen zur Bestimmung der Gleitzonenlängen sowie des Übertragungsverhaltens von Preßverbindungen bei kombinierter dynamischer Belastung durch Biegemomente, Drehmomente und Querkräfte.
DFG-Abschlussbericht, Gr 1453/1-2, 2000.

[HAG03] Haggenmüller, W.:
Körner im Getriebe – Diamantkörner sorgen für bessere Haftung. Antriebstechnik 3 (2003).

[HAN94] Hanau, A.:
Zum Krafteinleitungsverhalten zentrisch verspannter Schraubenverbindungen.
Dissertation, TU Berlin, 1994.

[HÄU74] Häusler, N.:
Der Mechanismus der Biegemomentübertragung in Schrumpfverbindungen.
Dissertation, TH Darmstadt, 1974.

[HIMU02] Hills, D.A.; Mugadu, A.:
An overview of progress in the study of fretting fatigue.
Journal of Strain Analysis 37 (6), 2002.

[HOF87] Hofschneider, M.:
Betriebssichere Auslegung von aufgeschrumpften Zahnrädern.
Dissertation, RWTH Aachen, 1987.

[ILBE66] Illgner, K.-H.; Beelich, K.-H.:
Einfluss überlagerter Biegung auf die Haltbarkeit von Schraubenverbindungen.
Konstr. Masch. Appar. Gerätebau 18, S.117-124, 1966

[ISO274] DIN ISO 724:
Metrisches ISO-Gewinde allgemeiner Anwendung – Grundmaße.
Deutsches Institut für Normung e.V.; Berlin, 1993.

[ISO4014] DIN EN ISO 4014:
Sechskantschrauben mit Schaft.
Deutsches Institut für Normung e.V.; Berlin, März 2001.

[ISO898] DIN EN ISO 898-1/-2:
Mechanische Eigenschaften von Verbindungselementen aus Kohlenstoffstahl und legiertem Stahl – Teil 1: Schrauben.
Deutsches Institut für Normung e.V.; Berlin, 2006.

[JUKÖ68] Junker, G.; Köthe, H.:
Schraubenverbindungen.
1.Auflage, Verlag Technik, Berlin, 1968.

[JUST66] Junker, G.; Strelow, D.:
Untersuchungen über die Mechanik des selbsttätigen Lösens und die zweckmäßige Sicherung von Schraubenverbindungen.
Draht-Welt 62 (2,3,5), 1966.

[JUWA84] Junker, G.H.; Wallace, P.:
The bolted joint: economy of design through improved analysis and assembly methods.
Proc. Inst. Mech. Eng. 198 (B 14), 1984.

[KAM97] Kampf, M.:
Dauerhaltbarkeit von Schrauben unter kombinierter Zug- und Biegebelastung.
Dissertation, TU Berlin, 1997.

[KAS07] Kasei, S.:
A Study of Self-Loosening of Bolted Joints Due to Repetion of Small Amount of Slippage at Bearing Surface.
Journal of Advanced Mechanical Design, Systems, and Manufacturing. Vol. 1. No. 3, 2007.

[KIE08] Kiebler, D.:
Finite-Elemente-Untersuchungen zur Pressungsverteilung bei Stirnpressverbindungen.
Studienarbeit TU Chemnitz (*unveröffentlicht*), 2008.

[KLSC86] Kloos, K.-H.; Schneider, W.:
Untersuchung verschiedener Einflüsse auf die Dauerhaltbarkeit von Schraubenverbindungen.
VDI-Z. 128, S.101-109, 1986.

[KLSC88] Kloos, K.-H.; Schneider, W.:
Beanspruchung und Haltbarkeit hoch vorgespannter Schraubenverbindungen.
Mat.-wiss. u. Werkstofftechnik 19, S.349-355, 1988.

[KLTH07] Kloos, K.-H.; Thomala, W.:
Schraubenverbindungen – Grundlagen, Berechnung, Eigenschaften, Handhabung.
5. Auflage, Springer Verlag, 2007.

[KÖH05] Köhler, M.:
Beitrag zur Bestimmung des COULOMB'schen Haftreibungsreibungskoeffizienten zwischen zwei metallischen Festkörpern.
Dissertation, Universität Dortmund, 2005.

[KOL84] Kollmann, F.-G.:
Welle-Nabe-Verbindungen.
1. Auflage, Springer Verlag, 1984.

[KRA82] Kragelski, I.V.; Dobyčin, M.N.; Kombalov, V.S.:
Grundlagen der Berechnung von Reibung und Verschleiß.
Verlag Technik, Berlin, 1982.

[KRE92] Kreißig, R.:
Einführung in die Plastizitätstheorie.
Fachbuchverlag Leipzig, 1992.

[KRSC05] Krä, C.; Schiffler, K.:
Betrachtungen zum Versagen von Schraubenverbindungen.
VDI-Berichte 1903, S.423-442, VDI Verlag, 2005.

[KUR93] Kurzawa, T.:
Gestaltung und Berechnung von nichtschaltbaren reibschlüssigen Flanschkupplungen.
Dissertation, TU Berlin, 1993.

[LAM52] Lamé, G.:
Leçons sur la théorie de l'élasticité.
Gauthier-Villars, Paris, 1852.

[LEI83] Leidich, E.:
Beanspruchung von Pressverbindungen im elastischen Bereich und Auslegung gegen Dauerbruch.
Dissertation, TH Darmstadt, 1983.

[LEI88] Leidich, E.:
Mikroschlupf und Dauerfestigkeit bei Preßverbänden.
Antriebstechnik, 27, Nr. 3, 1988, S.53-58.

[LEI98] Leidich, E.:
Neue Aspekte bei der Auslegung dynamisch beanspruchter Preßverbindungen. Welle-Nabe-Verbindungen – Systemkomponenten im Wandel.
VDI Berichte 1384, VDI-Tagung Fulda 28. und 29. April 1998, VDI Verlag, 1998

[LEKM94] Lehnhoff, T.F.; Ko, K.I.; McKay, M.L.:
Member stiffness and contact pressure distribution of bolted joints.
ASME Journal of Mechanical Design 113 (1994), S.432-437.

[LOGL90] Lori W.; Gläser H.:
Berechnung der Plattennachgiebigkeit bei Schraubenverbindungen. Konstruktion 42 (9), S.271-277, 1990.

[LOHO05] Lori, W.; Homann, F.:
Reibungs- und torsionsfreies hydraulisches Anziehen – Vorspannkraftverluste und deren Beeinflussung.
VDI-Berichte 1903 „Schraubenverbindungen – Berechnung, Gestaltung, Anwendung", S.423-442, VDI Verlag, 2005.

[LOR90] Lori, W.:
Bedeutung und Berechnung des Steifigkeitsverhältnisses bei Schraubenverbindungen – Teil 1.
Maschinenbautechnik 39 (H. 1), 1990.

[LORI96] Lori, W.:
Untersuchungen zur Plattennachgiebigkeit in Einschraubverbindungen. Konstruktion 48 (11), S.379-382, 1996.

[LSLH01] Leidich, E.; Smetana, T.; Lukschandel, J.; Haggenmüller, W.:
Reibungserhöhende Oberflächenschichten für Torsionsbelastungen. Antriebstechnik 40 (2001) Nr. 10, S. 53 – 57.

[LWB08] Leidich, E.; Winkler, M.; Brůžek, B.:
Gestaltfestigkeit von Pressverbindungen.
FKM-Abschlussbericht, Forschungskuratorium Maschinenbau e.V., Frankfurt/M., 2008.

[MEGE92] Mertens, H.; Gerber, H.:
Flanschgestaltung – Statisch überbestimmte Flanschverbindungen mit Reib- und Formschlußelementen unter Torsions-, Biege- und Querkraftbelastung.
FVA-Abschlussbericht, FVA-Forschungsheft Nr. 356, Frankfurt, 1992.

[MEGP94] Meisel, D., Göttlicher, C., Pollak, B.:
Kegelpreßverbände – Untersuchungen zur Gestaltfestigkeit und zur Fugendruckverteilung von Kegelpreßverbänden.
FKM-Abschlussbericht Nr.153, Heft 207, 1994.

[MEMI88] Mertens, H.; Michligk, T.:
Statisch überbestimmte Flanschverbindungen mit gleichzeitigem Reib- und Formschluß.
FVA-Vorhaben 110/I, FVA-Forschungsheft Nr. 356, Frankfurt, 1988.

[MIC88] Michligk, T.:
Statisch überbestimmte Flanschverbindungen mit gleichzeitigem Reib- und Formschluß.
Dissertation, TU Berlin, 1988.

[MÜL61] Müller, H.W.:
Der Mechanismus der Drehmomentübertragung in Preßverbindungen.
Dissertation, TH Darmstadt, 1961.

[NASS07] Nassar, S.A.; Housari, B.A.:
Study of the Effect of Hole Clearance and Thread Fit on the Self-Loosening of Threaded Fasteners.
Transactions of the ASME, Vol. 129, S.586-594, 2007.

[NEU34] Neuber, H.:
Ein neuer Ansatz zur Lösung räumlicher Probleme der Elastizitätstheorie.
ZaMM, Bd. 14, S. 203ff., 1934.

[NOW06] Nowell, D.:
Recent developments in the understanding of fretting fatigue.
Engineering Fracture Mechanics 73 (2), S.207-222, 2006.

[PAP32] Papkovic, P.F.:
Formulierung des Gesamtintegrals der Grundgleichungen der Elastizitätstheorie durch harmonische Funktionen *(in Russisch).*
Bull. Acad. Sci. UdSSR VII, Nr. 10, S.1425-35, 1932.

[PIL05] Pilkey, W.D.:
Formulas for Stress, Strain, And Structural Matrices.
2nd Edition, Wiley & Sons, 2005.

[RIBE30] Friedrich, Ch.; Thomala, W. (Hsrg.):
RIBE Blauheft Nr. 30 – Technische Tabellen.
Richard Bergner Verbindungstechnik GmbH & Co. KG, Schwabach, 4. Auflage, 2003.

[RILÖ92] Richter, K.; Löw, H.:
Mechanik des selbsttätigen Lösens von Schrauben.
Konstruktion 44 (11), S.381-384, 1992.

[RÖM78] Römling, G.:
Experimentelle Untersuchungen zur Ermittlung von Nennspannungsquerschnitten an Gewinden bei dynamischer und statischer Beanspruchung durch Zug, Biegung und Verdrehung.
Dissertation, TU Berlin, 1978.

[ROM91] Romanos, G.:
Reibschluss- und Tragfähigkeitsverhalten umlaufbiegebelasteter Querpressverbindungen.
Dissertation, TU Berlin, 1991.

[RoMa07] Muhs, D. et al.:
Roloff/Matek Maschinenelemente – Normung, Berechnung, Gestaltung.
18. Auflage, Fr. Vieweg & Sohn Verlag, 2007.

[RoSa05] Rosenberger, J.; Sauer, B.:
Schraubenverbindungen im Leichtbau – Vorspannkraftverluste bei zyklisch-mechanischen und thermisch belasteten Schraubenverbindungen.
VDI-Berichte 1903, S.81-103, VDI Verlag, 2005.

[Röt27] Rötscher, F.:
Die Maschinenelemente. Band 1.
Springer Verlag, 1927.

[Sau05] Steinhilper, W.; Sauer, B. (Hrsg.):
Konstruktionselemente des Maschinenbaus – Teil I.
6.Auflage, Springer Verlag, 2005.

[Sch92] Schneider, W.:
Beanspruchung und Haltbarkeit hochvorgespannter Schraubenverbindungen.
Dissertation, TH Darmstadt, 1992.

[Sch93] Schröder, C.P.:
Das Betriebsverhalten dynamisch hoch belasteter Welle-Nabe-Verbindungen mit Spannelementen.
Dissertation, RWTH Aachen, 1993.

[Sch96] Schneider, W.:
Dauerhaltbarkeit von Schraubenverbindungen – Berücksichtigung des überelastischen Anziehens.
Materialprüfung 38 (11/12), S.494-498, 1996.

[Schm69] Schmid, E.:
Theoretische und experimentelle Untersuchung des Mechanismus der Drehmomentübertragung von Kegelpreßverbindungen.
VDI-Z, Reihe 1, Nr.16, VDI-Verlag, 1969.

[Schm73] Schmid, E.:
Drehmomentübertragung von Kegelpreßverbindungen – Teil 1 und 2.
Antriebstechnik, 12, Nr.10 und Nr. 12, 1973, S.275-281 (Teil 1), S.355-361 (Teil 2).

[Schm74] Schmid, E.:
Drehmomentübertragung von Kegelpreßverbindungen – Teil 3.
Antriebstechnik, 13, Nr.3/4, 1974, S.177-184.

[ScLe08] Schuller, S.; Leidich, E.:
Neuer Referenzprüfstand zur Bestimmung des Haftreibwertes bei Stirnflächenkontakt.
Tribologie-Fachtagung 2008 (Tagungsband). Gesellschaft für Tribologie e.V. (GfT), Aachen, 2008.

[SEE70] Seefluth, R.:
Dauerfestigkeitsuntersuchungen an Welle-Nabe-Verbindungen.
Dissertation, TU Berlin, 1970.

[SEY06] Seybold, R.:
Finite-Elemente-Simulation örtlicher Beanspruchungen in Schraubengewinden.
Dissertation, TH Darmstadt, 2006.

[SFIT08] SFIT – Berechnungsprogramm für Stirnpressverbindungen.
Forschungsvorhaben 890 der Forschungsvereinigung Verbrennungskraftmaschinen (FVV e.V.), Frankfurt/M.; Forschungsvereinigung Verbrennungskraftmaschinen (FVV), Forschungsvereinigung Antriebstechnik (FVA); Professur Konstruktionslehre, TU Chemnitz; Abschlussbericht und Programmdokumentation, 2008.

[SISC90] Simon, R.; Schmitt-Thomas, K.G.:
Reibkorrosion – Literaturrecherche.
FVA-Abschlussbericht, FVA-Forschungsheft 313, Forschungsvereinigung Antriebstechnik, Frankfurt/M., 1990.

[SLAW08] Sauer, B.; Leidich, E.; Aul, E.; Walther, V.:
Wandern von Wälzlager-Innen- und Außenringen unter verschiedenen Einsatzbedingungen.
FVA-Abschlussbericht. FVA-Forschungsheft 865, Forschungsvereinigung Antriebstechnik, Frankfurt/M., 2008.

[SLL50] Sauer, J.A.; Lemmon, D.C.; Lynn, E.K.:
Bolts – how to prevent their loosening.
Machine Design 8 (1950), S.133-139.

[SME01] Smetana, T. :
Untersuchungen zum Übertragungsverhalten biegebelasteter
Kegel- und Zylinderpressverbindungen.
Dissertation, TU Chemnitz, 2001.

[SON05] Sonsino, C.M.:
Dauerfestigkeit – eine Fiktion.
Konstruktion 57 (Nr. 4), S.87-92, 2005.

[SZA75] Szabo, I.:
Höhere Technische Mechanik.
8. Auflage, Springer Verlag, 1975.

[SZA77] Szabo, I.:
Einführung in die Technische Mechanik.
5. Auflage, Springer Verlag, 1977.

[TEX01] Illgner, K.-H.; Esser, J. (Hrsg.):
Schrauben-Vademecum.
TEXTRON Verbindungstechnik GmbH, 2001.

[TGL19361] TGL 19361:
Preßverbindungen – Berechnung.
Ehemaliger DDR-Standard, 1986.

[THIL75] Thomala, W.; Illgner, K.-H.:
Montage und Haltbarkeit von Schraubenverbindungen.
Ingenieur-Dienst Nr. 28, 1975.

[THLE05] Thiele, R.; Leidich, E.:
Untersuchung der Übertragungsfähigkeit der Stirnpressverbindung an Nockenwellen bei Variation der diamantbeschichteten Scheiben.
Untersuchungsbericht TU Chemnitz (*intern, unveröffentlicht*), 2005.

[THO78] Thomala, W.:
Beitrag zur Dauerfestigkeit von Schraubenverbindungen.
Dissertation, TH Darmstadt, 1978.

[THO83] Thomala, W.:
Hinweise zur Anwendung überelastisch vorgespannter Schraubenverbindungen.
VDI-Berichte 478, S.43-53, VDI Verlag, 1983.

[TIM70] Timoshenko, S.P.; Goodier, J.N.:
Theory of Elasticity.
McGraw-Hill, 3rd Edition, 1970.

[TOT04] Toth, G.R.:
Torque and Angle Controlled Tightening Over the Yield Point of a Screw – Based on Monte-Carlo Simulations.
Journal of Mechanical Design, Vol. 126, S.729-736, 2004.

[TSF62] Thomson, A.; Scott, A.W.; Ferguson, W.:
Strength of Shrink Fits in Bending and Combined Bending and Torsion.
Engineer 213, S.178-180, 1962.

[TSFK05] Tersch, H.; Schnick, M.; Füssel, U.; Küppers, M.:
Erhöhung der Momentenübertragungsfähigkeit bei Torsion und Umlaufbiegung durch Press-Presslöt-Verbindung.
FVA-Abschlussbericht, FVA-Heft 758, Forschungsvereinigung Antriebstechnik, Frankfurt/M., 2005.

[VDI05] Schraubenverbindungen – Berechnung, Gestaltung, Anwendung. Fachtagung Dresden 5./6.10.2005 *(Tagungsband)*.
VDI-Berichte 1903, VDI Verlag, Düsseldorf, 2005.

[VDI2230] VDI-Richtlinie 2230:
Systematische Berechnung hochbeanspruchter Schraubenverbindungen.
Verein Deutscher Ingenieure, Düsseldorf, Februar 2003.

[VID07] Vidner, J.; Leidich, E.:
Fretting Fatigue Life Prediction in Shafts Using a Combined Slip-Stress-Strain Parameter.
34th Leeds-Lyon Symposium on Tribology, 2007.

[ViLe07] Vidner, J.; Leidich, E.:
Enhanced Ruiz Criterion for the Evaluation of Crack Initiation in Contact Subjected to Fretting.
International Journal of Fatigue, 29 (9-11), S.2040-2049, 2007.

[Voc69] Vocke, W.:
Räumliche Probleme der linearen Elastizität.
1. Auflage, Fachbuchverlag Leipzig, 1969.

[WaLe07] Walther, V.; Leidich, E.:
Übertragungsverhalten von Stirnpressverbindungen.
FVV-Abschlussbericht. FVV-Heft 845. Forschungsvereinigung Verbrennungskraftmaschinen (FVV e.V.), Frankfurt, 2007.

[Web24] Weber, C.:
Biegung und Schub in geraden Balken.
ZAMM, Band 4 (1924), S.334-348.

[Web77] Weber, W.:
Untersuchungen zur Ermittlung der Federsteife der verspannten Teile einer Schraubenverbindung.
Dissertation, TH Karl-Marx-Stadt, 1977.

[Wie74] Wienands, B.:
Untersuchungen über die Betriebssicherheit bandagierter Zahnräder.
Dissertation, RWTH Aachen, 1974

[Zha04] Zhang, O.; Poirier, J.A.:
New Analytical Model of Bolted Joints.
Journal of Mechanical Design, Vol. 126, S.721-728, 2004.

[Zia97] Ziaei, M.:
Untersuchungen der Spannungen und Verschiebungen in P4C-Polygon-Welle-Nabe-Verbindungen mittels der Methode der finiten Elemente.
Dissertation, TH Darmstadt, 1997.

[Zie05] Zienkiewicz, O.C.; Taylor, R.L.:
The Finite Element Method.
6th Edition, Elsevier, 2005.

Anhang A

Ermittlung der Einflusszahlen für den biegebelasteten Balkenabschnitt

An dieser Stelle soll die Berechnung der Haupt- und Nebenschluss-Anteile einer querkraft- und biegebelasteten Stirn-PV nach dem Modell des Balkensystems gemäß **Bild A.1** hergeleitet werden, welche – ausgehend von der Betrachtungen der elastischen Formänderungsenergie (im Weiteren kurz „Biegenergie“ genannt) auf charakteristische *Einflusszahlen* zur Beschreibung der Biegenachgiebigkeit des Balkensystems und seiner Elemente führt.

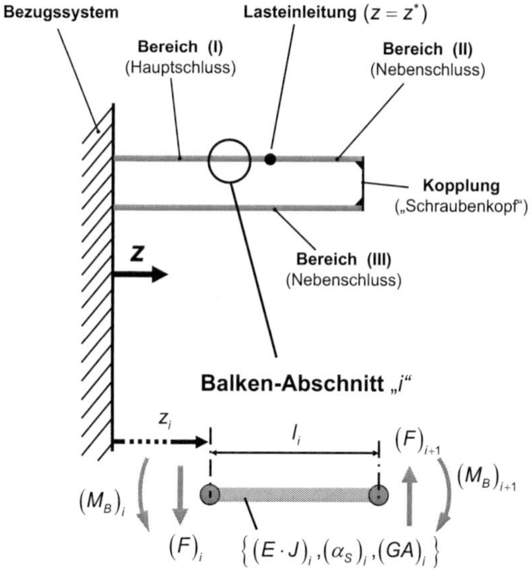

Bild A.1: Freigeschnittener Biegebalkenabschnitt *i* **mit Schnittreaktionen**

Allgemein kann die Biegeenergie im Sinne der Balkentheorie durch Integration der elastischen Arbeit der Normalspannungen über das Volumen berechnet werden. Für eine Balkendifferential der Länge dz gilt dabei allgemein

$$dW_B = \frac{(M_B(z))^2}{2 \cdot E(z) \cdot J(z)} dz. \tag{A.1}$$

Für einen Balkenabschnitt i gemäß **Bild A.1** mit konstanten Querschnittsverhältnissen ergibt sich somit die Energie als Integral über die Länge l_i:

$$W_{B,i} = \int_{z=z_i}^{z=z_i+l_i} \frac{(M_B(z))^2}{2 \cdot E_i \cdot J_i} dz = \frac{1}{2 \cdot (E \cdot J)_i} \int_{z=z_i}^{z=z_i+l_i} (M_B(z))^2 \, dz. \tag{A.2}$$

Entscheidend ist somit der Biegemomentenverlauf im Abschnitt, der aus den vier Schnittreaktionen – anstelle von „M_B" und „F_Q" wird hier und im Weiteren verkürzt „M" bzw „F" geschrieben –

$$\{M_i, M_{i+1}, F_i, F_{i+1}\} \tag{A.3}$$

folgt, welche untereinander im Gleichgewicht stehen:

$$\left\{ \begin{array}{c} F_i - F_{i+1} = 0 \\ M_i - M_{i+1} + F_{i+1} \cdot l_i = 0 \end{array} \right\}. \tag{A.4}$$

Die Schnittreaktionen innerhalb der Balkenstruktur stehen zudem mit den äußeren Belastungen bzw. den Haupt- und Nebenschluss-Reaktionen im Gleichgewicht. Daraus folgen lageabhängige Beziehungen (Bereiche *(I), (II), (III)*; vgl. **Bild A.2**):

- für die Schnittreaktionen im Bereich *(I)*:

$$\left\{ \begin{array}{c} F_i = F^{(HS)} \\ M_i = M^{(HS)} + F^{(HS)} \cdot z_i \end{array} \right\} \tag{A.5}$$

- für die Schnittreaktionen im Bereich *(II)*:

$$\left\{ \begin{array}{c} F_i = -F^{(NS)} \\ M_i = -M^{(NS)} - F^{(NS)} \cdot z_i \end{array} \right\} \tag{A.6}$$

- für die Schnittreaktionen im Bereich *(III)*:

$$\left\{ \begin{array}{c} F_i = F^{(NS)} \\ M_i = M^{(NS)} + F^{(NS)} \cdot z_i \end{array} \right\}. \tag{A.7}$$

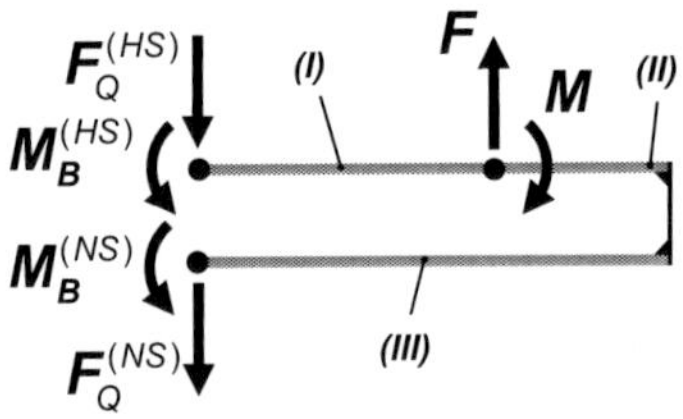

Bild A.2: Freigeschnittener Balken-Gesamtmodell mit Schnittreaktionen im Haupt- und Nebenschluss sowie den äußeren Belastungen

Mit den Gleichgewichtsbedingungen (GGB) für die freigeschnittene Gesamtverbindung (Bild A.2),

$$\left\{ \begin{array}{c} F^{(HS)} + F^{(NS)} - F = 0 \\ M^{(HS)} + M^{(NS)} - M + F \cdot z^* = 0 \end{array} \right\}, \tag{A.8}$$

lassen sich zudem die Abhängigkeiten in (A.5)...(A.7) auf zwei statisch Unbestimmte – vorzugsweise die Hauptschlussreaktionen – reduzieren und entsprechend die Nebenschluss-Größen eliminieren:

$$\left. \begin{array}{l} F^{(NS)} = -F^{(HS)} + F \\ M^{(NS)} = -F \cdot z^* - M^{(HS)} + M \end{array} \right\}. \tag{A.9}$$

Somit ergibt sich:

(II) → (A.6):

$$\left\{ \begin{array}{l} F_i = F^{(HS)} - F \\ M_i = F^{(HS)} \cdot z_i + F \cdot (z^* - z_i) + M^{(HS)} - M \end{array} \right\} \tag{A.10}$$

(III) → (A.7):
$$\left\{ \begin{aligned} F_i &= -F^{(HS)} + F \\ M_i &= -F^{(HS)} \cdot z_i + F \cdot (z_i - z^*) - M^{(HS)} + M \end{aligned} \right\}. \tag{A.11}$$

Ausgehend vom linken Schnittufer ergibt sich für jeden einzelnen Abschnitt ein Biegemomentenverlauf von

$$M(z = z_i \, .. \, z_i + l_i) = M_i + F_i \cdot (z - z_i). \tag{A.12}$$

Eingesetzt in (A.2) lässt sich das Integral auflösen,

$$W_{B,i} = \frac{1}{2(E \cdot J)_i} \left[M_i^2 \cdot l_i + M_i \cdot F_i \cdot l_i^2 + \frac{1}{3} F_i^2 \cdot l_i^3 \right], \tag{A.13}$$

wobei die darin enthaltenen linksseitigen Schnittlasten über (A.5), (A.10) und (A.11) durch die äußeren Belastungen $\{F, M\}$ sowie die verbliebenen statisch unbestimmten Lagerreaktionen $\{F^{(HS)}, M^{(HS)}\}$ ausgedrückt werden können. Die gesamte Biege-Energie im Balkensystem, die sich als Summe über alle Bereiche (*I*), (*II*), (*III*) bzw. alle Abschnitte *i* ergibt, lässt sich damit als Funktion jener vier Größen darstellen:

$$\left. \begin{aligned} W_B^{(ges)} &= \sum_{(I)} W_B^{(I)} + \sum_{(II)} W_B^{(II)} + \sum_{(III)} W_B^{(III)} = \sum_i W_{B,i} \\ &= f\left(F, M, F^{(HS)}, M^{(HS)}\right) \end{aligned} \right\}. \tag{A.14}$$

Durch Einsetzen von (A.5), (A.10) bzw. (A.11) ergeben sich bereichsweise Beziehungen für die Biegeenergie eines Balkenabschnitts:

$$2 \cdot E{\cdot}J \cdot W_B^{(I)} = \frac{1}{3} \cdot \left(F^{(HS)}\right)^2 \cdot l_i^3 + F^{(HS)} \cdot \left(M^{(HS)} + F^{(HS)} \cdot z_i\right) \cdot l_i^2 + \left(M^{(HS)} + F^{(HS)} \cdot z_i\right)^2 \cdot l_i \tag{A.15}$$

$$\left. \begin{aligned} 2 \cdot E{\cdot}J \cdot W_B^{(II)} = 2 \cdot E{\cdot}J \cdot W_B^{(III)} = \; & \left[M^{(HS)} - M + F^{(HS)} \cdot z_i + F \cdot (z^* - z_i) \right]^2 \cdot l_i \\ & + \left(F^{(HS)} - F\right) \cdot \left[M^{(HS)} - M + F^{(HS)} \cdot z_i + F \cdot (z^* - z_i) \right] \cdot l_i^2 \\ & + \frac{1}{3} \cdot \left(F^{(HS)} - F\right)^2 \cdot l_i^3 \end{aligned} \right\} \tag{A.16}$$

Nach dem Satz von MENABREA nehmen die statisch Unbestimmten die Werte an, bei denen die Verformungs-Energie ein Minimum besitzt, was einem Nullwerden der ersten partiellen Ableitungen entspricht. Folglich ergibt sich das Gleichungssystem

$$\left\{ \begin{aligned} \frac{\partial W_B^{(ges)}}{\partial M^{(HS)}} &= 0 = f\left(F, M, F^{(HS)}, M^{(HS)}\right) \\ \frac{\partial W_B^{(ges)}}{\partial F^{(HS)}} &= 0 = f\left(F, M, F^{(HS)}, M^{(HS)}\right) \end{aligned} \right\} \tag{A.17}$$

zur Bestimmung von $\{F^{(HS)}, M^{(HS)}\}$, welches linear in allen vier Belastungsgrößen ist. Wegen der Linearität lässt sich auch schreiben:

$$\left\{ \begin{aligned} \frac{\partial W_B^{(ges)}}{\partial M^{(HS)} \cdot \partial M^{(HS)}} \cdot M^{(HS)} + \frac{\partial W_B^{(ges)}}{\partial M^{(HS)} \cdot \partial M} \cdot M + \frac{\partial W_B^{(ges)}}{\partial M^{(HS)} \cdot \partial F^{(HS)}} \cdot F^{(HS)} + \frac{\partial W_B^{(ges)}}{\partial M^{(HS)} \cdot \partial F} \cdot F = 0 \\ \frac{\partial W_B^{(ges)}}{\partial F^{(HS)} \cdot \partial M^{(HS)}} \cdot M^{(HS)} + \frac{\partial W_B^{(ges)}}{\partial F^{(HS)} \cdot \partial M} \cdot M + \frac{\partial W_B^{(ges)}}{\partial F^{(HS)} \cdot \partial F^{(HS)}} \cdot F^{(HS)} + \frac{\partial W_B^{(ges)}}{\partial F^{(HS)} \cdot \partial F} \cdot F = 0 \end{aligned} \right\} \tag{A.18}$$

Die zweiten partiellen Ableitungen stellen dabei „Einflusszahlen" im Sinne der technische Mechanik dar [GÖHO86], die im Weiteren in der Form

$$\delta_{XY}^{(ges)} = \frac{\partial W_B^{(ges)}}{\partial X \partial Y} \tag{A.19}$$

abgekürzt werden. Dabei repräsentieren X und Y symbolisch die Größen

$$M^{(HS)} \rightarrow (_M),$$
$$F^{(HS)} \rightarrow (_F),$$
$$M \rightarrow (_R),$$
$$F \rightarrow (_Q).$$

Da sich die Gesamtenergie $W_B^{(ges)}$ als Summe über die Einzelabschnitte ergibt, lassen sich auch die Gesamteinflusszahlen in (A.18) durch Summierung der abschnittsweisen Werte erhalten:

$$\delta_{XY}^{(ges)} = \sum_{(i)} \frac{\partial W_{B,i}}{\partial X \partial Y} = \sum_{(i)} \delta_{XY}^{(i)}. \tag{A.20}$$

In **Tab. A-1** sind sämtliche zweite partielle Ableitungen der Biegeenergie ausgehend von den Beziehungen (A.15) und (A.16) aufgeführt. Die Formeln gelten für einen Balkenabschnitt i je nach dessen Lage innerhalb der Verbindung (Bereich *(I)*, *(II)* oder *(III)*). Die letzten drei Zeilen (δ_{RQ}, δ_{RR} und δ_{QQ}) sind dabei gemäß (A.18) für das vorliegende Problem ohne Bedeutung.

Mit der Schreibweise „δ_{XY}" (A.19) lässt sich das Gleichungssystem (A.18) zunächst in der Form

$$\left\{ \begin{array}{l} \delta_{MM}^{(ges)} \cdot M^{(HS)} + \delta_{MR}^{(ges)} \cdot M + \delta_{MF}^{(ges)} \cdot F^{(HS)} + \delta_{MQ}^{(ges)} \cdot F = 0 \\ \delta_{FM}^{(ges)} \cdot M^{(HS)} + \delta_{FR}^{(ges)} \cdot M + \delta_{FF}^{(ges)} \cdot F^{(HS)} + \delta_{FQ}^{(ges)} \cdot F = 0 \end{array} \right\}, \tag{A.21}$$

bzw. in Matrixschreibweise

$$\begin{bmatrix} \delta_{MM}^{(ges)} & \delta_{MF}^{(ges)} \\ \delta_{FM}^{(ges)} & \delta_{FF}^{(ges)} \end{bmatrix} \cdot \begin{bmatrix} M^{(HS)} \\ F^{(HS)} \end{bmatrix} = - \begin{bmatrix} \delta_{MR}^{(ges)} & \delta_{MQ}^{(ges)} \\ \delta_{FR}^{(ges)} & \delta_{FQ}^{(ges)} \end{bmatrix} \cdot \begin{bmatrix} M \\ F \end{bmatrix}. \tag{A.22}$$

Die Auflösung dieser Gleichung nach $\begin{bmatrix} M^{(HS)} & F^{(HS)} \end{bmatrix}^T$ führt auf die gesuchten statisch Unbestimmten im Hauptschluss. Die ausgeschriebene invertierte Beziehung lautet dabei

$$\begin{bmatrix} M^{(HS)} \\ F^{(HS)} \end{bmatrix} = \frac{1}{\left(\delta_{FM}^{(ges)}\right)^2 - \delta_{MM}^{(ges)} \cdot \delta_{FF}^{(ges)}} \begin{bmatrix} \delta_{FF}^{(ges)}\delta_{MR}^{(ges)} - \delta_{FM}^{(ges)}\delta_{FR}^{(ges)} & \delta_{FF}^{(ges)}\delta_{MQ}^{(ges)} - \delta_{FM}^{(ges)}\delta_{FQ}^{(ges)} \\ \delta_{MM}^{(ges)}\delta_{FR}^{(ges)} - \delta_{FM}^{(ges)}\delta_{MR}^{(ges)} & \delta_{MM}^{(ges)}\delta_{FQ}^{(ges)} - \delta_{FM}^{(ges)}\delta_{MQ}^{(ges)} \end{bmatrix} \cdot \begin{bmatrix} M \\ F \end{bmatrix}, \tag{A.23}$$

welche wegen der expliziten Form über die darin gemäß (A.20) enthaltenen Ausdrücke der Tab. A-1 ohne Weiteres (d.h. insbesondere ohne weitere Invertierungen oder die Berechnung abschnittsweiser Steifigkeitsmatrizen) berechnet werden können. Die Belastungsanteile im Nebenschluss folgen über (A.9) aus den globalen GGB.

Tab. A-1: Zweite partielle Ableitungen der elastischen Biege-Energie *(ohne Betrachtung der Schubanteile)* nach den Reaktions- und Belastungsgrößen $\left\{M^{(HS)}, F^{(HS)}, M, F\right\}$

	Bereich (I)	***Bereiche (II) + (III)***
$\delta_{MM} = \dfrac{\partial W_B^{()}}{\partial M^{(HS)} \cdot \partial M^{(HS)}} =$	$\dfrac{l_i}{(E \cdot J)_i}$	$\dfrac{l_i}{(E \cdot J)_i}$
$\delta_{FF} = \dfrac{\partial W_B^{()}}{\partial F^{(HS)} \cdot \partial F^{(HS)}} =$	$\dfrac{\frac{1}{3} \cdot l_i^3 + l_i^2 \cdot z_i + l_i \cdot z_i^2}{(E \cdot J)_i}$	$\dfrac{\frac{1}{3} \cdot l_i + l_i^2 \cdot z_i + l_i \cdot z_i^2}{(E \cdot J)_i}$
$\delta_{MF} = \delta_{FM} = \dfrac{\partial W_B^{()}}{\partial M^{(HS)} \cdot \partial F^{(HS)}} = \dfrac{\partial W_B^{()}}{\partial F^{(HS)} \cdot \partial M^{(HS)}} =$	$\dfrac{\frac{1}{2} \cdot l_i^2 + l_i \cdot z_i}{(E \cdot J)_i}$	$\dfrac{\frac{1}{2} \cdot l_i^2 + l_i \cdot z_i}{(E \cdot J)_i}$
$\delta_{MR} = \delta_{RM} = \dfrac{\partial W_B^{()}}{\partial M^{(HS)} \cdot \partial M} = \dfrac{\partial W_B^{()}}{\partial M \cdot \partial M^{(HS)}} =$	0	$\dfrac{-l_i}{(E \cdot J)_i}$
$\delta_{MQ} = \delta_{QM} = \dfrac{\partial W_B^{()}}{\partial M^{(HS)} \cdot \partial F} = \dfrac{\partial W_B^{()}}{\partial F \cdot \partial M^{(HS)}} =$	0	$-\dfrac{\frac{1}{2} \cdot l_i^2 + l_i \cdot \left(z_i - z^*\right)}{(E \cdot J)_i}$
$\delta_{FR} = \delta_{RF} = \dfrac{\partial W_B^{()}}{\partial F^{(HS)} \cdot \partial M} = \dfrac{\partial W_B^{()}}{\partial M \cdot \partial F^{(HS)}} =$	0	$-\dfrac{\frac{1}{2} \cdot l_i^2 + l_i \cdot z_i}{(E \cdot J)_i}$
$\delta_{FQ} = \delta_{QF} = \dfrac{\partial W_B^{()}}{\partial F^{(HS)} \cdot \partial F} = \dfrac{\partial W_B^{()}}{\partial F^{(HS)} \cdot \partial F} =$	0	$-\dfrac{\frac{1}{3} \cdot l_i^3 + l_i^2 \cdot \left(z_i - \frac{1}{2} \cdot z^*\right)}{(E \cdot J)_i} - \dfrac{l_i \cdot z_i \cdot \left(z_i - z^*\right)}{(E \cdot J)_i}$
$\delta_{RQ} = \delta_{QR} = \dfrac{\partial W_B^{()}}{\partial M \cdot \partial F} = \dfrac{\partial W_B^{()}}{\partial F \cdot \partial M} =$	0	$\dfrac{\frac{1}{2} \cdot l_i^2 + l_i \cdot \left(z_i - z^*\right)}{(E \cdot J)_i}$
$\delta_{RR} = \dfrac{\partial W_B^{()}}{\partial M \cdot \partial M} =$	0	$\dfrac{l_i}{(E \cdot J)_i}$
$\delta_{QQ} = \dfrac{\partial W_B^{()}}{\partial F \cdot \partial F} =$	0	$\dfrac{\frac{1}{3} \cdot l_i^3 + l_i^2 \cdot \left(z_i - z^*\right)}{(E \cdot J)_i} + \dfrac{l_i \cdot \left(z_i - z^*\right)^2}{(E \cdot J)_i}$

Anhang B

Formelübersicht zur Beschreibung des torsionalen T-φ-Verspannungsparallelogramms

Im Folgenden sind die Gleichungen zur Berechnung sämtlicher ausgewiesenen Punkte des T-φ -Schaubilds sowie die Hüll- bzw. Bezugsgeraden des Parallelogramms zusammengestellt.

Tab. B-1: Bezugsgeraden

Anstieg der Geraden c	$\left.\frac{dT}{d\varphi}\right\|_c = \frac{\Theta_{anz}^{(G)} + \mu \cdot R_{eff}}{\Theta_{anz}^{(G)} \cdot \delta_T^{(NS)} + \frac{1}{K}}$
Geradengleichung c	$T(\varphi) = \left(\varphi - T_{anz}^{(G)} \cdot \delta_T^{(NS)}\right) \cdot \frac{\Theta_{anz}^{(G)} + \mu \cdot R_{eff}}{\Theta_{anz}^{(G)} \cdot \delta_T^{(NS)} + \frac{1}{K}} + T_{anz}^{(G)} + T_R$
Geradengleichung d	$T(\varphi) = -\left(\varphi + T_{los}^{(G)} \cdot \delta_T^{(NS)}\right) \cdot \frac{\Theta_{los}^{(G)} + \mu \cdot R_{eff}}{\Theta_{los}^{(G)} \cdot \delta_T^{(NS)} + \frac{1}{K}} - \left(T_{los}^{(G)} + T_R\right)$
Anstieg der Geraden d	$\left.\frac{dT}{d\varphi}\right\|_d = -\frac{\Theta_{los}^{(G)} + \mu \cdot R_{eff}}{\Theta_{los}^{(G)} \cdot \delta_T^{(NS)} + \frac{1}{K}}$

Tab. B-2: Lastfreie Bezugszustände (Punkte O und O')

Punkt	***O***	***O'***
Beschreibung	**Ausgangszustand ohne äußere Belastung und innerer torsionaler Verspannung**	**Lastfreier Zustand ohne innere torsionale Verspannung nach Nachstellen des Gewindes**
äußeres Torsionsmoment T	$T_O = 0$	$T_{O'} = 0$
äußerer Verdrehwinkel φ	$\varphi_O = 0$	$\varphi_{O'} = \Delta\varphi^{(Gew)\,\prime}$
Torsionsmoment im Hauptschluss $T^{(HS)}$	$T_O^{(HS)} = 0$	$T_{O'}^{(HS)} = 0$
Torsionsmoment im Nebenschluss $T^{(NS)}$	$T_O^{(NS)} = 0$	$T_{O'}^{(NS)} = 0$
elastische Verdrillung der Hauptschluss-Seite $\Delta\varphi^{(HS)}$	$\Delta\varphi_O^{(HS)} = 0$	$\Delta\varphi_{O'}^{(HS)} = 0$
elastische Verdrillung der Nebenschluss-Seite $\Delta\varphi^{(NS)}$	$\Delta\varphi_O^{(NS)} = 0$	$\Delta\varphi_{O'}^{(NS)} = 0$
Rutschwinkel der Primärfuge $\Delta\varphi^{(Fug)}$	$\Delta\varphi_O^{(Fug)} = 0$	$\Delta\varphi_{O'}^{(Fug)} = \Delta\varphi^{(Gew)\,\prime}$
Nachstellwinkel im Gewinde $\Delta\varphi^{(Gew)}$	$\Delta\varphi_O^{(Gew)} = 0$	$\Delta\varphi_{O'}^{(Gew)} = \Delta\varphi^{(Gew)\,\prime}$

Tab. B-3: Punkte *A, B* und *C*

Punkt	***A***	***B***	***C***
Beschreibung	**elastische Grenzbelastung bei torsionsfreiem Anfangszustand (*O*); Rutschbeginn der Primärfuge**	**elastische Grenzbelastung in umgekehrter" Belastungsrichtung; Rutschbeginn der Primärfuge**	**Grenzbelastung bzgl. Nachstellen des Gewindes (Festdrehrichtung der Verschraubung)**
äußeres Torsionsmoment T	$T_A = \frac{T_R}{1-\Phi_T}$	$T_B = -T_A$	$T_C = T_R + T_{anz}^{(Gew)}$
äußerer Verdrehwinkel φ	$\varphi_A = \frac{T_A}{c_T^{(HS)} + c_T^{(NS)}} = \frac{T_R \cdot \delta_T^{(HS)}}{1-\Phi_T}$	$\varphi_B = -\varphi_A$	$\varphi_C = T_{anz}^{(Gew)} \cdot \delta_T^{(NS)}$
Torsionsmoment im Hauptschluss $T^{(HS)}$	$T_A^{(HS)} = T_R$	$T_B^{(HS)} = -T_R$	$T_C^{(HS)} = T_R$
Torsionsmoment im Nebenschluss $T^{(NS)}$	$T_A^{(NS)} = T_R \cdot \frac{\Phi_T}{1-\Phi_T}$	$T_B^{(NS)} = -T_A^{(NS)}$	$T_C^{(NS)} = T_{anz}^{(Gew)}$
elastische Verdrillung der Hauptschluss-Seite $\Delta\varphi^{(HS)}$	$\Delta\varphi_A^{(HS)} = T_R \cdot \delta_T^{(HS)}$	$\Delta\varphi_B^{(HS)} = -\Delta\varphi_A^{(HS)}$	$\Delta\varphi_C^{(HS)} = T_R \cdot \delta_T^{(HS)}$
elastische Verdrillung der Nebenschluss-Seite $\Delta\varphi^{(NS)}$	$\Delta\varphi_A^{(NS)} = \Delta\varphi_A^{(HS)}$	$\Delta\varphi_B^{(NS)} = -\Delta\varphi_A^{(NS)}$	$\Delta\varphi_C^{(NS)} = \varphi_C = T_{anz}^{(Gew)} \cdot \delta_T^{(NS)}$
Rutschwinkel der Primärfuge $\Delta\varphi^{(Fug)}$	$\Delta\varphi_A^{(Fug)} = 0$	$\Delta\varphi_B^{(Fug)} = 0$	$\Delta\varphi_C^{(Fug)} = \varphi_C - \Delta\varphi_C^{(HS)} = T_{anz}^{(Gew)} \cdot \delta_T^{(NS)} - T_R \cdot \delta_T^{(HS)}$
Nachstellwinkel im Gewinde $\Delta\varphi^{(Gew)}$	$\Delta\varphi_A^{(Gew)} = 0$	$\Delta\varphi_B^{(Gew)} = 0$	$\Delta\varphi_C^{(Gew)} = 0$

Tab. B-4: Punkte D, E und F

Punkt	D	E	F
Beschreibung	Grenzbelastung bzgl. Nachstellen des Gewindes (Losdrehrichtung der Verschraubung)	Entlastung von der Grenzbelastung T_C (Grenzzustand C)	Entlastung von der Grenzbelastung T_D (Grenzzustand D)
äußeres Torsionsmoment T	$T_D = -\left(T_R + T_{los}^{(Gew)}\right)$	$T_E = 0$	$T_F = 0$
äußerer Verdrehwinkel φ	$\varphi_D = -\,T_{los}^{(Gew)} \cdot \delta_T^{(NS)}$	$\varphi_E = \varphi_C - T_C \cdot \delta_T^{(ges)}$ $= T_{anz}^{(Gew)} \cdot \delta_T^{(NS)} - \left(T_R + T_{anz}^{(Gew)}\right) \cdot \delta_T^{(ges)}$ $= T_{anz}^{(Gew)} \cdot \left(\delta_T^{(NS)} - \delta_T^{(ges)}\right) - T_R \cdot \delta_T^{(ges)}$	$\varphi_F = \varphi_D - T_D \cdot \delta_T^{(ges)}$ $= T_{los}^{(Gew)} \cdot \left(\delta_T^{(ges)} - \delta_T^{(NS)}\right) + T_R \cdot \delta_T^{(ges)}$
Torsionsmoment im Hauptschluss $T^{(HS)}$	$T_D^{(HS)} = -\,T_R$	$T_E^{(HS)} = T_R - \left(1 - \Phi_T\right) \cdot T_C$ $= \Phi_T \cdot T_R + T_{anz}^{(Gew)} \left(\Phi_T - 1\right)$	$T_F^{(HS)} = -T_R - \left(1 - \Phi_T\right) \cdot T_D$ $= T_{los}^{(Gew)} \cdot \left(1 - \Phi_T\right) - \Phi_T \cdot T_R$
Torsionsmoment im Nebenschluss $T^{(NS)}$	$T_D^{(NS)} = -\,T_{los}^{(G)}$	$T_E^{(NS)} = -T_E^{(HS)}$ $= T_{anz}^{(Gew)} \left(1 - \Phi_T\right) - \Phi_T \cdot T_R$	$T_F^{(NS)} = -T_F^{(HS)}$ $= \Phi_T \cdot T_R + T_{los}^{(Gew)} \left(\Phi_T - 1\right)$
elastische Verdrillung der Hauptschluss-Seite $\Delta\varphi^{(HS)}$	$\Delta\varphi_D^{(HS)} = -\,T_R \cdot \delta_T^{(HS)}$	$\Delta\varphi_E^{(HS)} = T_E^{(HS)} \cdot \delta_T^{(HS)}$ $= \left[\Phi_T \cdot T_R + T_{anz}^{(Gew)} \left(\Phi_T - 1\right)\right] \cdot \delta_T^{(HS)}$	$\Delta\varphi_F^{(HS)} = T_F^{(HS)} \cdot \delta_T^{(HS)}$ $= T_{los}^{(Gew)} \cdot \delta_T^{(ges)} - T_R \cdot \Phi_T \cdot \delta_T^{(HS)}$
elastische Verdrillung der Nebenschluss-Seite $\Delta\varphi^{(NS)}$	$\Delta\varphi_D^{(NS)} = -\,T_{los}^{(Gew)} \cdot \delta_T^{(NS)}$	$\Delta\varphi_E^{(NS)} = T_E^{(NS)} \cdot \delta_T^{(NS)}$ $= \left[T_{anz}^{(Gew)} \left(1 - \Phi_T\right) \cdot \delta_T^{(NS)} - T_R \cdot \delta_T^{(ges)}\right]$	$\Delta\varphi_F^{(NS)} = T_F^{(NS)} \cdot \delta_T^{(NS)}$ $= T_R \cdot \delta_T^{(ges)} + T_{los}^{(Gew)} \left(\Phi_T - 1\right) \cdot \delta_T^{(NS)}$
Rutschwinkel der Primärfuge $\Delta\varphi^{(Fug)}$	$\Delta\varphi_D^{(Fug)} = \varphi_D - \Delta\varphi_D^{(HS)}$ $= -\left(T_{los}^{(Gew)} \cdot \delta_T^{(NS)} - T_R \cdot \delta_T^{(HS)}\right)$	$\Delta\varphi_E^{(Fug)} = \Delta\varphi_C^{(Fug)}$ $= T_{anz}^{(Gew)} \cdot \delta_T^{(NS)} - T_R \cdot \delta_T^{(HS)}$	$\Delta\varphi_E^{(F)} = \Delta\varphi_D^{(Fug)}$ $= -\left(T_{los}^{(Gew)} \cdot \delta_T^{(NS)} - T_R \cdot \delta_T^{(HS)}\right)$
Nachstellwinkel im Gewinde $\Delta\varphi^{(Gew)}$	$\Delta\varphi_D^{(Gew)} = 0$	$\Delta\varphi_E^{(Gew)} = 0$	$\Delta\varphi_F^{(Gew)} = 0$

Tab. B-5: Punkte G, H und C^*

Punkt	G	H	C^*
Beschreibung	Grenzbelastung bzgl. „Rückrutschens" der Primärfuge nach überelastischer Belastung bis T_C	Grenzbelastung bzgl. gegenläufigen Rutschens der Primärfuge nach „überelastischer" Belastung bis T_D	Grenzbelastung bei Rutschen der Kopfauflage
äußeres Torsionsmoment T	$T_G = T_{anz}^{(Gew)} - T_R \cdot \frac{1+\Phi_T}{1-\Phi_T}$	$T_H = T_R \cdot \left(\frac{1+\Phi_T}{1-\Phi_T}\right) - T_{los}^{(Gew)}$	$T_{C^*} = T_R + T_K$
äußerer Verdrehwinkel φ	$\varphi_G = \varphi_C - 2 \cdot T_A \cdot \delta_T^{(ges)}$ $= T_{anz}^{(Gew)} \cdot \delta_T^{(NS)} - 2 \cdot T_R \cdot \delta_T^{(HS)}$	$\varphi_H = 2 \cdot T_R \cdot \delta_T^{(HS)} - T_{los}^{(Gew)} \cdot \delta_T^{(NS)}$	$\varphi_{C^*} = T_K \cdot \delta_T^{(NS)}$
Torsionsmoment im Hauptschluss $T^{(HS)}$	$T_G^{(HS)} = -T_R$	$T_H^{(HS)} = T_R$	$T_{C^*}^{(HS)} = T_R$
Torsionsmoment im Nebenschluss $T^{(NS)}$	$T_G^{(NS)} = T_{anz}^{(Gew)} - 2 \cdot T_R \cdot \frac{\delta_T^{(HS)}}{\delta_T^{(NS)}}$	$T_H^{(NS)} = 2 \cdot T_R \cdot \frac{\delta_T^{(HS)}}{\delta_T^{(NS)}} - T_{los}^{(Gew)}$	$T_{C^*}^{(NS)} = T_K$
elastische Verdrillung der Hauptschluss-Seite $\Delta\varphi^{(HS)}$	$\Delta\varphi_G^{(HS)} = -T_R \cdot \delta_T^{(HS)}$	$\Delta\varphi_H^{(HS)} = T_R \cdot \delta_T^{(HS)}$	$\Delta\varphi_{C^*}^{(HS)} = T_R \cdot \delta_T^{(HS)}$
elastische Verdrillung der Nebenschluss-Seite $\Delta\varphi^{(NS)}$	$\Delta\varphi_G^{(NS)} = T_{anz}^{(Gew)} \cdot \delta_T^{(NS)} - 2 \cdot T_R \cdot \delta_T^{(NS)}$	$\Delta\varphi_H^{(NS)} = 2 \cdot T_R \cdot \delta_T^{(HS)} - T_{los}^{(Gew)} \cdot \delta_T^{(NS)}$	$\Delta\varphi_{C^*}^{(NS)} = \varphi_{C^*}$ $= T_K \cdot \delta_T^{(NS)}$
Rutschwinkel der Primärfuge $\Delta\varphi^{(Fug)}$	$\Delta\varphi_G^{(Fug)} = \Delta\varphi_C^{(Fug)}$ $= T_{anz}^{(Gew)} \cdot \delta_T^{(NS)} - T_R \cdot \delta_T^{(HS)}$	$\Delta\varphi_H^{(Fug)} = -\left(T_{los}^{(Gew)} \cdot \delta_T^{(NS)} - T_R \cdot \delta_T^{(HS)}\right)$	$\Delta\varphi_{C^*}^{(Fug)} = \varphi_{C^*} - \Delta\varphi_{C^*}^{(HS)}$ $= T_K \cdot \delta_T^{(NS)} - T_R \cdot \delta_T^{(HS)}$
Nachstellwinkel im Gewinde $\Delta\varphi^{(Gew)}$	$\Delta\varphi_G^{(Gew)} = 0$	$\Delta\varphi_H^{(Gew)} = 0$	$\Delta\varphi_{C^*}^{(Gew)} = 0$

Tab. B-6: Punkt C'

Punkt	C'
Beschreibung	**Belasteter Zustand nach Nachstellen des Gewindes um** $\Delta\varphi_{C'}^{(Gew)} = \Delta\varphi^{(Gew)\,\prime}$
äußeres Torsions-moment T	$T_{C'} > T_C$ $= T_R + T_{anz}^{(Gew)} + \Delta T_R\left(\Delta\varphi_{C'}^{(Gew)}\right) + \Delta T_{anz}^{(Gew)}\left(\Delta\varphi_{C'}^{(Gew)}\right)$ $= T_R + T_{anz}^{(Gew)} + K\cdot\Delta\varphi_{C'}^{(Gew)}\cdot\left(\mu\cdot R_{eff} + \Theta_{anz}^{(Gew)}\right)$ $= T_R' + T_{anz}^{(Gew)\,\prime}$ $T_{C'}(\varphi_{C'}) = \left(\varphi_{C'} - T_{anz}^{(Gew)}\cdot\delta_T^{(NS)}\right)\cdot\dfrac{\Theta_{anz}^{(Gew)} + \mu\cdot R_{eff}}{\Theta_{anz}^{(Gew)}\cdot\delta_T^{(NS)} + \dfrac{1}{K}} + T_{anz}^{(Gew)} + T_R$
äußerer Verdreh-winkel φ	$\varphi_{C'} = \varphi_C + \Delta\varphi_{C'}^{(Gew)} + \Delta T_{anz}^{(Gew)}\left(\Delta\varphi_{C'}^{(Gew)}\right)\cdot\delta_T^{(NS)}$ $= \varphi_C + \Delta\varphi^{(Gew)\,\prime}\cdot\left(1 + K\cdot\Theta_{anz}^{(Gew)}\cdot\delta_T^{(NS)}\right)$ $\varphi_{C'}(T_{C'}) = \left(T_{C'} - T_{anz}^{(Gew)} - T_R\right)\cdot\dfrac{\Theta_{anz}^{(Gew)}\cdot\delta_T^{(NS)} + \dfrac{1}{K}}{\Theta_{anz}^{(Gew)} + \mu\cdot R_{eff}} + T_{anz}^{(Gew)}\cdot\delta_T^{(NS)}$
Torsionsmoment im Hauptschluss $T^{(HS)}$	$T_{C'}^{(HS)} = T_R'$ $= T_R + \Delta T_R\left(\Delta\varphi_{C'}^{(Gew)}\right)$ $= T_R + \underbrace{K\cdot\Delta\varphi_{C'}^{(Gew)}}_{\Delta F_V}\cdot\left(\mu\cdot R_{eff}\right)$
Torsionsmoment im Nebenschluss $T^{(NS)}$	$T_{C'}^{(NS)} = T_{anz}^{(Gew)\,\prime}$ $= T_{anz}^{(Gew)} + \Delta T_{anz}^{(Gew)}\left(\Delta\varphi_{C'}^{(Gew)}\right)$ $= T_{anz}^{(Gew)} + \underbrace{K\cdot\Delta\varphi_{C'}^{(Gew)}}_{\Delta F_V}\cdot\Theta_{anz}^{(Gew)}$
elastische Verdrillung der Hauptschluss-Seite $\Delta\varphi^{(HS)}$	$\Delta\varphi_{C'}^{(HS)} = T_{C'}^{(HS)}\cdot\delta_T^{(HS)}$ $= T_R'\cdot\delta_T^{(HS)}$
elastische Verdrillung der Ne-benschluss-Seite $\Delta\varphi^{(NS)}$	$\Delta\varphi_{C'}^{(NS)} = T_{C'}^{(NS)}\cdot\delta_T^{(NS)}$ $= T_{anz}^{(Gew)\,\prime}\cdot\delta_T^{(NS)}$
Rutschwinkel der Primärfuge $\Delta\varphi^{(Fug)}$	$\Delta\varphi_{C'}^{(Fug)} = \varphi_{C'} - T_{C'}^{(HS)}\cdot\delta_T^{(HS)}$ $= T_{C'}^{(NS)}\cdot\delta_T^{(NS)} + \Delta\varphi_{C'}^{(Gew)} - T_{C'}^{(HS)}\cdot\delta_T^{(HS)}$ $= \left(T_{C'} - T_{anz}^{(Gew)} - T_R\right)\cdot\left(\dfrac{\Theta_{anz}^{(Gew)}\cdot\delta_T^{(NS)} + \dfrac{1}{K} - \mu\cdot R_{eff}\cdot\delta_T^{(HS)}}{\Theta_{anz}^{(Gew)} + \mu\cdot R_{eff}}\right) + T_{anz}^{(Gew)}\cdot\delta_T^{(NS)} - T_R\cdot\delta_T^{(HS)}$
Nachstellwinkel im Gewinde $\Delta\varphi^{(Gew)}$	$\Delta\varphi_{C'}^{(Gew)} = \Delta\varphi^{(Gew)\,\prime}$ $= \dfrac{T_{C'} - T_{anz}^{(Gew)} - T_R}{K\cdot\left(\Theta_{anz}^{(Gew)} + \mu\cdot R_{eff}\right)}$

Tab. B-7: Punkt *D''*

Punkt	***D''***
Beschreibung	**Belasteter Zustand nach Nachstellen des Gewindes um $\Delta\varphi_{D''}^{(Gew)} = \Delta\varphi^{(Gew)}{''}$ in Löserichtung**
äußeres Torsionsmoment *T*	$T_{D''} > T_D$ $= -\left(T_R + T_{los}^{(Gew)}\right) + \Delta T_R\left(\Delta\varphi_{D''}^{(Gew)}\right) + \Delta T_{anz}^{(Gew)}\left(\Delta\varphi_{D''}^{(Gew)}\right)$ $= -\left(T_R + T_{los}^{(Gew)}\right) - K\cdot\Delta\varphi_{D''}^{(Gew)}\cdot\left(\mu\cdot R_{eff} + \Theta_{los}^{(Gew)}\right)$ $= -\left(T_R{'} + T_{los}^{(Gew)}{'}\right)$ $T_{D''}\left(\varphi_{D''}\right) = -\left(\varphi_{D''} + T_{los}^{(Gew)}\cdot\delta_T^{(NS)}\right)\cdot\frac{\Theta_{los}^{(Gew)}+\mu\cdot R_{eff}}{\Theta_{los}^{(Gew)}\cdot\delta_T^{(NS)}+\frac{1}{K}} - \left(T_{los}^{(Gew)}+T_R\right)$
äußerer Verdrehwinkel φ	$\varphi_{D''} = \varphi_D - \Delta\varphi_{D''}^{(Gew)} - \Delta T_{los}^{(Gew)}\left(\Delta\varphi_{D''}^{(Gew)}\right)\cdot\delta_T^{(NS)}$ $= \varphi_D - \Delta\varphi^{(Gew)}{'}\cdot\left(1+K\cdot\Theta_{los}^{(Gew)}\cdot\delta_T^{(NS)}\right)$ $\varphi_{D''}\left(T_{D''}\right) = -\left(T_{D''}+T_{los}^{(Gew)}+T_R\right)\cdot\frac{\Theta_{los}^{(Gew)}\cdot\delta_T^{(NS)}+\frac{1}{K}}{\Theta_{los}^{(Gew)}+\mu\cdot R_{eff}} - T_{los}^{(Gew)}\cdot\delta_T^{(NS)}$
Torsionsmoment im Hauptschluss $T^{(HS)}$	$T_{D''}^{(HS)} = -T_R{'}$ $= -T_R + \Delta T_R\left(\Delta\varphi_{D''}^{(Gew)}\right)$ $= -T_R + \underbrace{K\cdot\Delta\varphi_{D''}^{(Gew)}}_{\Delta F_V}\cdot\left(\mu\cdot R_{eff}\right)$
Torsionsmoment im Nebenschluss $T^{(NS)}$	$T_{D''}^{(NS)} = -T_{los}^{(Gew)}{''}$ $= -T_{los}^{(Gew)} + \Delta T_{los}^{(Gew)}\left(\Delta\varphi_{C'}^{(Gew)}\right)$ $= -T_{los}^{(Gew)} + \underbrace{K\cdot\Delta\varphi_{C'}^{(Gew)}}_{\Delta F_V}\cdot\Theta_{los}^{(Gew)}$
elastische Verdrillung der Hauptschluss-Seite $\Delta\varphi^{(HS)}$	$\Delta\varphi_{D''}^{(HS)} = T_{D''}^{(HS)}\cdot\delta_T^{(HS)}$ $= -T_R{'}\cdot\delta_T^{(HS)}$
elastische Verdrillung der Nebenschluss-Seite $\Delta\varphi^{(NS)}$	$\Delta\varphi_{D''}^{(NS)} = T_{D''}^{(NS)}\cdot\delta_T^{(NS)}$ $= -T_{los}^{(Gew)}{'}\cdot\delta_T^{(NS)}$
Rutschwinkel der Primärfuge $\Delta\varphi^{(Fug)}$	$\Delta\varphi_{D''}^{(Fug)} = \varphi_{D''} - T_{D''}^{(HS)}\cdot\delta_T^{(HS)}$ $= T_{D''}^{(NS)}\cdot\delta_T^{(NS)} - \Delta\varphi_{D''}^{(Gew)} - T_{D''}^{(HS)}\cdot\delta_T^{(HS)}$
Nachstellwinkel im Gewinde $\Delta\varphi^{(Gew)}$	$\Delta\varphi_{D''}^{(Gew)} = \Delta\varphi^{(Gew)}{''}$ $= \frac{T_{D''}+T_{los}^{(Gew)}+T_R}{K\cdot\left(\Theta_{los}^{(Gew)}+\mu\cdot R_{eff}\right)}$ $= -\frac{\varphi_{D''}+T_{los}^{(Gew)}\cdot\delta_T^{(NS)}}{K\cdot\Theta_{los}^{(Gew)}\cdot\delta_T^{(NS)}+1}$

Tab. B-8: Punkte P_{AC} und P_{BG}

Punkt	P_{AC}	P_{BG}
Beschreibung	Belastung im „überelastischen" Bereich zwischen A und C	Grenzbelastung bzgl. „Rückrutschens" der Primärfuge nach überelastischer Belastung bis T_{AC} ($T_{AC} < T_C$)
äußeres Torsionsmoment T	$T_C > T_{AC} > T_A$	$T_{BG} = T_{AC} - \frac{2 \cdot T_R}{1-\Phi_T}$
äußerer Verdrehwinkel φ	$\varphi_{AC} = (T_{AC} - T_R) \cdot \delta_T^{(NS)}$	$\varphi_{BG} = \varphi_{AC} - 2 \cdot T_A \cdot \delta_T^{(ges)}$ $= T_{AC} \cdot \delta_T^{(NS)} - T_R \cdot \left(\delta_T^{(NS)} + 2 \cdot \delta_T^{(HS)}\right)$
Torsionsmoment im Hauptschluss $T^{(HS)}$	$T_{AC}^{(HS)} = T_R$	$T_{BG}^{(HS)} = -T_R$
Torsionsmoment im Nebenschluss $T^{(NS)}$	$T_{AC}^{(NS)} = T_{AC} - T_R$	$T_{BG}^{(NS)} = T_{AC} - T_R \cdot \left(1 + \frac{2 \cdot \Phi_T}{1-\Phi_T}\right)$ $= T_{AC} - T_R \cdot \left(1 + 2 \cdot \frac{\delta_T^{(HS)}}{\delta_T^{(NS)}}\right)$
elastische Verdrillung der Hauptschluss-Seite $\Delta\varphi^{(HS)}$	$\Delta\varphi_{AC}^{(HS)} = T_R \cdot \delta_T^{(HS)}$	$\Delta\varphi_{BG}^{(HS)} = -T_R \cdot \delta_T^{(HS)}$
elastische Verdrillung der Nebenschluss-Seite $\Delta\varphi^{(NS)}$	$\Delta\varphi_{AC}^{(NS)} = (T_{AC} - T_R) \cdot \delta_T^{(NS)}$	$\Delta\varphi_{BG}^{(NS)} = \left(T_{AC} - T_R \cdot \left(1 + \frac{2 \cdot \Phi_T}{1-\Phi_T}\right)\right) \cdot \delta_T^{(NS)}$ $= T_{AC} \cdot \delta_T^{(NS)} - T_R \cdot \left(\delta_T^{(NS)} + \delta_T^{(HS)}\right)$
Rutschwinkel der Primärfuge $\Delta\varphi^{(Fug)}$	$\Delta\varphi_{AC}^{(Fug)} = \varphi_{AC} - \Delta\varphi_{AC}^{(HS)}$ $= (T_{AC} - T_R) \cdot \delta_T^{(NS)} - T_R \cdot \delta_T^{(HS)}$	$\Delta\varphi_{BG}^{(Fug)} = \Delta\varphi_{AC}^{(Fug)}$ $= (T_{AC} - T_R) \cdot \delta_T^{(NS)}$
Nachstellwinkel im Gewinde $\Delta\varphi^{(Gew)}$	$\Delta\varphi_{AC}^{(Gew)} = 0$	$\Delta\varphi_{BG}^{(Gew)} = 0$

Tab. B-9: Punkte P_{OE} und P_{FE}

Punkt	P_{OE}	P_{FE}
Beschreibung	Entlasteter Zustand nach „überelastischer" Belastung mit T_{AC}	Lastfreier Zustand bei innerer Verspannung
äußeres Torsionsmoment T	$T_{OE}=0$	$T_{FE}=0$
äußerer Verdrehwinkel φ	$\varphi_{OE}=\varphi_{AC}-T_{AC}\cdot\delta_T^{(ges)}$ $=\left(T_{AC}-T_R\right)\cdot\delta_T^{(NS)}-T_{AC}\cdot\delta_T^{(ges)}$ $=T_{AC}\cdot\left(\delta_T^{(NS)}-\delta_T^{(ges)}\right)-T_R\cdot\delta_T^{(NS)}$	$\varphi_{FE}=f\left(T_{\text{int}}\right)$ $=-T_{\text{int}}\cdot\delta_T^{(NS)}$
Torsionsmoment im Hauptschluss $T^{(HS)}$	$T_{OE}^{(HS)}=T_R-\left(1-\Phi_T\right)\cdot T_{AC}$	$T_{OE}^{(HS)}=-\dfrac{\varphi_{FE}}{\delta_T^{(NS)}}$ $\left(=T_{\text{int}}\right)$
Torsionsmoment im Nebenschluss $T^{(NS)}$	$T_{OE}^{(NS)}=-T_{OE}^{(HS)}$ $=\left(1-\Phi_T\right)\cdot T_{AC}-T_R$	$T_{OE}^{(NS)}=\dfrac{\varphi_{FE}}{\delta_T^{(NS)}}$ $\left(=-T_{\text{int}}\right)$
elastische Verdrillung der Hauptschluss-Seite $\Delta\varphi^{(HS)}$	$\Delta\varphi_{OE}^{(HS)}=T_{OE}^{(HS)}\cdot\delta_T^{(HS)}$ $=\left[T_R-\left(1-\Phi_T\right)\cdot T_{AC}\right]\cdot\delta_T^{(HS)}$	$\varphi_{FE}^{(HS)}=T_{OE}^{(HS)}\cdot\delta_T^{(HS)}$ $=-\varphi_{FE}\cdot\dfrac{\delta_T^{(HS)}}{\delta_T^{(NS)}}$
elastische Verdrillung der Nebenschluss-Seite $\Delta\varphi^{(NS)}$	$\Delta\varphi_{OE}^{(NS)}=-\Delta\varphi_{OE}^{(HS)}$	$\varphi_{FE}^{(NS)}=T_{OE}^{(NS)}\cdot\delta_T^{(NS)}$ $=-T_{\text{int}}\cdot\delta_T^{(NS)}$
Rutschwinkel der Primärfuge $\Delta\varphi^{(Fug)}$	$\Delta\varphi_{OE}^{(Fug)}=\Delta\varphi_{AC}^{(Fug)}$ $=\left(T_{AC}-T_R\right)\cdot\delta_T^{(NS)}-T_R\cdot\delta_T^{(HS)}$	$\Delta\varphi_{FE}^{(Fug)}=-T_{\text{int}}\cdot\left(\delta_T^{(NS)}+\delta_T^{(HS)}\right)$
Nachstellwinkel im Gewinde $\Delta\varphi^{(Gew)}$	$\Delta\varphi_{OE}^{(Gew)}=0$	$\Delta\varphi_{FE}^{(Gew)}=0$

Tab. B-10: Punkte P_{HC} und P_{DG}

Punkt	P_{HC}	P_{DG}
Beschreibung	Elastische Grenzbelastung bezogen auf „verspannten" Bezugszustand P_{FE} mit innerer Verspannung T_{int} bzw. φ_{FE}	Elastische Grenzbelastung in Umkehrrichtung bezogen auf „verspannten" Bezugszustand P_{FE} mit innerer Verspannung T_{int} bzw. φ_{FE}
äußeres Torsionsmoment T	$T_{HC} = \dfrac{\dfrac{\varphi_{FE}}{\delta_T^{(NS)}} + T_R}{1-\Phi_T} = \dfrac{-T_{int} + T_R}{1-\Phi_T}$	$T_{DG} = \dfrac{\dfrac{\varphi_{FE}}{\delta_T^{(NS)}} - T_R}{1-\Phi_T} = \dfrac{-T_{int} - T_R}{1-\Phi_T}$
äußerer Verdrehwinkel φ	$\varphi_{HC} = \varphi_{FE} + T_{HC} \cdot \delta_T^{(ges)} = -T_{int} \cdot \left(\delta_T^{(NS)} + \delta_T^{(HS)}\right) + T_R \cdot \delta_T^{(HS)}$	$\varphi_{DG} = \varphi_{FE} + T_{DG} \cdot \delta_T^{(ges)} = -T_{int} \cdot \left(\delta_T^{(NS)} + \delta_T^{(HS)}\right) - T_R \cdot \delta_T^{(HS)}$
Torsionsmoment im Hauptschluss $T^{(HS)}$	$T_{HC}^{(HS)} = T_R$	$T_{DG}^{(HS)} = -T_R$
Torsionsmoment im Nebenschluss $T^{(NS)}$	$T_{HC}^{(NS)} = T_{HC} \cdot \Phi_T - T_{int} = \left(-T_{int} + T_R\right) \cdot \dfrac{\delta_T^{(HS)}}{\delta_T^{(NS)}} - T_{int} = \dfrac{-T_{int}}{1-\Phi_T} + T_R \cdot \dfrac{\delta_T^{(HS)}}{\delta_T^{(NS)}}$	$T_{DG}^{(NS)} = T_{DG} \cdot \Phi_T - T_{int} = -\dfrac{T_{int}}{1-\Phi_T} - T_R \cdot \dfrac{\delta_T^{(HS)}}{\delta_T^{(NS)}}$
elastische Verdrillung der Hauptschluss-Seite $\Delta\varphi^{(HS)}$	$\Delta\varphi_{HC}^{(HS)} = T_R \cdot \delta_T^{(HS)}$	$\Delta\varphi_{DG}^{(HS)} = -T_R \cdot \delta_T^{(HS)}$
elastische Verdrillung der Nebenschluss-Seite $\Delta\varphi^{(NS)}$	$\Delta\varphi_{HC}^{(NS)} = T_{HC}^{(NS)} \cdot \delta_T^{(NS)} = -T_{int}\left(\delta_T^{(NS)} + \delta_T^{(HS)}\right) + T_R \cdot \delta_T^{(HS)}$	$\Delta\varphi_{DG}^{(NS)} = T_{DG}^{(NS)} \cdot \delta_T^{(NS)} = -\left(T_{int} \cdot \left(\delta_T^{(NS)} + \delta_T^{(HS)}\right) + T_R \cdot \delta_T^{(HS)}\right)$
Rutschwinkel der Primärfuge $\Delta\varphi^{(Fug)}$	$\Delta\varphi_{HC}^{(Fug)} = -T_{int} \cdot \left(\delta_T^{(NS)} + \delta_T^{(HS)}\right)$	$\Delta\varphi_{DG}^{(Fug)} = -T_{int} \cdot \left(\delta_T^{(NS)} + \delta_T^{(HS)}\right)$
Nachstellwinkel im Gewinde $\Delta\varphi^{(Gew)}$	$\Delta\varphi_{HC}^{(Gew)} = 0$	$\Delta\varphi_{DG}^{(Gew)} = 0$

Anhang C

Auflösung der Reibschluss-Ungleichung für die dünne Kreisring-Fuge

Vorbetrachtungen

Im Folgenden soll die Auflösung der Schubspannungsungleichung detailliert dargestellt werden:

Unter Vernachlässigung der radialen Ausdehnung der Fuge geht das Modell des Balkens mit Ringquerschnitt auf den dünnwandigen Balken (Abschnitt 2.2.3) über, es kann daher vom Modell der „dünnen Reibfuge" gesprochen werden. Somit beschränkt sich die Beschreibung der örtlichen Verteilung sämtlicher Zustandsgrößen einer Fuge in polaren Koordinaten auf den Winkel φ als Ortskoordinate, da $r = R_M$ als konstant betrachtet wird. Entsprechend lässt sich auch der Quotient der Reibschlussausnutzung η als Funktion von φ ausdrücken. Die Ungleichung der Forderung einer schlupffreien Belastungsübertragung lautet somit

$$\eta(\varphi) < 1 \quad \forall \varphi \in [0..2\cdot\pi]. \tag{C.1}$$

Die weiteren Betrachtungen erfolgen im Bezugssystem der Querkraft mit dem resultierenden Ortsvektor der Fuge φ_Q. Es wird jedoch vereinfachend „φ" anstelle von „φ_Q" geschrieben.

Unter Einsetzung der Spannungsbeziehungen für den Balken mit dünnwandigem Ringquerschnitt (Tab. 2-2) in die COULOMB'sche Reibungsungleichung lässt sich diese in der Form

$$\frac{\left|\dfrac{T}{A\cdot R_M} - 2\dfrac{F_Q}{A}\sin(\varphi-\psi_Q)\right|}{\mu\cdot\left[\dfrac{F_K}{A} - \dfrac{F_Z}{A} - 2\dfrac{M_B}{A\cdot R_M}\sin(\varphi-\psi_B)\right]} < 1 \quad \forall \varphi \in [0..2\pi] \tag{C.2}$$

darstellen. Die Auflösung von (C.2) nach F_K ergibt eine Beziehung zur Berechnung der Schraubenklemmkraft, die notwendig ist, um bei gegebener Belastung Schlupfzonen in der Reibfuge auszuschließen:

$$F_K \quad > \quad F_{Kerf} = \frac{1}{\mu}\cdot\left|\frac{T}{R_M} - 2\cdot F_Q\cdot\sin\varphi\right| + 2\cdot\frac{M_B}{R_M}\cdot\sin(\varphi+\Delta\psi) + F_Z\,. \tag{C.3}$$

Entscheidend für die erforderliche Höhe von F_K ist somit das Maximum der rechten Seite von (C.3) bezüglich φ. Es liegt also ein Extremalproblem vor, dessen Lösung durch die Betragsterme sowie die trigonometrischen Anteile erschwert wird.

Sonderfall 1: Querkraft- und Biegebeanspruchung überlagern sich in ungünstigster Weise

Der allgemein kritischste Fall liegt mechanisch betrachtet dann vor, wenn die Schubbeanspruchung – der erste Summand in (C.3) – genau dort maximal wird, wo ebenfalls die lokale Minderung des Fugendrucks infolge Biegung (beschrieben durch den zweiten Summanden in (C.3)) ihr Maximum annimmt. Da F_Q und M_B vereinbarungsgemäß als Absolutgrößen

(Beträge der Vektoren) zu interpretieren sind und (redundanterweise) im Weiteren auch durch Betragsstriche als solche gekennzeichnet werden, ist

$$\left|\frac{T}{R_M} - 2 \cdot |F_Q| \cdot \sin\varphi\right| \tag{C.4}$$

je nach Vorzeichen von T bei $\sin\varphi$ =„+1" oder „-1", also bei $\varphi = 0°$ oder $\varphi = 180°$, maximal. Da die genaue Lage innerhalb der Fuge an dieser Stelle nicht interessiert, kann die Betrachtung auf den Maximalwert beschränkt bleiben. Diesbezüglich gilt:

$$\max\left(\left|\frac{T}{R_M} - 2 \cdot |F_Q| \cdot \sin\varphi\right|\right) = \frac{|T|}{R_M} + 2 \cdot |F_Q| \,. \tag{C.5}$$

Das absolute Maximum des Biegeterms beträgt

$$\max\left(2 \cdot \frac{|M_B|}{R_M} \cdot \sin(\varphi + \Delta\psi)\right) = 2 \cdot \frac{|M_B|}{R_M} \tag{C.6}$$

und liegt stets bei $\sin(\varphi + \Delta\psi)$=+1. Wegen der extremalen Schubspannung bei $\varphi = 0°$ *oder* $\varphi = 180°$ kann $\Delta\psi$ – also der „kritische" Phasenwinkel zwischen Querkraft und Biegung – ebenfalls nur den Wert 0° oder 180° annehmen, was somit einer Parallelität von Querkraft- und Biegevektor entspricht. (Gleiches trifft im Übrigen auf den „günstigsten" Fall zu, also jene Konstellation, bei der Schubmaximum und Flächenpressungs-Maximum bzw. Schubminimum und Flächenpressungs-Minimum aufeinandertreffen und welche hier nicht gesondert behandelt wird.)

Mit (C.5) und (C.6) ergibt sich (C.3) in der Form

$$F_{Kerf} = \frac{1}{\mu}\left(\frac{|T|}{R_M} + 2 \cdot |F_Q|\right) + 2 \cdot \frac{|M_B|}{R_M} + F_Z \,, \tag{C.7}$$

worin weiterhin die Richtung der axialen Fugenzusatzkraft F_Z berücksichtigt werden muss, welche vereinbarungsgemäß in positiver Richtung ($F_Z > 0$) die Pressung in der Fuge vermindert.

Sonderfall 2: Resultierende Vektoren von Querkraft und Biegung stehen senkrecht aufeinander

Dieser Fall entspricht vor allem dem in der Praxis sehr häufigen Problem der reinen Querkraftbiegung, bei welchem das Biegemoment ausschließlich aus dem Hebelarm der Querkraft resultiert.

Mit $|\Delta\psi| = 90°$ bzw. $|\Delta\psi| = 270°$ vereinfacht sich (C.3) zu

$$F_K > \frac{1}{\mu} \cdot \left|\frac{T}{R_M} - 2 \cdot |F_Q| \cdot \sin\varphi\right| \pm 2 \cdot \frac{|M_B|}{R_M} \cdot \cos\varphi + F_Z \,, \tag{C.8}$$

wobei diese Form (Vorzeichen vor dem Kosinus-Term) bereits eine Fallunterscheidung impliziert. Der Term im Inneren des Betrags wird im Weiteren mit $P(\varphi)$ abgekürzt:

$$P(\varphi) = \frac{T}{R_M} - 2 \cdot F_Q \cdot \sin\varphi \,. \tag{C.9}$$

Damit sind vier verschiedene Fälle zu betrachten: $P(\varphi) > 0$ und $P(\varphi) < 0$ sowie die verschiedenen Vorzeichen („$+$" und „$-$") vor dem Kosinus-Term.

Fall 2.1: $P(\varphi) > 0$, „–“

Hierfür lautet die zu betrachtende rechte Seite von (C.3)

$$\frac{T}{\mu \cdot R_M} - \frac{2 \cdot |F_Q|}{\mu} \sin\varphi - \frac{2 \cdot |M_B|}{R_M} \cos\varphi + F_Z . \tag{C.10}$$

Zur Findung des Maximums werden zunächst die Nullstellen der ersten Ableitung gesucht. Unter Ausnutzung der Beziehung

$$\tan\varphi = \frac{\sin\varphi}{\cos\varphi} \tag{C.11}$$

ergibt sich mit der Abkürzung

$$A = \frac{R_M \cdot F_Q}{\mu \cdot M_B} \tag{C.12}$$

und $k \in \mathbb{Z}$:

$$\left.\begin{aligned} 0 &= -2 \cdot \frac{|F_Q|}{\mu} \cdot \cos\varphi + 2 \frac{|M_B|}{R_M} \cdot \sin\varphi \\ \tan\varphi &= A \\ \varphi &= \arctan(A) + k \cdot \pi \end{aligned}\right\} . \tag{C.13}$$

Wird dieses φ in die zweite Ableitung von (C.10) eingesetzt, so folgt für diese

$$\cos(\arctan(A) + k \cdot \pi) \cdot \left(\frac{2 \cdot R_M \cdot |F_Q|^2}{\mu^2 \cdot |M_B|} + 2 \frac{|M_B|}{R_M} \right) . \tag{C.14}$$

Da der Ausdruck in der Klammer stets größer als null ist, muss – als hinreichende Bedingung für ein Maximum – der Ausdruck

$$\arctan(A) + k \cdot \pi$$

kleiner als null werden. Dies gilt allgemein für

$$\left.\begin{aligned} &\frac{\pi}{2} < \arctan(A) + k \cdot \pi < \frac{3 \cdot \pi}{2} \\ \Leftrightarrow \quad &\underbrace{\frac{1}{2} - \frac{\arctan(A)}{\pi}}_{\in (0,1)} < k < \underbrace{\frac{3}{2} - \frac{\arctan A}{\pi}}_{\in (1,2)} \end{aligned}\right\} \tag{C.15}$$

und ist erfüllt für $k = 1$, woraus das Maximum an der Stelle

$$\varphi = \arctan(A) + \pi = \arctan\left(\frac{R_M \cdot |F_Q|}{\mu \cdot |M_B|} \right) + \pi \tag{C.16}$$

folgt. Eingesetzt in (C.10) ergibt sich der Wert des Maximums. Unter Ausnutzung der Beziehung

$$\arctan A = \arcsin \frac{A}{\sqrt{1 + A^2}} \tag{C.17}$$

resultiert als Gleichung zur Berechnung der erforderlichen Klemmkraft für den Fall 2.1 die Beziehung

$$F_{Kerf} = \frac{T}{\mu \cdot R_M} + 2 \cdot \sqrt{\left(\frac{|F_Q|}{\mu} \right)^2 + \left(\frac{|M_B|}{R_M} \right)^2} + F_Z . \tag{C.18}$$

Fälle 2.2, 2.3 und 2.4

Auch der zweite Fall, $P(\varphi) > 0$ und „+“, führt zum Ergebnis (C.18), wie mit analoger Vorgehensweise nachvollzogen werden kann. Die Extremalstellen liegen für diese Konstellation bei

$$\varphi = \arctan(A) + \pi \quad (\hat{=} \text{ (C.16)})$$

sowie zusätzlich bei

$$\varphi = -\arctan(A)\,. \tag{C.19}$$

Für die beiden Fälle $P(\varphi) < 0$ ergeben sich die Extremalstellen jeweils bei

$$\varphi = -\arctan(A) + \pi \tag{C.20}$$

sowie

$$\varphi = \arctan(A)\,. \tag{C.21}$$

Für diese beiden Stellen ergibt sich jeweils

$$F_{Kerf} = -\frac{T}{\mu \cdot R_M} + 2 \cdot \sqrt{\left(\frac{|F_Q|}{\mu}\right)^2 + \left(\frac{|M_B|}{R_M}\right)^2} + F_Z\,. \tag{C.22}$$

Die Beziehungen (C.18) und (C.22) beziehen sich jeweils auf den gleichen Fugenzustand, womit folglich nur der *absolute (globale)* Maximalwert ($\varphi \in [0..2\pi]$) maßgeblich ist. Da sich (C.18) und (C.22) lediglich im Vorzeichen des „Torsions-Terms“ unterscheiden, lässt sich die Beziehung für F_{Kerf} in einem gemeinsamen Ergebnis für alle vier Fälle darstellen:

$$F_{Kerf} = \frac{|T|}{\mu \cdot R_M} + 2 \cdot \sqrt{\left(\frac{|F_Q|}{\mu}\right)^2 + \left(\frac{|M_B|}{R_M}\right)^2} + F_Z\,. \tag{C.23}$$

Dies ist somit die allgemeine Bemessungsformel der erforderlichen Schraubenklemmkraft für den Fall reiner Querkraftbiegung bzw. $\Delta\psi = \pm 90°$.

Fall 3: Allgemeine Phasenlage $\Delta\psi$

Sind keine näheren Einschränkungen hinsichtlich $\Delta\psi$ gegeben, muss das Extremalproblem der rechten Seite von (C.3) in allgemeiner Form betrachtet werden. Dabei sind zwei grundlegende Fälle hinsichtlich des Vorzeichens des Betragsterms P (C.9) zu unterscheiden.

Fall 3.1: Allgemeine Phasenlage mit $P(\varphi) > 0$

Für diesen Fall ergibt die Auflösung der Betragsstriche in (C.3) die Ungleichung in der Form

$$F_K > \frac{T}{\mu \cdot R_M} - 2 \cdot \frac{|F_Q|}{\mu} \cdot \sin\varphi + 2 \cdot \frac{|M_B|}{R_M} \cdot \sin(\varphi + \Delta\psi) + F_Z\,. \tag{C.24}$$

Unter Ausnutzung des Additionstheorems

$$\sin(\varphi + \Delta\psi) = \sin\varphi \cdot \cos\Delta\psi + \cos\varphi \cdot \sin\Delta\psi \tag{C.25}$$

lässt sich die Nullstelle φ_0 der ersten Ableitung bestimmen:

$$\varphi_0 = \arctan(B) + k \cdot \pi\,, \tag{C.26}$$

mit $k \in \mathbb{Z}$ und

$$B = -\frac{R_M \cdot |F_Q|}{\mu \cdot |M_B| \cdot \sin\Delta\psi} + \frac{\cos\Delta\psi}{\sin\Delta\psi}\,. \tag{C.27}$$

Eingesetzt in die zweite Ableitung von (C.24) ergibt sich diese als

$$\cos(\arctan B + k\cdot\pi)\cdot\left(\frac{-2\cdot R_M^2\cdot F_Q^2+4\cdot\mu\cdot R_M\cdot|M_B|\cdot|F_Q|\cdot\cos\Delta\psi-2\cdot\mu^2\cdot|M_B|^2}{\mu^2\cdot R_M\cdot|M_B|\cdot\sin\Delta\psi}\right). \tag{C.28}$$

Für die weitere Betrachtung ist entscheidend, ob der Ausdruck in der rechten Klammer größer oder kleiner null ist. Diesbezüglich ist wiederum eine Fallunterscheidung im Hinblick auf $\Delta\psi$ nötig.

Fall 3.1.1: $\Delta\psi \in (0,\pi) \Leftrightarrow \sin\Delta\psi \geq 0$

In diesem Fall ist der Bruch in (C.28) kleiner null. Für $\Delta\psi \in \left[\frac{\pi}{2},\pi\right)$ ist dies leicht zu erkennen, da $\cos\Delta\psi$ dort kleiner bzw. gleich null ist. Für $\Delta\psi \in \left(0,\frac{\pi}{2}\right)$ ergibt sich für den Zähler:

$$\left.\begin{aligned} & -R_M^2\cdot|F_Q|^2+2\cdot\mu\cdot R_M\cdot|M_B|\cdot|F_Q|\cdot\cos\Delta\psi-\mu^2\cdot|M_B|^2<0 \\ \Leftrightarrow\quad & -\frac{R_M\cdot|F_Q|}{\mu\cdot|M_B|}+2\cdot\cos\Delta\psi-\frac{\mu\cdot|M|_B}{R_M\cdot|F_Q|}<0 \\ \Leftrightarrow\quad & -\left(\frac{R_M\cdot|F_Q|}{\mu\cdot|M_B|}+\frac{\mu\cdot|M|_B}{R_M\cdot|F_Q|}\right)+2\cdot\cos\Delta\psi<0 \end{aligned}\right\}, \tag{C.29}$$

wobei hinsichtlich der Interpretation des Klammerterms der dritten Zeile die allgemeine Beziehung

$$\frac{a}{b}+\frac{b}{a}\geq 2 \quad \forall\, a,b>0 \tag{C.30}$$

zu beachten ist, woraus eben auch für das Intervall $\Delta\psi \in \left(0,\frac{\pi}{2}\right)$ jener Bruch in (C.28) stets kleiner null wird.

Als hinreichende Bedingung für ein Maximum muss nun $\cos(\arctan B + k\cdot\pi)$ größer null sein. Unter Anwendung der Beziehung

$$\cos\Delta\psi = \sin\left(\Delta\psi+\frac{\pi}{2}\right) \tag{C.31}$$

folgt

$$\left.\begin{aligned} & 0 < \arctan(B)+k\cdot\pi+\frac{\pi}{2} < \pi \\ \Leftrightarrow\quad & \underbrace{-\frac{1}{2}-\frac{\arctan(B)}{\pi}}_{\in(-1,0)} < k < \underbrace{\frac{1}{2}-\frac{\arctan B}{\pi}}_{\in(0,1)} \end{aligned}\right\}. \tag{C.32}$$

Dies ist erfüllt für $k=0$ und folglich ergibt sich aus (C.26) die Maximalstelle den Fall 3.1.1 als

$$\varphi_0 = \arctan(B)\,. \tag{C.33}$$

Eingesetzt in (C.24) ergibt sich die Ungleichung damit in der Form

$$F_K^{(3.1.1)} > \frac{T}{\mu\cdot R_M}-2\cdot\frac{|F_Q|}{\mu}\cdot\sin(\arctan B)+2\cdot\frac{|M_B|}{R_M}\cdot\sin(\arctan B+\Delta\psi)+F_Z\,. \tag{C.34}$$

Fall 3.1.2: $\Delta\psi \in (\pi,2\pi) \Leftrightarrow \sin\Delta\psi < 0$

Nach analogem Vorgehen wie für den Fall 3.1.2 ergibt sich, dass der Bruch in (C.28) nunmehr *größer* als null ist. Daraus folgt die Maximalstelle bei

$$\varphi_0 = \arctan(B) + \pi \tag{C.35}$$

mit dem zugehörigen Maximalwert als rechte Seite der Ungleichung:

$$F_K^{(3.1.2)} > \frac{T}{\mu \cdot R_M} + 2 \cdot \frac{|F_Q|}{\mu} \cdot \sin(\arctan B) - 2 \cdot \frac{|M_B|}{R_M} \cdot \sin(\arctan B + \Delta\psi) + F_Z \,. \tag{C.36}$$

Fall 3.2: Allgemeine Phasenlage mit $P(\varphi) < 0$

Für diesen Fall nimmt die allgemeine Ungleichung (C.3) die Form

$$F_K > -\frac{T}{\mu \cdot R_M} + 2 \cdot \frac{|F_Q|}{\mu} \cdot \sin\varphi + 2 \cdot \frac{|M_B|}{R_M} \cdot \sin(\varphi + \Delta\psi) + F_Z \tag{C.37}$$

an. Analog zu $P(\varphi) > 0$ sind die Fälle 3.2.1 $\{\Delta\psi \in (0,\pi) \Leftrightarrow \sin\Delta\psi \geq 0\}$ und 3.2.2 $\{\Delta\psi \in (\pi,2\pi) \Leftrightarrow \sin\Delta\psi < 0\}$ zu unterscheiden, wobei sich wiederum zwei verschiedene Extremalstellen ergeben. Im ersten Fall liegt diese bei

$$\varphi_0 = \arctan(C) \tag{C.38}$$

mit

$$C = \frac{R_M \cdot |F_Q|}{\mu \cdot |M_B| \cdot \sin\Delta\psi} + \frac{\cos\Delta\psi}{\sin\Delta\psi} \tag{C.39}$$

und liefert den Maximalwert als rechte Seite in (C.37)

$$F_K^{(3.2.1)} > -\frac{T}{\mu \cdot R_M} + 2 \cdot \frac{|F_Q|}{\mu} \cdot \sin(\arctan C) + 2 \cdot \frac{|M_B|}{R_M} \cdot \sin(\arctan C + \Delta\psi) + F_Z \,. \tag{C.40}$$

Im Fall 3.2.2 $\{\Delta\psi \in (\pi,2\pi) \Leftrightarrow \sin\Delta\psi < 0\}$ ergibt sich das Maximum bei

$$\varphi_0 = \arctan(C) + \pi \tag{C.41}$$

und die Bedingung für F_K lautet

$$F_K^{(3.2.2)} > -\frac{T}{\mu \cdot R_M} - 2 \cdot \frac{|F_Q|}{\mu} \cdot \sin(\arctan C) - 2 \cdot \frac{|M_B|}{R_M} \cdot \sin(\arctan C + \Delta\psi) + F_Z \,. \tag{C.42}$$

Globales Maximum der vier Fallunterscheidungen

Die sich für den allgemeinen Fall ergebenden Bereichs- und Fallunterscheidungen sind in der **Tabelle C-1** zusammengefasst, wobei die Ungleichungen durch Grenzfallbetrachtung ($F_K \rightarrow F_{Kerf}$) in Gleichungsform überführt sind.

Tabelle C-1: Fallunterscheidungen zur Bestimmung der Extremstellen von F_{Kerf}

Fall 3.1: P(φ) > 0	*Fall 3.1.1* $\Delta\psi \in (0,\pi)$ $\Leftrightarrow \sin\Delta\psi > 0$	$F_{Kerf}^{(3.1.1)} = \frac{T}{\mu \cdot R_M} - 2 \cdot \frac{\lvert F_Q \rvert}{\mu} \cdot \sin(\arctan B) + 2 \cdot \frac{\lvert M_B \rvert}{R_M} \cdot \sin(\arctan B + \Delta\psi) + F_Z$	(C.34)
		$\varphi_0 = \arctan(B)$	(C.33)
	Fall 3.1.2 $\Delta\psi \in (\pi,2\pi)$ $\Leftrightarrow \sin\Delta\psi < 0$	$F_{Kerf}^{(3.1.2)} = \frac{T}{\mu \cdot R_M} + 2 \cdot \frac{\lvert F_Q \rvert}{\mu} \cdot \sin(\arctan B) - 2 \cdot \frac{\lvert M_B \rvert}{R_M} \cdot \sin(\arctan B + \Delta\psi) + F_Z$	(C.36)
		$\varphi_0 = \arctan(B) + \pi$	(C.35)
Fall 3.2: P(φ) < 0	*Fall 3.2.1* $\Delta\psi \in (0,\pi)$ $\Leftrightarrow \sin\Delta\psi \geq 0$	$F_{Kerf}^{(3.2.1)} > -\frac{T}{\mu \cdot R_M} + 2 \cdot \frac{\lvert F_Q \rvert}{\mu} \cdot \sin(\arctan C) + 2 \cdot \frac{\lvert M_B \rvert}{R_M} \cdot \sin(\arctan C + \Delta\psi) + F_Z$	(C.40)
		$\varphi_0 = \arctan(C)$	(C.38)
	Fall 3.2.2 $\Delta\psi \in (\pi,2\pi)$ $\Leftrightarrow \sin\Delta\psi < 0$	$F_{Kerf}^{(3.2.2)} > -\frac{T}{\mu \cdot R_M} - 2 \cdot \frac{\lvert F_Q \rvert}{\mu} \cdot \sin(\arctan C) - 2 \cdot \frac{\lvert M_B \rvert}{R_M} \cdot \sin(\arctan C + \Delta\psi) + F_Z$	(C.42)
		$\varphi_0 = \arctan(C) + \pi$	(C.41)
	mit	$P(\varphi) = \frac{T}{R_M} - 2 \cdot \lvert F_Q \rvert \cdot \sin\varphi$	(C.9)
		$B = -\frac{R_M \cdot \lvert F_Q \rvert}{\mu \cdot \lvert M_B \rvert \cdot \sin\Delta\psi} + \frac{\cos\Delta\psi}{\sin\Delta\psi}$	(C.27)
		$C = \frac{R_M \cdot \lvert F_Q \rvert}{\mu \cdot \lvert M_B \rvert \cdot \sin\Delta\psi} + \frac{\cos\Delta\psi}{\sin\Delta\psi}$	(C.39)

Bezüglich φ und $\Delta\psi$ gilt es dabei zu bedenken, dass $\Delta\psi$ eine Belastungsgröße darstellt, während φ die Ortskoordinate der Fuge ist. Während somit hinsichtlich $\Delta\psi$ bei gegebener Belastung von vornherein eine Fallunterscheidung möglich ist, müssten hinsichtlich φ zunächst immer bereichsweise Untersuchungen vorgenommen werden.

Wird jedoch der Fall 3.1 ($P(\varphi) > 0$) genauer betrachtet, indem die zweiten Ableitungen an den beiden Maximalstellen verglichen werden, so zeigt sich, dass eines der beiden Extrema *immer* ein Maximum, das jeweils andere *immer* ein Minimum ist. Beide Werte bilden somit stets ein Paar aus einem Maximum und einem Minimum, wobei die Größe von $\Delta\psi$ letztlich nur bestimmt, welche der beiden Stellen welche Art von Extremum darstellt. Die Bereichsunterscheidung hinsichtlich $\Delta\psi$ kann folglich rechentechnisch durch eine Größtwert-Ermittlung hinsichtlich (C.34) und (C.36) ersetzt werden. Die gleichen Überlegungen gelten für den Fall 3.2 ($P(\varphi) < 0$).

Hinsichtlich der Fallunterscheidung von $P(\varphi)$ ist anzumerken, dass fugenbezogen T und $|F_Q|$ konstante Größen sind, während $\sin\varphi$ stets im gesamten Wertebereich $[-1,+1]$ betrachtet werden muss. Ist

$$\frac{|T|}{R_M} < 2 \cdot F_Q, \tag{C.43}$$

so nimmt $P(\varphi)$ im Definitionsbereich sowohl positive als auch negative Werte an. Das globale Maximum ist somit der Größtwert der beiden lokalen Maxima aus den Bereichen $P(\varphi) > 0$ und $P(\varphi) < 0$, welche demnach zwangsläufig überprüft werden müssen. Für den Fall

$$\frac{|T|}{R_M} > 2 \cdot F_Q \tag{C.44}$$

trifft dagegen einer der beiden Fälle für das gesamte Intervall $[0,2\pi]$ zu, wobei $P(\varphi)$ für $T > 0$ ausschließlich größer null und für $T < 0$ stets kleiner null wird. Das sich ergebende Maximum ist dabei stets größer als der rechnerische Wert des jeweils nicht zutreffenden Falls. Somit kann – im Zusammenhang mit den Betrachtungen zur Fallunterscheidung bezüglich $\Delta\psi$ – auch für diese Konstellation das globale Maximum stets unmittelbar als Größtwert der vier Fälle ermittelt werden. Rein rechentechnisch ist folglich die Ermittlung der maßgeblichen Klemmkraft F_{Kerf} ohne vorangestellte Fall- und Bereichsunterscheidung hinsichtlich der Eingangsgrößen bzw. des Ortswinkels φ möglich, sondern allein auf Basis der Bestimmung des Maximums aus {(C.34), (C.36), (C.40), (C.42)}.

Formale Vereinfachungen der Beziehungen für den Fall 3

Weitere Vereinfachungen der Beziehungen in Tabelle C-1 ergeben sich zunächst unter Ausnutzung von

$$\left\{\begin{array}{c} \sin(\arctan B) = \frac{B}{\sqrt{1+B^2}}, \quad \cos(\arctan B) = \frac{1}{\sqrt{1+B^2}} \\ \sin(\arctan B + \Delta\psi) = \frac{B}{\sqrt{1+B^2}} \cdot \cos\Delta\psi + \frac{1}{\sqrt{1+B^2}} \cdot \sin\Delta\psi \end{array}\right\}. \tag{C.45}$$

Diesbezüglich folgt mit B gemäß (C.27):

$$\left.\begin{array}{l} \frac{B}{\sqrt{1+B^2}} = \frac{\frac{-R \cdot |F_Q| + \mu \cdot |M_B| \cdot \cos\Delta\psi}{\mu \cdot |M_B| \cdot \sin\Delta\psi}}{\sqrt{1 + \frac{R_M^2 \cdot |F_Q|^2 + \mu^2 \cdot |M_B|^2 \cdot \cos^2\Delta\psi - 2 \cdot R_M \cdot |F_Q| \cdot \mu \cdot |M_B| \cdot \cos\Delta\psi}{\mu^2 \cdot |M_B|^2 \cdot \sin^2\Delta\psi}}} \\ = \frac{|\sin\Delta\psi|}{\sin\Delta\psi} \cdot \frac{-R \cdot |F_Q| + \mu \cdot |M_B| \cdot \cos\Delta\psi}{\sqrt{R_M^2 \cdot |F_Q|^2 + \mu^2 \cdot |M_B|^2 - 2 \cdot R_M \cdot |F_Q| \cdot \mu \cdot |M_B| \cdot \cos\Delta\psi}} \\ = sign(\sin\Delta\psi) \cdot \frac{-R \cdot |F_Q| + \mu \cdot |M_B| \cdot \cos\Delta\psi}{\sqrt{R_M^2 \cdot |F_Q|^2 + \mu^2 \cdot |M_B|^2 - 2 \cdot \mu \cdot R_M \cdot |F_Q| \cdot |M_B| \cdot \cos\Delta\psi}} \end{array}\right\} \tag{C.46}$$

Eingesetzt in (C.34) ergibt sich

$$\left.\begin{aligned} F_{Kerf}^{(3.1.1)} &= \frac{T}{\mu\cdot R_M} + sign\left(\sin(\Delta\psi)\right)\cdot\frac{-R\cdot|F_Q| + \mu\cdot|M_B|\cdot\cos\Delta\psi}{\sqrt{R_M^2\cdot|F_Q|^2+\mu^2\cdot|M_B|^2-2\cdot R_M\cdot|F_Q|\cdot\mu\cdot|M_B|\cdot\cos\Delta\psi}}\cdot \\ &\left(-\frac{2\cdot|F_Q|}{\mu}+\frac{2\cdot|M_B|}{R_M}\cdot\cos\Delta\psi+\frac{2\cdot\mu\cdot|M_B|^2\cdot\sin^2\Delta\psi}{-|F_Q|\cdot R_M^2+\mu\cdot|M_B|\cdot R_M\cdot\cos\Delta\psi}\right)+F_Z \end{aligned}\right\} \quad (C.47)$$

Das Maximum des Falls 3.1.2, also $F_{Kerf}^{(3.1.2)}$, unterscheidet sich dabei von (C.47) nur im Vorzeichen des Terms *sign*( ). Der Fall 3.1.1 ist durch $\Delta\psi \in (0,\pi)$, also $sign(\sin\Delta\psi) = +1$ gekennzeichnet, dagegen der Fall 3.1.2 durch $\Delta\psi \in (\pi, 2\pi)$ und damit $sign(\sin\Delta\psi) = -1$. Folglich gilt allgemein für den Fall 3.1 ($P(\varphi) > 0$):

$$\left.\begin{aligned} F_{Kerf}^{(3.1)} &= \frac{T}{\mu\cdot R_M} + \frac{-R\cdot|F_Q| + \mu\cdot|M_B|\cdot\cos\Delta\psi}{\sqrt{R_M^2\cdot|F_Q|^2+\mu^2\cdot|M_B|^2-2\cdot R_M\cdot|F_Q|\cdot\mu\cdot|M_B|\cdot\cos\Delta\psi}}\cdot \\ &\left(-\frac{2\cdot|F_Q|}{\mu}+\frac{2\cdot|M_B|}{R_M}\cdot\cos\Delta\psi+\frac{2\cdot\mu\cdot|M_B|^2\cdot\sin^2\Delta\psi}{-|F_Q|\cdot R_M^2+\mu\cdot|M_B|\cdot R_M\cdot\cos\Delta\psi}\right)+F_Z \end{aligned}\right\} \quad (C.48)$$

Ein analoges Vorgehen ist für den Fall 3.2 möglich. Als gemeinsames Maximum folgt:

$$\left.\begin{aligned} F_{Kerf}^{(3.2)} &= -\frac{T}{\mu\cdot R_M} + \frac{R\cdot|F_Q| + \mu\cdot|M_B|\cdot\cos\Delta\psi}{\sqrt{R_M^2\cdot|F_Q|^2+\mu^2\cdot|M_B|^2+2\cdot R_M\cdot|F_Q|\cdot\mu\cdot|M_B|\cdot\cos\Delta\psi}}\cdot \\ &\left(\frac{2\cdot|F_Q|}{\mu}+\frac{2\cdot|M_B|}{R_M}\cdot\cos\Delta\psi+\frac{2\cdot\mu\cdot|M_B|^2\cdot\sin^2\Delta\psi}{|F_Q|\cdot R_M^2+\mu\cdot|M_B|\cdot R_M\cdot\cos\Delta\psi}\right)+F_Z \end{aligned}\right\} \quad (C.49)$$

Damit ergibt sich die allgemeine Formel für F_{Kerf}:

$$F_{Kerf} = \max\left\{\begin{aligned} &\frac{T}{\mu\cdot R_M} + 2\cdot\frac{-R_M\cdot|F_Q| + \mu\cdot|M_B|\cdot\cos\Delta\psi}{\sqrt{R_M^2\cdot|F_Q|^2+\mu^2\cdot|M_B|^2-2\cdot R_M\cdot|F_Q|\cdot\mu\cdot|M_B|\cdot\cos\Delta\psi}}\cdot \\ &\quad\left(-\frac{|F_Q|}{\mu}+\frac{|M_B|}{R_M}\cdot\cos\Delta\psi+\frac{\mu\cdot|M_B|^2\cdot\sin^2\Delta\psi}{-|F_Q|\cdot R_M^2+\mu\cdot|M_B|\cdot R_M\cdot\cos\Delta\psi}\right)+F_Z \\ \\ -&\frac{T}{\mu\cdot R_M} + 2\cdot\frac{R\cdot|F_Q| + \mu\cdot|M_B|\cdot\cos\Delta\psi}{\sqrt{R_M^2\cdot|F_Q|^2+\mu^2\cdot|M_B|^2+2\cdot R_M\cdot|F_Q|\cdot\mu\cdot|M_B|\cdot\cos\Delta\psi}}\cdot \\ &\quad\left(\frac{|F_Q|}{\mu}+\frac{|M_B|}{R_M}\cdot\cos\Delta\psi+\frac{\mu\cdot|M_B|^2\cdot\sin^2\Delta\psi}{|F_Q|\cdot R_M^2+\mu\cdot|M_B|\cdot R_M\cdot\cos\Delta\psi}\right)+F_Z \end{aligned}\right\}. \quad (C.50)$$

Dies entspricht der in [WALE07] veröffentlichten Form. Weitere Vereinfachungen ergeben sich durch formale Zusammenfassung von $|F_Q|/\mu$ und $|M_B|/R_M$, zunächst am Beispiel des Terms $F_{Kerf}^{(3.1)}$:

$$\begin{aligned} F_{Kerf}^{(3.1)} &= \ldots \\ &= \frac{T}{\mu\cdot R_M} + 2\cdot\frac{\left(-\frac{|F_Q|}{\mu}+\frac{|M_B|}{R_M}\cdot\cos\Delta\psi\right)^2+\left(\frac{|F_Q|}{R_M}\right)^2\cdot\sin^2\Delta\psi}{\sqrt{\left(\frac{|F_Q|}{\mu}\right)^2+\left(\frac{|M_B|}{R_M}\right)^2-2\cdot\frac{|F_Q|}{\mu}\cdot\frac{|M_B|}{R_M}\cdot\cos\Delta\psi}} + F_Z \end{aligned} \quad (C.51)$$

Durch Ausnutzung der Gültigkeit von

$$(x + y\cos z)^2 + \sin^2 z = x^2 + y^2 + 2 \cdot x \cdot y \cdot \cos z \tag{C.52}$$

unter Anwendung auf den Zähler des Bruchs in (C.51) folgt:

$$\left.\begin{aligned} F_{Kerf}^{(3.1)} &= \frac{T}{\mu \cdot R_M} + 2 \cdot \frac{\left(\frac{|F_Q|}{\mu}\right)^2 + \left(\frac{|M_B|}{R_M}\right)^2 - 2 \cdot \frac{|F_Q|}{\mu} \cdot \frac{|M_B|}{R_M} \cdot \cos\Delta\psi}{\sqrt{\left(\frac{|F_Q|}{\mu}\right)^2 + \left(\frac{|M_B|}{R_M}\right)^2 - 2 \cdot \frac{|F_Q|}{\mu} \cdot \frac{|M_B|}{R_M} \cdot \cos\Delta\psi}} + F_Z \\ &= \frac{T}{\mu \cdot R_M} + 2 \cdot \sqrt{\left(\frac{|F_Q|}{\mu}\right)^2 + \left(\frac{|M_B|}{R_M}\right)^2 - 2 \cdot \frac{|F_Q|}{\mu} \cdot \frac{|M_B|}{R_M} \cdot \cos\Delta\psi} + F_Z \end{aligned}\right\} . \tag{C.53}$$

Eine analoge Vereinfachung ergibt sich für $F_{Kerf}^{(3.2)}$.

Somit lässt sich (C.50) in der Form

$$F_{Kerf} = \max\left\{\begin{aligned} &\frac{T}{\mu \cdot R_M} + 2 \cdot \sqrt{\left(\frac{|F_Q|}{\mu}\right)^2 + \left(\frac{|M_B|}{R_M}\right)^2 - 2 \cdot \frac{|F_Q|}{\mu} \cdot \frac{|M_B|}{R_M} \cdot \cos\Delta\psi} + F_Z \\ &-\frac{T}{\mu \cdot R_M} + 2 \cdot \sqrt{\left(\frac{|F_Q|}{\mu}\right)^2 + \left(\frac{|M_B|}{R_M}\right)^2 + 2 \cdot \frac{|F_Q|}{\mu} \cdot \frac{|M_B|}{R_M} \cdot \cos\Delta\psi} + F_Z \end{aligned}\right\} \tag{C.54}$$

darstellen. Diese Beziehung beschreibt somit für den allgemeinen Fall den Zusammenhang zwischen der erforderlichen Mindestklemmkraft F_{Kerf} und den sieben System- und Belastungsgrößen μ, R_M, T, F_Q, M_B, F_Z und $\Delta\psi$. Für die Sonderfälle 1 und 2 geht (C.54) in (C.7) bzw. (C.23) über.

Lebenslauf

ZUR PERSON

Name	Volkhard Walther
geboren am	17. Februar 1978 in Dresden
Familienstand	ledig, keine Kinder
Staatsangehörigkeit	deutsch

SCHULAUSBILDUNG

1984 – 1985	Polytechnische Oberschule Großharthau
1985 – 1992	Polytechnische Oberschule Klaffenbach
1992 – 1996	Gymnasium Einsiedel

WEHRDIENST

09/1996 – 06/1997	Grundwehrdienst beim Panzergrenadierbataillon 12, Osterode am Harz

STUDIUM

10/1997 – 03/2003	Diplom-Studiengang Maschinenbau an der TU Chemnitz; Fachrichtung Angewandte Mechanik

WISSENSCHAFTLICHE UND BERUFLICHE TÄTIGKEIT

05/2003 – 01/2004, 10/2006 – 01/2008	wissenschaftlicher Mitarbeiter der Professur Konstruktionslehre, TU Chemnitz
02/2004 – 09/2006	Promotionsstipendiat des Freistaates Sachsen an der Professur Konstruktionslehre, TU Chemnitz
seit 02/2008	Berechnungsingenieur bei der Schaeffler KG, Herzogenaurach